21世纪高等学校电子信息类专业规划教材

Linux C 程序设计基础

（修订本）

主　编　秦攀科

副主编　霍元媛　杨　睿

　　　　陈光宣　王文龙

主　审　谢友宝

清华大学出版社

北京交通大学出版社

·北京·

内容简介

本书从Linux系统的基础入手，在简单介绍系统的基本操作与配置的基础上详细讲解了Linux下C语言程序设计与开发的方法，每一个语法知识点都提供了丰富的实例代码，在编写代码的过程中力求所有的实例代码都来源于实际开发的项目，使读者可以接触到第一线的源码，获取实际的开发经验。为配合读者学习，本书配有《Linux C程序设计——实例详解与上机实验》。

本书内容翔实，讲解透彻。最突出的特色是以练促学，书中给出了丰富的实例供读者实战演练。

本书具有很强的可读性，适合作为高等院校计算机专业教材，也适合程序设计的初学者使用，还可以作为计算机爱好者的自学参考书。

图书在版编目（CIP）数据

Linux C程序设计基础/秦攀科主编. —北京：清华大学出版社；北京交通大学出版社，2011.5（2020.8重印）
（21世纪高等学校电子信息类专业规划教材）
ISBN 978－7－5121－0549－2

Ⅰ. L…　Ⅱ. ①秦…　Ⅲ. ①Linux操作系统－程序设计－高等学校－教材　②C语言-程序设计-高等学校-教材　Ⅳ. ①TP316.89　②TP312

中国版本图书馆CIP数据核字（2011）第075211号

责任编辑：郭东青
出版发行：清华大学出版社　邮编：100084　电话：010－62776969
北京交通大学出版社　邮编：100044　电话：010－51686414
印 刷 者：北京时代华都印刷有限公司
经　　销：全国新华书店
开　　本：185×260　印张：24.5　字数：612千字
版　　次：2011年6月第1版　2020年8月第3次修订　2020年8月第6次印刷
书　　号：ISBN 978－7－5121－0549－2/TP・642
印　　数：8 001～10 500册　定价：66.00元

本书如有质量问题，请向北京交通大学出版社质监组反映。对您的意见和批评，我们表示欢迎和感谢。
投诉电话：010－51686043，51686008；传真：010－62225406；E-mail：press@bjtu.edu.cn。

前　　言

本书介绍了 Linux 操作系统的基础知识、Linux 常用命令及如何在 Linux 操作系统上进行 C 程序开发。本书共 11 章，主要内容包括三大部分：Linux C 系统基础入门；Linux C 语言程序设计基础；Linux C 高级程序设计。

第一部分 Linux C 系统基础入门。

本部分是学习 Linux C 程序设计的基础部分，使读者快速地熟悉 Linux 系统的基本结构和操作命令，掌握 Linux C 程序的开发与编译环境。共包含两章内容：Linux 系统入门和 Linux C 程序设计简介。详细介绍了 Linux 操作系统基本结构、常用命令和 Linux 环境下 C 的开发环境和程序编译执行的工具。

第二部分 Linux C 程序设计基础。

本部分为本书的核心与重点，结合实例重点介绍了 Linux 利用 C 语言进行程序设计的语法。共包括 7 章内容：数据类型、运算符和表达式，程序设计基本结构——顺序、选择与循环，数组与指针，函数，结构体，预处理命令和 Linux 文件系统与文件操作。

数据类型、运算符和表达式：介绍了 Linux C 语言的基本数据类型，通用运算符和表达式。程序设计基本结构——顺序、选择与循环：分别介绍了顺序程序设计、选择结构设计和循环控制。函数：从函数的基本概念入手，结合实例介绍了函数的定义、参数和调用方法。预处理命令：分别介绍了宏定义、"文件包含"处理和条件编译。数组和指针，结构体和共用体：详细介绍了 C 语言"灵魂"的指针及其操作和使用；结构体和共用体的定义和使用。

第三部分 Linux C 高级程序设计。

本部分为本书难点与重点，也是进行 Linux 系统程序设计的核心。共包含两章内容：进程与线程和网络通信。从进程和线程的基本概念入手介绍了 Linux 下多线程程序设计。主要内容包括：进程及其通信、高级进程通信和线程。网络编程详细介绍了 Linux 下使用 C 语言开发面向连接的（TCP）和面向非连接的（UDP）方式的网络编程及相关的函数和使用方法。

本书内容翔实，讲解透彻，具有如下特色。

1. 侧重基础，简单易学。

从 Linux 系统基础知识和 Linux C 基本语法出发，侧重于每一个知识点的讲解，尽量做到用最简单的话阐述复杂的问题。

2. 实例丰富，活学活用。

所有重要的知识点都配合实例进行详细讲解，使读者能够更加透彻和全面地理解所述知识点。

最突出的特色是以练促学，书中给出了丰富的实例供读者实战演练。适合 Linux 的初学者及希望利用 Linux 进行开发的程序设计人员阅读。

本书由秦攀科任主编，霍元媛、杨睿、陈光宣、王文龙任副主编。编写分工为：秦攀科编写第 2 章、第 6 章、第 9 章和第 11 章，霍元媛编写第 3 章和第 4 章，杨睿编写第 5 章和第 7 章，陈光宣编写第 1 章，王文龙编写第 10 章，胡小三编写第 8 章。谢友宝主审。参与本书编写工作的还有：秦菊梅、何会来、张新、张雷、许彬、李凌辉、石宁、田苗。全书由秦攀科统稿并上机调试代码。本书所有程序均上机调试通过。

由于时间仓促不妥之处欢迎读者批评指正，若有疑问或索取相关资料可联系作者：qinpanke@ gmail. com。

编　者

2011 年 5 月

目　录

第 1 章　Linux 系统入门 …… 1
1. 1　Linux 简介 …… 1
1. 1. 1　引言 …… 1
1. 1. 2　操作系统 …… 1
1. 1. 3　UNIX 操作系统 …… 3
1. 1. 4　Linux 操作系统 …… 3
1. 2　Linux 常用命令 …… 7
1. 2. 1　登录和退出 Linux 系统 …… 7
1. 2. 2　Linux 常用命令 …… 8
1. 3　shell 脚本基础 …… 22
1. 3. 1　shell 简介 …… 22
1. 3. 2　shell 脚本 …… 23
习题 …… 32

第 2 章　Linux C 程序设计简介 …… 34
2. 1　C 语言概述 …… 35
2. 2　C 程序设计与 Linux C 程序设计 …… 37
2. 2. 1　C 语言程序的组成 …… 37
2. 2. 2　Linux C 程序设计的几个关键问题 …… 44
2. 3　Linux C 程序的编辑、编译、连接与运行 …… 45
2. 3. 1　一个简单的 Linux C 程序 …… 45
2. 3. 2　Linux C 程序的编辑环境 …… 46
2. 3. 3　Linux C 程序的编译、连接与运行 …… 49
2. 3. 4　Linux C 库文件简介 …… 51
2. 4　make 工具与 makefile 简介 …… 56
2. 4. 1　多文件组成的程序 …… 56
2. 4. 2　make 工具与 makefile …… 58
2. 5　Linux C 程序的调试 …… 68
2. 5. 1　引言 …… 68
2. 5. 2　gdb 简介 …… 69
习题 …… 71

第 3 章　数据类型、运算符和表达式 …… 72
3. 1　Linux C 数据类型 …… 72

3.2 常量与变量 …… 73
3.2.1 常量 …… 73
3.2.2 变量 …… 74
3.2.3 注意事项 …… 75
3.3 整型数据 …… 76
3.3.1 整型常量 …… 76
3.3.2 整型变量 …… 76
3.4 实型数据 …… 78
3.4.1 实型常量 …… 78
3.4.2 实型变量 …… 78
3.5 字符型数据 …… 79
3.5.1 字符常量 …… 79
3.5.2 字符型变量 …… 80
3.5.3 字符串常量 …… 82
3.6 符号常量 …… 83
3.7 类型转换 …… 84
3.7.1 类型的自动转换 …… 84
3.7.2 强制的类型转换 …… 87
3.8 运算符与表达式 …… 87
3.8.1 算数运算符和算数表达式 …… 89
3.8.2 逻辑运算符与逻辑表达式 …… 92
3.8.3 赋值运算符与赋值表达式 …… 95
3.8.4 逗号运算符和逗号表达式 …… 97
3.8.5 条件运算符和条件表达式 …… 98
3.8.6 位运算符与位运算 …… 98
3.8.7 动态内存分配/撤销运算符和表达式 …… 104
3.8.8 其他运算符和表达式 …… 105
3.8.9 运算符总结 …… 106
习题 …… 107

第4章 程序设计基本结构——顺序、选择与循环 …… 109
4.1 顺序结构程序设计 …… 110
4.1.1 语句 …… 110
4.1.2 库函数的使用 …… 111
4.1.3 顺序结构程序设计 …… 120
4.2 选择结构程序设计 …… 122
4.2.1 if 语句 …… 123
4.2.2 switch 语句 …… 126
4.2.3 选择结构程序设计举例 …… 129

4.3 循环结构程序设计 …… 131
4.3.1 循环结构程序设计 …… 131
4.3.2 实现循环的语句 …… 131
4.3.3 break 和 continue 语句 …… 137
4.3.4 循环的嵌套 …… 140
4.3.5 几种循环语句的比较 …… 141
4.3.6 循环结构程序设计举例 …… 142
习题 …… 145

第 5 章 数组与指针 …… 147
5.1 数组 …… 147
5.1.1 数组的基本概念 …… 147
5.1.2 数组应用实例 …… 150
5.1.3 多维数组 …… 155
5.2 指针 …… 160
5.2.1 指针的基本概念 …… 160
5.2.2 指针类型的参数和返回值 …… 164
5.2.3 指针与数组 …… 165
5.2.4 指向指针的指针与指针数组 …… 168
5.2.5 指向数组的指针与多维数组 …… 170
5.2.6 函数类型和函数指针类型 …… 171
5.2.7 内存分配方法与策略 …… 172
习题 …… 174

第 6 章 函数 …… 176
6.1 概述 …… 176
6.2 函数定义与声明 …… 178
6.3 函数的参数与返回值 …… 180
6.3.1 函数的参数 …… 180
6.3.2 函数的返回值 …… 183
6.4 函数的调用 …… 184
6.4.1 函数的一般调用形式 …… 184
6.4.2 函数的嵌套调用 …… 187
6.4.3 函数的递归调用 …… 188
6.5 变量的作用范围与存储类型 …… 191
6.5.1 变量的作用范围 …… 191
6.5.2 变量的存储类别 …… 193
6.6 常用的 Linux C 函数介绍 …… 196
6.6.1 终端控制与环境变量设置函数 …… 196

6.6.2 日期时间函数 …… 198
6.6.3 字符串处理函数 …… 200
6.6.4 常用数学函数 …… 202
6.6.5 数据结构及算法函数 …… 205
习题 …… 211

第 7 章 结构体 …… 213
7.1 复合类型与结构体 …… 213
7.2 数据抽象 …… 216
7.3 数据类型标志 …… 220
7.4 嵌套结构体 …… 221
习题 …… 222

第 8 章 预处理命令 …… 225
8.1 宏定义 …… 225
8.2 文件包含 …… 229
8.3 条件编译 …… 230
习题 …… 233

第 9 章 Linux 文件系统与文件操作 …… 236
9.1 Linux 文件系统简介 …… 236
9.1.1 Linux 文件系统概述 …… 236
9.1.2 Linux 文件系统的类型 …… 240
9.2 文件概述 …… 241
9.2.1 文件的概念 …… 241
9.2.2 Linux C 文件处理方式 …… 243
9.2.3 文件类型指针和文件描述符 …… 244
9.3 缓冲文件操作 …… 246
9.3.1 文件的创建、打开与关闭 …… 246
9.3.2 文件的读写 …… 249
9.3.3 文件的定位 …… 262
9.3.4 文件操作检测 …… 264
9.3.5 其他文件操作函数 …… 266
9.4 非缓冲文件操作 …… 268
9.5 临时文件的操作 …… 276
习题 …… 279

第 10 章 进程与线程 …… 281
10.1 进程 …… 281

10.1.1 Linux 系统进程基础 …… 281
10.1.2 进程的控制 …… 283
10.1.3 进程的创建 …… 283
10.1.4 进程的等待 …… 291
10.1.5 进程的终止 …… 293
10.2 进程间通信技术 …… 295
10.2.1 管道 …… 296
10.2.2 消息队列 …… 303
10.2.3 共享内存 …… 308
10.3 Domain Socket …… 312
10.3.1 Domain Socket 基本流程 …… 312
10.3.2 服务器端 …… 313
10.3.3 客户端 …… 315
10.4 线程 …… 321
10.4.1 Linux 线程基础 …… 321
10.4.2 线程的使用 …… 321
10.5 线程的互斥和同步 …… 326
10.5.1 互斥体 …… 326
10.5.2 条件变量 …… 332
10.5.3 信号量 …… 334
10.5.4 其他线程间同步机制 …… 337
习题 …… 337

第11章 网络通信 …… 338
11.1 计算机网络基础 …… 338
11.1.1 计算机网络的起源与发展 …… 338
11.1.2 计算机网络体系结构的形成 …… 339
11.1.3 开放系统互连参考模型 …… 341
11.1.4 TCP/IP 协议的体系结构 …… 343
11.2 Linux 网络编程基础 …… 349
11.2.1 Linux 网络命令简介 …… 349
11.2.2 一些基本概念 …… 352
11.2.3 客户-服务器背景知识 …… 356
11.3 socket 套接字 …… 357
11.3.1 socket 套接字简介 …… 357
11.3.2 创建 socket 套接字 …… 360
11.3.3 socket 套接字的配置 …… 362
11.3.4 客户端建立连接 …… 364
11.3.5 服务器端监听并接受连接（TCP） …… 365

11.3.6 发送和接收传输数据 …… 366
11.3.7 结束传输关闭连接 …… 367
11.3.8 面向连接的 TCP 程序设计实例 …… 368
11.3.9 面向非连接的 UDP 程序设计实例 …… 371
11.3.10 TCP/IP 网络程序总结 …… 374
11.4 阻塞与非阻塞 …… 377
11.4.1 阻塞通信 …… 377
11.4.2 非阻塞通信 …… 377
11.5 服务器和客户机的信息函数 …… 378
11.5.1 字节转换函数 …… 378
11.5.2 IP 和域名的转换 …… 378
11.5.3 字符串的 IP 和 32 位的 IP 转换 …… 379
11.5.4 服务信息函数 …… 379
11.5.5 getpeername() 与 gethostname() 函数 …… 380
习题 …… 380

参考文献 …… 381

第 1 章　Linux 系统入门

本章重点

操作系统的结构、组成与分类；

Linux 系统的起源与发展；

Linux 常用命令；

shell 脚本基础。

学习目标

通过本章的学习，深入了解操作系统的基本概念；了解 Linux 系统相关背景知识；重点掌握 Linux 的常用命令和 shell 脚本，从而可以熟练地操作与使用 Linux 系统。

1.1　Linux 简介

1.1.1　引言

现今用到许多种操作系统，你可能仅限于使用一些流行图形界面的计算机，比如 Microsoft Windows（NT、XP、ME、2000 等）或者装有 Apple Macintosh 操作系统的计算机。然而，对于某些特定用户来说，上述操作系统提供的功能和特性还不能满足他们的需求，这时，Linux 就应运而生了。

为了更好地了解和使用 Linux，有必要先理解操作系统的概念、类型及操作系统是如何与应用程序（如办公软件、游戏软件等）进行交互的。

1.1.2　操作系统

计算机系统由硬件和软件构成，按功能再细分，可分为 7 层，如图 1 - 1所示。操作系统就是包含了众多程序用来控制计算机的核心功能，即简单、高效、公平和安全地使用计算机系统的硬件资源和软件资源。尽管在过去 50 多年里操作系统取得了巨大进步，但其基本目标并未改变：操作系统是一种软件，用来帮助其他的程序控制计算机硬件并和用户进行交互，如，它允许计算机用户使用应用软件——办公软件、电子邮件软件、游戏软件等；程序员利用编程语言函数库、系统调用和程序生成工具来开发软件。

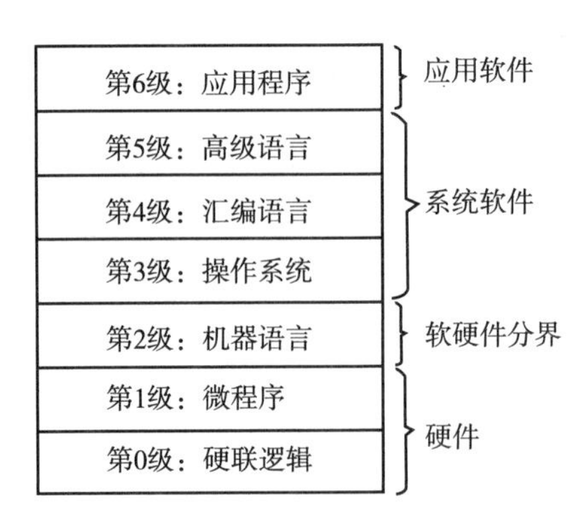

图 1-1　计算机系统结构层次图

尽管不同操作系统之间在外观上和功能上有所不同，但是所有操作系统都具有一些相同点，即：

（1）初始化（或者引导）计算机系统的硬件，以便操作系统和其他程序可以正常运行；

（2）为各种程序分配系统资源，如内存和处理时间；

（3）跟踪系统中同时运行的各种程序，以便实时查看程序运行状态；

（4）为所有使用系统设备的程序（如光驱、打印机等）提供规范的访问接口。

操作系统由多个组件组成，其中最核心的部分莫过于内核了。其他的部分则辅助内核完成计算机系统资源的管理和应用程序的控制。表 1-1 列出了操作系统的主要组件。

表 1-1　操作系统的主要组件

操作系统的组件	描　　述
内核（Kernel）	核心组件，为各个应用程序分配计算机系统资源，如内存、CPU 时间
设备驱动程序（Device Driver）	是一个允许高级计算机软件与硬件交互的程序，它建立了一个硬件与硬件，或硬件与软件沟通的界面，经由主板上的总线或其他沟通子系统与硬件形成连接的机制，使得硬件设备上的数据交换成为可能
shell	是一种通过命令行方式接收用户输入并进行处理，从而进行系统资源管理的软件，提供了用户与操作系统之间的通信方式
工具软件（Utility Program）	管理硬件和操作系统功能特性的软件，与应用程序（如电子邮件软件）类似，但侧重管理计算机系统
图形用户界面（Graphical User Interface，GUI）	是一种提供了鼠标驱动接口的软件，使得图形界面应用程序可以使用菜单、按钮及层叠窗口来进行操作

操作系统可以根据能同时使用系统的用户数量和系统能同时运行的进程数量分成 3 类，如表 1-2 所示。

表 1-2　操作系统分类

操作系统类型	描　　述
单用户、单进程	在一段时间内只允许一个用户使用计算机系统，并且用户每次只能运行一个进程，广泛用于 PC 上，典型的有 MacDOS、DOS 和 Windows 3.1 等
单用户、多进程	在同一时间内只允许一个用户使用计算机系统，但能同时运行多个进程，广泛用于 PC 上，典型的有 OS/2，Windows NT 工作站等
多用户、多进程	在一段时间内允许多个用户同时使用计算机系统，并且各个用户可以同时运行多个进程，典型的有 UNIX、Linux 和 Windows NT Server 等

1.1.3 UNIX 操作系统

UNIX 是一个强大的多用户、多任务操作系统，支持多种处理器架构，按照操作系统的分类，属于分时操作系统。最早由 Ken Thompson、Dennis Ritchie 和 Douglas Mcllroy 于 1969 年在 AT&T 的贝尔实验室开发。经过长期的发展和完善，目前已成长为一种主流的操作系统技术和基于这种技术的产品大家族。由于 UNIX 具有技术成熟、可靠性高、网络和数据库功能强、伸缩性突出和开放性好等特色，可满足各行各业的实际需要，特别能满足企业重要业务的需要，已经成为主要的工作站平台和重要的企业操作平台。UNIX 曾经是服务器操作系统的首选，占据最大市场份额，但最近在跟 Windows Server 及 Linux 的竞争中有所失利。

从诞生开始，UNIX 的开发就始终没终止过，IBM、Hewlett-Packed 及 Sun 公司都在销售不同版本的 UNIX。Internet 就是在 UNIX 基础上开发出来的，并且目前大多还运行在 UNIX 相关的操作系统中。

Linux（可以算是 UNIX 的一个版本）凭借其自身的特性和较低的成本成功地占据了 UNIX 系统的市场。HP 和 IBM 等原先具有销售 UNIX 业务的计算机软硬件厂商已经转向对 Linux 的支持。

1.1.4 Linux 操作系统

1. Linux 的历史

简单地说，Linux 是一套免费使用和自由传播的类 UNIX 操作系统，它主要用于基于 x86 系列 CPU 的计算机上。这个系统是由世界各地的成千上万的程序员设计和实现的。其目的是建立不受任何商品化软件的版权制约的、全世界都能自由使用的 UNIX 兼容产品。

绝大多数基于 Linux 内核的操作系统使用了大量的 GNU 软件，包括 shell 程序、工具、程序库、编译器及工具，还有许多其他程序，例如 Emacs。正因为如此，GNU 计划的开创者理查德·马修·斯托曼博士提议将 Linux 操作系统改名为 GNU/Linux。但有些人只把它叫做“Linux”。

Linux 的基本思想有两点：①一切都是文件；②每个软件都有确定的用途。其中第一条详细来讲就是系统中的所有都归结为一个文件，包括命令、硬件和软件设备、操作系统、进程等对于操作系统内核而言，都被视为拥有各自特性或类型的文件。至于说 Linux 是基于 UNIX 的，很大程度上也是因为这两者的基本思想十分相近。Linux 和 UNIX 的最大的区别是，前者是开放源代码的自由软件，而后者是对源代码实行知识产权保护的传统商业软件。这应该是它们最大的不同，这种不同体现在用户对前者有很高的自主权，而对后者却只能去被动地适应；这种不同还表现在前者的开发是处在一个完全开放的环境之中，而后者的开发完全是处在一个黑箱之中，只有相关的开发人员才能够接触产品的原型。

Linux 的源头要追溯到最古老的 UNIX，但它的出现却是一个学生的简单需求。1991 年 4 月，芬兰赫尔辛基大学学生 Linus Benedict Torvalds（当今世界最著名的计算机程序员、黑客）不满意 MINIX 这个教学用的操作系统。出于爱好，他根据可在低档机上使用的 MINIX 设计了一个系统核心 Linux 0.01，但没有使用任何 MINIX 或 UNIX 的源代码。他通过 USENET（就是新闻组）宣布这是一个免费的系统，主要在 x86 计算机上使用，希望大家一起来将它完善，并将源代码放到了芬兰的 FTP 站点上任人免费下载。本来他想把这个系统称为 freax，意思是自由（free）和奇异（freak）的结合字，并且附上了“X”这个常用的字母，以配合所谓的 UNIX-like 的系统。可是 FTP 的工作人员认为这是 Linus 的 MINIX，嫌原来命名的“Freax”不好听，就用 Linux 这个子目录来存放，于是它就成了“Linux”。这时的 Linux 只有核心程序，仅有 10000 行代码，仍必须执行于 MINIX 操作系统之上，并且必须使用硬盘开机，还不能称做完整的系统；随后在 10 月份第二个版本（0.02 版）就发布了，同时这位芬兰赫尔辛基的大学生在 comp. os. minix 上发布一则信息：

```
Hello everybody out there using minix -
I'm doing a(free)operation system(just a hobby,
won't be big and professional like gnu)for 386(486)AT clones.
```

有人看到了这个软件并开始分发。每当出现新问题时，有人会立刻找到解决办法并加入其中，很快地，Linux 成为了一个操作系统。许多专业用户（主要是程序员）自愿地开发它的应用程序，并借助 Internet 让大家一起修改，所以它的周边的程序越来越多，Linux 本身也逐渐发展壮大起来。值得注意的是，Linux 并没有包括 UNIX 源码。它是按照公开的 POSIX 标准重新编写的。Linux 大量使用了麻省剑桥免费软件基金的 GNU 软件，同时 Linux 自身也是用它们构造而成。

2. Linux 的优势

过去，Linux 主要被用作服务器的操作系统，但因它的廉价、灵活性及 UNIX 背景使得它很合适作更广泛的应用。传统上有以 Linux 为基础的“LAMP（Linux，Apache，MySQL，Perl/PHP/Python 的组合）”经典技术组合，提供了包括操作系统、数据库、网站服务器、动态网页的一整套网站架设支持。而面向更大规模级别的领域中，如数据库中的 Oracle、DB2、PostgreSQL，以及用于 Apache 的 Tomcat JSP 等都已经在 Linux 上有了很好的应用样本。除了已在开发者群体中广泛流行，它也是现时网站服务供应商最常使用的平台。

基于其低廉成本与高度可设定性，Linux 常常被应用于嵌入式系统，例如机顶盒、移动电话及行动装置等。在移动电话上，Linux 已经成为与 Symbian OS、Windows Mobile 系统并列的三大智能手机操作系统之一；而在移动装置上，则成为 Windows CE 与 Palm OS 之外的另一个选择。目前流行的 TiVo 数码摄影机使用了经过定制化后的 Linux。此外，有不少硬件式的网络防火墙及路由器，例如，部分 LinkSys 的产品，其内部都是使用 Linux 来驱动、并采用了操作系统提供的防火墙及路由功能。

采用 Linux 的超级计算机也越来越多，根据 2005 年 11 月号的 TOP500 超级计算机列表，显示世上最快速的两组超级计算机都是使用 Linux 作为其操作系统。而在列表的 500 套系统里，采用 Linux 作为操作系统的，占了 371 组（即 74.2%），其中的前十位，有 7 组是使用 Linux 的。

尽管对于许多人来说，可以免费使用 Linux 是一个巨大的诱惑，但是大的商业集团、企业等选择 Linux 而且情愿付软件费用是因为他们在经过产品竞争之后发现 Linux 是一个高质量的操作系统，而且付费使用还可以获得技术支持、升级和其他的服务。Linux 操作系统的优势如表 1－3 所示。

表 1－3　Linux 操作系统的优势

优　势	描　述
稳定性	Linux 服务器可以连续运行数月甚至数年不需要重启，详细可以参考 www. netcraft. com 上有关 Linux 作为 Web 服务器时的令人惊讶的统计数据
安全性	源代码公开使得开源软件中偶尔存在的安全漏洞可以比商业软件更快地被发现并及时修复
速度	无论是非常小的系统还是非常大的系统，Linux 对于硬件的使用效率非常惊人，www. kegel. com/nt－linux－benchmarks. htm 上有 Linux 和 Windows 系统速度对比的详细数据
成本	Linux 是免费的，很多使用者为 Linux 付费，但是这个价格相当于那些与 Linux 竞争的商业软件提出的解决方案来对比还是要低得多。Red Hat Software 做了很多研究，表明基于 Linux 的商业解决方案具有较优的 TCO（Total Cost of Ownership，总拥有成本）值
多路处理及其他高端特性	Linux 不断加入许多以前只在价格昂贵的商业系统中才能见到的特性，如可以运行于具有多个处理器的计算机上、支持大量的新硬件等，详细可参考 www. redhat. com/software/rhel/features/
应用程序	Linux 现在拥有大量值得骄傲的通用和专业的应用程序，如办公软件（类似微软的 Office）、数据库软件及 Internet 软件等。目前，许多软件厂商都创建了与他们产品对应的 Linux 版本，而且用户也可以通过专门程序在 Linux 上运行 Windows 应用程序

3. Linux 发行版

Linux 发行版（Linux distribution）是一种产品化的 Linux 版本，这些发行版由个人，松散组织的团队，以及商业机构和志愿者组织编写。它们通常包括了其他的系统软件和应用软件，以及一个用来简化系统初始安装的安装工具，和让软件安装升级的集成管理器。大多数系统还包括了像提供 GUI 界面的 XFree86 之类的曾经运行于 BSD 上的程序。一个典型的 Linux 发行版包括：Linux 内核，一些 GNU 程序库和工具，命令行 shell，图形界面的 X Window 系统和相应的桌面环境，如 KDE 或 GNOME，并包含数千种从办公套件、编译器、文本编辑器到科学工具的应用软件。图 1－2 表明了不同组件是如何集成到 Linux 发行版中去的。

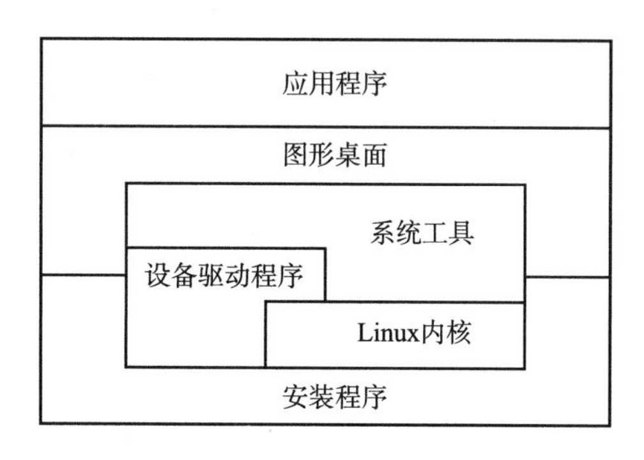

图 1－2　Linux 发行版的组件

发行版为许多不同的目的而制作，包括对不同计算机结构的支持，对一个具体区域或语言的本地化、实时应用和嵌入式系统，甚至许多版本故意地只加入免费软件。目前，超过三百个发行版被积极开发，支持的硬件平台种类繁多，从大型的 64 位处理器体系结构的 Internet服务器，到小型嵌入式处理器，甚至一块小巧精致的手表，其中最普遍被使用的发行版大约有 12 个。表 1－4 列出了现今比较流行的 Linux 发行版。

表 1－4 Linux 发行版

名　称	注　释	官方网址
Red Hat Linux	来自于 Red Hat Software 公司，是使用最为广泛的发行版，针对不同要求和不同硬件配置有各种不同的版本	www. redhat. com
Fedora	基于 Red Hat Linux 的发行版，完全免费	frdora. redhat. com
SUSE Linux	最初由名为 SUSE 的德国公司创建，现已被 Novell 公司收购。该版本在欧洲非常流行	www. suse. com
Debian	面向自由软件狂热者的非商业 Linux 发行版，是由自由软件开发者创建并维护的，而非由公司创建	www. debian. org
Xandros	致力于提供一个可以替代微软操作系统的桌面操作系统	www. xandros. com
Linspire	同样是致力于提供一套桌面操作系统来取代微软操作系统	www. linspire. com
Gentoo Linux	得益于一种称为 Portage 的技术，Gentoo 能成为理想的安全服务器、开发工作站、专业桌面、游戏系统、嵌入式解决方案或者别的东西，它能为几乎任何应用程序或需求自动地作出优化和定制	www. gentoo. org
CentOS Linux	社区企业操作系统，是 Red Hat 的 AS/ES/WS 的免费版本。使用 CentOS，可以获得和 AS/ES 相同的性能和感受	www. centos. org
红旗 Linux	著名国产 Linux 发行版，由北京中科红旗软件公司出品	www. redflag-linux. com

可以通过访问 www. distrowatch. com 来获得 Linux 发行版的详细资料，也可以通过访问 www. cheapbytes. com 来获取价格低廉的 Linux 发行版，当然 Internet 上存在许多优秀的免费的 Linux 发行版，用户可以根据不同需求来获取。

4. Linux 未来的发展

目前，Linux 开始作为新计算机上的标准预装操作系统，能够支持各种各样的配置。消费者对 Linux 的稳定性和高度可定制方面优越性的认可程度也越来越高。像 GNOME 和 KDE 这样优秀的 GUI 视窗管理系统将进一步成熟，直到比竞争对手的操作系统提供更多更强的图形功能。

Linux 作为较早的源代码开放操作系统，将引领未来软件发展的方向。基于 Linux 开放源码的特性，越来越多大中型企业及政府投入更多的资源来开发 Linux。现今世界上，很多国家逐渐地把政府机构内部门的计算机转移到 Linux 上，这个情况还会一直持续下去。Linux 的广泛使用为政府机构节省了不少经费，也降低了对封闭源码软件潜在的安全性的忧虑。

更多有关 Linux 各个方面的最新文章可以参考表 1－5 所示的 Web 资源和各个发行版的官方网站。

表 1－5 Web 资源

网　址	描　述
www. ibiblio. org/mdw/intex. html	Linux 文档项目
www2. Linuxjournal. com	Linux Journal 杂志
www. Linuxhq. com	Linux 大本营
www. fokus. gmd. de/Linux/Linux－distrib. html	Linux 发行版
www. kernal. org	Linux 内核档案网站
www. Linuxbase. org	Linux 标准数据库

续表

网　址	描　述
www. gnu. org	GNU/Linux，一个开放源码项目
www. opensource. org/history. html	开放源码发展史
www. memalpha. cx/Linux/Kernal/	Linux 内核版本发展史
www. wired. com/wired/archive/5. 08/Linux. html	有关 Linus Torvalds 和 Linux 的文章
www. bitkeeper. com/history/history. gif	内核发行图谱
counter. li. org	有关全世界 Linux 使用情况增长率的统计数据和图表

5. 安装 Linux 系统

根据自己计算机的硬件特点，用户可以选择相应的 Linux 发行版来安装。在计算机上安装操作系统与在计算机上安装应用程序区别很大。安装应用程序时，当前的操作系统为安装过程提供了基础。而当安装一个新的操作系统时，当前只存在硬件，没有其他软件可以辅助这个安装程序。安装 Linux 操作系统是一个复杂的过程，一般会经历如下过程。

（1）启动安装程序，可以通过从 Linux CD 或可移动磁盘上启动计算机来实现。

（2）安装程序在计算机的 RAM 中运行 Linux 的一个副本。

（3）确定安装源，这由安装程序通过询问用户或自动探测系统来实现。

（4）了解可用空间情况，安装程序询问用户或自动探测来确定 Linux 操作系统的安装位置。

（5）用户回答安装程序提出的问题，包括：要安装哪些软件包、核心系统服务应当如何配置（例如，创建管理员口令和设置使用的网络地址等）。

（6）安装程序把软件包从安装源复制到上面指定的安装位置。

（7）用户回答与初始系统配置相关的一些问题。

（8）安装程序根据用户的输入来配置系统，并且安装引导管理器以便 Linux 启动。

（9）用户通过按下某个键或重启计算机来启动 Linux 系统。

当然，上述步骤只是 Linux 安装过程中最主要的几个步骤，安装过程中还会出现一些细节问题，如硬盘分区、挂载点选择等，这需要读者在实际安装过程中熟悉和练习。

1.2　Linux 常用命令

本节从登录和退出 Linux 系统的简单命令开始详细介绍了 Linux 的一些常用命令的使用方法和使用注意事项。

1.2.1　登录和退出 Linux 系统

想运用 Linux 的特性，必须首先登录 Linux 系统。使用 Linux 的每个人都有自己的用户账户，即使用系统的一系列权限，有一个关联的用户名和口令。用户通过用户名和口令来向操作系统标识自己的身份，操作系统通过验证授权，确定用户可以访问系统的哪些部分。

Linux 提供两种模式登录和退出系统：文本界面模式和图形界面模式。文本界面模式只是提供简单的命令提示符，如下例：

Login：<输入用户名>

Password：<输入密码>

如果是正确的用户名并且口令合法，那么你就会进入 Linux 的 shell，shell 给出命令提示符，等待用户输入命令（不要随意以 root 身份登录，以避免对系统造成意外的破坏）。使用 logout 命令可退出 shell。

成功登录到 Linux 系统后，屏幕上会出现一个诸如“ $ ”字符之类的 shell 提示符。不同的 shell 可能会出现不同的提示符，如在 Tcsh 中是“%”。shell 提示符是来自计算机系统的一条消息，提示系统正准备好接受用户输入命令行。命令行上命令一般语法如下所示：

```
$ command [[ - ] option(s)] [option argument(s)][command argument(s)]
```

其中，

$ 表示计算机提示符；

任何在 [ ] 中的内容都不是必需的；

command 表示对那个 shell 而言正确的 Linux 命令，且为小写；

[- option（s）] 表示定制命令动作的一个或多个修饰符号；

[command argument（s）] 表示命令操作对象。

例子如下：

```
$ ls
$ ls -lrth
$ ls -lrth a*
$ lpr -Pspr -n 3 sales.dat
```

第一行只有命令。第二行包含命令 ls 和四个定制命令动作的选项，l，r，t 和 h。第三行包含了命令 ls、四个选项及命令参数 a *，指明了命令的操作对象（所有以 a 作为开头字符的文件）。第四行包含命令 lpr，两个选项（P 和 n）作为选项的操作对象的参数（spr 和 3）及命令参数 sales. dat。选项是分大小写的。注意一点，第四行中第一个选项和它的参数之间没有空格，而第二个选项和它的参数之间有空格。

要正确退出 Linux 系统，在命令提示符后不输入任何内容并且在键盘上同时按下 <D> 键和 <Ctrl> 键即可，然后就可以在当前会话中退出系统了。在有的系统中，需要在命令提示符后面输入 exit 命令来终止一个 shell 进程。

1.2.2 Linux 常用命令

尽管 Linux 具有越来越强大的图形界面工具，如 GNOME 桌面提供的图形界面文件管理器，但是要想高效管理 Linux 系统，必须能够熟练地在命令行下工作。命令行可以非常快地执行许多图形界面几乎不能完成的任务。下面将以分类的形式介绍一些 Linux 常用命令，包括目录操作、文件管理、文档编辑、备份压缩、系统设置管理和磁盘管理维护。

1. 目录操作

（1）pwd - 显示工作目录。

语法：pwd

说明：用户在第一次登录Linux系统或者打开一个终端窗口时，将进入自己的home目录，且出现一个命令提示符，如［ericcgx@ node01 ericcgx］$。输入pwd（即print working directory）命令可以显示当前工作目录，系统在命令的下一行给出答案/home/ericcgx，如下例所示。

例子：

```
[ericcgx@ node01 ericcgx]$ pwd
/home/ericcgx
```

（2）cd－切换目录。

语法：cd［目的目录］

说明：Linux中切换目录的命令是cd（即change directory）。在命令行上输入cd和目的目录，则工作目录切换到目的目录，注意命令cd和目的目录之间有空格。cd命令可以让用户在不同的目录间切换，但该用户必须拥有足够的权限进入目的目录。输入cd而不跟任何目的目录，则无论当前在什么目录下，总是返回到用户的home目录。

例子：

```
[ericcgx@ node01 ericcgx]$ pwd
/home/ericcgx
[ericcgx@ node01 ericcgx]$ cd ..
[ericcgx@ node01 ericcgx]$ pwd
/home
```

.. 表示上级目录，切换后回到上级目录/home。

（3）ls－列出目录内容。

语法：ls［－option（s）］［arguments］

说明：运行ls命令可列出目录的内容，包括文件和子目录的名称。ls命令有许多非常有用的选项，其中最常用的选项如下。

－a：显示当前目录下所有的文件和目录。

－l：使用详细格式列表显示。

－t：用文件和目录的更改时间排序显示。

－r：反向排序显示。

－h：用“K”，“M”，“G”来显示文件和目录的大小。

例子：

```
[ericcgx@ node01 ericcgx]$ ls
report.doc sales.dat test.doc
```

ls命令列出当前目录下的三个文件：sales. dat，report. doc，test. doc。

（4）mkdir－创建目录。

语法：mkdir［－p］［－－help］［－－version］［－m <目录属性>］［目录名称］

说明：mkdir可建立目录并同时设置目录的权限。各选项意义如下。

－p：若所要建立目录的上层目录目前尚未建立，则会一并建立上层目录。

--help：显示在线帮助。

--version：指定显示版本信息。

例子：

```
[ericcgx@ node01 ericcgx] $ mkdir picture
[ericcgx@ node01 ericcgx] $ ls
report.doc sales.dat test.doc picture
```

此时，用户目录下面多了一个目录 picture，用户可以在 ls 命令后加上 -l 选项来辨别列出的内容是普通文件（例中为 report. doc，sales. dat 和 test. doc）还是目录文件（例中为 picture）。

(5) rmdir - 删除目录。

语法：rmdir [-p] [--help] [--ignore-fail-on-non-empty] [--verbose] [--version] [目录]

说明：当有空目录要删除时，可使用 rmdir 指令。各选项意义如下。

-p：删除指定目录后，若该目录的上层目录已变成空目录，则将其一并删除。

--ignore-fail-on-non-empty：忽略非空目录的错误信息。

--verbose：显示指令执行过程。

例子：

```
[ericcgx@ node01 ericcgx] $ rmdir pitcture
[ericcgx@ node01 ericcgx] $ ls
report.doc sales.dat test.doc
```

用命令 rmdir 删除目录 picture，用 ls 命令显示发现当前目录下面没有目录 picture 了。

2. 文件管理

这里的文件包括普通文件、目录文件等 Linux 下各种类型的文件。

(1) cp - 复制文件或目录。

语法：cp [-abdfilpPrRsuvx] [源文件或目录] [目标文件或目录]

说明：cp 命令用于复制文件或目录，如同时指定两个以上的文件或目录，且最后的目的地是一个已经存在的目录，则它会把前面指定的所有文件或目录复制到该目录中。若同时指定多个文件或目录，而最后的目的地不是一个已存在的目录，则会提示错误信息。最常用选项的意义如下。

-f：强行复制文件或目录，不论目标文件或目录是否已存在。

-i：覆盖既有文件之前先询问用户。

-l：对源文件建立硬连接，而非复制文件。

-p：保留源文件或目录的属性。

-P：保留源文件或目录的路径。

-R：递归处理，将指定目录下的所有文件与子目录一并处理。

-s：对源文件建立符号连接，而非复制文件。

(2) chmod - 更改文件或目录的权限。

语法：chmod [-cfRv] [<权限范围> +/-/= <权限设置...>] [文件或目录...]

或 chmod [-cfRv] [数字代号] [文件或目录...]

说明：在 UNIX 系统家族里，对文件或目录的控制权限分为读取、写入和执行三种，另有三种特殊权限可供运用，再搭配拥有者与所属组管理权限范围。用户可以使用 chmod 指令去改变文件与目录的权限，改变方式采用文字或数字代号都可以。权限范围的表示法如下。

u：User，即文件或目录的拥有者。

g：Group，即文件或目录的所属组。

o：Other，除了文件或目录拥有者或所属组之外，其他用户皆属于这个范围。

a：All，即全部的用户，包含拥有者、所属组及其他用户。

有关权限代号的部分，列表于下。

r：读取权限，数字代号为“4”。

w：写入权限，数字代号为“2”。

x：执行或切换权限，数字代号为“1”。

-：不具任何权限，数字代号为“0”。

常用选项和参数的意义如下。

-f：不显示错误信息。

-R：递归处理，将指定目录下的所有文件及子目录一并处理。

--reference=<参考文件或目录>：把指定文件或目录的权限全部设成和参考文件或目录的权限相同。

<权限范围>+<权限设置>：开启权限范围的文件或目录的该项权限设置。

<权限范围>-<权限设置>：关闭权限范围的文件或目录的该项权限设置。

<权限范围>=<权限设置>：指定权限范围的文件或目录的该项权限设置。

（3）cat - 串联文件或者显示文本内容。

语法：cat [-AbeEnstTuv] fileName

说明：cat 命令用来把文件串连接后传到基本输出（屏幕）或加“ > filename”到另一个文件。常用选项的意义如下。

-n：由 1 开始对所有输出的行数编号。

-b：和 -n 相似，只不过对于空白行不编号。

-s：当遇到有连续两行以上的空白行，就代换为一行空白行。

（4）more - 分屏显示文件内容。

语法：more [文件名]

说明：more 命令可以分屏显示文件内容，它可以和别的命令搭配使用。

（5）find - 查找文件或目录。

语法：find [搜索路径] [选项]

说明：find 名用于查找符合条件的文件。find 命令可以搭配许多非常有用的选项进行查找，常用的有以下几个。

-amin<分钟>：查找在指定时间曾被存取过的文件或目录，单位以分钟计算。

-atime<24 小时数>：查找在指定时间曾被存取过的文件或目录，单位以 24 小时计算。

－cmin <分钟> ：查找在指定时间被更改的文件或目录。

－ctime <24 小时数>：查找在指定时间之时被更改的文件或目录，单位以 24 小时计算。

－group <组名称> ：查找符合指定组名称的文件或目录。

－name <范本样式> ：指定字符串作为寻找文件或目录的范本样式。

－size <文件大小> ：查找符合指定的文件大小的文件。

－type <文件类型> ：只寻找符合指定的文件类型的文件。

－user <拥有者名称> ：查找符合指定的拥有者名称的文件或目录。

（6） mv－移动或更改文件与目录。

语法：mv [－bfiuv] [－S <附加字尾>] [－V <方法>] [源文件或目录] [目标文件或目录]

说明：运用 mv 命令可以移动文件或者目录，也可以给文件或目录更改名字。常用选项意义如下。

－b：若需覆盖文件，则覆盖前先进行备份。

－f：若目标文件或目录与现有的文件或目录重复，则直接覆盖现有的文件或目录。

－i：覆盖前询问用户。

－S <附加字尾>：与－b 选项一起使用，可指定备份文件所要附加的字尾。

－u：在移动或更改文件名时，若目标文件已存在，且其文件日期比源文件新，则不覆盖目标文件。

－v：执行时显示详细的信息。

－V = <方法>：与－b 选项一并使用，指定备份方法。

（7） rm－删除文件或目录。

语法：rm [－dfirv] [文件或目录]

说明：运行 rm 命令可以删除文件或目录，运用此命令要谨慎。常用选项意义如下。

－f：强制删除文件或目录。

－i：删除文件或目录之前先询问用户。

－r：递归删除，将指定目录下的所有文件及子目录一起删除。

3. 文档编辑

（1） sort－文本排序。

语法：sort [－bcdfimMnr] [－o <输出文件>] [－t <分隔字符>] [+ <起始栏位> － <结束栏位>] [文件]

说明：sort 可针对文本文件的内容，以行为单位来排序。常用选项的意义如下。

－b：忽略每行前面开始出的空格字符。

－c ：检查文件是否已经按照顺序排序。

－d ：排序时，处理英文字母、数字及空格字符外，忽略其他的字符。

－f：排序时，将小写字母视为大写字母。

－i ：排序时，除了 040 至 176 之间的 ASCII 字符外，忽略其他的字符。

－m：将几个排序好的文件进行合并。

－M ：将前面 3 个字母依照月份的缩写进行排序。

-n：依照数值的大小排序。

-o <输出文件>：将排序后的结果存入指定的文件。

-r：以相反的顺序来排序。

-t <分隔字符>：指定排序时所用的栏位分隔字符。

+ <起始栏位> - <结束栏位>：以指定的栏位来排序，范围是由起始栏位到结束栏位的栏位。

（2）wc－计算字数。

语法：wc [-clw] [--help] [--version] [文件]

说明：利用 wc 命令可以计算文件的字节数、字数、或是列数，若不指定文件名称、或是所给予的文件名为"-"，则 wc 命令会从标准输入设备读取数据。常用选项的意义如下。

-c：显示字节数。

-l：显示列数。

-w：显示字数。

（3）sed－流编辑。

语法：sed [-hnV] [-e <script>] [-f <script 文件>] [文本文件]

说明：sed 命令能根据 script 的指令来处理、编辑文本文件。常用选项的意义如下。

-e <script>：以选项中指定的 script 来处理输入的文本文件。

-f <script 文件>：以选项中指定的 script 文件来处理输入的文本文件。

-n：仅显示 script 处理后的结果。

-V：显示版本信息。

-h：显示帮助。

（4）uniq－删除重复的行与列。

语法：uniq [-cdu] [-f <栏位>] [-s <字符位置>] [-w <字符位置>] [输入文件] [输出文件]

说明：uniq 命令可以检查文本文件中重复出现的行和列，也可以删除文本文件中重复出现的行和列。常用选项的意义如下。

-c：在每列旁边显示该行重复出现的次数。

-d：仅显示重复出现的行列。

-f <栏位>：忽略比较指定的栏位。

-s <字符位置>：忽略比较指定的字符。

-u：仅显示出一次的行列。

-w <字符位置>：指定要比较的字符。

4. 备份压缩

（1）tar－创建档案。

语法：tar [主选项 + 辅选项] 文件或者目录

说明：tar（tape archive）可以为文件和目录创建档案（备份文件）。使用 tar 命令时，主选项是必须要有的，辅选项可以选用。常用的主选项如下。

-c：创建档案。

-r：添加目录或文件到档案的结尾。

-t：不解包查看档案里的内容。

-u：只添加比档案更新的目录或文件到档案（即更新）。

-x：解包档案。

常用的辅选项如下。

-f：指定档案或设备名称。

-v：显示操作时的详细信息。

-z：调用 gzip 压缩档案。

-j：调用 bizp2 压缩档案。

-p：不改变文件原来的属性。

-k：不要覆盖已存在的同名文件。

（2）zip-压缩文件。

语法：zip [-AcdDfFghjJKlLmoqrSTuvVwXyz $] [-b <工作目录>] [-ll] [-n <字尾字符串>] [-t <日期时间>] [-<压缩效率>] [压缩文件] [文件...] [-i <范本样式>] [-x <范本样式>]

说明：zip 是个使用广泛的压缩程序，文件经它压缩后会另外产生具有“.zip”扩展名的压缩文件。常用选项如下。

-A：调整可执行的自动解压缩文件。

-b<工作目录>：指定暂时存放文件的目录。

-d：从压缩文件内删除指定的文件。

-i<范本样式>：只压缩符合条件的文件。

-m：将文件压缩并加入压缩文件后，删除原始文件，即把文件移到压缩文件中。

-n<字尾字符串>：不压缩具有特定字尾字符串的文件。

-r：递归处理，将指定目录下的所有文件和子目录一并处理。

-v：显示指令执行过程或显示版本信息。

-<压缩效率>：压缩效率是一个介于1～9的数值。

（3）unzip --解压缩文件。

语法：unzip [-cflptuvz] [-agCjLMnoqsVX] [-P <密码>] [.zip 文件] [文件] [-d <目录>] [-x <文件>]

说明：unzip 为 .zip 压缩文件的解压缩程序。常用的选项如下。

-c：将解压缩的结果显示到屏幕上。

-f：更新现有的文件。

-l：显示压缩文件内所包含的文件。

-t：检查压缩文件是否正确。

-v：执行是时显示详细的信息。

-o：不必先询问用户，unzip 执行后覆盖原有文件。

-P<密码>：使用 zip 的密码选项。

-q：执行时不显示任何信息。

[文件]：指定要处理 .zip 压缩文件中的哪些文件。

-d<目录>：指定文件解压缩后所要存储的目录。

-x <文件>：指定不要处理 .zip 压缩文件中的哪些文件。

（4）gzip - 压缩文件。

语法：gzip [选项] [文件列表]

说明：gzip 命令用来压缩文件，压缩后产生后缀为 .gz 的压缩文件。常用选项的意义如下。

-N：N 取 1～9，代表压缩比率。1 代表最快的压缩，但压缩率不高。9 代表最慢的压缩，但压缩率是最高的。

-c：将结果写到标准输出，原文件保持不变。

-d：解压缩文件。

-f：强制压缩。

-l：压缩文件使用的参数，列出每个压缩文件的如下内容：压缩文件长度、压缩前文件长度、压缩率、压缩前的文件名。

-r：递归地压缩。

-t：检查命令参数中的压缩文件的完整性。

-v：显示每个压缩文件的名字和压缩率。

（5）gunzip - 解压缩文件。

语法：gunzip [选项] [文件]

说明：gunzip 是一个使用广泛的解压缩程序，它用于解开被 gzip 压缩过的文件。同 gzip 命令相似，gunzip 也使用 -N、-c、-f、-r、-l 等选项完成相应的操作。

（6）bzip2 - 压缩文件。

语法：bzip2 [-cdfhkLstvVz] [-- repetitive - best] [-- repetitive - fast] [- 压缩等级] [要压缩的文件]

说明：bzip2 采用新的压缩算法，压缩效果优于传统的 LZ77/LZ78 压缩算法。若没有加上任何选项，bzip2 压缩完文件后会产生 .bz2 的压缩文件，并删除原始的文件。常用选项如下。

-c：将压缩与解压缩的结果送到标准输出。

-d：执行解压缩。

-f：bzip2 在压缩或解压缩时，若输出文件与现有文件同名，预设不会覆盖现有文件。若要覆盖，请使用此选项。

-k：bzip2 在压缩或解压缩后，会删除原始的文件。若要保留原始文件，请使用此选项。

-- repetitive - best：若文件中有重复出现的资料时，可利用此选项提高压缩效果。

-- repetitive - fast：若文件中有重复出现的资料时，可利用此选项加快执行速度。

- 压缩等级：压缩时的区块大小。

（7）bunzip2 - 解压缩文件。

语法：bunzip2 [-fkLsvV] [.bz2 压缩文件]

说明：.bz2 文件的解压缩程序，可解压缩 .bz2 格式的压缩文件。bunzip2 实际上是bzip2 的符号连接，执行 bunzip2 与 bzip2 -d 的效果相同。常用选项如下。

-f：解压缩时，若输出的文件与现有文件同名时，预设不会覆盖现有的文件。若要覆盖，请使用此选项。

-k：解压缩后，预设会删除原来的压缩文件。若要保留压缩文件，请使用此参数。

-v：解压缩文件时，显示详细的信息。

5. 系统设置管理

（1） alias - 设置别名。

语法：alias [别名] = [指令名称]

说明：可以利用 alias 命令来指定指令的别名。若只输入 alias，则可列出当前系统中所有的别名设置。alias 局限于每次登录系统时的操作，若要每次登录时自动设好别名，可在 . profile 或 . cshrc 中设定指令的别名。若不加任何选项，则列出目前所有的别名设置。

（2） clear - 清理屏幕。

语法：clear

说明：clear 命令的功能是清除屏幕上的信息，它类似于 DOS 中的 cls 命令。清屏后，提示符移动到屏幕左上角。

（3） passwd - 设置密码。

语法：passwd [-dklS] [-u < -f >] [用户名称]

说明：用户可以使用 passwd 命令更改自己的密码，而系统管理员则能用它管理系统用户的密码。只有系统管理员可以指定用户名称，普通用户只能变更自己的密码。常用选项的意义如下。

-d：删除密码，只有系统管理员才能使用此选项。

-f：强制执行。

-k：设置只有在密码过期失效后，方能更新。

-l：锁住密码。

-s：列出密码的相关信息，只有系统管理员才能使用此选项。

-u：解开已上锁的账号。

（4） date - 显示或设置系统日期和时间。

语法：date [选项] 显示时间格式

说明：date 命令的功能是显示和设置系统日期和时间。只有超级用户才有权限使用 date 命令设置时间，一般用户只能使用 date 命令显示时间。

（5） su - 更改用户身份。

语法：su [-flmp] [--help] [--version] [-] [-c <指令>] [-s <shell>] [用户账户]

说明：利用 su 命令可让用户暂时变更登录的身份。变更时须输入所要变更的用户账号与密码。常用选项的意义如下。

-c <指令>：执行完指定的指令后，即恢复原来的身份。

-f：适用于 csh 与 tsch，使 shell 不用去读取启动文件。

-l：改变身份时，也同时改变工作目录，以及 HOME，SHELL，USER，LOGNAME。此外，也会变更 PATH 变量。

-m，-p：变更身份时，不要变更环境变量。

-s <shell>：指定要执行的 shell。

[用户账户]：指定要变更的用户，若不指定，则预设变更为 root。

（6）top - 管理运行中的程序。

语法：top [bciqsS] [d <间隔秒数>] [n <执行次数>]

说明：执行 top 命令可以显示当前系统中正在执行的程序，并通过它所提供的交互界面，用热键加以管理。常用选项的意义如下。

b：使用批处理模式。

c：列出程序时，显示每个程序的完整命令，包括命令名称、路径和选项等相关信息。

d <间隔秒数>：设置 top 监控程序执行状况的间隔时间，单位以秒计算。

i：执行 top 命令时，忽略闲置或是已成为 zombie 的程序。

n <执行次数>；设置监控信息的更新次数。

q：持续监控程序执行的状况。

s：使用保密模式，消除互动模式下潜在的危机。

S：使用累计模式，其效果类似 ps 指令的“-S”参数。

（7）useradd - 建立新用户。

语法：useradd [-mMnr] [-c <注释>] [-d <登录目录>] [-e <有效期限>] [-f <缓冲天数>] [-g <组名>] [-G <组名>] [-s <shell>] [-u <uid>] [用户账户] 或 useradd -D [-b] [-e <有效期限>] [-f <缓冲天数>] [-g <组名>] [-G <组名>] [-s <shell>]

说明：系统管理员可以利用 useradd 命令来建立新用户。用户建好之后，再用 passwd 命令新用户的密码。使用 useradd 命令所建立的用户，实际上是保存在/etc/passwd 文本文件中。而可用 userdel 命令则可以删除用户。常用选项的意义如下。

-c <注释>：备注内容将保存在/etc/passwd 文本文件的注释栏位中。

-d <登录目录>：指定用户登录时的初始目录。

-D：变更预设值。

-e <有效期限>：指定用户的有效期限。

-f <缓冲天数>：指定在密码过期后多少天就关闭该用户。

-g <组名>：指定用户所属的组。

-G <组名>：指定用户所属的附加组。

-m：自动建立用户的登录目录。

-M：不要自动建立用户的登录目录。

-n：取消建立以用户名称为名的组。

-r：建立系统用户。

-s <shell>：指定用户登录后所使用的 shell。

-u <uid>：指定用户 ID。

（8）who - 显示用户信息。

语法：who [-Himqsw] [am i] [记录文件]

说明：执行 who 命令可以知道目前有哪些用户登录系统，单独执行 who 命令会列出用户登录账号、使用的 终端机、登录时间及从何处登录或正在使用哪个 X 显示器。常用选项的意义如下。

-H：显示各栏位的标题信息列。

-i：显示闲置时间，若该用户在前一分钟之内有任何动作，将标识成“.”号，如果该用户已超过 24 小时没有任何动作，则标识出“old”字符串。

-m：效果和执行“who am I”相同。

-q：只显示登录系统的账号名称和总人数。

-s：此选项将忽略不予处理，仅负责解决 who 命令其他版本的兼容性问题。

-w：显示用户的信息状态栏。

（9）ps-查看进程信息

语法：ps［选项］

说明：ps 命令是用来报告程序执行状况的指令，可以搭配 kill 指令随时中断、删除不必要的程序。ps 可以附加很多有用的选项，常用选项的意义如下。

-a：显示所有终端机下执行的程序，除了阶段作业领导者之外。

a：显示现行终端机下的所有程序，包括其他用户的程序。

e：列出程序时，显示每个程序所使用的环境变量。

-f：显示 UID，PPIP，C 与 STIME 栏位。

g：显示现行终端机下的所有程序，包括组领导者的程序。

u：以用户为主的格式来显示程序状况。

v：采用虚拟内存的格式显示程序状况。

（10）kill-终止指定程序。

语法：kill［-s <信息名称或 id>］［程序］或 kill［-l <信息 id>］

说明：kill 可将指定的信息送至程序。预设的信息为 SIGTERM（15），可将指定程序终止。若仍无法终止该程序，可使用 SIGKILL（9）信息尝试强制删除程序。程序或工作的 id 可利用 ps 命令或 jobs 命令查看。

（11）free-查看内存状态。

语法：free［-bkmotV］［-s <间隔秒数>］

说明：free 命令能显示内存的使用情况，包括实体内存、虚拟的交换文件内存、共享内存区段及系统核心使用的缓冲区等。常用选项的意义如下。

-b：以 Byte 为单位显示内存使用情况。

-k：以 KB 为单位显示内存使用情况。

-m：以 MB 为单位显示内存使用情况。

-o：不显示缓冲区调节列。

-s <间隔秒数>：持续观察内存使用状况。

-t：显示内存总和列。

-V：显示版本信息。

（12）reboot-重启机器。

语法：reboot［-dfinw］

说明：用户可以使用 reboot 命令来系统停止运作，并重新开机。常用选项的意义如下。

-d：重新开机时不把数据写入记录文件/var/tmp/wtmp。本参数具有“-n”选项的效果。

-f ：强制重新开机，不调用 shutdown 命令的功能。

-i ：在重开机之前先关闭所有的网络界面。

-n ：在重开机之前不检查是否有未结束的程序。

-w ：仅做测试，并不真的将系统重新开机，只会把重开机的数据写入/var/log 目录下的 wtmp 记录文件。

（13） rsh - 远程登录。

语法：rsh [-dn] [-l <用户名称>] [主机名称或 IP 地址] [执行命令]

说明：rsh 即 remote shell，它提供用户环境，也就是 shell，以便命令能够在指定的远程主机上执行。常用选项的意义如下。

-d：使用 Socket 层级的排错功能。

-l <用户名称> ：指定要登入远程主机的用户名称。

-n ：把输入的命令号传输到代号为/dcv/null 的特殊外围设备。

（14） uname - 显示系统信息。

语法：uname [-amnrsv]

说明：uname 可以显示计算机及操作系统的相关信息。常用选项的意义如下。

-a：显示全部的信息。

-m：显示计算机类型。

-n：显示在网络上的主机名称。

-r：显示操作系统的发行编号。

-s：显示操作系统名称。

-v ：显示操作系统的版本。

6. 磁盘管理维护

（1） df - 显示磁盘信息。

语法：df [-ahHiklmPT] [--block-size = <区块大小>] [-t <文件系统类型>] [-x <文件系统类型>] [--help] [--no-sync] [--sync] [文件或设备]

说明：df 命令可以显示磁盘的文件系统及使用状况。常用选项的意义如下。

-a：包含全部的文件系统。

--block-size = <区块大小> ：以指定的区块大小来显示区块数目。

-h：以可读性较高的方式来显示信息。

-H：与 -h 参数相同，但在计算时是以 1000 字节为换算单位而非 1024 字节。

-i：显示 inode 的信息。

-k：指定区块大小为 1024 字节。

-l：仅显示本地的文件系统。

-m：指定区块大小为 1048576 字节。

--no-sync ：在取得磁盘使用信息前，不要执行 sync 指令，此为预设值。

-P：使用 POSIX 的输出格式。

--sync ：在取得磁盘使用信息前，先执行 sync 指令。

-t <文件系统类型>：仅显示指定文件系统类型的磁盘信息。

-T：显示文件系统的类型。

-x <文件系统类型>：不显示指定文件系统类型的磁盘信息。

[文件或设备]：指定磁盘设备。

（2）du - 显示目录和文件的大小。

语法：du [-abcDhHklmsSx] [-L <符号连接>] [-X <文件>] [--block-size] [--exclude=<目录或文件>] [--max-depth=<目录层数>] [目录或文件]

说明：使用 du 命令会显示指定的目录或文件所占用的磁盘空间。常用选项的意义如下。

-a 或 -all：显示目录中个别文件的大小。

-b：以字节为单位。

-c：除了显示个别目录或文件的大小外，同时也显示所有目录或文件的总和大小。

-D：显示指定符号连接的源文件大小。

-h：以 K，M，G 为单位，提高信息的可读性。

-H：与 -h 参数相同，但是 K，M，G 是以 1000 为换算单位。

-k：以 1024 字节为单位。

-l：重复计算硬连接的文件。

-m：以 MB 为单位。

-s：显示总计。

-S：显示个别目录的大小时，并不包含其子目录的大小。

-x：以一开始处理时的文件系统为准，若遇上其他不同的文件系统目录则略过。

-X <文件>：在 <文件> 指定目录或文件。

--exclude=<目录或文件>：略过指定的目录或文件。

--max-depth=<目录层数>：超过指定层数的目录后，予以忽略。

（3）mount - 挂载文件系统。

语法：mount [选项] 文件系统

说明：mount 命令的作用是挂载文件系统，它的使用权限是超级用户或/etc/fstab 中允许的使用者。常用选项的意义如下。

-h：显示辅助信息。

-v：显示信息，通常和 -f 用来除错。

-a：把/etc/fstab 中定义的所有文件系统挂上。

-f：通常用于排错，它会使 mount 不执行实际挂载动作，而是模拟整个挂载的过程，通常会和 -v 一起使用。

-t <文件系统类型>：显示被加载文件系统的类型。

（4）umount - 卸载文件系统。

语法：umount [-ahnrvV] [-t <文件系统类型>] [文件系统]

说明：umount 可以卸载当前挂载 Linux 目录中的文件系统。常用选项的意义如下。

-a：卸载/etc/mtab 中记录的所有文件系统。

-h：显示帮助。

-n：卸载时不要将信息存入/etc/mtab 文件中。

-r：若无法成功卸除，则尝试以只读的方式重新挂载文件系统。

-t <文件系统类型>：仅卸载选项中所指定的文件系统。

-v：执行时显示详细的信息。

（5）fdisk-磁盘分区。

语法：fdisk [-b <分区大小>] [-uv] [外围设备代号] 或 fdisk [-l] [-b <分区大小>] [-uv] [外围设备代号...] 或 fdisk [-s <分区编号>]

说明：系统管理员可以用 fdisk 命令进行磁盘分区，它采用传统的问答式界面，因此使用时须小心谨慎。常用选项的意义如下。

-b <分区大小>：指定每个分区的大小。

-l：显示指定外围设备的分区表状况。

-s <分区编号>：将指定分区大小输出到标准输出上，单位为区块。

-u：搭配“-l”选项列表，会用分区数目取代柱面数目，来表示每个分区的起始地址。

-v：显示版本信息。

（6）fsck-检查或修复文件系统。

语法：fsck [-aANPrRsTV] [-t <文件系统类型>] [文件系统]

说明：检查文件系统，当文件系统发生错误时，可用 fsck 命令尝试加以修复。常用选项的意义如下。

-a：自动修复文件系统，不询问任何问题。

-A：依照/etc/fstab 配置文件的内容，检查文件内所列的全部文件系统。

-N：不执行指令，仅列出实际执行会进行的动作。

-P：当搭配“-A”选项使用时，会同时检查所有的文件系统。

-r：采用互动模式，在执行修复时询问问题，让用户确认并决定处理方式。

-R：当搭配“-A”参数使用时，会略过/目录的文件系统不予检查。

-s：依序执行检查作业，而非同时执行。

-t <文件系统类型>：指定要检查的文件系统类型。

-T：执行 fsck 命令时，不显示标题信息。

-V：显示命令执行过程。

（7）mkfs-创建文件系统。

语法：mkfs [-vV] [fs] [-f <文件系统类型>] [设备名称] [区块数]

说明：系统管理员可以运用此命令来创建文件系统。mkfs 本身并不执行建立文件系统的工作，而是去调用相关的程序来执行。常用选项的意义如下。

fs：指定建立文件系统时的参数。

-t <文件系统类型>：指定要创建的文件系统类型。

-v：显示版本信息与详细的使用方法。

-V：显示简要的使用方法。

（8）sync-数据同步。

语法：sync [--help] [--version]

说明：在 Linux 系统中，当数据需要存入磁盘时，通常会先放到缓冲区内，等到适当的时刻再写入磁盘，如此可提高系统的执行效率。

上面列举了 Linux 最常用的命令，其中许多命令只能由根用户（或者称超级用户）来使用，普通用户在命令行上输入这些命令时，会提示错误。Linux 还有很多非常有用的命令，读者可以参考 Linux 自带的帮助文档来熟悉和练习。

1.3　shell 脚本基础

学习 Linux 系统必须要学习 shell 脚本，可以将 shell 脚本看作用户和系统交互的一个窗口。shell 脚本（即 shell Script）与 Windows/Dos 下的批处理文件类似，也就是预先把一系列命令放入到一个文件中，方便一次性执行或者重复使用。shell 脚本是一个可执行文件，其中包含了多行用于命令行输入的文本，也包含了一些用于控制脚本中各行命令执行顺序的专用命令。系统管理员可以执行 shell 脚本完成一系列复杂的系统设置和系统管理任务。

shell script 是一种语言，它拥有计算机语言所必需的一切核心元素：常量、变量数组、循环、条件及逻辑判断等重要功能。shell script 是一种解释型脚本语言，写法相对比较随意。用户不必使用类似 C 程序语言传统程序编写的语法。

本节内容将介绍 shell 与 shell 脚本的基础知识，其中文中涉及的例子将用 Linux 默认的 shell，即 bash。

1.3.1　shell 简介

上一节内容中 Linux 命令执行的命令行环境是由一个称为 shell 的程序控制的。shell 是系统的用户界面，提供了用户与内核进行交互操作的一个接口。它接收用户输入的命令并把它送入内核去执行。图 1－3 就是经典的 UNIX 操作系统体系架构图，所以可以说 shell 是介于使用者和 UNIX/Linux 操作系统的内核（kernel）之间的一个接口，是系统核心程序与使用者之间的中介者。

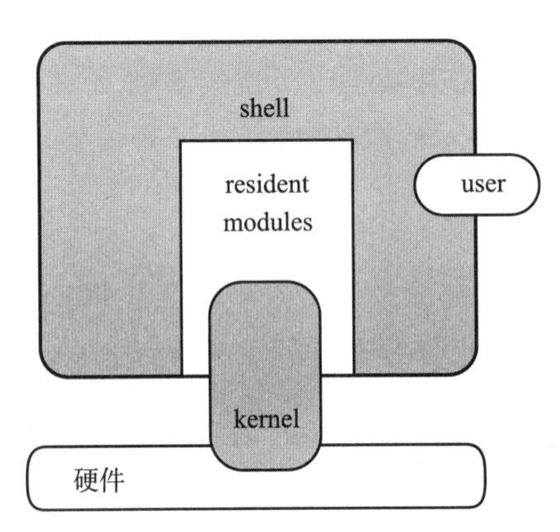

图 1－3　UNIX 操作系统体系架构图

实际上 shell 是一个命令解释器（command interpreter），它解释由用户输入的命令并且把它们传递给系统内核。此外，shell 有自己的编程语言用于对命令的编辑，它允许用户编写由 shell 命令组成的程序，称为 shell 脚本。shell 编程语言具有普通编程语言的很多特点，比如它也有循环结构和分支控制结构等，用这种编程语言编写的 shell 程序与其他应用程序具有同样的效果。

最初创建UNIX时，有远见的开发者决定将shell与操作系统分离，这意味着可以对shell进行修改而不会影响到操作系统。其他开发者在不断对shell进行改进和增强，提供了更多的新功能。这些shell目前广泛地应用在UNIX和Linux系统中。表1-6展示了最常用的shell版本。

表1-6 常用的shell版本

. shell 名	程序名	描 述
Bourne shell	sh	最初的UNIX shell，由贝尔实验室开发
Bourne Again shell	bash	GNU项目创建的Bourne shell的增强与扩展版本，是默认的Linux shell
C shell	csh	SUN公司shell的BSD版本，20世纪70年代由Bill Joy开发，与bash shell相比，C shell具有更复杂的语法结构，交互功能强大
TC shell	tcsh	C shell的增强版本，Linux系统上常用的版本
Korn shell	ksh	David Korn设计的专有的非免费的shell，是Bourne shell的一个修订版本，包含了C shell的交互式功能，大部分内容上与Bourne shell兼容

1.3.2 shell脚本

1. shell脚本的组成部分

编写shell脚本的过程也称shell程序设计，编写shell脚本的过程中必须遵循shell程序设计的语法规则。符合下面三条基本规则的文本文件可以视为shell脚本。

（1）文本文件的第1行必须指明用于解释脚本的shell名（或其他程序名）。

（2）文本文件必须设置执行权限，包括用户（user）、组（group）或允许运行该脚本的任何其他主体（other）。

（3）文本文件中必须包含解释器可以识别和解释的有效命令。

运行shell脚本实际上是运行程序的一种，不同的是shell脚本中包含的程序易读易修改，而非二进制格式。对shell而言，运行shell脚本的过程与运行邮件客户端类似。要让shell能够将文本文件识别为可执行脚本，首先要设置文本文件的执行权限，可通过chmod命令实现，如下例：

```
[ericcgx@ node01 ericcgx] $ chmod ugo +x script_test
```

也可以运用数字格式（chmod命令可参考上节内容）

```
[ericcgx@ node01 ericcgx] $ chmod 755 script_test
```

在使用上述命令后，文件权限如下所示：

```
-rwxr-xr-x
```

这意味着shell可以将script_test这个文件作为一个可执行程序。

运行shell脚本时，必须启动其他程序来解释该脚本，这个程序在shell脚本的首行中指定。在shell提示符下输入脚本名运行脚本时，shell首先检查脚本文件的首行内容，然后启动该行中指定的解释器，并将指定的文件作为参数。shell脚本的首行格式为：首行以“#”

作为前缀，后面紧跟一个“!”，之后是解释器的完整路径。比如，某个需要 bash shell 执行的 shell 脚本的首行如下所示：

```
#! /bin/bash
```

而需要 C shell 执行的 shell 脚本首行如下所示：

```
#! /bin/csh
```

这里所示的解释器完整路径是大多数 Linux 上的标准路径。如果脚本首行中没有指定解释器名，则系统中的默认 shell 会尝试执行该脚本，这可能会导致意外的结果。下面的例子展示了 shell 脚本的运行过程，该脚本名为 test，脚本内容如下：

```
[ericcgx@ node01 ericcgx]$ more test
#! /bin/bash
echo Hello World!
```

要运行该脚本，可以在 Linux 命令行上输入句点和正斜杠，后面紧跟脚本名，句点和正斜杠的作用是告诉 shell 脚本文件位于当前目录下，而非 PATH 环境变量指定的目录下，如：

```
[ericcgx@ node01 ericcgx]$ ./test
```

在命令行输入./test 之后，会依次发生如下情况。

（1）当前的 shell 环境查看 test 脚本的首行，并发现了“#! /bin/bash”。

（2）当前的 shell 环境启动一个新的 bash shell，并将脚本名 test 作为参数。实际上，shell 运行了如下命令：

```
bash ./test
```

（3）新的 bash shell 副本加载 test 脚本并执行其中每一行（类似于分别在 shell 提示符下输入这些行，并将结果发送到屏幕）。

（4）新的 bash shell 副本运行 test 脚本直至该脚本结束后退出，并将屏幕控制权还给原来所在的 shell 环境。

上述脚本执行结果将在屏幕上显示：

```
Hello World!
```

上述脚本中的 echo 命令的作用是将用户在其后输入的文本（也可说是该命令的参数）在 STDOUT 通道（如果没有进行输出重定向，则实际上也就是屏幕）上显示出来。

2. shell 脚本中的变量

编写 shell 脚本时，可能需要引用很多变量。可以说一个变量就是内存中被命名的一块存储空间。通过变量机制，用户可以不使用内存地址而直接使用变量名访问内存区域。shell 变量分为两种，即环境变量和用户定义变量。环境变量通常由操作系统内置的脚本或系统中运行的程序预先定义，它用来定制 shell 的运行环境，保证 shell 命令的正确运行。而用户定义变量由 shell 脚本的编写者来定义。一个没有初始化的 shell 变量将自动地被初始化为 0 或空字符串。

shell 程序设计中会经常用到环境变量，表 1-7 和表 1-8 分别展示了一些重要的可修改

环境变量和只读环境变量。

表 1－7　可修改的 Bash 环境变量

环境变量	变量意义
BASH	Bash 的完整路径名
ENV	Linux 查找配置文件的路径
HOME	用户的主目录
PATH	用户搜索路径，shell 根据这个变量在它指出的目录下面查找外部命令和程序
PPID	父进程的 ID 号
PS1	命令行的主 shell 提示符，通常被设置为 $，但可以修改
PS2	出现在一个命令的第二行的二级 shell 提示符
PWD	当前工作目录
TERM	用户的控制终端的类型
IFS	Bash 用来分割命令行中参数的分割符号
HISTFILE	存放历史记录的文件的路径名

表 1－8　只读 Bash 环境变量

环境变量	变量意义
$ 0	程序的名字
$ I～$ 9	命令行参数 1～9 的值
$ *	所有命令行参数的值
$ @	所有命令行参数的值。和 $ * 的区别在于：当 $ @ 被""包括时，即" $ @ "，这相当于其中的每一个参数的值被""包括，而当 $ * 被""包括时，即" $ * "，这相当于所有的参数值作为一个串被""包括
$ #	命令行参数的总个数
$ $	当前进程的 ID 号
$?	最近一次命令的退出状态
$!	最近一次后台进程的 ID 号

用户定义的变量在脚本中用来作为临时的存储空间，它们的值可以设置为只读的，也可以在程序执行的过程中进行改变，而且也可以被传递给定义它们的那个 shell 脚本。用户可以使用 shell 内嵌命令 declare、local、set 和 typeset 来初始化这些变量。

通过下面的两个例子来加深对变量的理解。

（1）引用环境变量 $ HOME。

```
cp /data/test.dat $ HOME
```

这里引用了环境变量 $ HOME，cp 命令将文件 test. dat 复制到用户的 home 目录下。当然也可以使用如下命令：

```
cp /data/test.dat /home/ericcgx/
```

上述第二个命令只有在用户 ericcgx 运行该脚本时才有效，而通过使用环境变量 $ HOME，可以确保任何用户都可以正确地启动并运行该脚本。

（2）使用用户定义变量。创建脚本 wc_test，其内容如下：

```
[ericcgx@ node01 ericcgx] $ more wc_test
#! /0bin/bash
# Author:ericcgx
# Description:Read multiple filenames from command line;
# process each with wc
#
echo The script you are running is $ 0
echo The number of filenames you provided is $ #
echo The number of lines in file $ 1 is:
wc -l $ 1
echo The number of words in file $ 2 is:
wc -w $ 2
```

运行这个脚本：

```
[ericcgx@ node01 ericcgx] $ ./wc_test file1.dat file2.dat
```

脚本运行过程为：shell 将脚本名（命令行中的第一项，即 wc_test）赋值给位置变量 $ 0；将命令行中包含的文件名分别赋值给位置变量 $ 1，$ 2；最后将数值 2 赋值给变量 $ #（这是由于运行该脚本的命令行中除脚本名外还包含了两个其他参数）。该脚本的输出结果如下：

```
The script you are running is wc_test
The number of filenames you provided is 2
The number of lines in file file1.dat is 21
The number of words in file file2.dat is 380
```

3. shell 脚本中的程序流程控制命令

可以运用程序流程控制命令来决定 shell 脚本中语句执行的顺序。控制程序流程的基本命令有三种：二路跳转、多路跳转和重复执行。例如在 bash shell 中，实现二路跳转的是 if 语句，实现多路跳转的是 if 和 case 语句，实现重复执行的是 for、while 和 until 语句。

（1）if 语句。在 shell 脚本中可以使用 if 语句来引入一个测试语句（这个测试语句使用某种规则来检查文件或变量，并返回一个 true 或 false 的结果，脚本根据返回的结果选择下一步要执行的命令），if 命令后面必须跟随一个 then 命令，then 命令列出了测试成功（即返回结果为 true）时应该执行的命令，fi 命令表明 if 语句的结束。如果 if 测试成功（即返回结果为 true），则 then 与 fi 之间的所有语句都要执行；如果 if 测试失败（即返回结果为 false），则 then 与 fi 之间的所有语句都不会执行。在 shell 脚本中常用的 if 语句有：if-then 语句、if-then-else 语句和 if-then-elif-else-if 语句。

if-then 语句常用于二路跳转，其语法如下：

```
if expression
    then
      then-command
fi
```

如果测试语句 expression 返回 true，则执行 then-command 中的命令，否则将跳过 then-command 命令。if-then 语句的语义如图 1－4 所示。

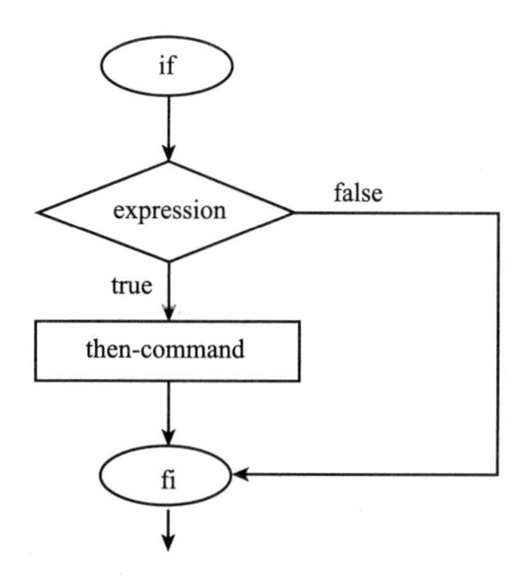

图 1－4　if-then 语句的语义图

if-then-else 语句同样可以实现二路跳转，且比较简洁易懂，其语法如下：

```
if expression
    then
      then-command
    else
       else-command
fi
```

如果测试语句 expression 返回 true，就执行 then-command 中的命令，否则就执行 else-command 中的命令。最后都执行 fi 语句后面的命令。if-then-else 语句的语义如图 1－5 所示。

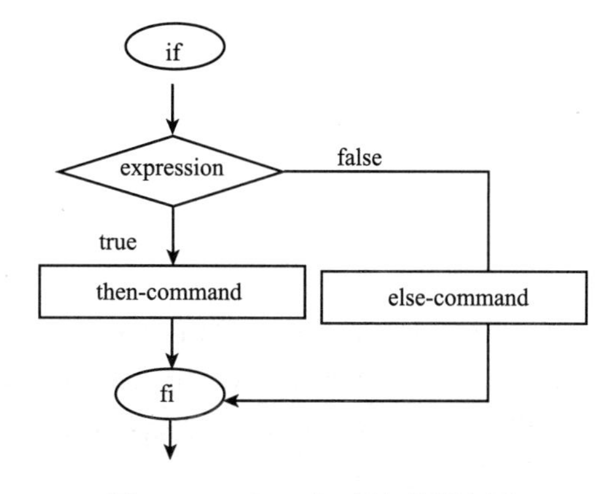

图 1－5　if-then-else 语句的语义图

下面的例子展示了 if-then-else 语句的用法：

```
if [ -d$HOME/test]
        then
          echo The test is a directory.
        else
          echo The test is not a directory.
fi
```

测试语句判断用户主目录下面的 test 是目录还是普通文件，如果为 true 就执行 then 后面的语句，否则就执行 else 后面的语句。这里的 -d 测试符表示测试项是否为目录名，bash shell 中还有许多非常有用的测试操作符，有兴趣的读者可以参考这方面的内容。

if-then-elif-else-if 语句的语法如下：

```
if expression
      then
        [elif expression
           then
             then-command-list
           …
        [else
             else-command-list
fi
```

if-then-elif-else-if 语句能实现更复杂的多路跳转，完成各种更加复杂的任务。

(2) 循环语句。

循环语句用于确定程序中某些部分是否应该执行多次，它包含如下几个部分。

- 一个计数变量，每轮循环中该变量都会分配一个不同的值。
- 计数变量取值列表。
- 循环体，每次循环时都会执行一次。

bash shell 中，常用的循环语句有 for 语句、while 语句和 until 语句，关键字 for、in、do、done 等经常会出现在这些语句中。

①for 语句。for 语句的语法如下：

```
for variable [in argument-list]
do
      command-list
done
```

在 for 语句中，argument-list 中提供的词被逐一赋值给 variable，然后重复执行循环体中的命令（即 command-list）。argument-list 中词的个数决定了循环体执行次数，如果不使用 in argument-list，则参数由命令行提供。下面的脚本 for_example 展示了 for 语句的用法，其内容如下：

```
[ericcgx@ node01 ericcgx] $ more for_example
```

```
#! /bin/bash
for course in Maths Chinese English Biology
do
      echo "$ course"
done
exit 0
```

运行这个脚本，结果如下：

```
[ericcgx@ node01 ericcgx]$ ./for_example
Maths
Chinese
English
Biology
```

②while 语句。while 语句通过判断一个表达式的真假而选择是否重复执行一系列语句，其语法如下：

```
while expression
do
      command-list
done
```

while 循环中，只要 expression 的值为 true，就重复执行 command-list 中的语句，然后 expression被再次求值。每一次 expression 求值和执行 command-list 中命令的过程称为一个迭代，它一直重复直到 expression 的值变为 false，此时程序跳出 while 循环。下面的脚本 while_example 展示了 while 语句的用法，其内容如下：

```
[ericcgx@ node01 ericcgx]$ more while_example
#! /bin/bash
Passwd=888888
echo "Guess the password! "
echo -n "Enter your answer: "
read Answer
while [ "$ Passwd" ! = "$ Answer" ]
do
      echo "Wrong answer, try again! "
      echo -n "Enter your answer: "
      read Answer
done
echo "The answer is right, congratulation! "
exit 0
```

执行这个脚本，结果如下：

```
[ericcgx@ node01 ericcgx]$ ./while_example
Guess the password!
```

```
Enter your answer: 123456
Wrong answer, try again!
Enter your answer: 111111
Wrong answer, try again!
Enter your answer: 888888
The answer is right, congratulation!
[ericcgx@ node01 ericcgx] $
```

当运行这个脚本时，变量 Passwd 被初始化为 888888，用户输入的猜测结果则存储在局部变量 Answer 中，如果猜测的不是 888888，while 循环的条件就为 true，就一直在 do 和 done 之间执行操作。程序提示用户的猜测结果为错，并要求再来一次。知道用户猜到了 888888，那样循环条件就变为 false，程序跳出 while 循环，然后执行随后的命令，即用 echo 命令打印出祝贺信息。

③until 语句。until 语句的句法和 while 语句类似，但是语义却不同。while 语句只要判断语句的值为 true，则不断执行循环体，而 until 语句中，只要判断语句的值还是 false，则不断执行循环体。until 语句的语法如下：

```
until expression
do
       command-list
done
```

下面的脚本 until_example 完成了和上述脚本 while_example 一样的工作，其内容如下：

```
[ericcgx@ node01 ericcgx] $ more until_example
#! /bin/bash
Passwd =888888
echo "Guess the password! "
echo - n "Enter your answer: "
read Answer
until [ " $ Passwd" = " $ Answer" ]
do
      echo "Wrong answer, try again! "
      echo - n "Enter your answer: "
      read Answer
done
echo "The answer is right, congratulation! "
exit 0
```

运行这个脚本，其结果如下：

```
[ericcgx@ node01 ericcgx] $ ./until_example
Guess the password!
Enter your answer: 123456
Wrong answer, try again!
```

```
Enter your answer: 111111
Wrong answer, try again!
Enter your answer: 888888
The answer is right, congratulation!
```

4. shell 脚本调试

为了完成一些复杂的管理和配置任务，创建的 shell 脚本往往会很长，这给快速发现脚本中的语法错误和逻辑错误带来了困难。语法错误是指输入语句是发生的错误，常见的有关键字拼写错误、遗漏了分号或一些类似的原因导致 shell 不能理解输入语句所表达的含义；逻辑错误则指命令不能有效地完成指定的任务。

shell 的调试功能可以发现并改正上述两类错误。前面内容已经提过，运行 shell 脚本时，shell 会启动一个副本来运行脚本，如运行脚本 test，可以使用下面的命令：

```
[ericcgx@ node01 ericcgx] $ bash ./test
```

在实际运用中，对于较长的脚本，编写者都应该对其进行检查，确保其中不再包含语法错误。对 shell 而言，语法错误是容易识别的，可以在运行脚本时使用 -n 选项进行语法检查：

```
[ericcgx@ node01 ericcgx] $ bash -n ./test
```

选项 -n 的作用是使 shell 检查脚本的每一行语句，并在发现语法错误时给出出错信息，但实际上不执行脚本中的任何命令。若脚本中不包含任何语法错误，则上面的命令不会生成任何输出信息。

也可以搭配 -v 选项，这有助于了解 shell 进行语法检查的进展情况。 -v 的作用是使 shell 在读入脚本时显示脚本的每一行。

(1) 使用 shell 追踪。shell 追踪是指脚本运行时在屏幕上显示该脚本的每一行，这与上述的 -v 选项是有区别的： -v 选项仅仅展示脚本实际运行前每一行的原始文本；shell 追踪功能显示脚本运行时每一行的实际情况，如每条命令实际执行时使用的具体数据。shell 追踪功能用 -x 选项来开启。下面的例子展示了 shell 追踪功能的用法。

脚本 test 中某行如下：

```
for count in $@
```

现在可以使用 -x 选项运行脚本，并提供需要该脚本处理的文件名。

```
[ericcgx@ node01 ericcgx] $ bash -x ./test *.dat
```

当 shell 执行到 for 语句时，会在屏幕上显示该行经过替换处理后的信息，其中包含了变量 $@ 匹配的所有文件名。如果工作目录下存在三个与 *.dat 相匹配的文件，则 shell 会在屏幕上显示类似如下的信息：

```
for count in file1.dat file2.dat file3.dat
```

shell 追踪可以帮助脚本设计者检查是否使用了期望的值，以及脚本是否以预想的顺序执行命令。

(2) 在脚本内进行调试。鉴于在使用 shell 追踪功能时，很大的脚本会产生大量的输出信息，使得用户难以准确定位错误位置，这时可以只在脚本中有可能出错的位置打开调试功能来方便错误定位。可以结合使用 set 命令和 -x 选项来实现这一点。比如，假定脚本中包含了一个不能按预期功能运行的 for 语句，为了调试其中的错误，可以使用两个 set 命令（分别用于实现调试功能的禁止和激活）将整个 for 循环封装起来，这样，只有该 for 循环的调试信息才会在屏幕上显示，这使得错误定位变得相对容易，如下例：

```
set -x
for count in $@
do
#process each file name that was provided on the command line
done
set +x
```

此外，软件开发人员或系统管理员通常会创建一些调试函数，并在他们编写的很多脚本中进行调试。读者在进行 shell 程序设计时也可以使用 -x 和多个函数进行试验，来寻找一种最有帮助的调试方式。

习　　题

一、多项选择题

1. Linux 操作系统的特点主要有（　　）。
   A. 完全免费　　B. 高效、安全、稳定
   C. 支持多种硬件平台　　D. 多用户多任务
2. Linux 的结构包括（　　）。
   A. Linux 内核　　B. Linux 内存结构　　C. Linux 网络结构
   D. Linux 文件结构　　E. Linux shell
3. 基本的操作系统结构包括（　　）。
   A. 操作环境（shell）　　B. 文件结构　　C. 内存结构
   D. 网络结构　　E. 内核结构
4. 对命令的使用方法提供帮助和解释的命令是（　　）。
   A. dir　　B. cp　　C. man　　D. rm
5. 关于 shell 的描述，以下说法正确的是（　　）。
   A. shell 本身是一个用 C 语言编写的程序，它是用户使用 Linux 的桥梁
   B. shell 既是一种命令语言，又是一种程序设计语言
   C. shell 是 Linux 系统核心的一部分
   D. shell 调用了系统核心的大部分功能来协调各个程序的运行
   E. shell 可以用来启动、挂起、停止甚至是编写一些程序
6. shell 的类型主要有（　　）。
   A. ash　　B. ksh　　C. csh　　D. zsh　　E. bash

二、单项选择题

1. Linux 文件权限一共 10 位长度，分成四段，第三段表示的内容是（　　）。

A. 文件类型　　B. 文件所有者的权限

C. 文件所有者所在组的权限　　D. 其他用户的权限

2. 终止一个前台进程可能用到的命令和操作是（　　）。

A. kill　　B. <CTRL>；+C　　C. shut down　　D. halt

3. 在使用 mkdir 命令创建新的目录时，在其父目录不存在时先创建父目录的选项是（　　）。

A. －m　　B. －d　　C. －f　　D. －p

4. 改变文件所有者的命令是（　　）。

A. chmod 改文件权限　　B. touch

C. chown　　D. Cat 查看内容

5. Linux 系统习惯上将许多设备驱动程序存储在（　　）目录中。

A. /dev　　B. /boot　　C. /root　　D. /etc

6. 我们一般使用（　　）工具来对硬盘建立分区。

A. mknod　　B. fdisk　　C. format　　D. mkfs

7. 关闭 linux 系统（不重新启动）可使用命令（　　）。

A. Ctrl + Alt + Del　　B. halt

C. shutdown －r now 重启　　D. reboot 重启

三、填空题

1. 在 Linux 系统中，以________方式访问设备 。

2. 在 Linux 系统中所有内容都被表示为文件，组织文件的各种方法称为________。

3. 编写的 shell 程序运行前必须赋予该脚本文件________权限。

4. 在 Linux 系统中所有内容都被表示为文件，组织文件的各种方法称为________。

5. 为脚本程序指定执行权的命令及参数是________。

6. Linux 通常使用________文件系统。

7. rm 命令可删除文件或目录，其主要差别就是是否使用________参数。

8. 内核分为________、________、________和________等四个子系统。

四、简答题

1. 什么是计算机系统？计算机系统的基本组成机构是什么？

2. 简述 Linux 系统的起源与发展及 Linux 系统的优缺点。

3. Linux 操作系统的文件系统由哪几部分组成？

第2章 Linux C 程序设计简介

本章重点

C 语言的起源与发展；

C 语言的组成结构及编写、编译和连接；

Linux C 程序设计的几个关键问题；

vi 编辑器的使用；

Make 工具与 makefile；

Linux C 程序的调试。

学习目标

通过本章的学习，了解C语言的背景知识；熟悉C语言的基本组成结构；掌握使用vi编辑器编写 Linux C 程序；掌握 make 工具的使用和 makefile 文件的编写；掌握 Linux C 调试器 gdb 的使用。

通常，把人与计算机之间交换信息的工具，称之为“计算机程序设计语言”。人们就是用计算机程序设计语言来编写计算机程序，然后交于计算机去执行的。

“机器语言”是指计算机本身自带的指令系统。用机器语言编写的程序，不必通过任何翻译处理，计算机硬件就能够直接识别和接受。因此，用机器语言编写的程序，具有质量高、执行速度快和占用存储空间少等优点。但是，它缺乏直观性，难学、难记、难检查及难修改。

汇编语言是一种面向机器的程序设计语言。也就是这种语言的指令基本上与机器指令一一对应。使得机器语言得以“符号化”。比起机器语言来，它好记了，读起来容易了，检查、修改也方便了。但是这样一来，用汇编语言编写的程序，计算机却不能直接识别和接受，它必须要由一个起翻译作用的程序将其翻译成机器语言程序，这样计算机才能执行。这个起翻译作用的程序，通常被称为“汇编程序”，这个翻译过程，称之为“汇编”。

高级语言是一种很接近于人们习惯使用的自然语言（即人们日常使用的语言）和数学语言的程序设计语言。人们用它来编写计算机程序，比使用机器语言和汇编语言，要方便得多。用高级语言编写的程序，称为“源程序”。必须要有一个“翻译”，把源程序翻译成机器指令的程序，然后再让计算机去执行这个机器语言程序。

翻译过程有两种方式：一种是事先编好一个称为“编译程序”的机器指令程序，它把用高级语言编写的源程序整个地翻译成用机器指令表示的机器语言程序（这个由编译程序翻译

出来的结果程序，称为“目标程序”），然后执行该目标程序。这种翻译过程如图 2－1（a）所示。另一种是事先编好一个称为“解释程序”的机器指令程序，它把用高级语言编写的源程序逐句翻译，译出一句就立即执行一句。这种翻译过程如图 2－1（b）所示。

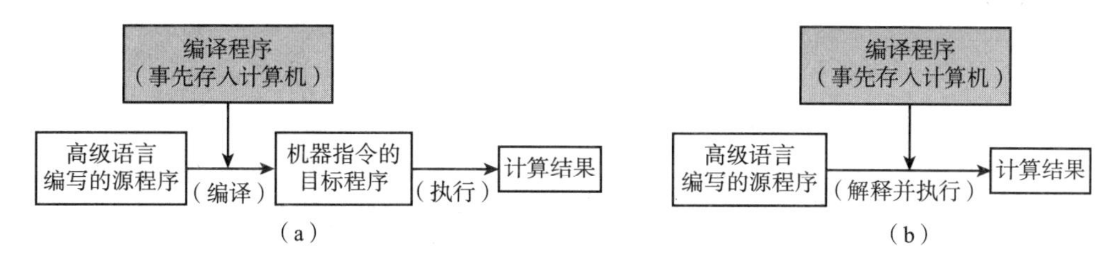

图 2－1　编译和解释两种翻译方式示意图

典型的 UNIX/Linux 操作系统支持多种高级语言，这些高级语言包括解释型语言和编译型语言，如 C、C++、Java、Fortran、LISP、Pascal 等。而 Linux 操作系统上的大部分应用程序都是基于 C 语言开发的（其实，Linux 操作系统本身也是用 C 语言开发的）。Linux 平台上拥有许多用于程序的生成及分析的工具，包括用于编辑和缩进代码、编译与连接程序、处理模块化程序、创建程序库、剖析代码、检验代码可移植性、源代码管理、调试跟踪及检测运行效率的工具。本章内容将简单介绍 Linux 平台上常用的 C 语言开发工具。

2.1　C 语言概述

1. C 语言的产生及 C 语言的标准

C 语言的原型是 ALGOL 60 语言（也称为 A 语言）。1963 年，剑桥大学将 ALGOL 60 语言发展成为 CPL（Combined Programming Language）语言。1967 年，剑桥大学的Martin Richards 对 CPL 语言进行了简化，于是产生了 BCPL 语言。

1970 年，美国贝尔实验室的 Ken Thompson 将 BCPL 进行了修改，并给它取名叫“B 语言”，之后他用 B 语言写了第一个 UNIX 操作系统。1972 年，美国贝尔实验室的 D. M. Ritchie 在 B 语言的基础上最终设计出了一种新的语言，他取了 BCPL 的第二个字母作为这种语言的名字，这就是 C 语言。为了使 UNIX 操作系统推广，1977 年 Dennis M. Ritchie 发表了不依赖于具体机器系统的 C 语言编译文本《可移植的 C 语言编译程序》。

1978 年由美国电话电报公司（AT&T）贝尔实验室正式发表了 C 语言。同时，B. W. Kernighan 和 D. M. Ritchie 合著了著名的 *The C Programming Language* 一书，通常简称为 *K&R*，也有人称之为 *K&R* 标准。但是，在 *K&R* 中并没有定义一个完整的标准 C 语言，后来由美国国家标准化协会（American National Standards Institute）在此基础上制定了一个 C 语言标准，于 1983 年发表，通常称之为 ANSI C。

1987 年，随着微型计算机的日益普及，出现了许多 C 语言版本。由于没有统一的标准，使得这些 C 语言之间出现了一些不一致的地方。为了改变这种情况，美国国家标准化协会（ANSI）为 C 语言制定了一套 ANSI 标准，成为现行的 C 语言标准。

1990 年，国际标准化组织 ISO（International Standard Organization）接受了 87 ANSI C 为 ISO C 的标准（ISO 9899：1990）。1994 年，ISO 修订了 C 语言的标准。目前流行的 C 语言

编译系统大多是以 ANSI C 为基础进行开发的，但不同版本的 C 编译系统所实现的语言功能和语法规则略有差别。本书的主体也是以 ANSI C 为基础。

C 语言发展迅速，而且成为最受欢迎的语言之一，主要因为它具有强大的功能，其优势主要有以下几点。

（1）简洁紧凑、灵活方便。C 语言一共只有 32 个关键字，9 种控制语句，程序书写形式自由。它把高级语言的基本结构和语句与低级语言的实用性结合起来。

（2）运算符丰富。C 语言拥有 34 种运算符，它把括号、赋值、强制类型转换等都作为运算符处理，从而使 C 语言的运算类型极其丰富，表达式类型多样化。

（3）数据结构丰富。C 语言的数据类型有：整型、实型、字符型、数组类型、指针类型、结构体类型、共用体类型等，能用来实现各种复杂的数据结构运算。C 语言引入了指针概念，使程序效率更高。

（4）结构式语言。结构式语言的显著特点是代码及数据的分隔化，即程序的各个部分除了必要的信息交流外彼此独立。这种结构化方式可使程序层次清晰，便于使用、维护以及调试。C 语言是以函数形式提供给用户的，这些函数可方便的调用，并具有多种循环、条件语句控制程序流向，从而使程序完全结构化。

（5）C 语法限制不太严格，程序设计自由度大。虽然 C 语言也是强类型语言，但它的语法比较灵活，允许程序编写者有较大的自由度。

（6）C 语言允许直接访问物理地址，可以直接对硬件进行操作。C 语言具有低级语言的许多功能，能够像汇编语言一样对位、字节和地址进行操作，而这三者是计算机最基本的工作单元，可用来写系统软件。

（7）生成目标代码质量高，程序执行效率高。C 语言生成的目标代码一般只比汇编程序生成的目标代码效率低 10%～20%。

（8）适用范围大，可移植性好。C 语言有一个突出的优点就是适用于多种操作系统，如 UNIX、Linux、Windows 等；也适用于多种机型。C 语言具有强大的绘图能力，可移植性好，并具备很强的数据处理能力，因此适于编写系统软件，三维、二维图形和动画，它也是数值计算的高级语言。

2. C 语言能做什么

计算机不懂得人类的语言，它只能理解由 0 和 1 组成的二进制代码指令，而这样的指令要人来理解则是相当困难的。为了便于学习和操作，人们使用了接近自然语言的程序语言来完成程序设计，这种语言被称为“高级语言”，而二进制的语言则被称为“机器语言”。

C 语言是近年来在国内外迅速推广应用的计算机语言。虽然可以进行程序设计的高级语言有很多种，如 Basic、Pascal 等，但是功能最强大、被大多数的程序员所认可的，还是 C 语言。

C 语言虽然是高级语言，但也可以完成许多只有低级语言才能完成的、面向机器的底层工作，因此也被称为“中间语言”。

C 语言功能丰富，表达能力强，使用相当自由和灵活。正是由于这些特性，决定了它成为一种重要的程序设计语言，我们日常所使用的程序中，大多是由 C 语言编写而成，例如，使用最多的个人计算机操作系统 Windows 98/2000 就有相当多的部分是由 C 语言编写的。

3. 怎样学习 C 语言

C 语言是众多后继课程的基本编程工具，特别是与 Windows 编程有关的课程。因此，与计算机相关的专业都把 C 语言程序设计列为基础课程之一。

C 语言的灵活性能给熟练的用户带来方便，同时也给初学者带来了许多麻烦。在 Windows操作系统取得了巨大成功之后，计算机相关专业的课程发生了很大变化（例如，Windows 编程已逐渐变得轻松、愉快），并且将会继续产生更多、更深刻的变化，这些变化必然会反映到 C 语言的教学中来。C 语言的教学如何适应这种趋势，如何快速地掌握 C 语言，教学内容如何做到少而精，而又不失 C 语言的精华，这都是当前面临的问题。

在学习过程中，读者要注意把握 C 语言教学内容的重点，掌握 C 语言基本知识和基本程序结构。阅读程序是学习 C 语言的重要手段。根据学到的有关基本知识，阅读和分析一些典型实例程序有利丁检验和提高对基本知识的理解，同时也为学习正确编写程序打好基础。因此初学者必须善于阅读和分析程序。

C 语言是一门实践性课程，上机实验是必不可少的教学环节。学习任何高级语言编程的“秘诀”都是多实践。通过上机实践不仅可以深化和巩固讲授的理论知识，而且能够真正学会使用它们来编写并调试程序。因此，读者必须十分重视上机实验。

2.2　C 程序设计与 Linux C 程序设计

2.2.1　C 语言程序的组成

1. 一个简单的 C 程序

利用计算机解决各种类型复杂程度各异的问题时，关键是用户需要编写出计算机能够“读懂”的程序，使计算机能够按照程序设计者的意愿去工作。C 语言就是一种在计算机上实现程序的描述语言。它在描述一个完整的程序时，有固定的结构要求和具体的描述方法，类似于我们说话、写文章要有主谓宾基本语句部分一样，缺少一部分就不成一句话了。在这一节中将向读者介绍一些用 C 语言进行程序设计的有关基本语法知识。

我们先举一个简单的程序例子，使读者对 C 语言程序的构成有一个初步的了解。

【例 2-1】　根据圆的半径 r，计算圆面积 s。

```
1   #include <stdio.h>                     /* 头文件*/
2   main()                                 /* C 程序入口——主函数*/
3   {
4       int r=4;                           /* 定义变量 r,声明为整型变量*/
5       float s=0.0;                       /* 定义变量 s,说明为单精度型变量*/
6       s=3.141592 * r * r;                /* 计算圆面积,将值赋给 s*/
7       printf("圆面积 s=%f\n", s);        /* 显示圆面积的值*/
8   }
```

以上程序运行后，在计算机屏幕上显示如下结果：

圆面积 s = 50. 265472

程序说明：

第 1 行是包含头文件。它的功能是在调用系统的输出函数（printf 函数）时，需要包含此头文件。源程序中用“/ *”和“ * /”符号括起来的一串字符是对程序的注释，这对符号必须成对使用，“/”和“ * ”之间不能有空格。注释内容可以用中文或西文，它对程序的运行不起作用，只起注释作用。好的注释可以使人们在阅读程序时，能较好地理解程序的功能及含义。

第 2 行是主函数的首部。其中：main 是主函数名，函数名后面的一对小括号是不能省略的，它的功能是：表明函数从此开始。函数具体要完成的内容放在其后一对花括号 { } 中，用这对花括号括起来的部分称为函数体。“ { ”符号表示函数体开始，源程序最后一行的“ } ”符号表示函数到此结束。在 C 语言源程序中只能包括一个主函数，在一个或多个函数组成的程序中，程序的执行都是由主函数开始的。

第 4 行和第 5 行定义变量并初始化。其中“r”代表圆的半径，“s”代表圆的面积。

第 6 行计算圆的面积。根据圆面积计算公式计算圆的面积。

第 7 行将计算结果打印输出到屏幕上。利用系统函数将计算结果打印输出到屏幕上。

2. C 程序的结构

由例 2 - 1 可以总结出 C 程序结构的基本组成如下。

（1） 函数。

①C 语言程序由若干函数组成。

- 必须有一个且只能有一个主函数 main( )，主函数的名字为 main。
- 可以是系统预定义的标准函数，如 scanf 函数、printf 函数等。
- 大多数函数由程序员根据实际问题的需要进行定义，函数之间是平行的关系。基于此，C 语言被称为函数式语言。

②函数由函数头（函数的说明部分）与函数体（函数的语句部分）两部分组成。

- 函数头给出函数的特征描述，包括函数的属性、类型、名字、参数及参数类型。
- 函数体给出函数功能实现的数据描述和操作描述，是程序中用花括号括起的若干语句。

（2） 语句。

①语句是组成程序的基本单位，函数功能的实现由若干条语句完成。说明性语句完成数据描述，执行性语句完成操作描述。

②语句由若干关键字加以标识，如 if-else 语句、do-while 语句等。

③C 语言本身没有输入/输出语句，C 语言的输入/输出操作由 scanf 函数和 printf 函数等库函数完成。

④C 语言语句必须以分号结束。

（3） 其他。

①预处理命令。C 程序开始往往含有以“#”开头的命令，它们是预处理命令。如例 2 - 1中#include〈stdio.h〉用以指明包含文件。

②程序注释。在程序中还有以“/ *”开始，以“ * /”结束的内容，它们是程序中的注释部分，用以帮助阅读程序。

3. C 语言程序的入口与结束

main( )是 C 语言程序的主函数，每个 C 语言程序有且仅有一个主函数。所有的 C 程序都是从这里开始执行。也就是说，在 C 语言中程序总是从 main( )函数开始执行，而不管 main( )是在程序的什么位置。

任何主函数都由 main( )和它之后的一个左花括号“{”和一个右花括号“}”组成。这一对花括号之间就是函数的主体，简称函数体。

从前面的程序实例可见，main( )函数的函数体由紧跟在函数名后的左花括号开始，到与之对应的相同层次的右花括号结束。

花括号必须成对出现，如果在程序中的花括号不配对（例如，缺少右花括号），则在程序编译时会出现错误消息：`syntax error : '}'`。

花括号除了可以作为函数体的开头和结尾的标识外，还可以用于复合语句（也称作块语句）的开头和结尾标志。

4. C 语言的字符集、标识符、关键字、运算符和分隔符

任何一种语言，都有自己的单字、单词和语句的构成规则。学会了这些知识，才能用它们书写出精彩的文章。C 语言作为计算机的一种程序设计语言，当然也有它自己可以使用的字符集、基本词类（保留字），也有它自己的各种规则和语法。

在例 2-1 的源程序中，遇到了诸如 main、int、r、float、s、printf 等符号，它们的作用和性质并不完全相同，它们代表什么意思呢？

（1）字符集。允许出现在 C 语言源程序中的所有字符的总体，称为 C 语言的“字符集”。C 语言字符集是 ASCII 字符集的一个子集，它由数字、英文字母、图形符号及转义字符四部分组成。字符是可以区分的最小符号，构成程序的原始基础。

英文字母：a ~ z 和 A ~ Z

数字：0 ~ 9

特殊字符：空格 ! # % ^ & * - _ + = ~ < > / \ | . , : ; ? ' " ( ) [ ] { }

由字符集中的字符可以构成 C 语言进一步的语法成分，如标识符、关键字、特殊的运算符等。

注意　空格符、制表符、换行符等统称为空白符。空白符只在字符常量和字符串常量中起作用。在其他地方出现时，只起间隔作用，编译程序对它们忽略不计。

（2）标识符。标识符分为系统预定义标识符和用户自定义标识符两种。

① 系统预定义标识符。这些标识符也是由一些单词所组成，它们的功能和含义是由系统预先定义好的，如 main 代表主函数名、printf 代表输出函数名等。

它们与关键字不同的是：系统预定义标识符允许由用户赋予新的含义，这样做的结果，往往会引起一些误解，因此建议用户不要把这些系统预定义标识符另作他用，否则会带来不必要的麻烦。

② 用户自定义标识符。用户可根据需要自行定义一些标识符，用作符号名、变量名、数组名、函数名、文件名等，如例 2-1 中：r 代表变量名，用于存储圆的半径、s 代表变量名，用于存储圆的面积。用户自定义标识符的命名必须遵守一定的规则。合法的用户自定义标识符应满足以下条件。

● 只能由大小写英文字母、阿拉伯数字和下画线组成。标识符的开头必须是字母或下画线，大小写字母是有区别的，视为不同的字母。

● 标识符的长度视不同的编译器规定而不同，一般可识别前 8 个字符。

按照以上规则，mystery、_start、r1、R_1 都是合法的标识符，而 12b、D $？ _I、int 都不是合法的用户自定义标识符。

为使程序具有较好的可读性，标识符的命名应尽可能反映出它所代表的含义，做到“见名知义”。如：用 pi 代表圆周率，用 sum 代表总和，用 name 代表名字等。

在选择作为“名字”使用的标识符时，要注意以下几点。

● 标识符只能是字母（A ～ Z,a ～ z）、数字（0 ～ 9）、下画线（_）组成的字符串，第一个字符必须是字母或下画线。

● 下画线“_”也起一个字母的作用，它用来帮助分隔长描述名的各部分，例如 interesttodata可以写成 interest_to_data。

● 大、小写字母含义不同，如 VELOCITY、velocity 和 Velocity 是三个完全不同的标识符。

● 标准 C 不限制标识符的长度，但一般版本的 C 语言编译系统规定只有前 8 个字符有意义。如标识符 honorific 和 honorificab，编译系统会把它们看作同一个标识符，即认为是 honorifi。

● 根据 C 语言的习惯规定，变量名、函数名等用小写字母表示，而符号常量全用大写字母表示，函数名和外部变量由 6 个字符组成，系统变量由下画线“_”起头构成。

● 根据一般程序设计的经验，标识符的选择原则应是“常用取简”、“专用取繁”，一般能表示其含义即可，不宜太长，通常在 6 个字符之间均能适应各种系统。

● C 语言源程序的文件名选择不属于 C 语言，而属于操作系统。大多数 C 语言编译系统均要求所有 C 语言源代码文件必须以后缀“. c”结束，也就是说 C 语言源程序的文件属性为“. c”。

（3）关键字。关键字又称为保留字，由系统提供用以表示特定的语法成分。它们是 C 语言中预先规定的具有固定含义的一些单词，如：int 表示整型数据、float 表示单精度实型数据等。用户只能按其给定的含义来使用，不能重新定义另作他用。ANSI 推荐的 C 语言的关键字是 32 个，Turbo C 另扩展了 11 个（不常用）。

```
asm      _cs      _ds        _es      _ss      cded
far      huge     interrupt  near     pascal
```

特殊字：主要用在 C 语言的预处理程序中。

```
#define   #error   #include   #if      #else   #elif
#endif    #ifdef   #ifndef    #undef   #line   #pragma
```

注意 （1）所有的关键字和特殊字都有固定的意义，不能他用。

（2）所有的关键字和特殊字都必须小写。例如，else 与 ELSE 代表不同含义，else 是关键字，ELSE 是标识符。

（4）运算符。运算符用来对运算对象进行规定（系统预定义的）的运算，并得到一个

结果值。运算符通常由 1～2 个字符组成，如：“ + ”表示加法运算，“ = ”表示赋值运算，“ = = ”表示“相等”的判断等。有的运算符中的两个字符是分开的，比如“?:”表示条件运算。

根据运算对象的个数不同，可分为单目运算符、双目运算符和三目运算符，又称为一元运算符、二元运算符和三元运算符。

（5）分隔符。分隔符用于分隔各个词法记号或程序正文，用于表示程序中一个实体的结束和另一个实体的开始。常用的分隔符有：

() {} , : ; 空白

这些分隔符不表示任何操作，仅用于构造程序。

5. C 语言的书写格式

C 程序的书写须遵循下列规则。

（1）C 语言规定关键字必须使用小写字母。习惯上，书写 C 程序时均使用小写英文字母。

（2）为了看清 C 程序的层次结构，便于阅读和理解程序，C 程序一般都采用缩进格式的书写方法。

（3）为了便于阅读和理解程序，应当在程序中适当地添加一些注释行。C 语言的注释符是以“/ * ”开头并以“ * /”结尾的串。在“/ * ”和“ * /”之间的即为注释。程序编译时，不对注释作任何处理。

6. C 程序的算法

著名的计算机科学家沃思（Nikiklaus Wirth）提出过一个关于程序的公式：

程序 = 数据结构 + 算法

也就是说，一个程序应该包括两方面的内容：数据结构，即对数据的描述，为各种数据类型和数据的组织形式就是最简单的数据结构；算法，即对操作的描述。

一个算法应该具有以下特点。

（1）有穷性。一个算法所包含的操作步骤必须是有限的。

（2）确定性。算法中每一个步骤的含义必须是明确的，不能有二义性。

（3）无输入或有多个输入。数据是程序加工和处理的对象，如果算法中的数据是程序自带的，而不是来自计算机外部，则可以没有输入操作，否则，算法必须包括输入操作步骤。

（4）有一个或多个输出。通过输出了解算法执行的情况及最后的结果。

（5）有效性。算法中的每一个步骤都应当是可以被执行的，并能得到确定的结果。

7. C 程序的编辑、编译、连接装配和执行

为了让计算机能够正确理解和执行用高级程序设计语言所编写的“源”程序，就需要一个环节，其作用是将用高级语言所写的源程序翻译成二进制形式的“目标”程序。能够完成上述工作任务的软件被称为编译程序或编译器。用 C 语言编写的源程序通过编译程序转换成二进制形式的目标程序，然后，将该目标程序与系统的函数库及其他目标程序连接起来，就形成了在一定操作系统平台上的可执行程序或命令程序，如表 2 - 1 所示。

表 2-1　C 程序编写、编译和连接的文件

	源程序	目标程序	可执行程序
内容	程序设计语言	机器语言	机器语言
可执行	不可以	不可以	可以
文件名后缀	.c	.obj	.exe

真正要运行一个用 C 语言编写的程序，至少要做如下的四项工作。

(1) 编辑。通过使用编辑器，把 C 语言程序录入计算机，并以文件的形式存放到磁盘上，这个过程称为“编辑”。它将产生出以“. c”为扩展名的源程序文件。

(2) 编译。源程序不能直接执行，必须通过 C 编译程序将它“翻译”成由机器指令组成的目标程序，这个过程称为“编译”。它产生出以“. obj”为扩展名的目标程序文件。

(3) 连接装配。目标程序仍不能立即在机器上执行，因为程序中还会用到 C 语言自身提供的系统库函数（例如 printf( )、scanf( )等），需要把它们与产生的目标程序连接在一起，形成一个整体，这个过程称为“连接装配”。它将产生出以“. exe”为扩展名的可执行程序文件。

(4) 执行。运行可执行文件，以获取所需要的结果。

这四项工作的整个流程如图 2-2 所示。

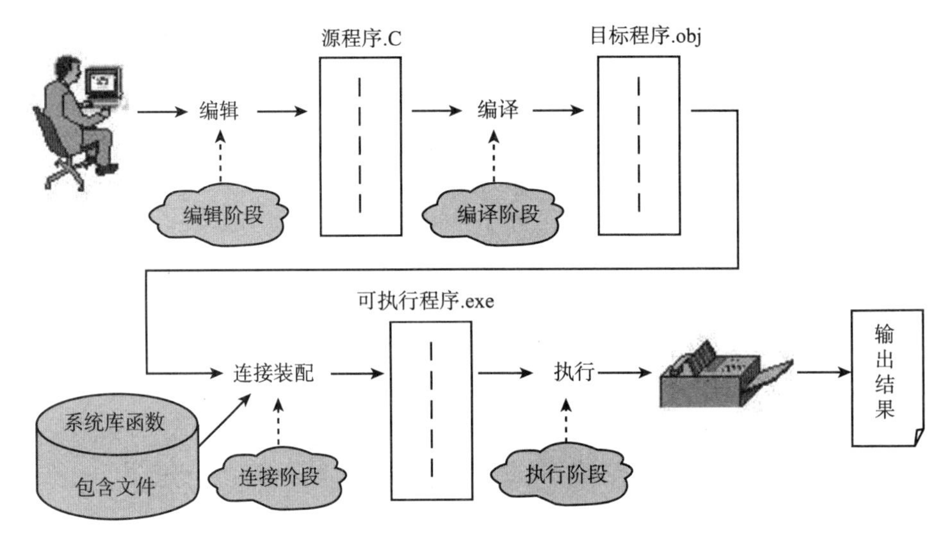

图 2-2　开发 C 语言程序的四项工作

编译运行是最经典、效率最高的运行方式。C 语言的高性能很大程度上归功于编译。用编译语言开发一个软件所要经历的过程是：编辑、编译、连接和运行。

编辑就是利用编辑软件（或编辑器）输入、修改和保存源程序的过程。

对于编译（Compile），用户只需要发出编译指令，其余的事情都交给编译器(Compiler)自己完成。

连接就是把（一个或多个）目标文件模块和系统提供的标准库函数连接成一个适应一定操作系统的整体，生成一个可执行文件的过程。

经过编辑、编译、连接等过程后，最后运行可执行文件，即可得到程序运行结果。如果结果不正确，要重复以上过程，直到取得正确的结果为止。

另外，还有一种被大量采用的程序运行方式，叫做解释运行。最具有代表性的是 BASIC，JavaScript，VBScript，PHP，ASP，Perl 和 PYTHON 等语言。这些语言的共同特点是运行速度慢，但简单好用，获得了大量的支持者。解释语言的解释器几乎都是用 C/C + + 开发的。编译语言的编译器、连接器可以用编译语言自己编写，而解释语言只能借助编译语言发展。

还有一种办法是：先编译后解释。它演变出了一种新类型的语言。Java 和 C#语言都是先编译后解释的程序的集成开发环境，是一个经过整合的软件系统，它将编辑器、编译器、连接器和其他软件单元集合在一起，在这个环境里，程序员可以很方便地对程序进行编辑、编译、连接及跟踪程序的执行过程，以便寻找程序中的问题。

适合 C 语言的集成开发环境有许多，如：Turbo C，Borland C，gcc，Microsoft C，AT&T C 等。

8. C 程序的编译过程

用编译型语言（如 C、C ++ 、Java 等）写成的程序必须在执行前完全转化成机器语言才能运行。这个转化过程需要称为编译器的程序来实现。编译器的作用是生成高级语言程序的汇编版本。编译后的代码可以直接被 CPU 执行，因此运行速度比解释型语言（如 JavaS-cript、LISP 等）快许多倍。转化过程通常通过三个步骤来完成：编译、汇编和连接。

编译阶段把高级语言源代码翻译成相应的汇编代码，汇编阶段把汇编代码翻译成机器代码（或称为目标代码），最后目标代码被连接成可执行代码。整个转化过程如图 2 –3 所示。

而对于 C 语言程序，在编译之前它还要经过一个称为“预处理”的阶段，如图 2 –4 所示。预处理的作用是负责处理程序中以“　”开头的语句。在实际编译过程中，一般只要执行一条编译器命令，系统会自动完成所有这些过程。

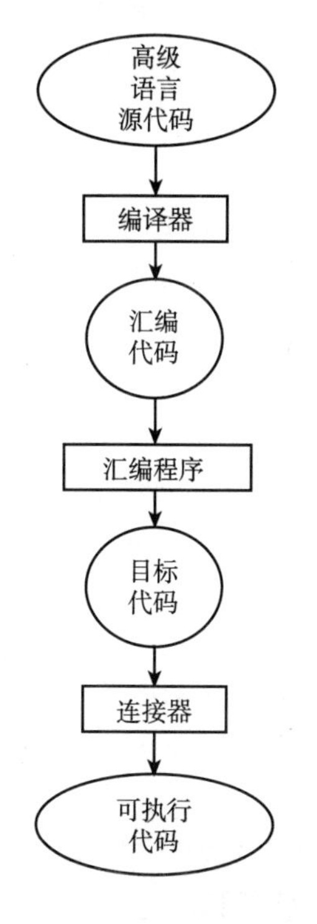

图 2 –3　高级语言程序编译过程

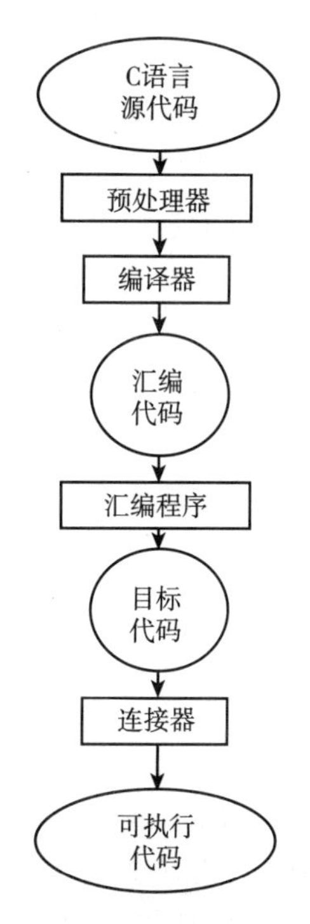

图 2 –4　C 语言程序编译过程

9. C 程序的执行

C 程序的执行总是从主函数 main（）开始，不管主函数在程序中什么位置。其他函数通过被调用执行。函数中的语句依先后顺序执行，除非改变了程序的执行流程。

2.2.2 Linux C 程序设计的几个关键问题

1. 关于程序的存放目录

首先介绍 Linux 的系统程序和应用程序的存放目录，以及各目录之间的区别如下。

- 所有用户皆可使用的系统程序存放在/bin 中。
- 超级用户才能使用的系统程序放在/sbin 中。
- 所有用户皆可使用的应用程序存放在/usr/bin 中。
- 超级用户才能使用的应用程序存放在/usr/sbin 中。
- 所有用户皆可使用的与本地计算机有关的程序存放在/usr/local/bin 中。
- 超级用户才能使用的与本地计算机有关的程序存放在/usr/local/sbin 中。
- 与 X Window 系统有关的程序存放在/usr/X11R6/bin 中。

因此，在系统的 PATH 环境变量中，至少应该包含以上这些路径。了解这些信息的目的就是：在开发成功某类软件之后，应该能够根据软件的用途，将其存放在相应的目录里，以便检索。

2. 头文件

在 C 语言和很多计算机语言中，需要利用头文件定义结构、常量及声明函数的原型。几乎所有 C 语言的头文件都放在/usr/include 及其子目录下；可以在这个目录中很容易地见到 stdio. h、stdlib. h 等文件。用户应该建立这个目录，因为日后肯定需要查找一些诸如结构的细节、常量的定义等信息。

3. 函数库

函数库是以重复利用为目的，经过编译的函数集合。一般来说总是围绕某一功能来开发函数库的，例如，大家熟知的 stdio（STandarD Input Output）库就是输入/输出函数的集合，dbm 则是数据库函数的集合。

4. 静态函数库

这是最简单的函数库形式，通常如果某个程序需要引用这种函数库中的函数，需要先包含此函数原型声明的头文件，然后自编译；连接的时候编译器就会把函数库中的函数，连同程序一起，生成一个二进制可执行文件，而这个可执行文件在没有此函数库的情况下可以照常运行。

静态函数库一般也叫做归档（Archives），所以静态函数库以 . a 结尾，例如，/usr/lib/libc. a 是标准的 C 语言函数库，而/usr/X11/libX11. a 是 X Window 函数库。

也可以创建自己的静态函数库，这实际上非常简单，只需要 cc -c 和 ar 程序。

5. 共享函数库

静态函数库有一个缺点，当同时运行很多使用同一函数库中函数的程序时，必须为每一个程序都复制一份同样的函数，这样占用了大量的内存和磁盘空间。

共享函数库克服了这一缺点，很多 UNIX 系统都对其提供支持，关于共享函数库目录及

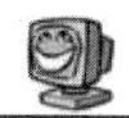

在不同系统的实现方法不在这儿进行介绍。在 Linux 系统中共享函数库存放于/lib 中，在典型的 Linux 中应该可以找到/lib/libc. so. N，其中 N 指的是主版本号。

如果某个函数使用共享函数库（如 libc. so. N），那么此程序被连接到/usr/lib/libc. sa，这是一个特殊类型的函数库，它并不包含实际的函数，只是指向 libc. so. N 中的相应函数，并且只有在运行状态下用此函数时才将其调入内存。

这有两个好处，首先解决了浪费内存与磁盘空间的问题，其次使得函数库可以单独升级而不需要编译、连接应用程序。

在 Linux 下可以用 ldd 命令查询某个程序使用了哪些动态库。

2.3　Linux C 程序的编辑、编译、连接与运行

2.3.1　一个简单的 Linux C 程序

下面通过简单的例子来了解 Linux C 程序是如何诞生的。

【例 2－2】一个简单的 Linux C 程序。

（1）编写。打开 Linux 系统终端，输入以下命令：

```
$ vi
```

打开 vi 编辑器输入代码，如图 2－5 所示。

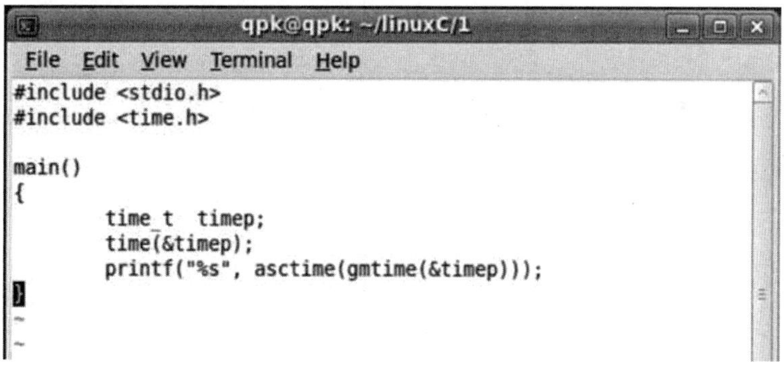

qpk@qpk: ~/linuxC/1
File Edit View Terminal Help
#include <stdio.h>
#include <time.h>
main()
{
time_t timep;
time(&timep);
printf("%s", asctime(gmtime(&timep)));
}

图 2－5　vi 编辑器编写代码

保存为 hello. c 并退出，可以看到目录中生成的 hello. c 文件，如图 2－6 所示。

```
$ ls
```

qpk@qpk: ~/linuxC/1
File Edit View Terminal Help
qpk@qpk:~/linuxC/1$ ls
hello.c hello.c~
qpk@qpk:~/linuxC/1$

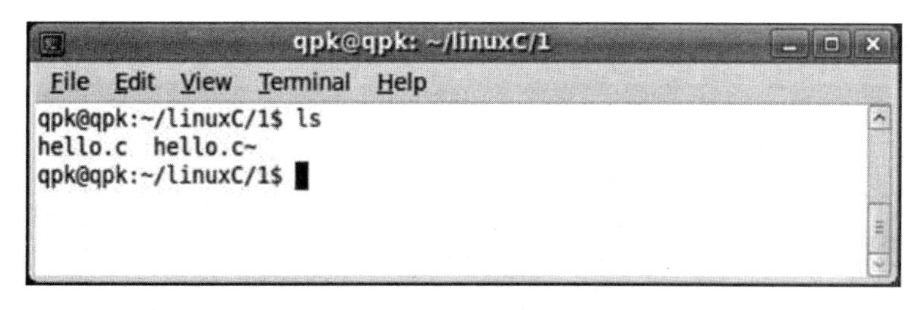

图 2－6　保存为 c 源码格式文件

(2) 编译和连接。打开终端输入命令，可得到编译生成结果 a. out，如图 2 – 7 所示。

```
$ gcc hello.c
```

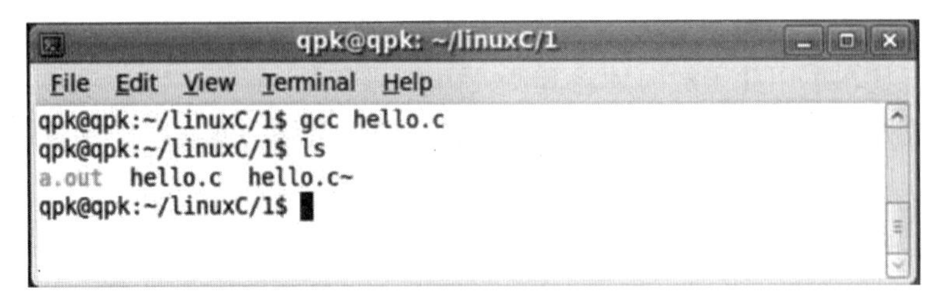

图 2 – 7　编译、连接源文件

(3) 运行。打开终端输入命令，可得运行结果如图 2 – 8 所示。

```
$ ./a.out
```

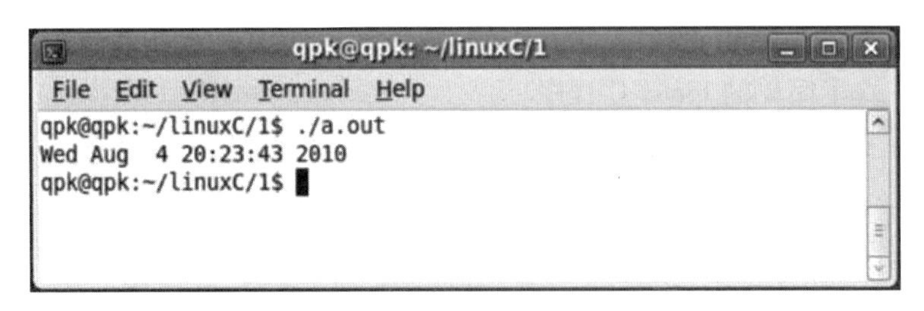

图 2 – 8　运行生成的可执行文件

2.3.2　Linux C 程序的编辑环境

编辑 C 语言源代码可借助于各种文本编辑器。Linux 系统下有很多常用的文本编辑器，如 vi、pico、emacs 和 xemacs 等。在 Linux 系统上开发 C 语言程序时，可选择其中的任何一种来进行代码编辑。

vi 是 UNIX/Linux 世界里极为普遍的全屏幕文本编辑器，几乎可以说任何一台 UNIX/Linux 机器都会提供这种工具。只要简单的在 shell 提示符下执行 vi 就可以进入 vi 的编辑环境。vi 有两种模式：输入模式以及指令模式。输入模式即是用来输入文字资料，而指令模式则是用来下达一些编辑文件、存档和离开 vi 等的操作指令。当执行 vi 后，会先进入指令模式，此时输入的任何字元都被视为指令。熟悉 vi 的操作和运用能给文本编辑带来极大方便，尤其是在源代码编辑方面。

1. vi 的操作环境

vi 共分为三种模式，分别是命令模式（Command mode）、编辑模式（Insert mode）与指令列模式（Last line mode）三种，如图 2 – 9 所示；也可以将命令模式与指令列模式统称为命令模式。

(1) 命令模式。命令模式为 vi 的初始模式，可以使用“上、下、左、右”或“k、j、h、l”按键来移动光标，可以使用“删除字符”或“删除整行”来处理文件，也可以使用“复制”、“粘贴”来处理文件数据。(在编辑模式或指令列模式中，按 ESC 键可转换成命令模式)

（2）编辑模式。在命令模式中按下“i，I，o，O，a，A，r，R”等字母，可进入编辑模式。按下上述的字母时，在画面的左下方会出现“INSERT”或“REPLACE”的字样，才可以做文字、数据输入。(在命令模式中按“i，I，o，O，a，A，r，R”等字母，可进入编辑模式)。

（3）指令列模式：在命令模式当中，输入“：”或“/”就可以将光标移动到最底下那一行，在这个模式当中，可以提供“搜寻资料”及读文件、存盘、大量取代字符、离开 vi 、显示行号等的操作（在命令模式中，按“：”或“/”等符号，可进入指令列模式）。

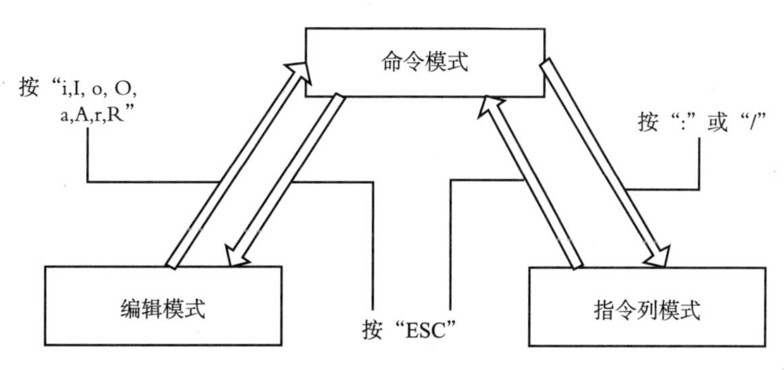

图 2－9 vi 模式之间转换

2. vi 操作说明

（1）进入 vi（见表 2－2）开始编辑。刚开启 vi 时为命令模式。

$vi（编辑未命名新文件）

$vi newfile（开启名为 newfile 的旧文件，或新编一个名为 newfile 的新文件）

（2）按下 i，I，o，O，a，A，r，R 等字母，可以进入编辑模式。

（3）编辑完毕按 ESC 键返回命令模式操作；在命令模式中按下“：”或“/”可进入指令列模式。

（4）在指令列模式中（有“：”提示时），可输入 w（存档）、q（离开 vi）、wq（存档并离开 vi）、q!（不存档离开 vi）、h 或 help（在线说明）及其他搜寻取代的指令。再按 ESC 键回到命令模式。

表 2－2 进入 vi

shell 命令	作　用
vi FileName	打开文件 FileName，并将光标置于第一行首
vi ＋n FileName	打开文件 FileName，并将光标置于第 n 行首
vi＋FileName	打开文件 FileName，并将光标置于最后一行
vi＋/pattern FileName	打开文件 FileName，并将光标置于其中第一个与 pattern 匹配的字符串处
vi －r FileName	在上次用 vi 编辑 FileName 发生系统崩溃后，恢复 FileName
vi File1 … Filen	打开多个文件，依次对之进行编辑

3. vi 命令列表

vi 命令列表如表 2－3 至表 2－7 所示。

表 2－3　移动光标类命令

按　键	结　果
h	光标左移一个字符
l	光标右移一个字符
Spacebar	光标右移一个字符
Backspace	光标左移一个字符
k 或 Ctrl + p	光标上移一行
j 或 Ctrl + n	光标下移一行
Enter	光标下移一行
w 或 W	光标右移一个字至字首
B 或 b	光标左移一个字至字首
E 或 e	光标右移一个字至字尾
)	光标移至句尾
(	光标移至句首
{	光标移至段落开头
}	光标移至段落结尾
nG	光标移至第 n 行首
n +	光标下移 n 行
n –	光标上移 n 行
n	光标移至第 n 行尾
H	光标移至屏幕顶行
M	光标移至屏幕中间行
L	光标移至屏幕最后行
0	光标移至当前行首
$	光标移至当前行尾

表 2－4　屏幕滚动

按　键	结　果
Ctrl + u	向文件首翻半屏
Ctrl + d	向文件尾翻半屏
Ctrl + f	向文件尾翻一屏
Ctrl + b	向文件首翻一屏
nz	将第 n 行滚至屏幕顶部，不指定 n 时将当前行滚至屏幕顶

表 2－5　插入文本

按　键	结　果
i	在光标前插入
I	在当前行首插入
a	在光标后插入
A	在当前行尾插入
o	在当前行之下创建一新行并插入
O	在当前行之上创建一新行并插入
r	替换当前字符
R	替换当前字符及其后的字符，直至按 ESC 键
s	从当前光标位置处开始，以输入的文本代替指定数目的字符
S	删除指定数目的行，并以所输入的文本代替
new 或 nCW	修改指定数目的字符
nCC	修改指定数目的行
：r FileName	将文件 FileName 插入在当前行之下

表 2－6　删除命令

按　键	结　果
ndw 或 ndW	删除光标处开始及其后的 n－1 个字符
d0	删至行首
d$	删至行尾
ndd	删除当前行及其后 n－1 行
x 或 X	删除一个字符
Ctrl＋u	删除输入方式下所输入的文本

表 2－7　搜索及替换命令

命　令	结　果
/pattern	从光标处开始向文件尾搜索 pattern
? pattern	从光标处开始向文件首搜索 pattern
n	在同一方向重复上次的搜索命令
N	在反方向重复上次的搜索命令
：S/P1/P2/g	将当前行所有 P1 均用 P2 替换
：n1，n2 s/P1/P2/g	将第 n1 至 n2 行中所有 P1 均用 P2 替换
：g/P1/s//p2/g	将文件中所有 P1 均用 P2 替换

2.3.3　Linux C 程序的编译、连接与运行

Linux 系统下的 gcc（GNU C Compiler）是 GNU 推出的功能强大、性能优越的多平台编译器，是 GNU 的代表作品之一。gcc 编译器符合最新的 C 语言标准——ANSI C，可以在多

种硬件平台上编译出可执行程序，其执行效率与一般的编译器相比平均效率要高 20%～30%。C ++ 编译器如 g ++（GNU compiler for C ++）也可用于编译 C 程序，但实际上g ++ 内部还是调用了 gcc，只不过加上了一些命令行参数使得它能够识别 C ++ 源代码。

gcc 编译器能将 C、C ++ 语言源代码、汇编代码和目标代码编译、连接成可执行文件，如果没有给出可执行文件的名字，gcc 将生成一个名为 a. out 的文件。在 Linux 系统中，可执行文件没有统一的后缀，系统从文件的属性来区分可执行文件和不可执行文件。而 gcc 则通过后缀来区别输入文件的类别，下面将介绍 gcc 的基本用法。

语法：gcc［选项］文件列表

说明：运行 gcc 时将完成预处理、编译、汇编和连接四个步骤并最终生成可执行文件，这个可执行文件默认保存为 a. out。gcc 命令可以接受多种类型的文件（见表 2 - 8）并依据用户指定的命令行参数对它们进行相应的处理。如果 gcc 无法根据一个文件的后缀名决定它的类型，它将假定该文件是一个目标文件或库文件。

表 2 - 8　gcc 编译常用的文件类型

文件类别（后缀名）	描　　述
. c	C 语言源代码文件
. a	由目标文件构成的档案库文件
. c、. cc 或 . cxx	C ++ 源代码文件
. h	程序所包含的头文件
. i	已经预处理过的 C 源代码文件
. ii	已经预处理过的 C ++ 源代码文件
. m	Objective - C 源代码文件
. o	编译后的目标文件
. s	汇编语言源代码文件
. S	经过预编译的汇编语言源代码文件

gcc 有超过 100 个的编译选项可用。其中许多选项可能永远都不会用到，但一些主要的选项将会频繁用到，见表 2 - 9。

表 2 - 9　gcc 常用选项

选　项	描　述
- ansi	强制 ANSI 标准
- c	只激活预处理、编译和汇编而跳过连接，生成目标（. o）文件
- o	定制可执行文件名称，而非缺省的 a. out
- g	创建用于 gdb（GNU DeBugger）的符号表和调试信息
- ggdb	尽可能生成 gdb 能够使用的调试信息
- l	连接库文件
- m	根据给定的 CPU 类型优化代码
- M	生成与文件关联的信息
- O［级别］	根据给定的级别（0～3）进行优化，数值越大，表明优化程度越高。级别 0（默认）表示不优化

续表

选　项	描　述
- pg	产生供代码剖析工具 gprof 使用的信息
- pipe	使用管道代替编译中的临时文档
- static	禁止使用动态库
- share	尽量使用动态库
- S	跳过汇编和连接阶段，并保留编译产生的汇编代码（.s 文件）
- v	产生尽可能多的输出信息
- w	忽略警告信息
- W	产生比默认情况下更多的警告信息

gcc 命令可以不带选项，也可以带多个选项。下面将以 gcc 最常用的选项 - o 为例说明 gcc 的简单用法。通过 - o 选项告知 gcc 应该把编译后的可执行文件保存到用户指定的文件，而非缺省的 a. out 文件。这里继续以上节内容中的 sum. c 文件为例。

```
[ericcgx@ node01 ericcgx] ls
sum.c
```

通过 ls 命令发现当前目录下存在 sum. c 文件。

```
[ericcgx@ node01 ericcgx] gcc sum.c
[ericcgx@ node01 ericcgx] ls
a.out sum.c
[ericcgx@ node01 ericcgx] ./a.out
55
```

用 gcc 不加选项 - o 编译 sum. c 后，用 ls 命令查看发现当前目录下产生了 a. out 文件。运行可执行文件 a. out 可得到程序的结果为 55。

```
[ericcgx@ node01 ericcgx] gcc  -o sum sum.c
[ericcgx@ node01 ericcgx] ls
a.out sum sum.c
[ericcgx@ node01 ericcgx] ./sum
55
```

重新用 gcc 编译并加上选项 - o，用 ls 命令查看发现当前目录下产生了用户用 - o 选项指定的文件 sum。运行可执行文件 sum 同样得到程序的结果为 55。

2.3.4 Linux C 库文件简介

1. ar 工具简介

当程序中有经常使用的模块，而且这种模块在其他程序中也会用到，这时按照软件重用的思想，应该将它们生成库，使得以后编程可以减少开发代码量。Linux 系统中可以把多个目标文件归档为一个库文件，也称为归档文件。库文件是一单独的文件，里面包含了按照特定的结构组织起来的其他的一些文件（称做此库文件的 member）。原始文件的内容、模式、时间戳、属主、组等属性都保留在库文件中。在 makefile 中使用一个文件名代替多个目标文件，可以大大提高 C 语言程序的函数级重用性。ar 工具（也称 librarian 命令）可以做到这一点，其描述如下：

语法：ar 关键字 文件名［文件列表］

说明：ar 工具用于创建和修改库文件，如：它可以创建一个库文件并把［文件列表］中指定的目标文件添加到该库文件中。“文件名”必须以 . a 结尾。库文件中的模块可以被 C 编译器和 Linux 库装载器（ld）所引用。编译器或库装载器会自动从库文件中提取所需的模块并加以连接。“关键字”与命令选项类似，但它前面的“ - ”可加可不加。ar 工具的常用关键字如表 2 – 10 所示。

表 2 – 10　ar 工具的常用关键字

关键字	描　述
a	在库的一个已经存在的目标文件后面增加一个新的文件，如果使用关键字 a，则应该在命令行中指定一个已经存在的目标文件
b	在库的一个已经存在的目标文件前面增加一个新的文件，如果使用关键字 b，则应该在命令行中指定一个已经存在的目标文件
d	从库中删除一个目标文件
m	在库中移动目标文件
p	将指定的目标文件在屏幕上显示
r	创建库文件或覆盖已有的库文件
t	显示库文件的内容
s	强制建立库符号表
x	从库文件中释放指定的目标文件到当前目录
v	显示详细提示信息

下面将演示最常用的 ar 关键字。

（1）创建库文件。

```
[ericcgx@ node01 ericcgx] ar r test_lib.a compute.o input.o
```

使用关键字 r 创建库文件 test_lib. a 并添加目标文件 compute. o 和 input. o。如果 test_lib. a 已经存在，将被覆盖。这时，就可以利用下面的命令把它连接到 main. c 了。

```
[ericcgx@ node01 ericcgx] gcc main.c test_lib.a -o sqrt -lm
```

如果还需要把其他的目标文件添加到 test_lib. a，则可以使用 q 关键字。下面的命令把 other. o 添加到 test_lib. a；如果 test_lib. a 不存在，则 ar 会自动创建它。

```
[ericcgx@ node01 ericcgx] ar q test_lib.a other.o
```

而下面的命令则把当前工作目录下所有的目标文件添加到 test_lib. a。

```
[ericcgx@ node01 ericcgx] ar r test_lib.a 'ls * .o'
```

也可以简化成这样：

```
[ericcgx@ node01 ericcgx] ar r test_lib.a * .o
```

（2）显示库文件内容。可以使用 t 关键字来显示某个库文件的内容。

```
[ericcgx@ node01 ericcgx] ar t test_lib.a
input.o
compute.o
```

（3）删除库文件中的目标模块。当某些目标文件更新后，需要把先前生成的从库文件中删除。这时，就可以使用 d 关键字来达到此目的。如下面的命令把 compute. o 从 test_lib. a 中删除掉。

```
[ericcgx@ node01 ericcgx] ar d test_lib.a compute.o
```

（4）从库文件释放目标模块。有时需要把库文件中的某些目标模块释放出来，可以使用 x 关键字。

```
[ericcgx@ node01 ericcgx] ar x test_lib.a input.o
```

在软件开发的过程中，往往会碰到一些通用性较好的目标模块，可以把它们搜集起来加以重复利用。简便的方法是在 makefile 中使用 ar 命令，即在最后一个目标（这里是 sqrt）的命令列表部分添加一行 ar 命令。在下面的 makefile 中，可执行文件 sqrt 被创建后，目标文件 compute. o 和 input. o 被添加到库文件 test_lib. a 中。

```
[ericcgx@ node01 ericcgx] moremakefile
#using system defined macro
#creating archive test_lib.a
CC =gcc
OPTIONS = -O3 -o
OBJECTS =main.o input.o compute.o
SOURCES =main.c input.c compute.c
HEADERS =main.h input.h compute.h
ARCHIVE =compute.o input.o
LIBRARY =test_lib.a
AR_KEYS =qv

complete: sqrt
    @echo "done"

sqrt: $ (OBJECTS)
     $ (CC) (OPTIONS)@  ^ -lm
     @echo "the executive file sqrt is created"
     @echo
     @echo "creating archive… "
```

```
        ar(AR_KEYS)(LIBRARY)(ARCHIVE)
        @echo
        @echo "the archive is created"
        @echo
main.o:main.h input.h compute.h
compute.o: compute.h
input.o: input.h
all.tar:(SOURCES)(HEADERS)makefile
        tar -cvf -^ > src.tar
        .PHONY: clean
clean:
        rm -f *.o core sqrt
```

在命令行上运行 make 工具，运行情况如下：

```
[ericcgx@ node01 ericcgx] make
gcc        -c -o main.o main.c
gcc        -c -o input.o input.c
gcc        -c -o compute.o compute.c
gcc        -O3 -o sqrt main.o input.o compute.o -lm
the executive file sqrt is created

creating archive…
ar qv mathlib.a compute.o input.o
a-compute.o
a-input.o

the archive is created

done
```

2. nm 工具简介

Linux 系统提供了一个简单和强大的工具 nm，它可以用于查看库文件、目标文件或可执行文件的符号表（symbols），包括符号名称、类型、大小、位置等。针对库文件而言，nm 工具每行输出库文件的一个对象（函数或全局变量）。输出信息包括库文件中有哪些函数及其依赖函数。因此，nm 也经常运用于程序调试过程中。nm 工具的简单描述如下。

语法：nm [选项] [目标文件列表]

说明：列出目标文件列表中所有文件的符号表。如果不指定目标文件列表，则 nm 将 a. out 文件作为缺省的参数文件。输出信息中，符号的值将默认以十六进制显示，而符号的类型通常以单个字符的小写字母（表示是局部的，如 b）、大写字母（表示是全局的，如 A）、“-”或“?”来表示，各个类型的具体含义这里不再列举。nm 工具的常用选项如表 2-11所示。

表 2－11　nm 工具的常用选项

常用选项	描　述
－a	显示所有符号信息，包括只用于调试的那部分信息
－D	只显示动态符号的信息，这对动态目标很有意义，如某些类型的共享库
－f format	按指定格式输出信息，缺省的格式是 bad，其他的还有 sysv、posix 等
－g	只显示外部符号信息
－l	显示每个符号所在的文件名和行数
－n，－v	按地址对外部符号进行排序
－u	只显示未在库文件中定义的符号
－V	显示 nm 的版本信息

下面将演示 nm 工具的基本用法。在命令行运行 nm －v，屏幕上输出了 nm 工具的版本信息。

```
[ericcgx@ node01 ericcgx] nm - V
GNU nm 2.14.90.0.4 20030523
Copyright 2002 Free Software Foundation, Inc.
This program is free software; you may redistribute it under the terms of
the GNU General Public License. This program has absolutely no warranty.
```

运行 nm test_lib. a 命令显示前面创建的 test_lib. a 库文件的符号表信息。加上 －n 选项则按地址排序符号表。这里的地址指在目标文件中实际出现的顺序。

```
[ericcgx@ node01 ericcgx] nm test_lib.a


compute.o:
0000000000000000 T compute
                 U sqrt


input.o:
0000000000000000 T input
                 U printf
                 U scanf
[ericcgx@ node01 ericcgx] nm -n test_lib.a
compute.o:
                  U sqrt
0000000000000000 T compute


input.o:
                 U printf
                 U scanf
0000000000000000 T input
```

上面这条命令显示：在 input. o 中，printf 函数的调用顺序要先于 scanf 函数。下面这条命令显示了系统库文件/usr/lib/libm. a 的符号表信息，这里使用了 －l 选项。

```
[ericcgx@ node01 ericcgx] nm -l /usr/lib/libm.a
```

```
k_standard.o:
         U __copysign
         U __errno_location
         U fputs
         U fwrite
00000000 T __kernel_standard
         U _LIB_VERSION
         U matherr
         U __rint
         U stderr
00000000 d zero

s_lib_version.o:
00000000 D _LIB_VERSION

s_matherr.o:
00000000 W matherr
00000000 W __matherr

s_signgam.o:
00000004 C signgam

fclrexcpt.o:
           U_dl_hwcap
00000000 W feclearexcept
00000000 T __feclearexcept

fgetexcptflg.o:
00000000 W fegetexceptflag
00000000 T __fegetexceptflag

fraiseexcpt.o:
00000000 W feraiseexcept
…
```

2.4　make 工具与 makefile 简介

通常程序或软件是由多个文件组成，不同的文件实现不同的功能，从而组合在一起成为一个可以完成强大功能的软件工程。但是如果像前面所介绍的用 gcc 方式编译多个文件组成的程序将会使工作变得非常的复杂，Linux 提供 make 工具和 makefile 文件来完成这一繁杂的工作。

2.4.1 多文件组成的程序

为了使程序大而不繁，简洁明了，程序设计者要根据软件的总体要求，在功能或逻辑组织结构上对软件进行划分，从而避免将所有的代码写到同一个源文件中，使得代码简洁明了，增强了程序的可读性。所以常常会遇到由多个文件组成的程序，本节主要介绍多个文件组成程序的编写、编译和连接方法。

gcc 可以用来在一行命令上编译并连接多个 C 语言源文件，并生成可执行文件。例如，可以使用下面的命令编译 file1. c、file2. c、file3. c，并产生名为 result 的可执行文件。

[ericcgx@ node01 ericcgx] gcc file1. c file2. c file3. c -o result

如果修改了上述三个文件中的任何一个，必须重复上面整条语句，这会产生两个问题。

（1）所有文件将被重新编译一次（尽管只有那个修改过的文件需要重新编译）。如果这些源文件很长，则编译时间会增加很多。

（2）如果源文件很多而远远不止三个，则重复编译命令的工作会变得非常麻烦。

为了避免上述问题，可以把每个源文件分别编译成目标文件。这样当某些源文件被修改后，只需重新编译那些修改过的源文件，然后再把所有的目标文件连接在一起，就生成想要的可执行文件。可以使用 -c 选项帮助完成上述的工作。它告诉 gcc 只将源文件编译成目标文件，产生的目标文件名字与源文件相同，但扩展名被改成了 . o。这时再使用 gcc 命令可以把它们连接成可执行文件，如 result。

```
[ericcgx@node01 ericcgx] gcc -c file1.c
[ericcgx@node01 ericcgx] gcc -c file2.c
[ericcgx@node01 ericcgx] gcc -c file3.c
[ericcgx@node01 ericcgx] gcc file1.o file2.o file3.o -o result
```

在实际应用中可以通过 -c 选项用一行命令编译多个源文件。上述几行命令可以简化成如下的命令。编译过程中，编译器将输出它正在编译的文件的名字，但并非一定按照命令行中给定的顺序执行。

```
[ericcgx@node01 ericcgx] gcc  -c file1.c file2.c file3.c
[ericcgx@node01 ericcgx] gcc file1.o file2.o file3.o  -o result
```

现在，如果更新了源文件中的任何一个文件，只需用 gcc -c 命令把修改过的文件重新编译一次，再把所有的目标文件连接起来就能产生新的可执行文件。

Linux 系统的 C 语言编译器在编译程序时会自动连接一些程序库，但有时用户必须自己手动指定需要连接哪些程序库（大多数系统库文件都保存在/lib 目录下）。gcc 的 -l 选项可以完成这项工作，即在 -l 选项后面加上所需库的路径和名字（可以使用多个 -l 选项来连接多个库文件）。

下面的程序 sqrt. c 用来求取用户输入的数值的平方根，其中用到了数学库（/lib/libm. a），可以在编译时用 -lm 选项来指定它。而当没有指定连接数学库的时候，gcc 会提示出错信息，意思是 gcc 找不到目标文件（这里是 sqrt. o）中出现的符号 sqrt 的定义。sqrt. c 的内容如下：

```
[ericcgx@ node01 ericcgx] more sqrt.c
1       #include <math.h>
2
3       main()
4       {
5        float a;
6        printf("Compute the sqrt of a given value! \n");
7        printf("Please input a:");
8        scanf("% f", &a);
9        printf("The sqrt of a is: % 6.3f \n", sqrt(a));
10       }
```

第一次编译，gcc 提示出错信息，如下所示：

```
[ericcgx@ node01 ericcgx] gcc sqrt.c -o sqrt
/tmp/cco01X4a.o(.text +0x3f): In function 'main':
:undefined reference to 'sqrt'
collect2:ld returned 1 exit status
```

再次编译，使用了 -lm 选项指定了库文件，编译正常通过，用 ls 命令查看当前工作目录下产生了可执行文件 sqrt。运行可执行文件 sqrt，提示用户输入数值，这里输入 5，程序计算出 5 的平方根 2.236。

```
[ericcgx@ node01 ericcgx] gcc sqrt.c -lm -o sqrt
[ericcgx@ node01 ericcgx] ls
sqrt sqrt.c
[ericcgx@ node01 ericcgx] ./sqrt
Compute the sqrt of a given value!
Please input a:5
The sqrt of a is: 2.236
```

2.4.2 make 工具与 makefile

大部分 C 语言写成的软件都是由许多 .c 和 .h 的源文件构成的。这些结构有很多优点。

(1) 它使得程序更加模块化，每个源文件更加短小，易于编辑、编译和调试。

(2) 当某些文件修改后，只需重新编译这些修改过的文件，而不是整个系统。

(3) 这种结构支持信息隐藏，而这正是面向对象程序设计（Object-Oriented Programming）思想的重要体现。

当然，这种模块化的方法也存在缺陷：首先，必须清楚地知道整个系统是由哪些文件构成的，这些文件的内在联系，以及自上次编译以来有哪些文件被用户更新过；而且，编译由许多源文件构成的 C 程序时，需要一次次地输入两行烦琐的命令，即一行用于编译目标文件，另一行把目标文件连接成可执行文件。

或许可以使用一个编写 shell 脚本来解决上述问题，但是也需要重新编译所有文件，在大型项目上效率会很低。如果有成百上千的源文件，该怎么办？如果在与很多人合作写程

序，别人对源文件进行了修改，又没有告诉你，该怎么办？

Linux 提供了一个比 shell 脚本更强大的工具——make，它提供了一种可以用于构建大规模工程的、灵活而强大的机制，能够很好地解决上述问题。用 make 工具读入一个特殊的文件，叫做 makefile，它描述了源文件之间的依赖关系，而且决定了源文件什么时候应该编译，什么时候不应该编译。例如，makefile 某个规则可以说“如果 example.o 比 example.c 旧，意思就是有人修改了 example.c，因此我们需要重新编译这个文件”。

如果一个软件项目包括几十个源文件和多个可执行文件，你将会发现 make 工具非常有用。因为在这么大的项目中用人脑记住所有头文件、源文件、目标文件和可执行文件之间的依赖关系显然是非常困难的。简单地说，make 工具根据 makefile 里的规则决定该如何重新编译源文件，它给 C 程序开发带来了极大的便利。make 工具的使用方法如下。

语法：make [选项] [目标] [宏定义]

说明：make 工具根据名为 makefile（或 Makefile、MAKEFILE，通常和相关的源文件保存在同一个目录下）的文件中指定的依赖关系对系统进行更新。[选项] [目标] [宏定义] 三者可以按任意顺序指定。

make 工具的常用选项如表 2-12 所示。

表 2-12　make 工具的常用选项

常用选项	描　述
-d	Debug 模式，显示调试信息
-f file	指定 file 文件为依赖关系文件，如果 file 参数为"-" 符，那么依赖关系文件指向标准输入。如果没有"-f" 参数，则系统将默认当前目录下名为 makefile 或者 Makefile 或者 MAKEFILE 的文件为依赖关系文件
-t	更新目标文件
-i	忽略返回的出错信息
-p	输出所有宏定义和目标文件的描述
-h	帮助文档，显示所有选项的帮助信息
-n	测试模式，显示输出所有执行命令，但并不执行
-s	安静模式，不输出任何提示信息
-q	make 命令将根据目标文件是否已经更新，返回"0" 或非"0" 的状态信息

make 工具的一条依赖关系由三部分组成：目标文件、目标文件所依赖的文件和构建目标文件所要执行的命令。makefile 中指定这个依赖关系的条目称为 make 规则，它的语法和说明如下：

```
语法:目标文件列表:依赖文件列表
        <Tab>命令列表
```

说明：目标文件列表是用空格隔开的一系列目标文件。依赖文件类表也是一组用空格隔开的文件。而命令列表则是用回车隔开的用户命令，且每条命令必须以 <Tab> 字符开头。“#”字符开始的行是注释行。此外，make 规则还可以写成这样：目标文件列表：依赖文件列表；命令列表，其中命令列表中的命令用分号隔开，且前面没有 <Tab> 字符。

make 工具就是根据 makefile 中的一行到多行描述文件依赖关系的 make 规则来决定哪些文件需要重新编译和连接以重新产生可执行文件。例如，用户修改了一个头文件（.h），make 知道应该编译所有包含这个头文件的文件，当然这么做的前提是 makefile 已经指定了这条依赖关系。一般来说，源文件和 makefile 放在同一个目录下，这个目录称为构建目录（building direcory）。

下面的 makefile 文件可以用于上节内容中的 sqrt.c 程序，其内容如下所示：

```
[ericcgx@ node01 ericcgx] more makefile
sqrt:sqrt.c
        gcc sqrt.c -o sqrt -lm
```

如果当前工作目录存在可执行文件 sqrt，且 sqrt 被创建以后 sqrt.c 没有修改，则执行 make 时只会给出当前的 sqrt 已经是最新版本的提示信息，因此 make 不需要重新编译或者连接 sqrt.c。在实际的软件项目中，有时候可能需要强制编译系统，如当更新了一个 .h 文件时，不必改变最后更新时间，最简单的方法是在 make 之前执行 touch 命令，如下面所示：

```
[ericcgx@ node01 ericcgx] make
make: 'sqrt' is up to date.
[ericcgx@ node01 ericcgx] touch sqrt.c
[ericcgx@ node01 ericcgx] make
gcc sqrt.c -o sqrt - lm
```

下面将进一步展示 make 工具的功能，把 sqrt.c 分成两个文件：sqrt.c 和 compute.c。其中 compute.c 中包含了 compute 函数，这个函数被 sqrt.c 中的 main 函数调用。为了最后能得到可执行文件 sqrt，需要独立编译上述两个源文件并连接它们。sqrt.c 和 compute.c 的内容如下：

```
[ericcgx@ node01 ericcgx] more sqrt.c
double compute(double a);
main()
{
  float a;
  printf("Compute the sqrt of a given value! \n");
  printf("Please input a:");
  scanf("% f", &a);
  printf("The sqrt of a is: % 6.3f \n", sqrt((double)a));
}
[ericcgx@ node01 ericcgx] more compute.c
#include <math.h>
double
compute(double a)
{
```

```
  return sqrt((double)a);
}
```

编译连接得到可执行文件 sqrt：

```
[ericcgx@ node01 ericcgx] gcc -c compute.c sqrt.c
[ericcgx@ node01 ericcgx] gcc compute.o sqrt.o -o sqrt -lm
```

上述两个文件的依赖关系比较简单，要想得到可执行文件 sqrt，需要两个目标文件 sqrt. o 和 compute. o，如果其中任意一个更新过，可执行文件就需要重新创建。相应的 make 规则如下：

```
sqrt: sqrt.o compute.o
      gcc sqrt.o compute.o -o sqrt -lm
```

而 sqrt. o 和 compute. o 分别由 sqrt. c 和 compute. o 编译而来，其 make 规则如下：

```
sqrt.o: sqrt.c
      gcc -c sqrt.c
compute.o: compute.c
      gcc -c compute.c
```

整个 makefile 的依赖关系可由下面的 make 关系树（见图 2－10）来表示。

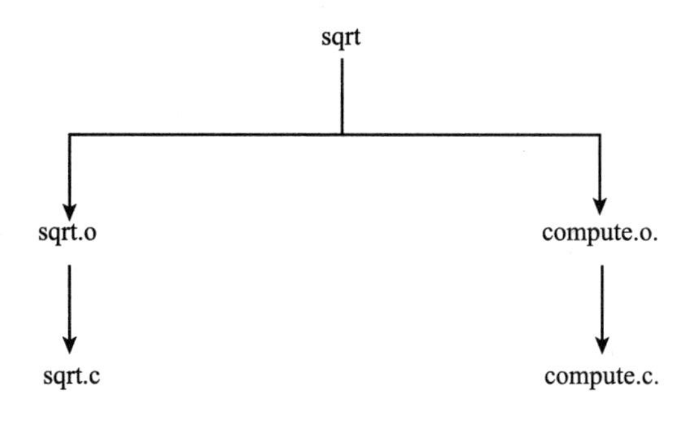

图 2－10　make 关系树

完整的 makefile 内容如下：

```
[ericcgx@ node01 ericcgx] more makefile
sqrt: sqrt.o compute.o
      gcc sqrt.o compute.o -o sqrt -lm
sqrt.o: sqrt.c
      gcc -c sqrt.c
compute.o: compute.c
      gcc -c compute.c
```

在命令行运行 make 工具，屏幕上显示如下信息，注意三条 make 规则中命令的执行顺序。

```
[ericcgx@ node01 ericcgx] make
```

```
gcc -c sqrt.c
gcc -c compute.c
gcc sqrt.o compute.o -o sqrt -lm
```

可以继续改变程序的结构，把 sqrt.c 和 compute.c 分成更加模块化的 6 个文件：main.h、input.h、compute.h、main.c、input.c 和 compute.c。其中，compute.h 和 input.h 中只给出了 compute 和 input 函数的声明，而定义部分则分别在 compute.c 和 input.c 中。各个文件的内容如下：

```
[ericcgx@ node01 ericcgx] more compute.h
/* declaration of function compute */
double compute(double);
[ericcgx@ node01 ericcgx] more input.h
/* declaration of function input */
double input(char *);
[ericcgx@ node01 ericcgx] more main.h
/* declaration of prompt for user*/
#define PROMPT "Please input a: "
[ericcgx@ node01 ericcgx] more compute.c
#include <math.h>
#include"compute.h"
double
compute(double a)
{
   return sqrt((double)a);
}
[ericcgx@ node01 ericcgx] more input.c
#include"input.h"
double
input(char * s)
{
   float x;
   printf("%s", s);
   scanf("%f", &x);
   return(x);
}
[ericcgx@ node01 ericcgx] more main.c
#include"main.h"
#include"compute.h"
#include"input.h"
main()
{
  double a;
```

```
  printf("Compute the sqrt of a given value! \n");
  a = input(PROMPT);
  printf("The sqrt of a is: % 6.3f \n", sqrt((double)a));
}
```

要想创建可执行文件 sqrt，必须首先编译 main. c、input. c 和 compute. c 得到目标文件，然后把它们连接在一起，如下面的命令所示。

```
[ericcgx@ node01 ericcgx] gcc -c main.c input.c compute.c
[ericcgx@ node01 ericcgx] gcc main.o input.o compute.o -o sqrt -lm
```

相应的 makefile 的内容如下：

```
[ericcgx@ node01 ericcgx] more makefile
sqrt: main.o input.o compute.o
gcc main.o input.o compute.o -o sqrt -lm
main.o: main.h input.h compute.
input.o: input.h
compute.o: compute.h
```

各源文件之间的依赖关系可用如图 2－11 所示 make 关系树表示。

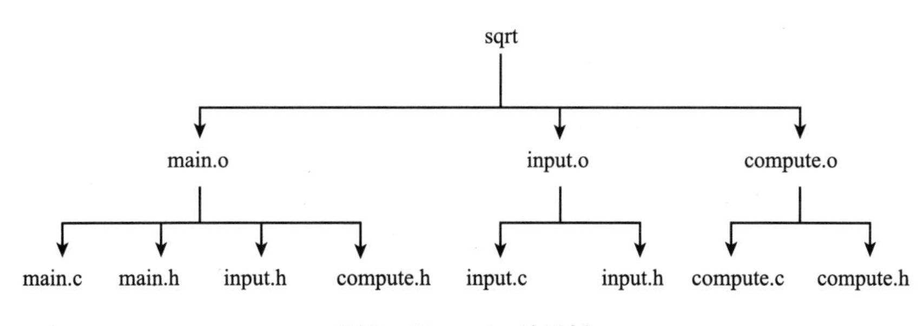

图 2－11　make 关系树

下面运行 make 工具，将依次执行 make 规则中所有指定的命令。

```
[ericcgx@ node01 ericcgx] make
gcc -c main.c
gcc -c input.c
gcc -c compute.c
gcc main.o input.o compute.o -o sqrt -lm
```

缺省的情况下，make 会在工作目录下按照文件名顺序查找 makefile 文件读取并执行。通常应该使用“makefile”或者“Makefile”或者“MAKEFILE”作为一个 makefile 的文件名。

如果 make 程序在工作目录下无法找到以上三个文件中的任何一个，它将不读取任何其他文件作为解析对象。但是根据 make 隐含规则的特性，可以通过 make 工具的“－f”选项指定一个文件。给 make 指定 makefile 文件的格式为：“－f file”，它指定文件“file”作为执行 make 时读取的 makefile 文件。也可以通过多个“－f”选项来指定多个需要读取的

makefile文件，多个 makefile 文件将会被按照指定的顺序进行连接并被 make 解析执行。当通过“-f”指定 make 读取 makefile 的文件时，make 就不再自动查找上述三个标准命名的 makefile 文件。

实际上，前面给出的 makefile 文件存在一些不必要的信息，make 工具有一条预定义规则，它会自动执行像下面例子中的命令语句：

```
filename.o: filename.c filename2.h
     #gcc -c filename.c
```

make 工具知道在一般情况下，目标文件的名字和相应的源文件的名字是相同的（称为标准依赖关系），因此，在 makefile 文件中可以把像 filename. o：filename. c 这样的依赖关系去掉。下面的 makefile 文件去掉了这样的依赖关系，但它和没去之前的功能是相同的。

```
[ericcgx@ node01 ericcgx] more makefile
sqrt: main.o input.o compute.o
      gcc main.o input.o compute.o -o sqrt -lm
main.o: main.h input.h compute.h
input.o: input.h
compute.o: compute.h
```

再次运行 make 工具，结果如下：

```
[ericcgx@ node01 ericcgx] make
gcc     -c -o main.o main.c
gcc     -c -o input.o input.c
gcc     -c -o compute.o compute.c
gcc main.o input.o compute.o -o sqrt -lm
```

makefile 中的宏介绍如下。

在 makefile 中可以使用诸如 XLIB、UIL、OPTIONS、OBJECTS 等类似于 shell 变量的标识符，这些标识符在 makefile 中称为“宏”，它代表一些文件名或选项。利用宏来代表某些多处使用而又可能发生变化的内容，可以节省重复修改的工作，还可以避免遗漏。

make 的宏分为两类，一类是用户自己定义的宏，一类是系统内部定义的宏。用户定义的宏必须在 makefile 或命令行中明确定义，一般使用下面两种形式之一。

```
语法:宏名字 = 文本字符串
    或者
    define 宏名字
    文本字符串
    endef
```

根据宏的定义，makefile 中的每一处“宏名字”都将被替换成“文本字符串”。系统定义的宏如 CFLAGS，它被自动设为一个默认值并应用于预定义规则中。因此预定义规则的命令语句实际上的形式为：gcc（CFLAGS）-c filename. c filename. o，CFLAGS 的默认值是 -O（编译优化），用户可以根据实际情况任意修改它。

下面重新修改上面的 makefile，其中包含了一些便于在命令行调用的 make 规则。注意，make 规则的命令部分不一定非得是编译器或连接器命令，任何 shell 命令都是可以的。

```
[ericcgx@ node01 ericcgx] more makefile
CC = gcc
OPTIONS = -O3 -o
OBJECTS = main.o input.o compute.o
SOURCES = main.c input.c compute.c
HEADERS = main.h input.h compute.h

sqrt: $ (OBJECTS)
      $ (CC) $ (OPTIONS)sqrt $ (OBJECTS) -lm

main.o: main.h input.h compute.h

input.o: input.h

compute.o: compute.h

src.tar: $ (SOURCES) $ (HEADERS)makefile
      tar -cvf - $ (SOURCES) $ (HEADERS)makefile > src.tar

clean:
      rm * .o
```

注意到 makefile 中最后两个目标 src. tar 和 clean 的命令部分包含了 shell 命令。实际上，它们不会执行，因为它们和其他 make 规则没有相互依赖关系。但是，可以把它们作为 make 的参数来执行。在 makefile 中放置这些规则的好处是，不必记忆哪些文件需要打包（这里可以使用 make src. tar 命令，来把所有的 . c 和 . h 文件及 makefile 本身打包），或者在得到可执行文件后有哪些文件可以删除了（这里可以使用 make clean 命令把创建可执行文件过程中产生的目标文件都删除掉）。

```
[ericcgx@ node01 ericcgx] make src.tar clean
tar -cvf -main.c input.c compute.c main.h input.h compute.h makefile > src.tar
main.c
input.c
compute.c
main.h
input.h
compute.h
makefile
rm * .o
```

make 提供了一些方便的系统定义的宏，常用的可见表 2 - 13。

表 2－13　make 工具常用系统定义的宏

宏定义	功　能
$@	当前目标文件的名字。如应用于创建库文件时，它的值就是库文件名
$?	比当前目标文件新的依赖文件列表
$ <	比当前目标文件新的第一个依赖文件
$^	用空格隔开的所有依赖文件

下面继续修改 makefile，其中运用了系统定义的宏，其内容和结果如下。注意以“@”开头的命令在实际执行时不会显示在屏幕终端，除非执行 make 时使用了 －n 参数。

```
[ericcgx@ node01 ericcgx] more makefile
#using system defined macro
define CC
        gcc
endef
OPTIONS = -O3 -o
OBJECTS =main.o input.o compute.o
SOURCES =main.c input.c compute.c
HEADERS =main.h input.h compute.h

complete: sqrt
    @ echo "done"

sqrt: $ (OBJECTS)
      $ (CC) $ (OPTIONS) $@ $^ -lm
      @ echo "the executive file sqrt is created"
main.o: main.h input.h compute.h
compute.o: compute.h
input.o: input.h
src.tar: $ (SOURCES) $ (HEADERS)makefile
      tar -cvf - $^ > src.tar
clean:
      rm -f * .o core sqrt
[ericcgx@ node01 ericcgx] make
gcc     -c -o main.o main.c
gcc     -c -o input.o input.c
gcc     -c -o compute.o compute.c
gcc -O3 -o sqrt main.o input.o compute.o -lm
the executive file sqrt is created
done
[ericcgx@ node01 ericcgx] make src.tar clean
tar -cvf -main.c input.c compute.c main.h input.h compute.h makefile >src.tar
```

```
main.c
input.c
compute.c
main.h
input.h
compute.h
makefile
rm -f * .o core sqrt
```

这里 clean 的目标不再仅仅是删除目标文件，而且同时删除可执行文件 sqrt 及运行错误时而产生的 core 文件。如果当前工作目录中不存在名为 clean 的文件，则可以正确无误地执行 make clean。反之如果当前工作目录下已经存在名为 clean 的文件，则运行 make clean 时会提示这样的错误：make：`clean` is up to date. 如下所示：

```
[ericcgx@ node01 ericcgx] touch clean
[ericcgx@ node01 ericcgx] make clean
make: `clean` is up to date.
```

为了防止出现上述始料未及的问题，可以使用一个特殊的目标文件 .PHONY 来解决它：通过“. PHONY”特殊目标将“clean”目标声明为伪目标，避免当前工作目录下存在一个名为“clean”文件时，目标“clean”所在规则的命令无法执行。下面是修改后的 makefile：

```
[ericcgx@ node01 ericcgx] more makefile
#using system defined macro
define CC
        gcc
endef
OPTIONS = -O3 -o
OBJECTS =main.o input.o compute.o
SOURCES =main.c input.c compute.c
HEADERS =main.h input.h compute.h

complete: sqrt
    @ echo "done"

sqrt: $ (OBJECTS)
      $ (CC) $ (OPTIONS) $@ $^ -lm
      @ echo "the executive file sqrt is created"
main.o: main.h input.h compute.h
compute.o: compute.h
input.o: input.h
src.tar: $ (SOURCES) $ (HEADERS)makefile
      tar -cvf - $^ > src.tar
```

```
.PHONY:c clean
clean:
	rm -f *.o core sqrt
```

此时，如果当前目录下存在名为 clean 的文件，运行 make clean 将不会出现上述问题。

```
[ericcgx@ node01 ericcgx] touch clean
[ericcgx@ node01 ericcgx] make clean
rm -f *.o core sqrt
```

此外，还可以在命令行之前使用“-”，即“-rm -f *.o core sqrt”，它的功能是忽略命令“rm”的执行错误。

2.5 Linux C 程序的调试

2.5.1 引言

所谓程序调试，是指在将编写好的程序投入实际运行前，用手工或编译程序等方法进行测试，修正语法错误和逻辑错误的过程。这是程序设计开发中必不可少的步骤。编写好的程序，必须送入计算机中进行测试。

程序调试一般分以下几个步骤进行。

（1）程序员用编辑工具把编写好的源程序按照一定的书写格式送到计算机中，编辑工具会根据程序员的意图对源程序进行增、删或修改。

（2）把送入的源程序翻译成机器语言，即用编译程序对源程序进行语法检查并将符合语法规则的源程序语句翻译成计算机能识别的“语言”。如果经编译程序检查，发现有语法错误，那么就必须用编辑工具来修改源程序中的语法错误，然后再编译，直至没有语法错误为止。

（3）使用连接程序把翻译好的计算机语言程序连接起来，并生成一个计算机能真正运行的程序。在连接过程中，一般不会出现连接错误，如果出现了连接错误，说明源程序中存在子程序的调用混乱或参数传递错误等问题。这时又要用编辑工具对源程序进行修改，再进行编译和连接，如此反复进行，直至没有连接错误为止。

（4）将修改后的程序进行试运行，这时可以用几个模拟数据来测试，并把输出结果与手工处理的正确结果相比较。如有差异，就表明程序存在逻辑错误。如果程序不大，可以用人工方法进行模拟数据测试，并根据测试结果修改程序；如果程序比较大，人工模拟显然行不通，这时只能将计算机设置成单步执行的方式，一步步跟踪程序的运行。一旦找到问题所在，仍然要用编辑工具来修改源程序，接着仍要编译、连接和执行，直至无逻辑错误为止。

调试器（Debugger）是解决程序调试问题的重要工具。简单来说，调试器就是用来提供调试功能的软件或硬件工具。通常认为一个调试器至少应该具有如下两项功能：①可以控制被调试程序的执行，包括将其中断到调试器，单步跟踪执行，恢复运行，设置断点（breakpoint）等；②可以访问被调试程序的代码和数据，包括读写数据、搜索函数和变量、观察

和反汇编成代码、读写寄存器等。这两项功能是相辅相成的，前者让被调试程序根据调试人员的要求运行或停止，后者对其进行分析。二者结合起来，就可以将被调试程序中断在几乎任意的时间或空间位置，然后对其进行观察、分析和修改，待分析结束后再让被调试程序继续运行，这种调试方式被称为交互式调试（Interactively Debugging），这是区别调试器和其他普通工具的最重要标准。

Linux 系统上最常用的调试器是 gdb，下面将简单介绍 gdb 的功能和用法。

2.5.2　gdb 简介

gdb（GNU DeBugger）是 GNU 开源组织发布的一个强大的 UNIX 下的程序调试工具，同时也是 Linux 系统上的标配调试器，它能调试 C、C ++ 、Module -2 等多种语言编写的程序。或许，有些程序员比较喜欢那种图形界面方式的，像 VC、BCB 等 IDE 的调试，但如果是在 UNIX/Linux 平台下开发软件，会发现 gdb 这个调试工具具有比 VC、BCB 的图形化调试器更强大的功能。gdb 的目的是让调试者知道：程序在执行时，其“内部”发生了什么，或者是在运行崩溃时，程序在做什么。

一般来说，gdb 主要帮助完成下面四个方面的功能。

（1）启动程序，并可以按照程序员自定义的要求来运行程序。

（2）让被调试的程序在设置的断点处停住，其中断点可以是条件表达式。

（3）可以检查当程序被停住时所发生的事。

（4）动态地改变程序的执行环境。

在命令行上输入 gdb 命令就可以启动 gdb 工具，一旦启动完毕，就可以接收用户从键盘输入的命令并完成相应的任务。若想退出 gdb 工具，在 gdb 环境中输入 quit 即可。gdb 的简要说明如下。

语法：gdb [选项] [可执行程序 [core 文件 | 进程 ID]]

说明：跟踪指定程序的运行，给出它的内部运行状态以协助定位程序的 bug。也可以指定程序运行错误时产生的 core 文件，或者正在运行的程序进程 ID。gdb 的常用选项如表 2 -14所示。

表 2 -14　gdb 的常用选项

选　项	描　述
-c core	使用指定 core 文件检查程序
-h	给出命令行选项的简单介绍
-n	忽略～/. gdbinit 文件中指定的命令
-q	不显示版权等信息
-s	使用保存在指定文件中的符号表

在使用 gdb（或其他调试器）调试器之前，必须用程序中的调试信息编译要调试的程序，即使用 -g 参数重新编译程序以加入调试所需的符号表。这样，gdb 才能够调试所使用的变量、代码行和函数等。常用的 gdb 命令如表 2 -15 所示。

表 2－15　常用的 gdb 命令

命　令	解　释
break NUM	在指定的行上设置断点
bt	显示所有的调用栈帧。该命令可用来显示函数的调用顺序
clear	删除设置在特定源文件、特定行上的断点。其用法为：clearFILENAME：NUM
continue	继续执行正在调试的程序。该命令用在程序由于处理信号或断点而导致停止运行时
display EXPR	每次程序停止后显示表达式的值。表达式由程序定义的变量组成
file FILE	装载指定的可执行文件进行调试
help NAME	显示指定命令的帮助信息
info break	显示当前断点清单，包括到达断点处的次数等
info files	显示被调试文件的详细信息
info func	显示所有的函数名称
info local	显示函数中的局部变量信息
info prog	显示被调试程序的执行状态
info var	显示所有的全局和静态变量名称
kill	终止正被调试的程序
list	显示源代码段
make	在不退出 gdb 的情况下运行 make 工具
next	在不单步执行进入其他函数的情况下，向前执行一行源代码
print EXPR	显示表达式 EXPR 的值

【例 2－3】一个有错误的 C 源程序 bugging. c。

```
1     #include <stdio.h>
2     #include <stdlib.h>
3     static char buff [256];
4     static char* string;
5     main()
6     {
7          printf("Please input a string: ");
8          gets(string);
9          printf("\nYour string is: % s\n", string);
10    }
```

上面这个程序非常简单，其目的是接受用户的输入，然后将用户的输入打印出来。该程序使用了一个未经过初始化的字符串地址 string，因此，编译并运行之后，将出现 Segment Fault 错误：

```
$ gcc -o test -g test.c
$ ./test
Please input a string: asfd
```

```
Segmentation fault(core dumped)
```

为了查找该程序中出现的问题，利用 gdb，并按如下的步骤进行。

（1）运行 gdb bugging 命令，装入 bugging 可执行文件。

（2）执行装入的 bugging 命令。

（3）使用 where 命令查看程序出错的地方。

（4）利用 list 命令查看调用 gets 函数附近的代码。

（5）唯一能够导致 gets 函数出错的因素就是变量 string。用 print 命令查看 string 的值。

（6）在 gdb 中，可以直接修改变量的值，只要将 string 取一个合法的指针值就可以了，为此，在第 11 行处设置断点。

（7）程序重新运行到第 11 行停止，这时，可以用 set variable 命令修改 string 的取值。

（8）继续运行，将看到正确的程序运行结果。

习 题

一、单项选择题

1. C 语言规定：在一个源程序中，main 函数的位置（　　）。

   A. 必须在最开始　　B. 必须在系统调用的库函数的后面

   C. 可以任意　　D. 必须在最后

2. 在 vi 编辑器中的命令模式下，输入（　　）可在光标当前所在行下添加新的一行。

   A. <a>　　B. <o>　　C. <I>　　D. <A>

3. （　　）命令是在 vi 编辑器中执行存盘退出。

   A. ：q　　B. ZZ　　C. ：q!　　D. ：WQ

二、填空题

1. vi 编辑器具有三种工作模式：________、________和________。

2. 在 vi 编辑环境下，使用________进行模式转换。

3. 在用 vi 编辑文件时，将文件内容存入 test.txt 文件中，应在命令模式下输入：________。

三、简答题

1. 简述编译程序与解释程序的区别及各自的执行流程。

2. 简述 C 语言的基本组成结构。

3. 简述 C 语言编写、编译、连接和执行的过程。

4. 为什么需要多文件程序？简述实现多文件程序的方法。

第3章　数据类型、运算符和表达式

本章重点

Linux C 数据类型分类与定义；

常量与变量的定义与使用方法；

整型数据、实型数据、字符型数据和符号常量的基本概念与使用；

Linux C 数据类型间的转换；

Linux C 运算符与表达式。

学习目标

通过本章学习，掌握 Linux C 所有数据类型的含义及使用方法；掌握各种数据类型间的转换方法及相关转化函数；掌握 Linux C 程序运算符和表达式的使用。

在前面的章节中通过一个“Hello World”的程序例子，了解了在 Linux 环境下使用 C 语言从编写代码到编译连接，直到生成可执行文件的一个完整的过程。

虽然这个“Hello World”程序是一个非常简单的例子，但是以目前掌握的 Linux C 知识还不足以充分理解这个程序。在本章中，将详细介绍 Linux C 的数据类型、运算符和表达式。

3.1　Linux C 数据类型

Linux C 的数据结构是以数据类型的形式出现的。所谓一个数据的“数据类型”，是该数据自身的一种属性，用于说明数据的类型，以告诉编译程序，要在内存中为该数据分配多少个字节的存储空间。不同类型的数据所占用的存储区域大小不同，这个区域的字节数就是这种数据类型的“长度”。

Linux C 的数据类型具体分类如图 3－1 所示。

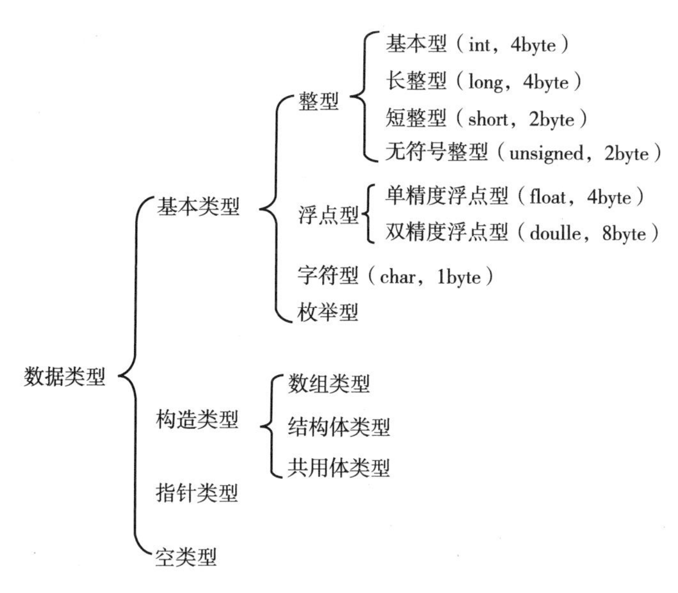

图3－1　Linux C的数据类型

注：其中（）中表示该数据类型的关键字及其长度。

其中基本数据类型是由系统事先定义好的、不可再分割的类型，在进行程序设计时可以直接利用这些数据类型来定义数据，包括整型、实型（又称浮点型）、字符型及枚举型四种。构造类型是由基本类型组成的更为复杂的类型，包括数组类型、结构类型和共用类型三种。另外，Linux C的数据类型还包含指针类型和空类型。指针类型是一种特殊的、具有重要作用的数据类型，其值可以用来表示某个量在内存中的地址。而空类型主要用于特殊指针变量和无返回值函数的说明。

此外，Linux C中的数据还有常量和变量之分，它们分别属于上述这些类型，如整型常量、整型变量、实型常量、实型变量等。

3.2　常量与变量

3.2.1　常量

常量是程序中最基本的元素，其定义为：在程序运行时，其值不能被改变的量。常量包括字符（character）常量、整数（integer）常量、实型（floating point）常量和枚举常量四种类型。

如－123、－0123、－0x123、23L、234U为整型常量；

0.123、123.0、－34.、.679、1.4E－3、－45e7和1e0为实型常量；

'a'、'A'、'0'、'+'等为字符型常量。

下面以一个例子来对比各种数据类型之间的区别。

```
printf("I am : % cVnI am : % d\nI am : % f\n", '@ ', 19, 3.14);
```

输出结果为：

```
I am:@
I am:19
I am:3.140000
```

从输出结果发现，要输出的三项内容并没有按照原样输出，而是分成了三行输出。这要归功于“\n”，它表示一个换行符，输出指令遇到它时，就会换行再继续输出，并且“\n”并不出现在最后的输出结果中。那如果想要输出“\n”该怎么办呢？这就引出了转义字符的概念，在后面会详细介绍。

从输出结果还可以发现，整数和实数有着不同的输出格式。%c 对应着字符型数据的输出，%d 对应着整型数据的输出。% 称为格式化字符串，它后面加上字母 c、d、f，分别表示字符型、整型和浮点型数据。

3.2.2 变量

在程序的执行过程中值可以发生变化的量称为变量。Linux C 的变量遵循“先定义，后使用”的原则，即变量在使用前，都需要先对其进行定义。在定义时系统就会为变量分配固定的内存，并按照变量名对其进行访问。

Linux C 的变量类型主要有整型变量、实型变量及字符型变量。这几种类型的名称、取值范围等如表 3-1 所示。

表 3-1　ANSI 标准定义的数据类型

类型名	名　称	位　数	取值范围
(signed) char	字符型	8	-128 ～ 127
unsigned char	无符号字符型	8	0 ～ 255
(signed) short (int)	短整型	16	-32768 ～ 32767
unsigned short (int)	无符号短整型	16	0 ～ 65535
(signed) int	整型	32	-2147483648 ～ 2147483647
unsigned (int)	无符号整型	32	0 ～ 4294967295
(signed) long (int)	长整型	32	-2147483648 ～ 2147483647
unsigned long (int)	无符号长整型	32	0 ～ 4294967295
float	单精度实型	32	$\pm 3.4 \times (10^{-38} \sim 10^{38})$，6 位精度
double	双精度实型	64	$\pm 1.7 \times (10^{-308} \sim 10^{308})$，15 位精度

一个变量通常包含以下两个要素。

1. 变量名

每个变量都要有一个名字，即变量名。变量名决定了该变量的存储地址，即应该在内存中的哪个位置来寻找该变量，如变量 a 的地址就是 &a，要想访问它，就需要用到 &a；变量的命名还应该遵循标识符命名规则。

变量定义的一般形式为：

[修饰符] 类型说明符 变量名列表；

[ ] 表示可选项

定义变量时应该注意以下几点。

（1）变量定义应该位于函数体的数据描述部分。

（2）类型符用来说明变量的类型，如 int、float、double 和 char 等。

（3）修饰符部分可选，如 int 有 long、short 和 unsigned 等类型，可省略。

（4）修饰符和类型符决定了变量的类型。由于变量所表示的数据可以是除 void 外任意类型的数据，因此变量在内存中所占的存储空间大小根据数据类型的不同而有所区别。每一个变量有且只能有一种类型，所以变量的类型一旦确定，该变量在内存中所占的字节数也就确定了。在对变量进行运算时，编译系统通过检查变量的类型来判断运算是否合法。

（5）变量列表部分表示对要定义的变量的变量名进行列表，如果同时定义多个相同类型的变量，各个变量名中间用逗号分隔。

（6）变量定义的每一项用空格分隔。

（7）用分号结束变量的定义。

例如：

```
int a,b;
float num;
unsigned short i,j;
```

注意　在不同的编译系统中，同一类型的数据所占的字节数可能有所区别。通常情况下，这种差异不会影响程序的通用性。在进行程序设计时，应当根据程序的需要及数据本身的变化范围正确选择变量的类型。

2. 变量值

在程序运行的过程中，变量值存储于内存中。如果想在程序中使用变量的值，需要通过变量名来访问。一个变量在定义后，会占据一定的内存空间，因此此时变量有值，但其值并不确定。如果在程序中使用这个不确定的值参与运算，所得到的结果也会是不确定的。因此一个变量在使用前必须要赋予其一个确定的值。

变量赋值的一般形式如下。

[修饰符] 类型说明符 变量 1 = 值 1，变量 2 = 值 2，…；

例如：

```
int   a=2,b=3;          /* 给变量 a 赋值 2,给变量 b 赋值 3*/
float  num=1.2e10;      /* 给变量 num 赋值 1.2×10^10 */
char c='V';             /* 给变量 c 赋值'V'*/
```

为方便起见，可以在对变量进行定义的同时，对变量进行赋值，这称为变量的初始化，如上例所示。如果使用一个数据类型说明符来说明多个同类型的变量，可同时给这多个同类型变量赋初值。但是如果要给多个变量赋同一初值时，需要将它们分开赋值。

如 `int a =2,b=2;  /* 给变量 a 赋值 2,b 也赋值 2*/`

3.2.3　注意事项

标识符就是用来标识变量名、函数名、数组名、类型名和文件名的有效字符序列。它包括以下几方面内容。

（1）有效字符。标示符只能由字母、数字和下画线组成，且以字母或下画线开头。但是一般来说不推荐使用以下画线开头的标识符。

（2）有效长度。标识符有效长度随系统不同而有所区别，但至少前 8 个字符有效。如果超长，则超长部分会被舍弃。

例如，notebook_series 和 notebook_system 是两个不同的变量，但是它们的前 8 个字符相同，因此在有些系统中就会被认为是同一个变量，而无法区分。所以为了程序的可移植性及程序的可读性，建议变量名不要超过 8 个字符。

（3）C 语言的关键字（保留字）不能用作变量名。

需要注意的是：Linux C 对英文字母的大小写敏感，即同一字母的大小写，被认为是两个不同的字符。习惯上，为增加可读性，变量名和函数名中的英文字母用小写。要养成标识符命名的良好习惯，即“见名知意”。

所谓“见名知意”就是指，看到一个变量名就能够知道这个变量的含义。因此常常选择能够表示数据含义的英文单词或其缩写来作为变量名。

例如，用 name 来表示姓名、sex 表示性别、age 表示年龄、salary 表示工资等。

想一想： 变量 data 与变量 DATA、Data、daTA 是同一个变量吗？

3.3 整型数据

3.3.1 整型常量

整型常量即整常数，在 Linux C 中使用的整型常量有以下三种表示方式。

1. 十进制形式

例如 1、1000。十进制的整型常量前面没有前缀。

2. 八进制形式（以数字 0 开头）

例如，022。八进制整型常量必须以 0 开头，即以 0 作为其前缀。它的取值范围为 0 ~ 7。八进制整型常量主要用于表示整型常量在内存中的存储形式，也就是表示某整型常量的机器码。当用来表示某整型常量的机器码时，八进制整型常量前面没有符号；如果有符号，则表示对其所代表的真值取反。

例如，0111 值为 $1 \times 8^2 + 1 \times 8^1 + 1 \times 8^0$，即十进制的 73。-0111 代表 -73。

3. 十六进制形式（以数字 0 加上大小写字母 x 开头）

例如 0x52。十六进制整型常量的前缀为 0X 或 0x。其取值范围为 0～9，A～F 或 a～f。当十六进制数中出现 A～F 或 a～f 时，其字母的大小写应和前缀保持一致，即全部大写或全部小写。十六进制数主要也是用于表示某整型常量的机器码，因此十六进制数前面没有符号；如果有符号，则是对其所代表的真值取反。

例如，0x21 代表的数据为 $2 \times 16^1 + 1 \times 16^0$，即十进制的 33，-0x21 代表的数据则为十进制的 -33）。

3.3.2 整型变量

整型变量可分为基本型、短整型、长整型三类。

（1）基本型。用 int 表示，例如，int i，j。基本型在内存中一般占用两个字节（16bit）来存储，其取值的范围为 -2^{15}～（$2^{15}-1$），即 -32768～+32767。

（2）短整型。用 short int 或 short 表示，如：short a，b。所占字节数和取值范围与基本型相同。

（3）长整型。用 long int 或 long 表示，如：long x，y。超出基本整型值域的整型变量，则可使用长整型变量来表示。长整型在内存中一般用四个字节（32bit）来存储，其取值范围是 -2^{31}～（$2^{31}-1$），即 -2147483648～2147483647。

基本型和短整型常量属于整型，在计算机中是将其转换成相应的二进制数并存放于 2 个字节（16 个二进制位）中，因此其值域为十进制的 -32768～+32767；而长整型常量需要占用内存的 4 个字节（32 个二进制位），因此其数值范围是十进制的 -2147483648～+2147483647。如果要在程序中使用长整型常量，则需要在它的末尾加上后缀“L”或“l”来标识，以便与其他类型常量区分。

通常情况下，整型变量是以补码的形式存储在内存中的，其最高位为 0 表示正数，为 1 则表示负数，即存在一个符号位来控制数据的正负。同时也允许使用无符号整数，即不将最高位当作符号位处理，而用其来表示数值。用 signed（常常省略）和 unsigned 来说明符号位。相应地也存在以下三类无符号整型变量。

① 无符号整型变量用 unsigned int 或 unsigned 来表示，取值范围为 $0\sim2^{16}-1$，即0～65535。

② 无符号短整型变量用 unsigned short 来表示，取值范围、运算、存储与无符号基本型相同。

③ 无符号长整型变量用 unsigned long int 或 unsigned long 表示，取值范围为 $0\sim2^{32}-1$，即0～4294967295，存储占 4 个字节。

无符号短整型、基本整型、长整型变量比相应的有符号短整型、基本整型、长整型变量的取值范围在正数的方向上扩大了一倍，如无符号整型变量的取值范围为 0～65535，有符号整型变量的取值范围为 -32768～+32767。但由于省去了符号位，故无符号整型变量不能表示负数。无符号整型变量的后缀为 U，如 78U、012U 和 0xFFU。无符号整型变量常常用于处理大整数及地址数据。

八进制数与十六进制数一般只用于 unsigned 类型数据。

整型变量的说明形式如下。

[修饰符]　类型　变量列表；

例如：

```
int a,b;
long i,j;
unsigned short x,y;
```

一般可以根据整型变量描述的数值来确定变量的类型。如果一个整型变量的值在 -32768～+32767 范围内，则可将其看作基本整型变量。如果整型变量的值在 0～65535 范围内，则可将其看作无符号整型变量。而当一个整型变量的值大于 32767 或者小于 -32768 时，可将其看作长整型变量。

如果希望将一个整型常量按照长整型来运算，可以在其后加上长整型数的后缀“L”或“l”。但是这种用法需要满足的条件是：这个整型常量只能赋给能容纳下其值的整型变量。例如，值为2^{20}的一个整型常量，可以赋给长整型变量，而不能赋给短整型变量，否则会溢出。

注意　常量无 unsigned 型。但一个非负整型常量，只要它的值不超过相应变量的值域，也可以赋给 unsigned 型变量。

3.4　实型数据

3.4.1　实型常量

实型常量即实数，又称浮点数，常用于表示小数或超出整型值域的数值。在 Linux C 中，实数有两种表示方法。

1. 小数形式

小数形式的实型常量就是通常意义下的实数，由 0～9 的数字、小数点和正负号组成，例如3.88、3.14。当某实型常量的整数部分或小数部分为0时，0 可以省略，如10.，.125，但小数点不能省略，并且不能只有一个小数点。

例如：0.0，.11，25.123，70:，－123.456，－123. 等均为合法的实型常量。

但 89（无小数点），x7.（数字部分不可以包含字母）等均为非法的实型常量。

2. 指数形式

指数形式的实型常量由尾数部分、阶码标志（字母 e 或 E）和阶码（指数部分）组成。其一般形式为 aEn（a 为尾数，n 为阶码），其值为 $a \times 10^n$。如十进制整数 1200.0 用指数形式表示为 1.2e3，其中 1.2 称为尾数，3 为指数，e 也可用 E 替换。指数形式适于表示较大或较小的实数。

同一个实数可以用不同的尾数和指数来表示。如 1.2e3 和 0.12e4 都表示 1200.0。如果尾数部分被表示为小数点前有且仅有一位非 0 数字，那么它可以称为“规范化的指数形式”。如 1.2e3 就是规范化的指数形式。另外，尾数部分必须有数字，指数部分必须是整数，如 e3、1.2e3.1 都是不合法的实数。指数部分也不能省略。

这里需要注意的是，大多数编译系统都将实型常量按双精度 double 型处理。但如果希望将数据按单精度处理，可在数据后加上后缀 F 或 f，这样编译系统就会将该数值看作单精度 float 型数据。一个实型常量，既可以赋给一个 float 型变量，也可以赋给一个 double 型变量。

3.4.2　实型变量

实型变量分为单精度变量和双精度变量两类。单精度变量用 float 类型说明符来表示，双精度变量的类型说明符为 double，通常用于很大的数值或科学计算。

在一般的计算机系统中，一个单精度实数在内存中占 4 个字节，双精度实数占 8 个字节。单精度实数的取值范围为 10^{-37}～10^{38}，具有 6～7 位十进制有效数字；双精度实数具有

15～16 位十进制有效数字，取值范围为 10^{-307}～10^{308}。

实型变量的说明如表 3－2 所示。

表 3－2　实型变量说明

变量类型名	类型说明符	所占字节数	取值范围
单精度实型	float	4	10^{-37}～10^{38}
双精度实型	double	8	10^{-307}～10^{308}

float 变量列表；或 double 变量列表；

例如：

```
float a,b;              /* 定义两个单精度实型变量 a,b */
double i,j;             /* 定义两个双精度实型变量 i,j*/
float a=3.1415926;      /* 定义一个单精度实型变量 a,并给其赋初值 3.1415926*/
```

计算机中存储的数值不能太大，也不能太小，否则都无法表示，超出正常数值表示范围称为溢出，相应的有上溢与下溢。对于过大的数的必须通过间接的方法进行处理。有不少实数在机器中只能近似表示。

3.5　字符型数据

3.5.1　字符常量

字符常量的概念很好理解，即用一对单引号括起来的单个字符。这些字符通常是 ASCII 码字符，它们的值即为该字符的 ASCII 码值。例如，'a'、'?'、'1'等都是字符常量。需要注意的是，单引号只能括一个字符，而不能像双引号那样括一串字符。

字符常量具有以下特点。

（1）字符常量只能用单引号括起来，不能用双引号或其他括号。

（2）字符常量只能是一个字符，而不能是字符串。

（3）字符可以是字符集中的任意字符。

单字符常量可以有如下几种表示方法。

（1）直接形式。直接形式即在单引号内直接书写字符。例如，'i'、'j'、'1'、'%'、'&'，'''和'\'是非法字符常量。

（2）八进制形式。八进制形式的格式为'\ ddd'，其中“ddd”表示 1～3 位八进制数，其值代表的是某字符的 ASCII 值。“\”是转义字符。八进制形式可以表示所有的字符。例如，'\ 101'（等于'A'），'\ 005'（END）。

（3）十六进制形式。十六进制形式格式为'\ xhh'，其中“hh”表示 1～2 位十六进制数，其值代表的是某字符的 ASCII 值，“\”是转义字符，“x”是十六进制前缀。十六进制形式可以表示所有的字符。例如'\ x41'（等于'A'），'\ x05'（END）。

（4）转义字符。Linux C 还允许使用一种特殊形式的字符常量，就是以反斜杠“\”开头的转义字符。

```
1   void main()
2   {
3     printf("\x4F\x4B\x21\n");     /* 等价于printf("OK! \n");*/
4     printf("\x15 \x1B\n");
5   }
```

程序运行结果如下：

```
OK!
§ ←
```

转义字符是一类特殊的字符常量。转义字符以反斜线“\”开头，后跟一个或几个字符。转义字符具有特定的含义，不同于字符原有的意义，故称“转义”字符。常用的转义字符如表 3-3 所示。

表 3-3　常用的转义字符

转　　义	转义字符的意义	转　　义	转义字符的意义
\n	回车换行	\r	回车
\t	横向跳到下一制表	\f	走纸换页
\v	竖向跳格	\\	反斜线符"\\"
\b	退格	\'	单引号符
\"	双引号		

使用转义字符需注意以下几点。

(1) 转义字符中只能使用小写字母，每个转义字符被看作一个字符。

(2) 在 Linux C 中，对不可打印的字符，通常用转义字符表示。

字符可用对应的八进制、十进制或十六进制编码来表示。

例如，用 061、49 或 0x31 来表示'1'。

在 Linux C 中可将字符常量等价为整数进行运算。

例如，'A'+32 的结果为'a'；'0'+0 等于 48。

3.5.2 字符型变量

字符型变量的取值是字符型数据。字符型变量的类型说明符是 char，一般占用 1 字节的内存单元。

字符型变量说明的格式如下。

char 变量列表；

例如：

```
char c1,c2;              /* 定义两个字符型变量 c1,c2*/
unsigned char c3,c4;
```

字符型变量赋值的方法如下。

```
c1 = 'a';
c2 = '?';
c3 = '0x11';
c4 = '\n';
```

若将一个字符型常量存储到一个字符型变量中，其实是将该字符的 ASCII 码值（无符号整数）存储到相应的内存单元中，其形式与整数的存储形式一样，因此在 Linux C 中字符型数据和整型数据可以通用，即可以将字符型数据当作整型数据来处理。Linux C 允许将字符型常量赋值给整型变量，也允许将整型常量赋值给字符型变量。进行输出时，既可以把字符型变量按整型量来输出，也可以把整型量按字符型变量来输出。由于整型数据占四个字节，而字符型数据只占一个字节，因此将整型数据按字符型数据处理时，只有低八位字节参与操作。

【例 3 - 1】 输出字符型变量。

```
1   #include <stdio.h>
2   main()
3   {
4    char c1, c2;
5    c1 = 'a'; c2 = 'b';
6    printf("c1 = % d, c2 = % d\n", c1, c2);
7    printf("c1 = % c, c2 = % c\n", c1, c2);
8   }
```

运行结果如图 3 - 2 所示。

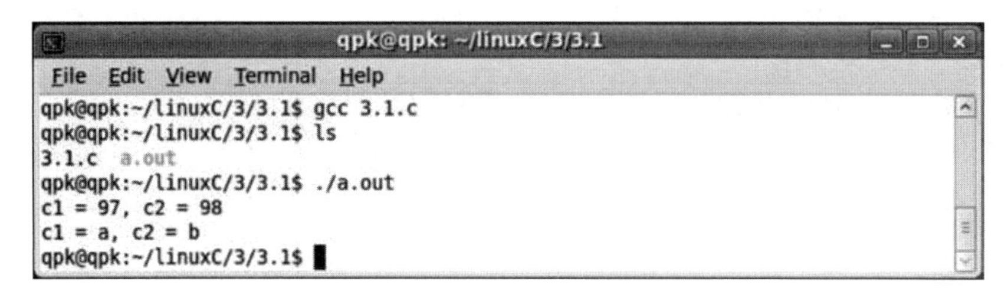

图 3 - 2　输出字符型变量

程序说明：

第 4 行定义两个字符型变量 c1 和 c2；

第 5 行对定义的字符型变量 c1 和 c2 进行赋值；

第 6 行将字符型变量作为整数形式输出打印到屏幕上；

第 7 行将字符型变量 c1 和 c2 作为字符型数据形式输出打印到屏幕上。

在程序中，一个字符型数据，既可以按字符形式输出，也可以按整数形式输出。如果输出整数形式，即输出其 ASCII 码值。

此外，也允许对字符数据进行数学运算，即对其 ASCII 码值进行运算。

3.5.3 字符串常量

字符串常量是由一对双引号括起的字符序列。字符串常量与字符型常量有明显的区别，字符串常量的结尾会由系统自动加上一个空操作符'\ 0'，并且字符串常量可以只有一个字符，也可以没有字符。例如，" Hello World"、" welcome"、" a"、" ?"、" %"、" \ nsdfgh" 等都是合法的字符串常量。

字符串的有效字符个数是第一个" \ 0" 前字符个数的总和，有效字符的个数也称为字符串长度。

例如：

" welcome" 长度为 7。

" \ n" 长度为 1。" \ n" 是一个转义字符，" \" 和" n" 是一个整体。

" 12345 \ 0abcde" 的长度为 5，因为字符串的长度只包括" \ 0" 前的字符，其后的字符是无意义的。

字符串" welcome" 在内存中存储的形式如图 3 – 3 所示。

w	e	l	c	o	m	e	\ 0

图 3 – 3 字符串存储形式

字符串常量被存储时，字符串中每一个字符都用一个字节来存放，并且系统自动在最后一个字节存储字符串结束标志" \ 0"，因此该字符串一共占用 8 个字节的存储空间，但其有效字符的个数是 7。

'\ 0'和'0'不同，'\ 0'是 ASCII 码为 0 的字符，而'0'则是数字 0，其 ASCII 码为 48。

没有长度为零的字符（''），但有长度为零的字符串（" "），即空串。不能把一个字符串常量赋值给一个字符变量。

双引号在一行内成对出现，长字符串可写在多行上，Linux C 会自动将其连接为一个整体。

如：" Hello world!"

" Welcome!"

输出结果为" Hello world! Welcome!"

综上所述，字符型常量'A'与字符串常量" A" 是两个不同的概念。

（1）定界符不同。字符型常量使用单引号，而字符串常量使用双引号。

（2）长度不同。字符型常量的长度为固定值 1，而字符串常量的长度不固定，可以是 0，也可以是任意整数。

（3）存储方式不同。字符型常量在内存中存储的是字符的 ASCII 码值，而字符串常量除了要存储有效字符外，还要存储结束标志'\ 0'。

注意 在编写程序时如果用到字符串常量，不必加结束字符'\ 0'，由系统自动添加。

想一想 字符串中的'和" 如何表示？

答案：" '" 和" \""。

3.6 符号常量

如果在程序中多次用到一个常量，那么在修改这个常量时，就需要进行多处改动。这样在程序中可以用符号来代替这个常量，这种符号称为符号常量。符号常量一般用大写英文字母表示。符号常量同变量一样，在使用之前必须先定义，其定义的一般格式是：

```
#define 标识符 常量
```

其含义是用该标识符代表其后的常量值。符号常量与第8章预处理命令的宏定义是一个概念，这里先做简单介绍。

【例3-2】定义符号常量。

```
1  #include <stdio.h>
2  #define PI 3.14
3  main()
4  {
5   double circle,r;
6   r=3;
7   circle=2* PI* r;
8   printf("circle =% f\n",circle);
9  }
```

运行结果如图3-4所示。

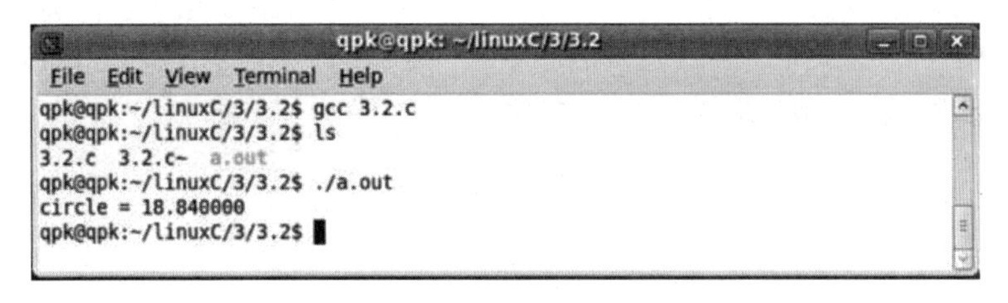

图3-4 定义符号常量

程序说明：

第2行定义符号常量，这句话的意思是在程序中以字符串PI代表浮点数3.14；

第7使用符号常量PI，编译器会将之转化为circle=2*3.14*r。

符号常量在使用时，需要注意以下几点。

（1）为了与变量名区别，符号常量名一般采用大写字母表示。

（2）常量替换时不做语法检查，如果程序有错，只有在对已被替换后的源程序进行编译时才会发现。

（3）常量定义是一种编译预处理命令，因此不必在行末加分号。如果加了分号，会连同分号一起进行替换。

思考 printf（"PI"），输出结果是什么？

答案："PI"。这里的"PI"代表一个字符串，不是常量名，不会被替换为3.14。

3.7 类型转换

Linux C 规定只有相同类型的数据才可以直接进行运算，从上面几节的内容可以看出，Linux C 中的数据包含整型、实型、字符型、有符号和无符号等多种类型。如果要对这些不同类型的数据进行运算，就需要先将这些数据转换为同一类型，然后再进行运算。这就涉及不同类型的数据之间转换规则的问题。Linux C 中包括两种形式的类型转换，即自动类型转换和强制类型转换。

3.7.1 类型的自动转换

1. 赋值表达式中的类型转换

在赋值运算中进行的类型转换，是将右边的数值转化为与左边变量相同的数据类型，再将该数值赋予左边的变量。但是如果右边的数值超出左边变量所能表达的数值范围，系统会对该数值进行截取处理，然后再赋值给变量。

（1）实型数据赋值给整型变量。实型数据赋给整型变量，需要舍去实型数据的小数部分，而只将整数部分赋给整型变量。

（2）整型数据赋值给实型变量。整型数据赋给实型变量，整型数据数值保持不变，将整型数据以实型数据的存储形式存储到相应的实型变量中，即增加整型数据的小数部分（补零）。如 float 型变量 a，执行"a = 1"后，系统先将 a 的值转换为 1.000000，再存储到变量 a 中。

（3）字符型数据赋值给整型变量。转换时，是将字符型数据的 ASCII 码值存储到整型变量的低字节中。如果低字节的最高位为 0，则其高字节的所有位全部扩展为 0；如果低字节的最高位为 1，则高字节的所有位全部扩展为 1，即低字节的“高位扩展”。例如：

```
int a;
char c;
c = 'A', a = c;
```

字符型数据 c 和整型变量 a 的存储方式如图 3－5 所示。

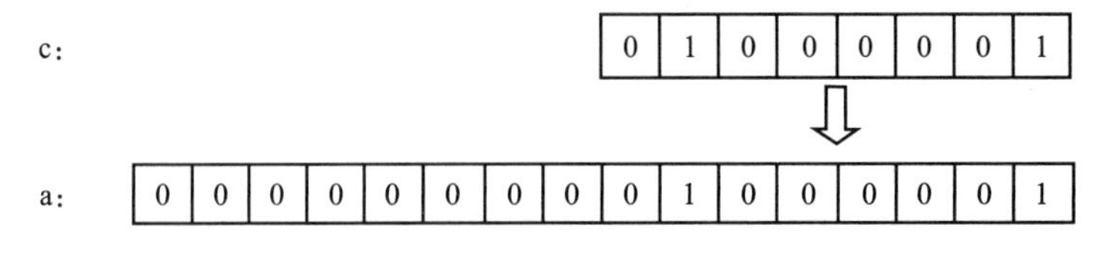

图 3－5　变量 c，a 的存储

整型变量 a 的值为 65。将字符型数据赋给整型变量时，整型变量的低八位为字符的 ASCII 码值；另外，将整型变量的高八位补上与字符型数据的最高位相同的数。

（4）整型数据赋值给字符型变量。将整型数据赋值给字符型变量，是将整型数据的低字节中存储的内容存放于字符型变量中，即“高位截断”。

例如：

```
char c;
c=65;
```

赋值后 c 的 ASCII 码值为 65。字符型变量 c，整型常量 65 的存储如图 3-6 所示。

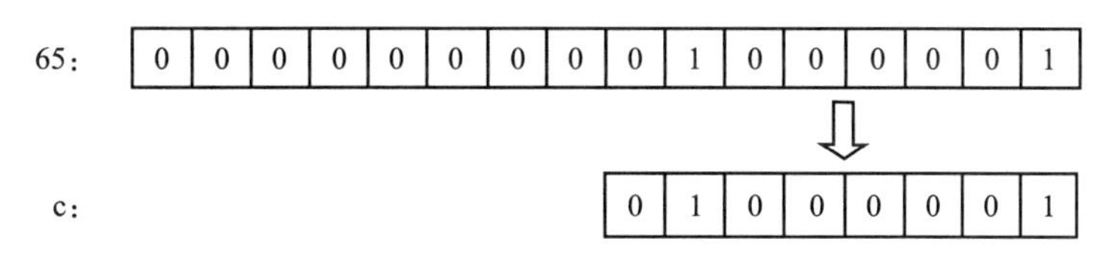

图 3-6　变量 c1，常量 254 的存储

整型数据赋给字符型变量，只把数据的低 8 位赋给字符变量。同样的，若将 long int 赋给 int 变量，系统只将其低 16 位赋给 int 变量。由此可见，当赋值表达式右边的数据类型长度比左边定义的变量长度长时，赋值会造成部分数据的丢失，这样会降低数据的精度。

（5）int 型数据赋给 long int 型变量。将 int 型数据赋给 long int 型变量时，转换方法是将 int 型数据的值存储到 long int 变量的低字节中。如图 3-7 所示。

```
int i;
long int j;
```

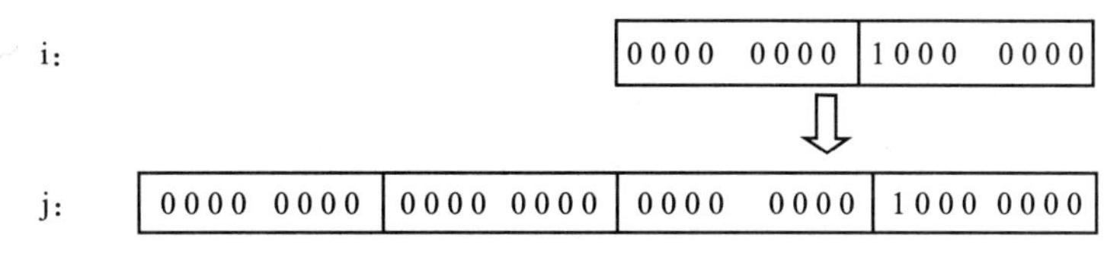

图 3-7　变量 i，j 的存储

（6）long int 型数据赋给 int 型或 unsigned int 型变量。转换的方法是将 long int 型数据中低字节的内容直接存储到 int 型或 unsigned int 型变量中去。如图 3-8 所示。

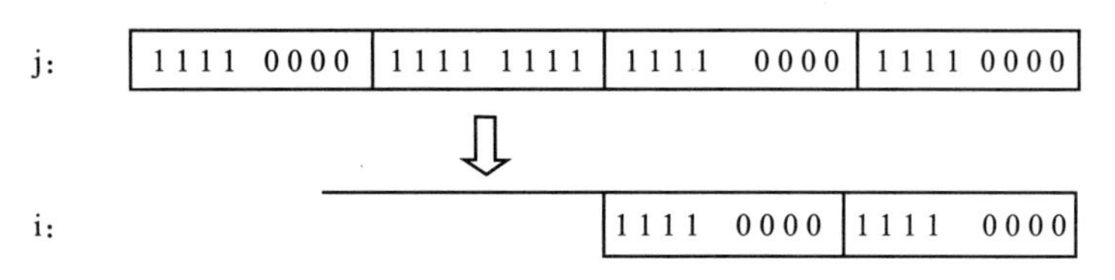

图 3-8　变量 i，j 和 b 的存储

（7）unsigned int 型数据赋给 long int 型变量。转换的方法是将 unsigned int 型数据的值存储到 long int 型变量的低字节中，并将 long int 型变量高位补 0。

（8）unsigned int 型数据赋给 int 型变量。将 unsigned int 型数据赋给一个占字节数相同的 int 型变量时，是将 unsigned int 型数据原样赋给 int 型变量，并将最高位作为符号位，如果数据超出了相应的整型范围，将产生错误。

（9）int 型数据赋给 unsigned int 型变量。将 int 型数据赋给占字节数相同的 unsigned int 型变量时，也是将 int 型数据原样赋给 unsigned int 型变量，最高位作数值处理。

（10）相同长度的整型数据赋给相同长度的整型变量。将相同长度的整型数据赋给相同长度的整型变量时，存储形式不发生变化，但其代表的数值不一定相同。

2. 不同类型数据的混合运算

当对不同数据类型的数据进行运算时，要进行类型转换，即由占存储空间少的类型向占存储空间多的类型转换，由低级类型的运算对象向高级类型的运算对象转换，然后再进行同类型数据之间的运算，这个转换过程是由编译系统自动完成的，称为自动类型转换或隐式类型转换。数据在转换过程中，精度不会提高，变量类型也不会改变，改变的只是数值类型。

转换的规则如图 3－9 所示。

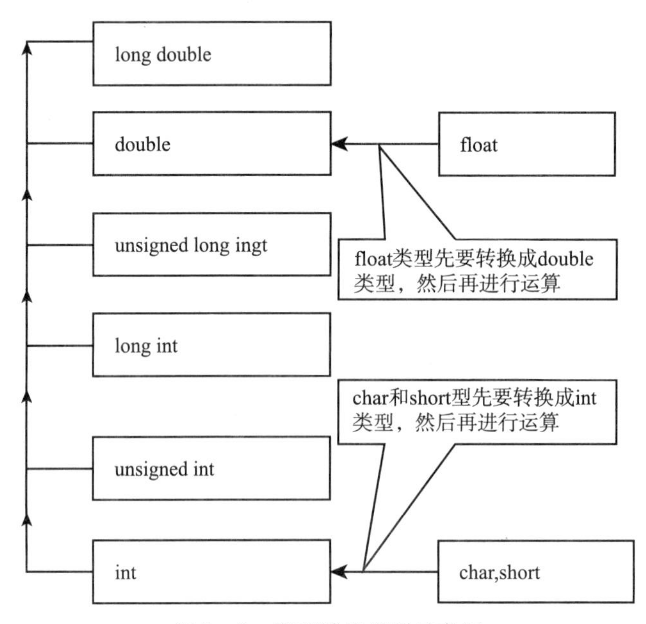

图 3－9　类型转换规则示意图

图 3－9 中，横向箭头方向表示一定要进行的转换。在所有的数据类型中，字符型数据的类型是最低的，因此 short 型、char 型数据需要先转换成 int 型，int 型需要先转换为 unsigned 型，unsigned 型需要先转换为 long 型，long 和 float 型数据需要先转换为 double 型，再进行运算。纵向箭头方向表示类型自动转换的方向，转换是按“由低向高”的方向进行的，int 型最低，long double 型最高。int 型与 unsigned 型数据进行运算，int 型转换成 unsigned 型；int 型与 long 型数据进行运算，int 型转换成 long 型；int 型与 double 型数据进行运算，int 型转换成 double 型，以此类推。

Linux C 规定在不同数据类型混合运算时，char 型数据必须转换为 int 型，float 型数据必须转换为 double 型才能进行运算。这是因为 double 型提供的有效位数多于 float 型，因此将 float 型数据转换为 double 型可以提高运算的精度。而低类型向高类型的转化按照赋值表达式转化规则进行。

例如：

```
int a=1;
long int b=100;
float x=3.2;
```

则表达式 a + a * b - '\ 373' * x 的运算次序及类型转换情况为：先计算 a * b，运算结果为 100；再运算 a + 100，不存在类型转换，运算结果为 101；然后运算 '\ 373' * x，'\ 373' 需要先转换为整型 -5，x 则需要转化为 double 型，由于 -5 和 3.2 类型不相同，还需要再次转换，将 -5 也转换为 double 型的 -5.0，运算结果为 -16.0；最后计算 101 - 16.0，由于两者类型不相同，还需要再次转换，将 101 转换为双精度浮点型 101.0，运算结果为 85.0。表达式的结果为 85.0，是双精度浮点型。

3.7.2　强制的类型转换

除了以上形式的类型转换，也可以通过类型转换运算符来实现自己规定某个表达式要转换成何种类型，即强制类型转换，也称为显示类型转换。

强制转换转换的一般形式为：

(类型符) (表达式)

其含义就是把表达式的运算结果强制转换成类型说明符所表示的类型。

例如：

```
(double)a                                 /* 把变量 a 的值转换为 double 型*/
(int)(i + j)                              /* 把 i + j 的计算结果转换为 int 型*/
(int)i + j                                /* 把 i 的值转换为 int 型,再和 j 相加*/
(float)10/4(等价于(float)(10)/4)          /* 将 10 转换成 float 型,再除以 4*/
(float)(10/4)                             /* 将 10 整除 4 的结果转换成 float 型*/
```

需要注意的是，强制类型转换在将高类型转换为低类型时是一种不安全的转换，因为数据的精度会有损失。

另外，强制类型转换是一次性的、暂时性的，强制类型转换得到的是一个所需类型的中间量，原表达式的类型并不发生变化，因此并不能永久改变所转换表达式的类型。例如，(double) a 只是将变量 a 的值转换成一个 double 型的中间量，a 的数据类型并未转换成 double 型。

3.8　运算符与表达式

运算符又称操作符，是一个符号，它指示在一个或多个操作数上完成某种运算操作或动作。在 Linux C 中，除了输入、输出及程序流程控制操作，其他的所有基本操作都视作运算处理，如赋值运算 " = "、逗号运算 ","、下标运算 "[ ]" 等。

运算符的操作对象称作操作数。操作数可以是常量、变量、函数或表达式等。常量、变量、函数本身就是简单表达式，因此从一般意义上讲，Linux C 中的所有操作数都是表达式。复杂表达式是由运算符连接简单表达式组成的。

用运算符和括号将运算对象（操作数）连接起来的、符合 C 语言语法规则的式子称为 C 语言表达式，根据运算规则进行运算后得到的结果称为表达式的值。

Linux C 的运算符非常丰富，使用方法也非常灵活，这是 Linux C 的主要特点。Linux C 有 44 个运算符，其中一部分与其他高级语言的相同，而另外一部分与汇编语言相似。Linux C 的语句虽然高于硬件指令级，但有些运算符却和硬件指令级接近，基本上反映了计算机硬件的操作，能对特定的物理地址进行访问。所有的这些特点使得 Linux C 代替汇编语言成为可能。

Linux C 的运算符按功能可分为赋值运算符、算术运算符、逻辑运算符、关系运算符、位运算符、指针运算符和取成员运算符等；按操作数的个数又可分为单目运算符、双目运算符和三目运算符。如图 3 – 10 所示。

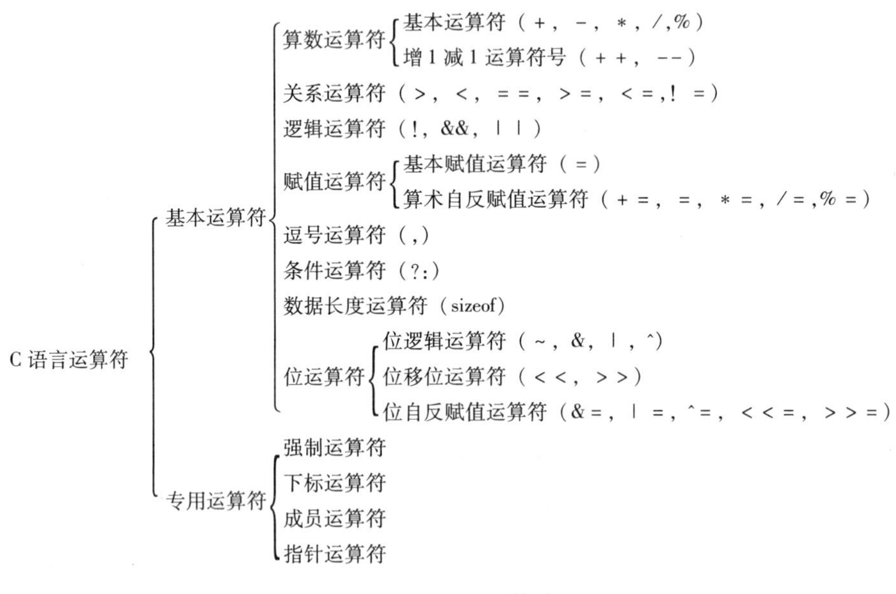

图 3 – 10　Linux C 运算符分类

Linux C 中，运算符的操作数如果是一个，则称为单目运算符；如果是两个，则称为双目运算符；如果是三个，则称为三目运算符。Linux C 对运算符的级别也有明确规定，这称为运算符的“优先级”。

在 Linux C 中，运算符的运算优先级共分为 15 级，1 级最高，15 级最低。在表达式中，优先级较高的运算符先于优先级较低的进行运算。而当一个运算量两侧的运算符优先级相同时，则按该运算符的结合性所规定的结合方向处理。

Linux C 中这种同级运算符的结合性是其他高级语言的运算符所不具备的。表达式中的各个运算对象都要遵守运算符结合性的规定，以确定运算符是和左侧的运算对象结合，还是和右侧的运算对象结合。遵守从左向右的结合顺序，称为“左结合”，遵守从右向左的结合顺序，则称为“右结合”。

表达式的值依赖于表达式中运算符的优先级及结合性。

（1）用圆括号括起来的表达式是初等表达式。圆括号可以包含任何操作数，用圆括号括起来的表达式对数据类型及其值没有影响，它主要用来改变表达式计算的顺序。

（2）使用方括号表示的数组元素的下标表达式也是初等表达式，例如 a [1]、array [i] [j] 都是初等表达式。

（3）使用"–>" 或"." 表示结构体或共用体成员的成员选择表达式也是初等表达式，例如，p–>a 和 stru.i 就是两个初等表达式。

（4）标识符、常量同样也是初等表达式。例如，PI、'C'、" Linux C" 和 1234 就是四个初等表达式。

（5）左值表达式也是初等表达式。左值表达式是指能够表示存储单元的表达式。例如：

```
int r,a,b;
r =1/2(a +b);
```

这是一个赋值语句，其中 r 称为左值表达式，它指向一个可修改内容的存储单元，而 1/2 （a + b） 是一个算术表达式。

3.8.1　算数运算符和算数表达式

1. 算术运算符

Linux C 提供了 5 个基本的算术运算符：

```
+    加法运算符、单目取正
-    减法运算符、单目取负
*    乘法运算符
/   除法运算符
%    取余运算符(或称模运算符)
```

在基本算术运算符中，单目运算符的结合性为右结合，双目运算的结合性为左结合。

对算术运算而言，除了要按照运算符优先级的高低次序进行计算外，还必须遵循先括号内后括号外，先乘、除及求余运算，后加减运算的优先级规则。

双目算术运算符如加 " + "、减 " - "、乘 " * "、除 "/" 的使用与普通的数学运算符没有什么区别，可以像在数学算式中一样使用。

算术运算符都是左结合的运算符，其中运算符 + 、 - 的优先级相同， * 、/、% 的优先级相同， * 、/、% 的优先级高于 + 和 - 运算符。

2. 算术表达式

用算术运算符和括号运算符将运算对象连接起来的符合 C 语言规则的式子，称为算术表达式。

算术表达式的计算也要遵守运算符的优先级和结合性原则。进行表达式计算的具体步骤是：自左向右扫描表达式中的操作数，然后对比操作数两侧的运算符。如果优先级不相同，则该操作数和较高优先级的运算符结合。若某一个运算符所需的操作数全部都和该运算符结合运算完毕，则运算后的结果就是下一个被处理的操作数，否则继续扫描下一个操作数。如果两侧的运算符优先级相同，则按照运算符的结合性原则进行结合运算。比如运算符是左结合的，则和左侧的运算符结合；如果运算符是右结合的，则和右侧的运算符结合。

两个整数相除的结果仍为整数，运算结果舍去小数部分的数值，向零取整。例如，5/2 与 5.0/2 运算结果是不同的，5/2 的值为整数 2，而 5.0/2 的值为实型数 2.5。这是因为 5.0 为实型，整型与实型运算的结果为 double 型，而整型与整型的运算结果仍为整型。

求余运算规定参与运算的两个操作数必须都为整数。其中，运算符左侧的操作数为被除数，右侧的操作数为除数，运算的结果为进行整除后的余数。如果两个操作数中有一个为负数，则余数的符号与编译程序的实现方法有关。

思考题： -9 % 6，9 %(-6)，-9 %(-6) 的值为多少？

答案：-3，3，-3

【例 3-3】 表达式 i+j*8/2/*i=30，j=9*/

表达式计算过程如图 3-11 所示。

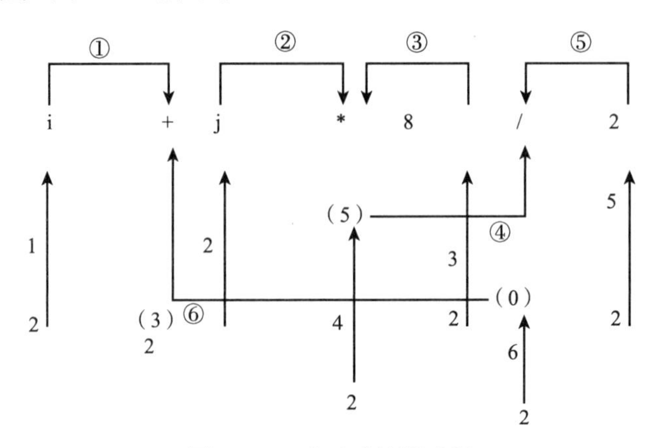

图 3-11　表达式计算过程

3. 自增自减运算符及含自增自减表达式

Linux C 提供了两个特殊的运算符，即自增运算符 ++ 和自减运算符 --。自增、自减运算符的优先级高于基本算术运算符，自增、自减运算符具有右结合性，自增、自减运算符只能用于变量。

自增自减运算符都是单目运算符，功能是将操作数加 1 或减 1 后，再将结果保存到操作数中去，如 i++ 等同于 i=i+1。其操作数可以位于运算符前面，也可以位于运算符后面。当运算符位于操作数前面时，称为前缀运算符，如 ++i 和 --i，++i 表示变量 i 自增 1 后再参与运算，--i 表示变量 i 自减 1 后再参与运算；当运算符位于操作数后面时，称为后缀运算符，如 i++ 和 i--，i++ 表示变量 i 参与运算后，i 的值再自增 1，i-- 表示变量 i 参与运算后，i 的值再自减 1。

下面通过例子来详细介绍自增自减运算符的求值过程。

（1）当自增自减运算符是后缀运算符时，首先使用自增自减运算符的操作数来计算整个表达式的值，然后再进行自增自减运算。

【例 3-4】 后缀自增运算符求值。

```
1    #include <stdio.h>
2    main()
3    {
4     int a=1,b=2;
5     int i;
6     i = (a++) + (b++) +3;
7     printf("i=%d, a=%d, b=%d\n", i,a,b);
8    }
```

运行结果如图 3-12 所示。

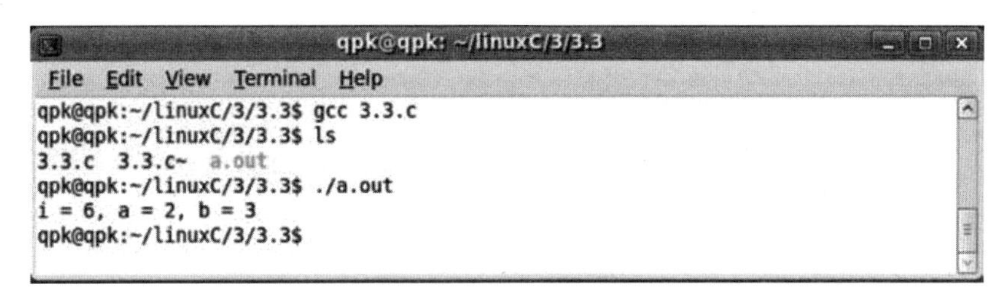

图 3－12　后缀自增运算符求值

程序说明：

第 4 行定义整型变量 a 和 b，并初始化。

第 6 行 a 和 b 分别使用后缀自增运算符，并参与到混合运算中。表达式 i＝（a++）＋（b++）＋3 的运算相当于：先运算表达式 i＋a＋b＋3，再计算 a++ 和 b++。

（2）当自增自减运算符是前缀运算符时，首先对操作数进行自增自减运算，然后用计算结果计算整个表达式的值。

【例 3－5】 前缀自增运算符求值。

```
1    #include <stdio.h>
2    main()
3    {
4     int a=1, b=2;
5     int i;
6     i =(+ +a) +(+ +b) +3;
7     printf("i=% d, a=% d, b=% d\n", i, a, b);
8    }
```

运行结果如图 3－13 所示。

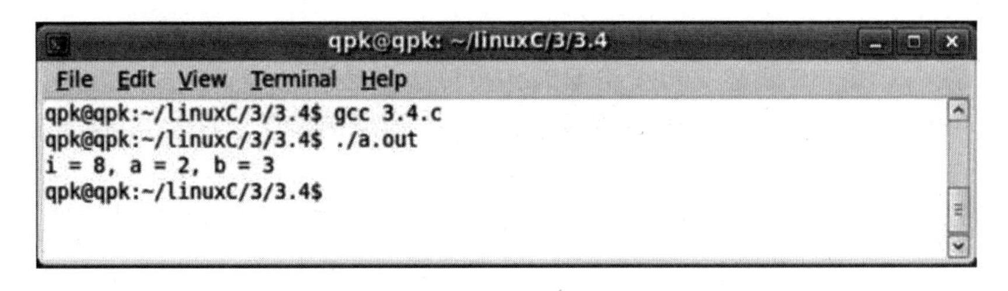

图 3－13　前缀自增运算符求值

程序说明：

第 6 行表达式 i＝（++a）＋（++b）＋3 的运算相当于：先计算 ++a 和 ++b，再计算表达式 i＋a＋b＋3。

（3）当表达式中既含有前缀自增自减运算符，又含有后缀自增自减运算符时，应先进行所有的前缀自增自减运算，再计算整个表达式的值，最后进行所有的后缀自增自减运算。

【例 3－6】 自增运算符与其他运算符的混合运算。

```
1    #include <stdio.h>
2    main()
```

```
3    {
4     int a =1,b =2;
5     int i;
6     i = (a + +) + (b + +) +3 + ( + +a) + ( + +b);
7     printf("i =% d, a =% d,b =% d\n", i, a, b);
8    }
```

运行结果如图 3 – 14 所示。

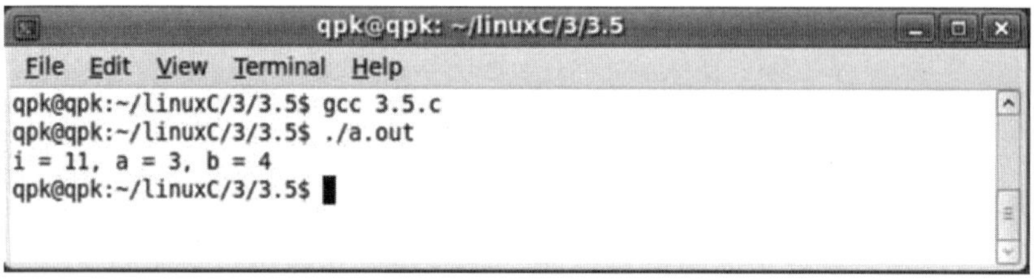

```
qpk@qpk: ~/linuxC/3/3.5
File  Edit  View  Terminal  Help
qpk@qpk:~/linuxC/3/3.5$ gcc 3.5.c
qpk@qpk:~/linuxC/3/3.5$ ./a.out
i = 11, a = 3, b = 4
qpk@qpk:~/linuxC/3/3.5$
```

图 3 – 14　自增运算符与其他运算符的混合运算

程序说明：

第 6 行表达式 i = （a ++） + （b ++） +3 + （ ++a） + （ ++b）的运算相当于：先运算 ++a 和 ++b，再计算表达式 i + a + b + 3 + a + b，最后计算 a ++ 和 b ++。需要特别注意的是：a，b 的值在运算的过程中是变化的，但在某一个瞬间其值是确定的。

注意　(1) 自增、自减运算符只能用于变量，而不能用于常量或者表达式。例如，1 ++、(a +b) ++ 不合法。

(2) ++ 和 -- 的优先级要高于算术运算符，其结合方向是“自右向左”。例如，-a ++ 相当于 - (a ++)。

(3) 自增、自减运算经常用于循环语句中，使循环控制变量自动加 1 或减 1；还可用于指针变量，使指针指向下一个或上一个地址。

(4) 自增、自减运算比等价的赋值语句效率更高。

(5) 在表达式中连续使同一变量进行自增、自减运算很容易出错，因此应尽量避免这种用法。

例如，i =1，(++i) + (++i) + (++i) 的值是多少？可能得到 9 的结果(=2 + 3 +4)，但其实这是错误的答案。实际上，在计算时是先对整个表达式扫描，因此 i 先自增 3 次，由 1 增加到 4，因此最终的计算结果应是 12 (=4 +4 +4)。

思考题　(i ++) + (i ++) + (i ++) 的值是多少？

答案：3，当表达式计算完成后，i 的值变为 4。

3.8.2　逻辑运算符与逻辑表达式

1. 关系运算符

关系运算符是逻辑运算中相对较简单的一类。本质上，关系运算是对两个操作数的数值或代码值进行比较，从而判断两个操作数是否符合给定的关系。因此关系运算即比较运算，如 x >6，若 x 为 10，则判断成立，结果为“真”；否则不成立，结果为“假”。

关系运算符主要有以下几种：<、<=、>=、>、==、!=。

思考　在 Linux C 中，“等于”关系运算符是双等号“==”，而不是单等号“=”（=为赋值运算符）。

2. 关系表达式

用关系运算符将两个表达式（可以是算术表达式、关系表达式、逻辑表达式、赋值表达式等）连接起来的式子称为关系表达式。

例如：

```
x <=0,x* x+y* y==z* z,'a'!=65
```

关系表达式的值有两种：真（是、对）和假（否、错）。其值为逻辑值（非“真”即“假”）：非 0 和 0。

需要说明的是：关系运算的结果用 1 表示“真”，0 表示“假”。运算时将非 0 视为“真”，0 视为“假”。并且参与关系运算的操作数类型要一致，如果不一致需要先对操作数进行类型转换。

例如：

a=1，b=2，c=3，则：

① a>b 的值为 0；

② c>b>a 的值为 1；

③ s（a< =b）! =c 的值为 1。

想一想　任意改变 a 或 b 的值，会影响整个表达式的值吗？为什么？

④（a<b） +c 的值=4，因为 a<b 为真，值为 1，1+3=4。

知识点　Linux C 用整数“1”表示“逻辑真”，用整数“0”表示“逻辑假”。因此关系表达式的值，还可以参与其他类型的运算，如算术运算、逻辑运算等。

关系运算符的优先次序如下。

（1）运算符<、<=、>=、>的优先级高于运算符==、!=。

（2）关系运算符的优先级低于算术运算符。

（3）关系运算符的优先级高于位逻辑运算符和赋值运算符等。

关系运算只能对单一条件进行判断，如 a>b，b>c 等；如果需要在一个语句中进行多个条件的判断，如判断 a>b 且同时 b>c，就需要使用逻辑运算。

3. 逻辑运算符

逻辑运算也称为布尔运算，Linux C 提供了三种逻辑运算符!、&& 和||。

运算符! 只需要一个操作数，为单目运算符，由于所有单目运算符的优先级都比其他运算符高，所以在这 3 个逻辑运算符中，! 的优先级最高，其次是 &&，最后是||。

4. 逻辑表达式

用逻辑运算符连接操作对象所组成的表达式称为逻辑表达式，其中操作对象可以是操作数也可以是表达式。表达式可以是关系表达式，也可以是算术表达式、条件表达式、赋值表达式或逗号表达式等。

逻辑表达式的值，即逻辑运算的结果只有真和假两个值。Linux C 用整数“1”表示“逻辑真”、用“0”表示“逻辑假”。当逻辑运算的结果为真时，用 1 作为表达式的值；当逻辑运算的结果为假时，用 0 作为表达式的值。在判断一个数据的“真”或“假”时，是以 0 或非 0 为根据的，即如果为 0，则判定为“逻辑假”；如果为非 0，则判定为“逻辑真”。

5. 逻辑非运算!

逻辑非运算是对操作对象是否为非 0（≠0）的判断。如果 a 的值为真（1），则 !a 的值为假（0）；如果 a 的值为假（0），则 !a 的值为真（1）。假设 a 的值为 11，则 !a 的值为 0。

6. 逻辑与运算 &&

逻辑与运算规则是，如果两个操作对象均为非 0，则表达式的结果为 1，否则表达式的结果为 0。假设 a 的值为 11，则 a >= 10 && a <= 11 的值为 1。

7. 逻辑或运算 ||

逻辑或的运算规则是，如果两个操作对象中有一个值为非 0，则表达式结果为 1。如果两个操作对象值均为 0，则表达式结果为 0。如 a || a > 31 的值为 1。

逻辑运算符如表 3－4 所示。

表 3－4　逻辑运算符表

（a）逻辑非运算符		（b）逻辑与和逻辑或运算			
a 逻辑	逻辑非运算! a	a	b	a&&b	a || b
0	1	0	0	0	0
1	0	0	1	0	1
		1	0	0	1
		1	1	1	1

例如：

```
5 > 1 && 8 >0                  真
6!=7 &&1                       真
!0 || 1 > 2                    真
8 > 1 && 2 ||! 6 < 5-2         真
```

思考　写出下列各式的 Linux C 表达式。

（1）|a| > 5

（2）a≤1 + i 且 b≤j

答案：

（1）a > 5 || a < -5

或者 abs（a）> 5

（2）a < = 1 + i && b < = j

说明：

（1）逻辑运算符的操作对象，既可以是 0 或非 0 的整数，也可以是其他任何类型的数据，如实型、字符型数据等。

（2）在计算逻辑表达式时，只有在必须执行下一个表达式才能得到结果时，才求解该表达式，即：

① 对于逻辑与运算，如果第一个操作对象结果为“假”，系统将不再判断第二个操作对象；

② 对于逻辑或运算，如果第一个操作对象结果为“真”，系统将不再判断第二个操作对象。

例如，表达式 3 >5 && -5 < -3，3 >5 的判断结果为假，系统将不再判断 -5 < -3 的真假，此表达式的值为 0。

3.8.3　赋值运算符与赋值表达式

1. 简单的赋值运算符和赋值表达式

Linux C 的赋值运算符是“=”，其作用是将一个确定的值赋给变量。赋值运算符是双目运算符，它的优先级仅高于逗号运算符，右结合性。

赋值表达式的格式为：

变量 = 确定的值

赋值表达式包括两个值：一个是赋值运算符左侧变量的值，另一个是赋值表达式的值，这两个值是相同的。

例如：

```
a =1                          将 1 赋给 a
x = (a -b )* 2                先计算 (a -b )* 2,再将结果赋给 x
a =b =c                       先将 c 赋给 b,然后将 (b =c) 赋给 a
```

注意　在 Linux C 中，判断是否相等时用关系运算符（= =），这一点与数学上的等式不同。

下列表达式是符合 Linux C 赋值表达式规则的表达式：

```
a =1234;
a =12.34;
x =a + 'A';
x =a +b;
a* (x =b +4)/c;
(a =b) + (c =1);
```

下列表达式是不符合 Linux C 赋值表达式规则的表达式：

```
5 =a;                    /*  非法的表达式 */
a -2 =b* c/10;           /*  非法的表达式 */
```

另外，赋值运算中的表达式又可以是赋值表达式，如此可间接赋值。

例如：

```
int a, b, c;
a =b =c =0.0;     /*  相当于 a = (b = (c =0.0)),即 a、b、c 都被赋予值 0.0 */
```

2. 复合的赋值运算符和复合的赋值表达式

在赋值运算符“=”前加上其他运算符，可以构成复合的赋值运算符。例如，在运算符

“=”前加上“=”运算符就构成了“= +”运算符。

Linux C 提供了 10 种复合赋值运算符，它们是

```
+ =, - =,* =,/ =,% =, < < =, > > =,& =,^ =, |=
```

其中前 5 个是复合的算术赋值运算符，后 5 个是复合的位运算赋值运算符。复合的赋值运算符是双目运算符，优先级和赋值运算符相同，右结合性复合赋值运算符如表 3 –5 所示。

表 3 –5　复合赋值运算符表

运算符号	名　称	运算规则	参加运算的数据类型	结果的数据类型
=	赋　值	将右边表达式的值赋给左边的变量	右边为表达式，左边为变量	整型、实型、字符型
+ =	加赋值	x + =y = x = x + y	整型、实型、字符型	整型、实型、字符型
- =	减赋值	x - =y = x = x - y	整型、实型、字符型	整型、实型、字符型
* =	乘赋值	x * =y = x = x * y	整型、实型、字符型	整型、实型、字符型
/ =	除赋值	x/ = y = x = x/y	整型、实型、字符型	整型、实型、字符型
% =	模赋值	x% =y x = x% y	整型	整型

由复合的赋值运算符构成的赋值表达式格式为：

变量 <运算符 = >确定的值

它等价于：

变量 = 变量 <运算符 >确定的值

例如：

```
a + =1          等价于 a =a +1
a* =b +10       等价于 a =a* (b +10)
a% =b           等价于 a =a% b
```

在进行赋值运算时，还要注意保持赋值运算符右边表达式运算结果的类型与被赋值的变量类型的一致性，以避免错误的结果。

例如，定义 int a；执行 a = 10.0/2；由于 a 是整型变量，所以最终 a 的值是 2 而不是 2.5。这种错误应该极力避免。

另外，Linux C 还允许如下的赋值形式：

```
变量 1 =变量 2 =变量 3 =… =变量 n =表达式
```

这种形式称为多重赋值表达式，一般用于为多个变量赋予同一个值的情况。由于赋值运算符是右结合，因此在执行时是把表达式的值依次赋给变量 n，…，变量 1，即上面的赋值形式等价于：

```
变量 1 = (变量 2 = (变量 3 = (… = (变量 n =表达式)…)))
```

注意　不能把赋值运算符当成数学中的等于号，二者虽然外表一样，但是在概念上完全不同。

3.8.4　逗号运算符和逗号表达式

在 Linux C 中，逗号“,”也是一种运算符，称为逗号运算符。在各种运算符中，逗号运算符的优先级是最低的，结合方向自左到右。它的功能是把两个表达式连接起来组成一个表达式，这称为逗号表达式。

逗号表达式的一般形式为：

```
表达式1,表达式2
```

逗号表达式的求值顺序是先求解表达式 1，再求解表达式 2，并以表达式 2 的值作为整个逗号表达式的值。

【例 3-7】逗号运算符求值。

```
1    #include <stdio.h>
2    main ()
3    {
4         int a=10, b=2, x, y;
5         y = (a/b, a* b);
6         x=a* b, a/b;
7         printf("y=% d, x=% d", y, x);
8    }
```

运行结果如图 3-15 所示。

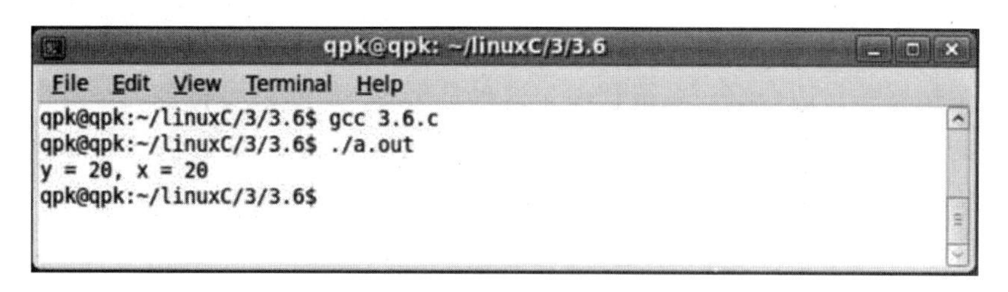

图 3-15　逗号运算符求值

程序说明：

第 5 行等式左边是整型变量 y，等式右边是一个完整的逗号运算符，该逗号运算结果赋值给等式左边的 y。根据等号运算符的法则 y = a * b = 20；

第 6 行代码作为一个整体是一个逗号运算符，该逗号运算的表达式 1：x = a * b，表达式 2：a/b。于是，该逗号表达式的值为 a/b，但是 x 的值为 a * b。

逗号表达式还可以组合，如：(a = 1 * 2，a * 3)，a - 4

但是，并不是任何地方出现的逗号都是逗号运算符，如：printf ("%d,%d,%d\n", a，b，c)，此处的逗号就不是逗号运算符。

另外，需要注意以下几点。

（1）逗号表达式有可能降低程序的可读性，不利于养成良好的编程习惯，因此建议在编写程序时，尽量少用或不用逗号表达式。

（2）并不是所有出现逗号的地方都表示逗号表达式，例如，在进行变量说明时，函数参数表中的逗号只用作变量之间的间隔符。

3.8.5 条件运算符和条件表达式

条件运算符由“?”和“:”组成，是 Linux C 中唯一的一个三目运算符。条件表达式的形式是：

表达式 1? 表达式 2：表达式 3

其中，表达式 1 必须是布尔型；表达式 2 和表达式 3 可以是任何类型，且类型可以互不相同。条件表达式的类型为表达式 2 和表达式 3 中级别较高的一个类型。

条件表达式的执行顺序是：先求表达式 1 的值，若表达式 1 的值为非零，整个条件表达式的值为表达式 2 的值；若表达式 1 的值为零，则整个条件表达式的值为表达式 3 的值。由此可见，表达式 1 起一个判断的作用，由表达式 1 的值来决定整个条件表达式的最终结果。

条件运算符的优先级高于赋值运算符，低于算术运算符、关系运算符和逻辑运算符。

例如：

```
a =b = = 0 ? 1:sin(a)
等价于:if(a = =0 )b =1;
      else b =sin(a);
```

3.8.6 位运算符与位运算

Linux C 程序设计最大的一个特点就是可以对计算机硬件进行操作，其操作主要是通过位运算实现的。所谓位运算就是进行二进制的运算。在系统软件中，经常需要处理二进制的问题。因此位运算非常适合编写系统软件，这也是 Linux C 的重要特色之一。例如，将一个存储单元中的二进制数左移或者右移以完成相应的运算。Linux C 提供的位运算功能，使得其具有汇编语言所具有的运算能力，与其他高级语言相比，具有很大的优越性。

1. 数值在计算机中的表示

(1) 二进制位与字节。计算机系统的存储器，是由许多被称为字节的单元组成的，而每一个字节由 8 个二进制位（bit）构成，每位的取值为 0 或 1。最右端的一位称为“最低位”，编号为 0；最左端的一位称为“最高位”，按照从低位到高位的顺序依次编号。图 3-16是一个字节各二进制位的编号。

7	6	5	4	3	2	1	0

图 3-16 一个字节各二进制位的编号

(2) 数值的原码表示。数值的原码表示是指，将最高位用作符号位（0 表示正数，1 表示负数），其余各位表示数值本身的绝对值（以二进制形式表示）的表示形式。

例如：

+7 的原码是 00000111

└符号位上的 0 表示正数

-7 的原码是 10000111

└符号位上的 1 表示负数

（3）数值的反码表示。数值的反码表示分为以下两种情况。

① 正数的反码：与原码相同。

例如，+7 的原码是 00000111。

② 负数的反码：符号位为 1，其余各位为该数绝对值的原码按位取反（1 取反为 0、0 取反为 1）。

例如，-7 的反码：符号位为“1”；其余 7 位为 -7 的绝对值 +7 的原码 0000111 按位取反，得到 1111000，所以 -7 的反码是 11111000。

（4）数值的补码表示。数值的补码表示也分为以下两种情况。

① 正数的补码：与原码相同。

例如，+7 的补码是 00000111。

② 负数的补码：符号位为 1，其余各位为该数绝对值的原码按位取反，然后整个数加 1。

例如，-7 的补码：符号位为“1”，其余 7 位为 -7，其绝对值 +7 的原码 0000111 按位取反得到 1111000，再加 1，所以 -7 的补码是 11111001。

如果已知一个数的补码，求其原码，可以分为以下两种情况。

① 如果补码的符号位为“0”，表示是一个正数，该数的补码就是其原码。

② 如果补码的符号位为“1”，表示是一个负数，求其原码的操作是：符号位不变，其余各位取反，然后再整个数加 1。

例如，已知一个补码为 11111001，其符号位为“1”，表示是一个负数，所以符号位不变，仍为“1”；其余 7 位 1111001 取反后为 0000110，再加 1，是 10000111（-7）。

在计算机系统中，数值全部是用其补码形式来存储的，因为使用补码，可以将符号位和其他位统一处理；同时减法也可按加法来处理；另外，当两个用补码表示的数相加时，如果最高位（符号位）有进位，则进位被舍弃。

2. 位运算符

在 Linux C 中，位操作运算主要是针对 int 型和 char 型数据类型，并不适合 float 型、double 型、long 型和 void 型等其他复杂的数据类型。

位运算符如表 3-6 所示，下面分别加以介绍。

表 3-6　位运算符列表

位运算符	含　义	优先级
|	或	低
∧	异或	
&	与	
> >	左移	中
< <	右移	
～	按位取反	高

（1）按位取反运算～。～运算是位运算中唯一的单目运算，也是唯一具有右结合性的位运算。按位取反运算是将二进制的数字 0 变 1，1 变 0。如～0 =1，～1 =0。～运算常用于产生一些特殊的数。如高 8 位全为 1、低 8 位全为 0 的数 0xFF00，按位取反后变为 0x00FF。～1，

在 16 位与 32 位的系统中，都代表只有最低位为 0 的整数。

（2）按位与运算 &。按位与运算符的运算规则是：若两个操作对象均为 1，则该位结果为 1，否则为 0。如 0&0 =0，0&1 =0，1&0 =0，1&1 =1。按位与运算的主要用途是清零或者保留一个数的某一位或某些位，并将其余各位置 0。

例如：

① a & 0，将 a 清 0；

② a & 0xFF00，取 a 的高 8 位，将其低 8 位清 0；

③ a & 0x00FF，取 a 的低 8 位，将其高 8 位清 0。

（3）按位或运算。按位或运算符的运算规则是：若两个操作对象有一个为 1，则该位结果为 1，否则为 0。如 0 | 0 =0，0 | 1 =1，1 | 0 =1，1 | 1 =1。按位或运算的主要用途是将一个数的某（些）位置 1，其余各位保持不变。

例如：

① a | 0x000F，是将 a 的低 4 位全部置 1，其他位保留；

② a | 0xFFFF，是将 a 的每一位全部置 1。

（4）按位异或运算。按位异或运算符的运算规则是：若两个操作对象相异，则结果为 1，两个操作对象相同，则结果为 0，如 0^0 =0，0^1 =1，1^0 =1，1^1 =0。按位异或运算主要用途是使一个数的某（些）位翻转，即原来为 1 的位变为 0，原来为 0 的变为 1，而其余各位保持不变。利用^运算符将一个数的特定位翻转，保留原值，就不需要用临时变量来交换两个变量的值。

例如：

① a^0x00FF，是将变量 a 的低 8 位翻转，高 8 位保持不变；

② a^0，保留 a 的原值；

③ a = a^b，b = b^a，a = a^b，不使用临时变量就可以交换变量 a，b 的值。

（5）移位运算。Linux C 提供的移位运算可以实现将整型数据按二进位左移或者右移的功能。向左移位的运算符为“< <”，向右移位的运算符为“> >”。

①“左移”运算是将参加运算的数据按二进制位左移指定的位数，高位溢出的部分舍去，低位空出的部分补 0。

格式：a < <位数

例如：3 < <2 =12。

数据左移一位相当于原数乘以 2；如果左移的位数不是 1，则左移操作相当于乘法操作，左移 n 位，相当于原数乘以 2^n。

②“右移”运算是将参加运算的数据按二进制位右移指定的位数，低位溢出的部分舍去，高位空出的部分根据数据的正负选择不同的补足方式：若为无符号整数或正整数，则补 0；若为负整数，则补 1。这是因为位运算中的负数是按其补码形式进行运算的，而负数的补码最高位均为 1。

例如：12 > >2 =3。

数据右移一位相当于原数除以 2，右移操作相当于除法操作，右移 n 位，则相当于原数除以 2^n。

注意 整型数据用补码表示，每左移一位相当于数据乘以 2，但当移位结果超出数据表

示范围时，结果就不再正确。

除了按位非运算外，其他的位运算符还可以与赋值运算符“=”组合成位运算赋值运算符，如 &=、|=、^=、<<=、>>=。这些运算符相当于进行按位运算后再赋值。

上面的位运算符，除了按位非为单目运算符外，其他的都是双目运算符。但在使用时需要注意以下四点。

① 位运算的操作数只能是整型或字符型数据，而不能是浮点型等其他的数据类型。

② 操作数应使用十进制、八进制或十六进制的表示形式，以保证程序的可移植性，而不要使用二进制数的表示形式。

③ 按位取反运算只能对操作数取反码，而不能直接求其补码。如果要求某操作数的补码，需要先求其反码，再将其增 1，以求得补码。

④ 位逻辑运算与逻辑运算有本质上的差别。位逻辑运算是对操作数按位运算，而逻辑运算是对整个数值按零或非零进行运算。位逻辑运算是对具体数值进行运算，而逻辑运算只判别表达式值的“真”、“假”。

当不同长度的数据参与位运算时，操作数需要先转换成二进制形式，然后再按如下原则处理。

① 将这两个数据右端对齐。

② 将长度较短的数据进行高位扩充，若为无符号整数或正整数，则左侧补 0，若为负整数，则左侧补 1。

③ 对位数已经对齐的数据的相应位进行运算。

从数据本身的角度来看，位运算的作用有限。但是在对计算机硬件的相关操作中，位运算有巨大的优势。

3. 位段

有时数据的存储不需要占用一整个字节，只需要几个二进制位就够了。例如，逻辑运算中的“真”和“假”，通常是用一个整型数据（1 或 0）来表示。但实际上只需要一个二进制位就足够了。用一个整型数据表示会造成内存空间的浪费。因此，Linux C 引入了位段类型来解决这个问题。

位段类型是一种特殊的结构类型。在一个结构体中可以以位为单位来指定其成员所占的内存长度，这种以位为单位的成员称为位段（或位域）。

位段类型的定义方式与结构很类似，区别在于位段定义中要指明每个成员的长度。

如果使用通常的结构类型，定义格式如下：

```
struct structed_data
{
    unsigned a;
    unsigned b;
    unsigned c;
    int i;
}data;
```

由于每个标志位都用一个无符号整型数据来表示，每一个 unsigned 类型的数据都需要占 4 个字节，因此，结构体变量 data 一共需要占用 16 个字节。

如果改用位段类型进行定义，可以按如下形式进行：

```
struct structed_data
{
    unsigned a: 1;
    unsigned b: 2;
    unsigned c: 3;
    int i;
}data;
```

其位段类型存储单元分配示意如图 3－17 所示。

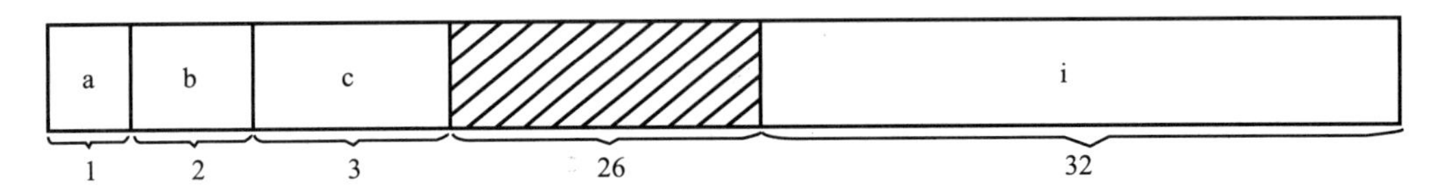

图 3－17　位段类型存储单元分配

上面的位段类型定义中，指明了各个成员所需的二进制位数，则位段类型变量 data 总共只占用了 8 个字节，比起使用结构体定义节约了 8 个字节的空间。

位段类型作为一种特殊的结构类型，它的引用方法与结构体变量的引用方法相同，引用格式为：位段变量名．位段成员名。

位段在输出时，可以使用格式符%d、%x、%u 和%o，以整数形式输出。

位段在数值表达式中参与计算时，系统会自动将位段转换为整型数据进行运算。

例如：

```
struct structed_data
{
    unsigned a;
    unsigned b;
    unsigned c;
    int i;
}data;
```

位段的引用为：

```
data.a =1;
data.b =2;
data.c =3;
data.i =3;
```

【例 3－8】 定义位段。

```
1    #include <stdio.h>
2    typedef struct
3    {
4          unsigned a:3;
```

```
5        unsigned b:4;
6        unsigned c:5;
7    }test;
8    main()
9    {
10       test test1;
11       unsigned int * pInt;
12       pInt = (unsigned int * )&test1;
13       * pInt =0;
14       test1.a =6;
15       test1.b =1;
16       test1.c =3;
17       printf("sizeof(test) =% d\n", sizeof(test));
18       printf("* pInt =% x\n", * pInt);
19       printf("% u, % u, % u\n", test1.a, test1.b, test1.c);
20    }
```

程序说明：

第 1～6 行是定义位段；

第 14～16 行是位段的赋值；

第 19 行是位段的引用。

运行结果如图 3－18 所示。

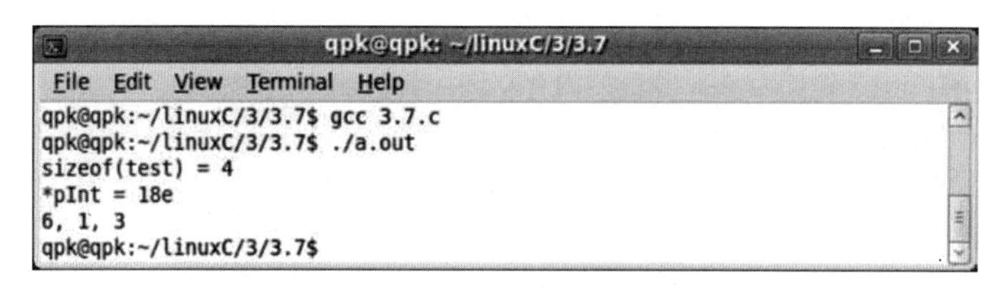

图 3－18　定义位段

另外，还可以在位段中定义无名字段，它的功能是跳过该字节剩余的位或指定的位不用。

当无名字长度为 0 时，跳过该字节剩余的位不用；当无名字段长度为 n 时，跳过 n 位不用。

例如：

```
struct structed_data
{
      unsigned a:1;
      unsigned b:2;
      unsigned :0;
      unsigned c:3;
      int i;
```

```
}data;
```

其位段类型存储单元分配示意如图 3－19 所示。

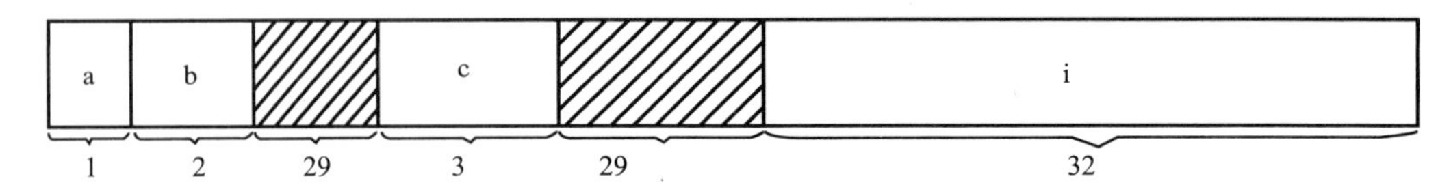

图 3－19　位段类型存储单元分配

在使用位段类型时需要注意以下几点。

① 一个位段的长度不能大于一个存储单元（通常为一个字节），且一个位段只能存储在一个存储单元中，不能跨越两个存储单元。如果本单元剩余的空间无法容纳该位段，则从下一个存储单元开始存储。

② 定义长度为 0 的无名位段，可以强制在一个新的存储单元存储下一个位段，而不使用当前存储单元余下的空间。

③ 在给位段赋值时，要注意溢出问题。

3.8.7　动态内存分配/撤销运算符和表达式

在程序编写的过程中需要动态分配或撤销一块内存时该怎么做呢？Linux C 提供了两个功能强大的运算符 new 和 delete。

new 运算符用来分配一块内存空间给变量，其使用格式为：

```
new 类型 [初值]
```

delete 运算符用于撤销由 new 分配的内存空间，其使用格式为：

```
delete [] 指针变量
```

例如：

```
new int;          /* 给一个整型变量分配内存空间,并返回一个指向这个整型变量的指针*/
new int(1);       /* 给一个整型变量分配内存空间,并给该变量赋初值为 1*/
```

float ＊p = new float（12.34）给一个实型变量分配内存空间，给该变量赋初值为 12.34，并将返回的指向实型数据的指针赋给指针变量 p。

delete p；撤销上面由 new 分配的内存空间。

另外，Linux C 的标准库函数 malloc 也可以动态分配内存，并且在使用完之后用 free 释放，以使这块内存在下次调用 malloc 时可被再次分配。

```
#include <stdlib.h>
void * malloc(size_t size);
void free(void * p);
```

malloc 函数的参数 size 表示要分配的字节数，如果分配成功，则返回所分配内存空间的首地址，如果分配失败，则返回 NULL。

动态分配的内存在使用完之后可以用 free 函数释放掉，传给 free 的参数是 malloc 函数返

回的内存块首地址。如果 p 的值是 NULL，则 free（）函数什么事情也不做。

除了 malloc 和 free 之外，Linux C 标准库还提供了另外两个分配内存的函数，由它们分配的内存同样可以由 free 释放。

```
#include <stdlib.h>
void * calloc(size_t nmemb, size_t size);
void * realloc(void * p, size_t size);
```

calloc 函数分配 nmemb 个相邻的内存单位，每个单位占 size 字节，并返回指向第一个单位的指针，出错返回 NULL。calloc 函数和 malloc 的区别在于，calloc 函数会将这块内存空间用字节 0 填充，而 malloc 并不负责把分配的内存空间清零。

如果由 malloc 或 calloc 分配的内存空间需要调整大小，有两种方法：一种方法是调用 malloc 分配一块新的内存空间，再把原内存空间中的数据拷贝到新的内存空间中去，再调用 free 释放原内存空间。Linux C 提供了一个 realloc 函数来简化这些步骤，即把原内存空间的指针 p 传给 realloc，通过参数 size 来指定新的空间大小，并返回新内存空间的首地址，释放原内存空间。

```
#include <alloca.h>
void * alloca(size_t size);
```

alloca 函数分配 size 个字节，但是和 malloc 及 calloc 函数的区别是，alloca 函数是从堆栈空间中分配内存，因此当调用结束函数返回时，会自动释放此空间，不需要 free 函数。

```
#include <stdlib.h>
int brk(void * end_data_segment);
```

brk 函数用来依照 end_data_segment 所指的数值设成新的数据字节范围。如果函数调用成功，则返回 0，否则返回 -1。

```
#include <stdlib.h>
int sbrk(ptrdiff_t increment);
```

sbrk 函数用来增加程序可用的数据空间，增加大小由参数 increment 决定。如果函数调用成功，则返回一个指针，指向新的内存空间，否则返回 -1。

3.8.8 其他运算符和表达式

1. sizeof 运算符

sizeof 运算符的功能是计算某种类型的操作数在计算机中所占用的存储空间的字节数。sizeof 运算符是单目运算符，其运算的对象可以是一个数据类型符号或者一个变量。注意，操作数要用圆括号括起来。

例如：

```
int a;
sizeof(a) =4;
```

2. 取地址运算符

取地址运算符 & 是单目运算符，其操作数只能是变量，& 用来得到变量的地址。

Linux C程序设计中许多场合都要使用到地址数据。

如输入函数 scanf( )，其输入参数就要求是地址列表，用于将读入的数据送至变量对应的存储单元中。

另外，Linux C 还提供一个指针运算“ * ”，用于获取存储单元中的内容。

3. 括号运算

括号运算包括以下两种。

(1) 圆括号运算 ( )。

圆括号用于改变运算的优先级，还用于将函数名与其参数相分离。

(2) 中括号运算 [ ]。

中括号运算又称下标运算，用来得到数组的分量——下标变量。

括号运算的优先级在所有运算符中处于最高一级。

3.8.9 运算符总结

判断一个表达式的类型应根据在这个表达式中出现的所有运算符的优先级来进行。如果某一个运算符是最后进行运算的运算符，或者它在整个表达式中的优先级是最低的，那么该运算符所从属的类型就是这个表达式的类型。

例如：

```
x = (a - 1,b + 1);          /*  赋值表达式 */
x = a = 1,b + 1;            /*  逗号表达式 */
(a = 1) > (b = 2) + 3;      /*  关系表达式 */
(b = a - - ) * 2/a;         /*  算术表达式 */
```

Linux C 的运算符一般为一个字符，有的由两个字符组成。如果在表达式中出现多个字符，原则上 C 编译系统会尽可能地按照自左至右的顺序将这若干个字符组合成一个运算符。

常用运算符的优先级与结合性如表 3 - 7 所示。

表 3 - 7　常用运算符的优先级与结合性

<table>
<tr><th>优先级顺序</th><th>运算符种类</th><th>说明</th><th>结合方向</th></tr>
<tr><td>1</td><td>单目运算符</td><td>逻辑非！按位取反 ~ 求负 -、+ +、- - 类型强制转换等</td><td>右→左</td></tr>
<tr><td>2</td><td>算术运算符</td><td>* / % 高于 + -</td><td>左→右</td></tr>
<tr><td>3</td><td>关系运算符</td><td>除逻辑非之外，&& 高于其他</td><td>左→右</td></tr>
<tr><td>4</td><td>逻辑运算符</td><td>< < = > > = 高于 = = ！ =</td><td>右→左</td></tr>
<tr><td>5</td><td>赋值运算符</td><td>‖ = + = - = * = / = % = & = ^ = | = < < = > > =</td><td>右→左</td></tr>
<tr><td>6</td><td>逗号运算符</td><td>,</td><td>左→右</td></tr>
</table>

例如，a + + + b，编译系统会将其解释为 (a + +) + b，而不是 a +(+ + b)。如果要想表示 a +(+ + b)，必须加括号改变其优先级。标识符、关键字也按相同的原则进行处理。

本章主要介绍了 Linux C 中运算符和表达式的定义及使用规则。Linux C 中的运算符较多，需要注意的问题也很多。例如，在算术运算符中自增（++）和自减（--）两个运算符在变量前后的位置不同，运算顺序也不同，得到的结果也大相径庭。在表达式中，各操作数参与运算的先后顺序不仅要遵守运算符优先级的规定，还要受运算符结合性的制约，以便确定是自左向右进行运算还是自右向左进行运算。因此，在学习本章内容的时候，要多联系、多总结，各种运算符对比记忆，以达到事半功倍的效果。

习　题

一、单项选择题

1. 下面的变量说明中（　　）是正确的。

A. Char：a，b，c;　　B. Char a; b; c;

C. Char a，b，c;　　D. Char a，b，c

2. 设整型变量 n 的值为 2，执行语句“n + = n - = n * n;”后，n 的值是（　　）。

A. 0　　B. 4　　C. -4　　D. 2

3. 表达式 y = （13 > 12？15：6 > 7？8：9）的值为（　　）。

A. 9　　B. 8　　C. 15　　D. 1

4. 若 x = 5，y = 3，则 y * = x + 5；y 的值为（　　）。

A. 10　　B. 20　　C. 15　　D. 30

5. 根据 C 语言的语法规则，下列（　　）是不合法标识符。

A. While　　B. Name　　C. Rern5　　D. _ exam

6. 设单精度变量 f，g 均为 5.0，使 f 为 10.0 的表达式是（　　）。

A. f + = g　　B. f - = g + 5　　C. f * = g - 15　　D. f / = g * 10

7. 设整型变量 n 的值为 2，执行语句“n + = n - = n * n ;”后，n 的值是（　　）。

A. 0　　B. 4　　C. 4　　D. 2

8. 为表示关系 x≥y≥z，应使用 C 语言表达式（　　）。

A. （x > = y） && （y > = z）　　B. （x > = y） AND （y > = z）

C. （x > = y > = z）　　D. （x > = z） & （y > = z）

9. 若 a = -14，b = 3，则条件表达式 a < b？a：b + 1 的值为（　　）。

A. -14　　B. -13　　C. 3　　D. 4

10. 已知：int n，i = 1，j = 2；执行语句 n = i < j？i + +：j + +；则 i 和 j 的值是（　　）。

A. 1，2　　B. 1，3　　C. 2，2　　D. 2，3

11. 若 num、a、b 和 c 都是 int 型变量，则执行表达式 num = （a = 4，b = 16，c = 32）；后 num 的值为（　　）。

A. 4　　B. 16　　C. 32　　D. 52

二、填空题

1. 在 C 语言中，一个 float 型数据在内存中所占的字节数为________个字节；一个 double 型数据在内存中所占的字节数为________个字节。

2. 执行下面的程序片段后，x 的值是________。

i=10; i++; x=++i;

3. 设 a=3，b=4，c=5，则表达式 a||b+c&&b==c 的值是________。
4. 进行逻辑与运算的运算符是________。
5. 若 a=6，b=4，c=2，则表达式!(a-b)+c-1&&b+c/2 的值是________。

第4章　程序设计基本结构——顺序、选择与循环

本章重点

顺序结构程序设计；

选择程序结构设计——if-else 和 swith；

循环结构程序设计——for、while 和 do-while。

学习目标

通过本章学习，掌握 Linux C 程序设计的三种基本结构——顺序、选择与循环；熟练掌握一种结构程序设计方法；熟练运用 if-else 和 switch 进行选择程序设计，并熟悉两者之间的区别与联系；熟练运用 for、while 和 do-while 进程循环程序设计，理解三者之间的区别。

在上一章讲到一个求圆形周长的例子，这个例子先对圆半径赋值，再计算圆的周长，最后输出圆周长。程序的执行是按照语句的先后顺序依次进行的，这种程序结构称为顺序结构。

```
1  #include <stdio.h>
2  #define PI 3.14                              /* 定义符号常量 PI* /
3  main()
4  {
5      double circle,r;                        /* 定义 circle,r 为 double 型变量* /
6      r=3;                                     /* 给 r 赋值 3* /
7      circle =2* PI* r;                       /* 计算以 r 为半径的圆的周长* /
8      printf("circle =% f\n",circle);   /* 输出圆周长* /
9  }
```

结构化的程序设计容易理解、容易测试，也容易修改，正确使用这些结构将有助于设计出高度结构化的程序。Linux C 提供了比较完善的结构化流程控制结构，主要有以下三种基本结构：顺序结构、分支选择结构和循环结构，由这三种基本结构可以组合出任意复杂的程序。

换句话说，任何一个结构化程序都可以由这三种基本控制结构来表示。

1. 顺序结构

顺序结构是最简单的一种基本控制结构。它按语句出现的先后顺序依次执行，执行完 A

操作后，再执行 B 操作（见图 4－1（a））。

2. 选择结构

选择结构又称分支结构，在这种结构中包含一个条件判断，根据条件成立与否来确定执行 A 操作还是执行 B 操作（见图 4－1（b））。

3. 循环结构

循环结构又称重复结构。这种结构是当给定的条件成立时，重复执行某一循环体，直到条件不满足为止（见图 4－1（c））。

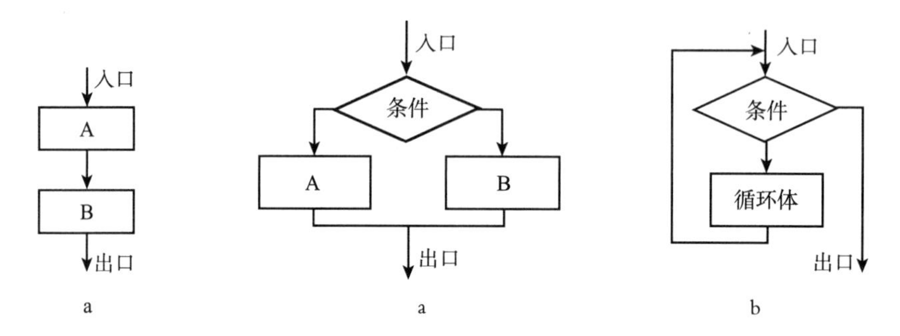

图 4－1　三种基本控制结构流程图

可以发现，这三种基本控制结构有三个共同特点：

（1）都具有一个入口和一个出口；

（2）结构内的每一部分都有机会被执行到；

（3）结构内不存在“死循环”。

4.1　顺序结构程序设计

4.1.1　语句

1. 语句概述

语句是算法实现的程序表示，是表达算法的最基本语言单位，它是用计算机语言编写的控制计算机完成特定操作的句子。用计算机语言编写程序时需要使用正确的语句，即完整的句法、准确的语义。

常量、变量、运算符、表达式等都是基本的语法项目。按一定的规则把这些基本项目组合起来并以分号结束，则构成语句。

2. Linux C 语句的分类

Linux C 将语句分为以下几类：

（1）表达式语句；

（2）流程控制语句；

（3）函数调用语句；

（4）跳转语句；

（5）标号语句；

（6）复合语句；

（7）空语句。

3. 语句和表达式的区别

（1）Linux C 中所有的操作都是通过表达式来实现的，任意类型的表达式都是有值的；而语句是向计算机发出的完成表达式运算的一个动作，因此语句是没有值的。任何一个表达式后面加上“;”就构成了表达式语句。

（2）表达式可以作为运算对象参与其他表达式的运算，而语句则不行。例如，a =(b = 4)/2 是合法的表达式，而 a =(b =4;)/2 则不是合法的表达式。

4.1.2　库函数的使用

将一段经常需要使用的代码封装起来，在需要使用时可以直接调用，这就是程序中的函数。函数在 Linux C 中占有及其重要的地位。

1. 库函数的使用

库函数指编译器提供的可在源程序中调用的函数。库函数可以分为两类，一类是 C 语言标准规定的库函数，一类是编译器特定的库函数。通常库函数的源代码是不可见的，但在头文件中可以看到它对外的接口，因此在使用时必须告诉计算机该库函数属于哪一个库，以便计算机及时查找并执行其程序体，这一过程一般称为函数的声明。

```
1   #include <stdio.h>
2   #include <math.h>
3   void main()
4   {
5       int a, b;
6       a = -7;
7       b = abs(am);
8       printf("b = % d\n", b);
9   }
```

其中的　include　<math. h>就是对库函数所在头文件的包含引入。

include 是 C 语言的关键字，使用前加上符号“#”，表示包含的意思。被包含的文件称为头文件，如 math. h、stdio. h。

函数的使用称为调用，函数名括号里面的变量称为参数。当给定这些参数的值时，编译系统就可以计算出所需的结果。函数也可作为运算符的运算对象。

2. 常用的输出函数

数据输出是指计算机对各类输入数据进行加工处理后，将结果以用户所要求的形式输出。输出函数的功能是将保存在内存单元中的变量的值通过屏幕或打印机等外部设备传送出来。

（1）多种类型数据输出函数 printf( )。Linux C 中没有专门用于输出的语句，通常是用 printf( ) 函数来完成信息的输出。printf( ) 函数用于向标准输出设备（屏幕）输出数据。它的使用格式是：

printf（格式控制，输出列表）

该函数的功能是将输出列表中的数据按照格式控制指定的格式输出到标准输出设备。

格式控制是用双引号括起来的字符串，也称为格式化字符串，它包括两部分内容：一部分是将按原样输出的字符；另一部分是格式字符，以“%”开始，后面跟一个或几个规定字符，它在格式字符串中用来占位。

输出列表是需要输出的各个参数的列表，其个数必须与格式化字符串中所说明的输出参数个数一样，且顺序一一对应，各个参数之间用逗号隔开。

下面详细介绍一下格式字符。

① %c 用以输出单个字符。

例如：

```
printf("The first character is % c\n",'A');
```

这个语句表示把字符'A'按照%c 的格式输出到计算机屏幕上。屏幕上将会显示：

```
The first character is A
```

注意　在 Linux C 中，整型数据能够以字符形式输出，字符型数据可以用整数形式输出。将整数用字符形式输出时，系统首先计算该数与 256 的余数，然后将余数作为其 ASCII 码值，再转换成相应的字符输出。将字符型数据用整数形式输出，即把其相应的 ASCII 码值输出。

使用“%c”输入、输出单个字符时，空格和转义字符均为有效字符。

例如：

```
scanf("% c% c% c",&a,&b,&c);
printf("% c% c% c\n",a,b,c);
```

输入：A□B□C↙，则系统会将字母'A'赋值给 a，空格'□'赋给 b，字母'B'赋给 c。屏幕上将会显示：

A□B

② %d 表示按照十进制形式输出整型数据。

例如：

```
printf("His age is % d\n",18);
```

屏幕上将显示：

```
His age is 18
```

③ %o 表示按照八进制格式输出整型数据，即按照八进制的形式输出对应数据项的机器码。

④ %x 表示按照十六进制格式输出整型数据，即以十六进制的形式输出对应数据项的机器码。

⑤ %u 表示按照无符号形式输出整型数据，即把对应内存单元中的数据以无符号数的形式输出。

以上 5 种格式字符既可以用于输出字符型数据，也可以用于输出整型数据。

【例 4-1】 字符型变量与整型变量的输出。

```
1    #include <stdio.h>
2    main()
```

```
3   {
4         int a=65;
5         char c='A';
6         printf("% c, % c\n", a, c);
7         printf("% d, % d\n", a, c);
8   }
```

运行结果如图 4－2 所示。

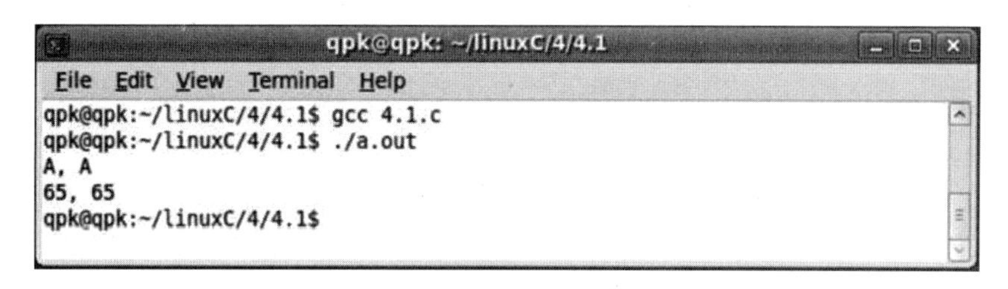

图 4－2　字符型变量与整型变量的输出

程序说明：

第 4 行定义整型变量 a 并初始化值为 65；

第 5 行定义字符型变量 c 并初始化值为 A；

第 6 行以字符形式输出整型变量 a 和字符型变量 c；

第 7 行以整数形式输出整型变量 a 和字符型变量 c。

另外，还可以在%d,%o,%x,%u 这四种格式字符前面加上类型修饰符 l，以用于输出长整型数据，即%ld,%lo,%lx,%lu。

【例 4－2】 长整型变量的输出。

```
1   #include <stdio.h>
2   main()
3   {
4       long int a, b;
5       a=8, b=-1;
6       printf("% ld, % lo, % lx, % lu\n", a, a, a, a);
7       printf("% ld, % lo, % lx, % lu\n", b, b, b, b);
8   }
```

运行结果如图 4－3 所示。

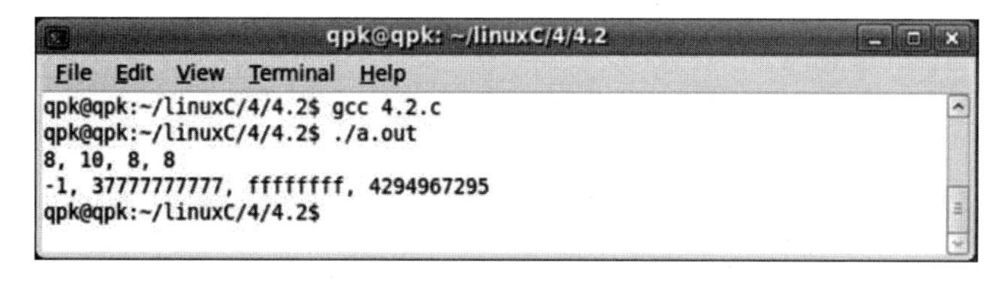

图 4－3　长整型变量的输出

程序说明：

第 4 行定义长整型变量 a 和 b；

第 6～7 行分别以十进制、八进制、十六进制和无符号整型形式打印输出 a 和 b 的值。

以上 5 种格式还含有域宽修饰的扩展形式。如：% ±mc 、% ±md、% ±mo、% ±mx、% ±mu、% ±mld、% ±mlo、% ±mlx、% ±mlu 等，其中 m 是域宽修饰符，表示输出数据应当占用的列宽，是一个整型常量。如果数据实际输出所占列宽小于 m，则在数据左端补足空格，m 为负时右端补足空格；如果数据实际输出所占列宽大于 m，则 m 不起作用。

【例 4－3】 域宽修饰符控制输出变量

```
1   #include <stdio.h>
2   main()
3   {
4       int a = -1;
5       printf("% 8d, % -8o, % 8x\n", a, a, a);
6   }
```

运行结果如图 4－4 所示。

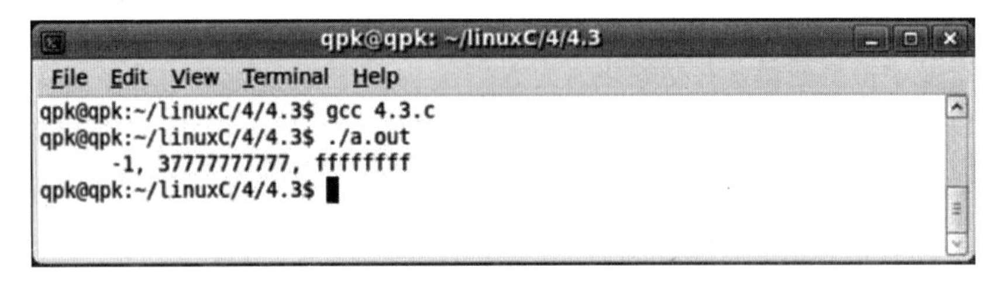

图 4－4　域宽修饰符控制输出变量

⑥ %s。%s 用于输出字符串。% ±m. ns 格式为其扩展格式，其中 +， －，m 的含义和前面相同。n 表示截取字符串左起的 n 个字符。“\0”是%s 格式判断输出是否结束的标志。例如：

```
printf("Hello% 8s,% -8.2s","Hello","Hello");
```

其输出结果为：

```
Hello□□□Hello,He□□□□□□
```

⑦ %f 表示输出实型数据。

【例 4－4】 实型数据输出。

```
1   #include <stdio.h>
2   main()
3   {
4       double a =3.1415926;
5       printf("% f, % -8.3f\n", a, a);
6   }
```

运行结果如图 4－5 所示。

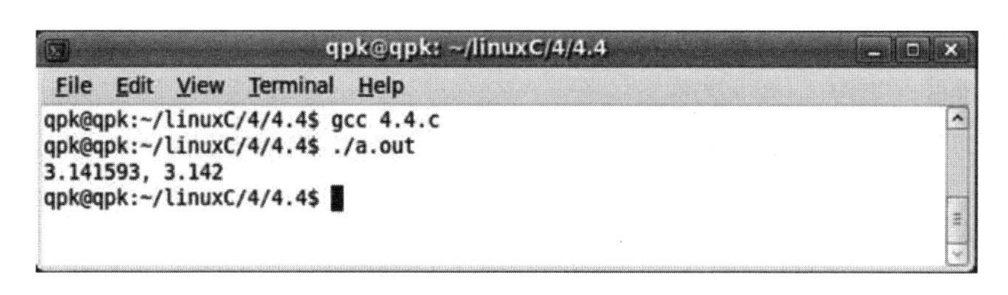

图4－5　实型数据输出

⑧ %e 表示以指数形式输出浮点型数据，默认格式下尾数部分输出1位整数和5位小数，阶码部分输出符号及2位或3位（阶码≥100时）阶码。% ±m.ne 格式为其扩展格式，±表示m大于（小于）实际列宽时补空格的方式，m表示该浮点数输出时所占的列宽，n表示取尾数部分的n－1位小数。

【例4－5】指数形式输出浮点数

```
1     #include <stdio.h>
2     main()
3     {
4         double a =314.15926;
5         printf("% e, % -10.2e", a, a* 1E100);
6     }
```

运行结果如图4－6所示。

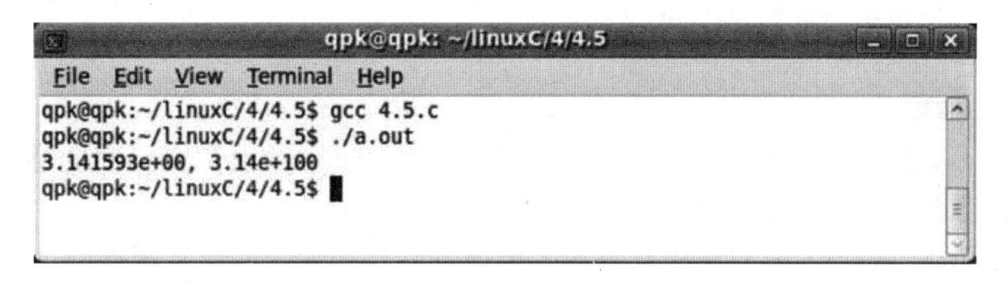

图4－6　指数形式输出浮点数

⑨ %g 表示自动选择%f或%e格式来输出浮点型数据。在数据输出时，系统根据数值的大小及输出所占列数的多少，自动选择%f或%e格式，且不输出无意义的零。

Linux C 还提供以下附加格式字符。

l：用于输入、输出长整型数据（%ld、%lo、%lx）及双精度型数据（%lf、%le）。

h：用于输入、输出短整型数据（%hd、%ho、%hx）。

n：附加域宽，是一个十进制整数，用于指定实型数据小数部分的输出位数。如果n大于小数部分的实际位数，则输出时小数部分用0补足。如果n小于小数部分的实际位数，则输出时将小数部分多余的位4舍5入。如果n用于字符串数据，则表示从字符串中截取的字符个数。使用双域宽时，附加域宽与域宽之间用“.”连接。

在printf( ) 中除了可以使用格式字符来控制输出外，还可以用下列方法实现输出格式的控制。

① 指定输出宽度与小数位。可以在“%”和格式字符之间插进数字来指定输出宽度，

其中，数字的整数部分表示全部宽度，小数部分表示小数位的宽度。需要注意的是，在输出小数时，小数点也要占一位的宽度。

② 设置前导0。如果想在输出值前面加一些0作为输出数据的前导项，可以在宽度项前加个0。

③对齐方式。如果指定的输出宽度大于实际数据的宽度，则按数字的正负来指定对齐方式。如在“%”和数字之间加入一个“-”号来说明输出为左对齐，否则为右对齐。

说明：

- printf()中的格式说明符，必须按从左到右的顺序，与输出列表中的每一项一一对应，否则会出错。

例如，printf("s=%s,f=%d,i=%f\n","Hello",3.14159,3+5,"Hello")；就是错误的输出语句。

- 格式字符区分大小写。除了x、e、g格式字符外，其他格式字符必须用小写字母。格式字符x、e、g可以用小写字母，也可以用大写字母。使用大写字母时，输出数据中包含的字母也为大写。

例如,%c写成%C是错误的。

- 格式字符紧跟在“%”后面才能进行格式控制，否则将被作为普通字符，照原样输出。

例如，printf（" d=%d，f=%f\ n"，d，f)；语句中的第一个d和f，都是普通字符。

- 可以输出转义字符。

（2）字符格式输出函数putchar()。

putchar()函数的功能是向屏幕输出一个字符，其一般格式为：

putchar(参数)

putchar函数只有一个参数，此参数可以是常量、变量，也可以是任意的整型表达式，但不能是字符串，参数的值代表某字符对应的ASCII码值。

调用该函数之前必须在程序的开头加上编译预处理命令，即加上函数的声明部分#include "stdio.h"。因为Linux C的标准库函数分类存放在不同的文件中，在使用输入输出标准库函数前，应该包含#include"stdio.h" 或#include <stdio.h>命令行。这表示要使用的函数包含在标准输入输出头文件中。

【例4-6】使用putchar函数输出字符型变量值。

```
1   #include "stdio.h"
2    main()
3   {
4        char a='A';
5        char b='B';
6        putchar(a);
7        putchar(b);
8        printf("\n");
9   }
```

运行结果如图4-7所示。

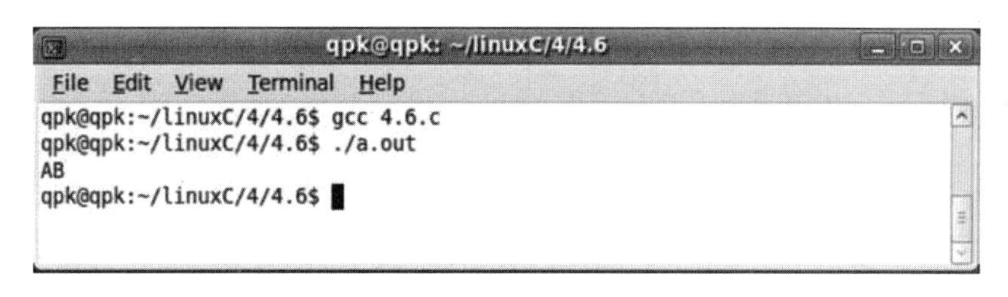

图4－7　使用putchar函数输出字符型变量

程序说明：

第4～5行定义局部字符型变量a和b并赋初值；

第6～7行调用系统输出函数putchar( )将字符型变量的值答应输出到屏幕上。

3. 常用的输入函数

输入函数的功能是利用键盘等输入设备为变量或者数组等提供数据，并保存到内存单元中，供程序计算时使用，即把信息从外设传送到内存。

(1) 多种类型数据输入函数scanf( )。scanf( )函数的功能是从标准的输入设备读取各种类型的数据并存放到相应的变量中。该函数在文件stdio.h中定义，因此在调用前也需要使用#include " stdio.h" 语句。

该函数的一般格式为：

scanf（格式控制，地址列表）；

表示按格式控制参数的要求将数据从终端传送到地址列表所指定的内存空间。第一部分为格式控制部分，可以使用的格式字符与printf( )一样，格式字符和地址列表中对应的变量是一一对应的，并控制该地址对应的变量的类型；第二部分为对应变量的内存地址，是一个地址列表。

例如，从键盘读入3个整数并存储到a、b、c这3个整型变量中，具体做法为：

```
scanf("% d% d% d",&a,&b,&c);
```

当使用scanf( )函数输入多个数据时，需要判断一个数据的输入是否结束。主要有以下几种方法。

① 用格式字符来控制输入数据的域宽（正整数）。

② 由于格式字符串中出现的普通字符（包括转义字符）都需要原样输入，因此可以在scanf( )的格式控制字符串里插入能起到数据分隔作用的一般字符，这样用户输入时，就必须按照格式控制字符串的安排来输入数据。

例如，scanf（" a=%d，b=%c"，&a，&b)；

如果想将1赋给a，将2赋给b，正确的输入方法为：a=1，b=2↙（“↙”符号表示按回车键操作）。

另外，系统并不把scanf( )函数中格式字符串内的转义字符（如\n）看作转义字符，而是将其视为普通字符，也需要原样输入。因此最好不要在格式控制后加入字符'\n'，否则容易引起不便。

例如，scanf（" a=%d，b=%d\n"，&a，&b)；

如果想将1赋给a，将2赋给b，正确的输入方法为：a=1，b=2\n↙。

如果数据本身就可将数据分隔开时，输入数据不需要用分隔符。

例如，scanf ("%d%c%d", &a, &b, &c);

如果想将 30 赋给 a，将'b'赋给 b，将 3 赋给 c。正确的输入方法为：1b3，因为字符数据'b'能起到分隔数据 1、3 的作用。

但是当遇到非法输入时，系统也会认为该数据输入结束，这种情况应该避免。例如，在输入数值数据时，遇到字母等非数值符号。

③ 如果在 scanf() 的格式控制字符串里不安排任何分隔符，这时就默认使用空格符、制表符（Tab 键）、回车换行符（Enter 键）作为数据输入完毕的分隔符。

例如，scanf ("%d%d", &a, &b);

如果想将 1 赋给 a，将 2 赋给 b，正确的输入方法为：1□2↙

或者输入：1↙

2↙

④ 在输入时还可以使用方括号来指定输入字符的范围。scanf() 函数将依次读入符合条件的字符，直到遇见第一个不符合条件的字符为止。例如：

%[abc]　　表示输入字符串中的字符 a、b、c；

%[^abc]　　表示输入字符串中除 a、b、c 以外的其他所有字符；

%[0123456789]　　表示输入 0～9 的数字；

%[0-9]　　表示输入 0～9 的数字，"-"号表示范围，但是"-"前的字符必须小于其后的字符；

%[A-Z]　　表示输入 A～Z 的所有大写字母；

%[A-CM-T]　　表示输入 A～C，M～T 的所有字母；

%[+-*/]　　表示输入运算符 +、-、*、/。

使用 scanf() 时应该注意以下问题。

① 当格式控制部分中相邻的两个格式字符为%c 时，输入时不能以空格、Tab 键或回车键加以区分，因为空格、Tab 键和回车键本身也是字符。在这种情况下，只能按照格式控制根据数据类型来区分某项数据是否输入结束。

② 在 scanf 函数中允许使用域宽 m 和附加域宽 n 来控制输入，使用方法与在 printf 函数中相同。

③ 修饰符 * 的含义是"跳过"，表示在地址列表中没有对应的控制项，但在输入时必须输入数据。

例如：

```
scanf("%3d%*3d%3d",&a,&b);
printf("a=%d,b=%d\n",a,b);
```

如果输入"123456789"，则系统将读取"123"并赋值给 a；读取"456"但并不使用（由于 * 的作用）；读取"789"并赋值给 b。因此，输出结果为：a=123，b=789。

④ 如果程序中有多个 scanf()，系统会将这些 scanf() 结合为一个函数来处理。

⑤ 为了使输入操作更方便，可利用 printf() 来提高程序的可读性。通常可在 printf() 中给出应输入的数据的个数、类型及分隔方式等提示信息。

【例4-7】printf函数为用户提供输入信息。

```
1   #include <stdio.h>
2   main()
3   {
4       int a, b;
5       printf("Please input a(int), b(int):\n");
6       scanf("% d, % d", &a, &b);
7       printf("a = % d, b = % d\n", a, b);
8   }
```

运行结果如图4-8所示。

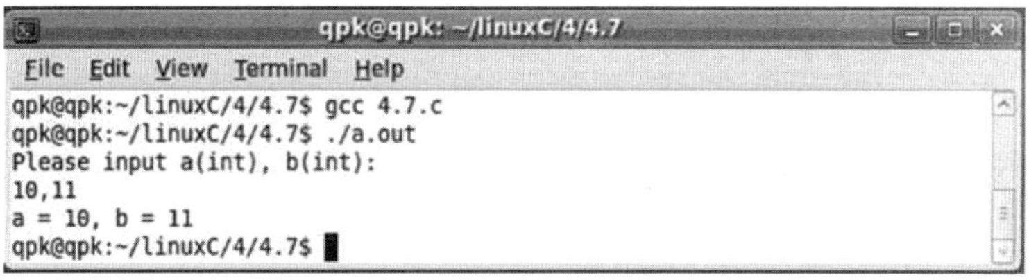

```
qpk@qpk: ~/linuxC/4/4.7
File  Edit  View  Terminal  Help
qpk@qpk:~/linuxC/4/4.7$ gcc 4.7.c
qpk@qpk:~/linuxC/4/4.7$ ./a.out
Please input a(int), b(int):
10,11
a = 10, b = 11
qpk@qpk:~/linuxC/4/4.7$
```

图4-8　printf函数为用户提供输入信息

程序说明：

第5行a(int)，b(int) 可以起到提示用户输入两个整型数值的作用。

(2) 字符读取函数getchar()。字符读取函数没有参数，其功能是从键盘读入一个字符。输入完成后按回车换行键 (Enter) 结束，然后返回输入的第1个字符。从功能上来看，scanf()函数可以完全替代getchar()函数。

调用该函数之前也需要加上函数的声明部分：#include " stdio. h" 。

【例4-8】使用getchar函数接受终端字符输入。

```
1   #include <stdio.h>
2   main()
3   {
4       char c;
5       c = getchar();
6       putchar(c);
7       printf("\n");
8   }
```

运行结果如图4-9所示。

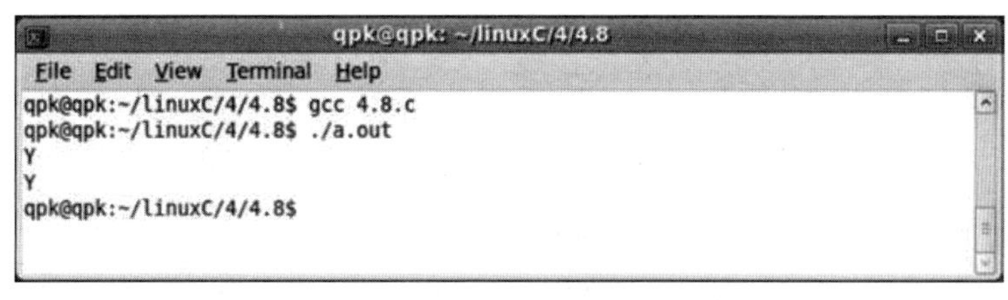

图4-9　getchar接收终端字符输入

当程序执行到 getchar 函数时，将等待输入，只有当用户输入字符，并按回车键后，字符才被送到内存的缓冲区，准备赋给指定的变量。此外，空格符、制表符（Tab 键）和回车符（Enter 键）都被当作有效字符读入。

getchar( ) 的返回值为输入数据的个数，需要时可以加以利用。

字符串的输入与其他数据有所不同，由于字符串变量的名称本身就代表了字符串的地址，因此字符串的输入不必在变量名前加 &。例如：

```
char a[10];
scanf("% s",a);
```

输入字符串到 a 代表的存储空间，在上面定义的字符数组 a 中最多可以输入 10 个字符。

与 printf( ) 函数类似，scanf( ) 函数在输入字符串时可以在“%”和格式字符 s 之间插入数字来设置输入字符的个数。

提示 通过前面的学习，总结出变量得到值有三种方法：定义时赋给变量初值，在编译时得到；在执行时利用赋值语句得到；在执行时通过输入函数得到。另外，数据也可来自磁盘文件。

4.1.3 顺序结构程序设计

顺序结构是结构化程序设计的三种基本结构之一，是最简单、最常见的程序结构，它的特点是：按照语句的先后顺序，自前向后逐条依次执行。顺序结构是由一系列顺序执行的语句组成的，是一种线性结构。这种结构是按次序顺序执行的，中间没有跳跃，也不允许“逆行”。

在顺序结构程序中，一般包括以下几部分内容。

1. 编译预处理命令

在程序中要使用库函数，除 printf( ) 和 scanf( ) 外，其他的都必须使用编译预处理命令将相应的头文件包含进来。

2. 顺序结构函数体中完成各个具体功能的语句

（1）表达式语句。

（2）说明语句。

（3）输入/输出语句。

（4）空语句。

（5）复合语句。

下面介绍几个顺序程序设计的例子。

【例 4－9】 求三个整数的平均值。

```
1   #include <stdio.h>
2    main()
3   {
4        int a,b,c,x;
5        printf("Please input three numbers:");
6        scanf("% d,% d,% d",&a,&b,&c);
7        x = (a+b+c)/3;
```

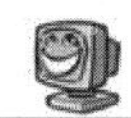

```
8        printf("The average value is% d\n",x);
9    }
```

运行结果如图 4－10 所示。

qpk@qpk: ~/linuxC/4/4.9
File Edit View Terminal Help
qpk@qpk:~/linuxC/4/4.9$ gcc 4.9.c
qpk@qpk:~/linuxC/4/4.9$ ./a.out
Please input three number:7,9,55
The average value is 23
qpk@qpk:~/linuxC/4/4.9$

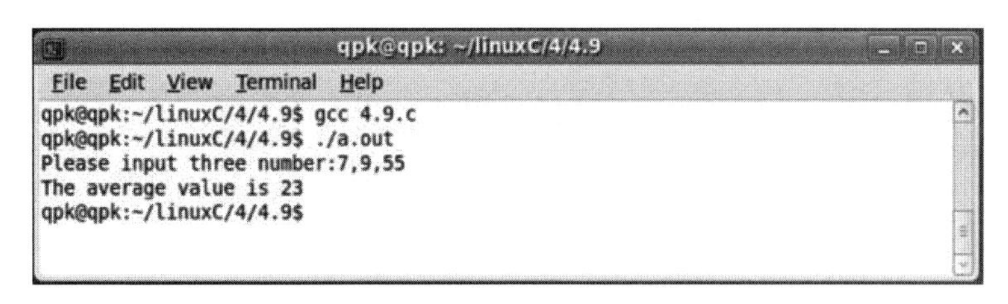

图 4－10　求三个整数的平均值

程序说明：

第 1 行表示载入头文件 stdio. h；

第 4 行定义四个整型变量 a，b，c，x；

第 6 行读入三个变量的值，分别赋给 a，b，c；

第 7 行计算 a，b，c 的平均值，并将计算结果赋给 x；

第 8 行将结果显示出来。

【例 4－10】 求解方程 $y = |x|^3$。

```
1    #include <stdio.h>
2    #include <math.h>
3     main()
4    {
5         int x,y;
6         printf("Input x(int): ");
7         scanf("% d",&x);
8         y=abs(x)* abs(x)* abs(x);
9         printf("Y'value is% d\n",y);
10    }
```

运行结果如图 4－11 所示。

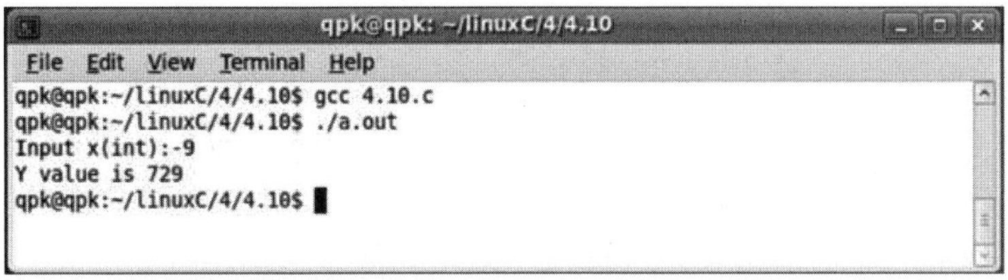

qpk@qpk: ~/linuxC/4/4.10
File Edit View Terminal Help
qpk@qpk:~/linuxC/4/4.10$ gcc 4.10.c
qpk@qpk:~/linuxC/4/4.10$ ./a.out
Input x(int):-9
Y value is 729
qpk@qpk:~/linuxC/4/4.10$

图 4－11　求解方程组

程序说明：

第 5 行定义两个整型变量 x 和 y；

第 7 行从键盘接收 x 的值；

第 8 行调用求绝对值函数 abs( ) 求每个数的绝对值，并进行三次幂运算。

程序中使用了求绝对值函数 abs( )，因此需包含 math. h 头文件；第 6 行要求输入变量 x 的值；第 8 行先计算 x 的绝对值，再对其求立方值，并赋给 y。

【例 4 –11】 从键盘输入一个大写字母，将该大写字母形式转换成相应的小写字母并输出。

```
1   #include <stdio.h>
2    main()
3   {
4        char c1,c2;
5        printf("Input a capital letter:");
6        c1 =getchar();
7        putchar(c1);
8        c2 =c1 +32;
9        printf("\n% c\n",c2);
10   }
```

运行结果如图 4 –12 所示。

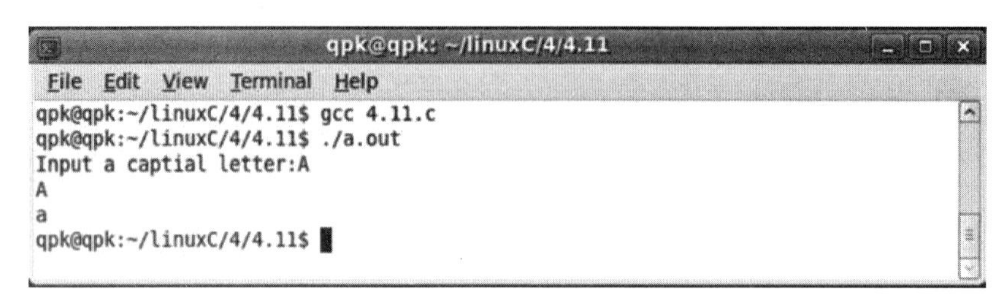

图 4 –12　大写字母转化为小写字母

程序说明：

第 4 行定义两个字符型变量 c1 和 c2；

第 6 行得到输入的大写字母并赋给变量 c1；

第 7 行输出该大写字母以核实输入正确与否；

第 8 行将大写字母转换成对应的小写字母；最后输出小写字母。

4. 2　选择结构程序设计

通常计算机程序是按语句在程序中书写的先后顺序依次执行的，但有时需要对程序的执行条件进行判断，当满足一定条件时，才执行相应的命令，这就是条件结构。更复杂的情况是根据不同的条件执行不同的语句，这种程序结构就称为选择结构。Linux C 提供了条件语句和开关语句用于实现选择结构的程序设计。

选择结构又称为分支结构，它体现了程序的判断能力。选择结构的特点是：根据所给定的选择条件是否为真，来决定从不同的操作分支中，选择哪个分支来执行操作，并且有“无论分支多少，仅选其一执行”的特性。

选择结构的 N – S 流程图如图 4 –13 所示。

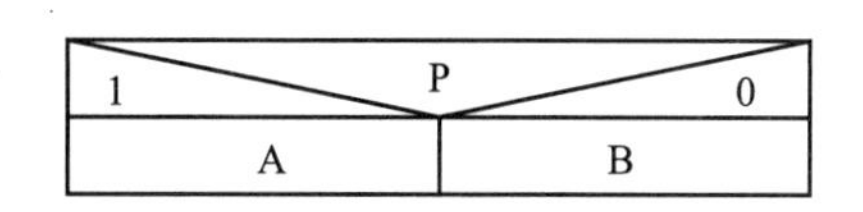

图 4－13　选择结构的 N－S 流程图

图中 P 为选择的条件，根据对 P 的判断结果来决定是执行 A 还是执行 B。P 的判断结果可以为真，也可以为假，用整型数据去描述，1 表示真，0 表示假。如果条件 P 的结果为真，则执行 A，否则执行 B。

4.2.1　if 语句

1. if 语句

if 语句是最简单的一种单分支结构，它的格式是：

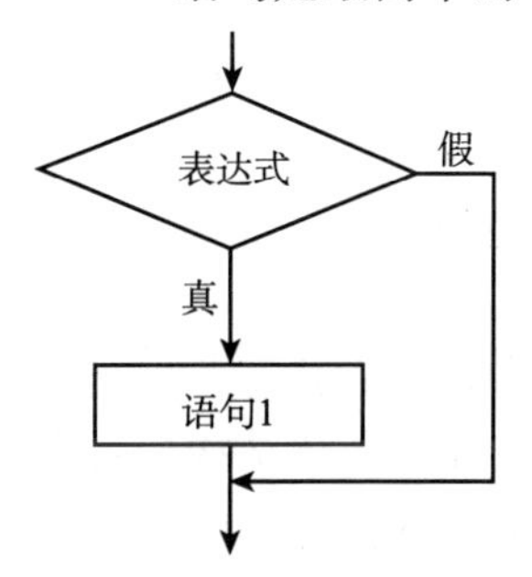

图 4－14　单分支 if 语句图示

if（表达式）语句 1

例如：if （a ==0） return;

其中，表达式一般为条件表达式或逻辑表达式，if 结构的功能是：先判断表达式的逻辑值，若该表达式的逻辑值为“真”，则执行语句 1，否则，什么也不执行（见图 4－14）。

一般情况下，if 语句中的语句 1 都是以复合语句的形式出现，即用一对花括号将语句括起来。

2. if-else 语句

if-else 语句的一般形式为：

if（表达式）语句 1

else 语句 2

if-else 语句的功能是：先判断表达式的逻辑值，若该表达式的逻辑值为“真”，则执行语句 1，否则，执行语句 2（见图 4－15）。

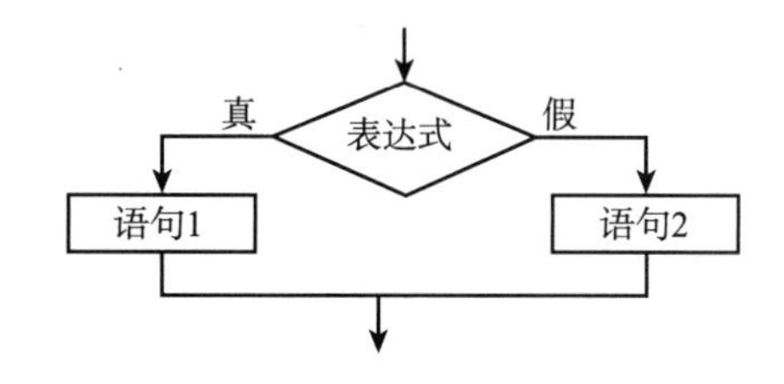

图 4－15　if…else 语句图示

语句 1 和语句 2 可以是单条语句、复合语句或内嵌 if 语句等，也可以是空语句；else 与 if 必须配对，不能单独出现，并且 else 总是与它上面最近的尚未配对的 if 语句配对。

在使用 if-else 语句时，有以下两点注意事项。

（1）if 语句是一条语句。

（2）如果要执行多个操作，需要将多个操作复合为单条语句，即把需要执行的多条语句用一对大括号括起来，{} 后不应该有“;”。

3. if-else-if 语句

else if 结构是分支嵌套常用的一种形式，常用于多分支处理，其一般结构为：

```
if(表达式1)
语句1
else if(表达式2)
语句2;
else if(表达式3)
语句3;
else
…
```

该语句的执行顺序是：先判断表达式 1，若条件 1 成立，则执行语句 1，然后退出该 if 结构；否则，再判断表达式 2，若条件 2 成立，则执行语句 2，然后退出该 if 结构；否则，再判断表达式 3，若条件 3 成立，则执行语句 3，然后退出该 if 结构。

多分支结构在条件为真时执行指定的操作，当条件为假时，接着判断下一步条件。

4. if 语句的嵌套

if 结构还可以嵌套使用，即 if 语句中的执行语句又是 if 语句。if 语句的嵌套有多种组合形式，如 if-else 结构中可以包含 if-else 结构；if-else-if 结构中可以包含 if-else-if 结构，还可以相互嵌套使用，如简单 if 结构中可以包含 if-else 结构，if-else 结构中可以包含简单 if 结构等。例如：

简单 if 语句的嵌套形式为：

```
if(表达式1)
if(表达式2)
语句1
```

它的执行顺序是：单分支 if 语句的内嵌语句也是一个单分支 if 语句。程序在执行时先判断表达式 1，若条件 1 成立，再判断表达式 2。当条件 2 也成立时，执行语句 1，否则退出 if 语句。

if-else 语句嵌套的一般形式为：

```
if(表达式1)
if(表达式2)
语句1
else
语句2 内嵌语句
else
if(表达式3)
语句3
else
语句4 内嵌语句
```

这些嵌套的 if 语句在执行时，先对表达式 1 进行判断，根据判断的结果再决定是否需要对嵌套的表达式 2 进行判断。

if 语句的嵌套主要用于处理多条件的问题。设计嵌套选择结构时，应清晰描述各条件之间的关系。只有当外围的 if 语句的表达式的逻辑值为 1 时才执行嵌入的 if 语句，即嵌入的 if 语句是作为外围 if 语句的条件成立时的执行语句嵌入在外围 if 语句内的。至于嵌入的 if 语句的具体嵌套形式则建立在对具体问题的分析上。

注意：

（1）Linux C 并不限制内嵌层数，但多层嵌套容易造成混乱，不推荐使用。

（2）当 if 语句中内嵌 if 语句时，由于 else 子句总是与距离它最近的且没有配对的 if 相结合，而与书写的缩进格式无关，因此如果内嵌的 if 语句没有 else 分支，即不是完整的 if-else 形式时，极容易发生 else 配对错误。为了避免这类情况的发生，有两个解决办法：一是将 if 子句中内嵌的 if 语句用一对大括号括起来，二是尽量采用在 else 子句中内嵌 if 语句的形式编写代码。平时书写时，if-else 结构也尽量缩格对齐，增加程序的可读性。

【例 4-12】 求函数中 x 为任意值时，

$$y=\begin{cases}\frac{1}{x}, & x>0\\ 0, & x=0\\ -\frac{1}{x}, & x<0\end{cases}$$

的值。

由于 if 语句仅有两个分支，而分段函数 x 的定义域有三个分支，因此需要嵌套一个 if 语句，其中需包含两部分定义域的条件判断。这个问题有两个解决方法，如图 4-16 和图 4-17所示。

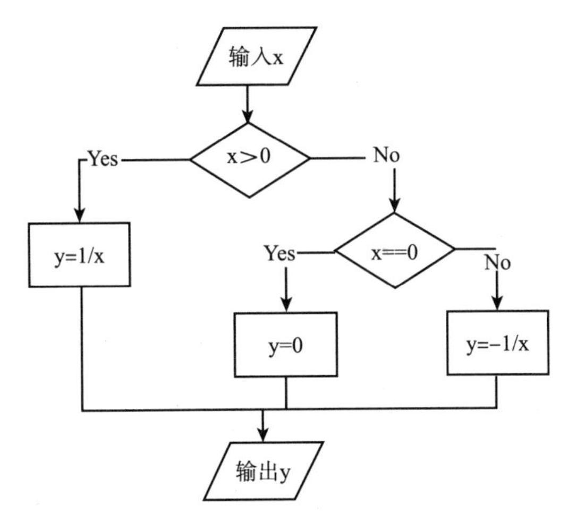

图 4-16　例 4-4 的流程图 1

根据流程图得到如下程序：

```
1    void main()
2    {
3         float x, y;
4         scanf("% f", &x);
```

```
5        if(x>0)y=1/x;
6        else if(x==0) y=0;
7        else y=-1/x;
8        printf("% 8.3f \n", y);
9    }
```

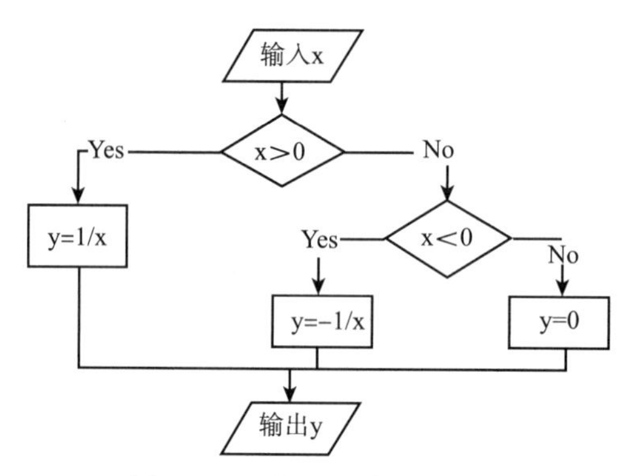

图4-17　例4-4的流程图2

根据流程图得到如下程序：

```
1    void main()
2    {
3        float x, y;
4        scanf("% f", &x);
5        if(x>0) y=1/x;
6        else if(x<0) y=-1/x;
7        else y=0;
8        printf("% 8.3f \n", y);
9    }
```

4.2.2　switch 语句

多分支 if 语句在问题的分支不太多时非常方便，但是当有很多个分支时，大量的 if…else 语句会造成混乱。要解决这个问题，可以使用开关语句 switch。switch 语句的用途类似于多分支 if 语句，但这种多分支选择仅取决于一个表达式的不同值，因此在解决针对单个表达式的问题时比 if 语句更为简便。

开关语句就像一个多路开关，使程序控制流程形成多个分支，根据一个表达式可能产生的不同结果值，选择其中一个或几个分支语句去执行。因此，switch 语句常用于各种分类统计、菜单等程序的设计。

switch 语句的具体形式如下：

```
switch(表达式)
{
    case 整型常量表达式1:语句组1 [break]
    case 整型常量表达式2:语句组2 [break]
```

```
    …
    case 整型常量表达式 n:语句组 n [break]
    default:语句组 n +1
}
```

switch，case，default 和 break 都是构成多分支语句的关键字。[ ] 表示 break 可以省略。

其中 switch 后的表达式可以是任意类型的表达式，如整型表达式、字符表达式等，但其运算结果会自动转换为整型。case 后的整型常量表达式只能由整型常量构成，常量表达式的类型应与 switch 后的表达式类型相同，且各常量表达式的值不可相同。

语句执行时，先对 switch 后的表达式进行计算，将计算结果与 case 后的常量表达式进行比较，如果相符，则转去执行 case 后的语句，然后由语句 break 跳出整个 switch 语句；如果所有 case 都不能与 switch 相匹配，则转去执行 default 后的语句；若无 default 语句，则直接执行“}”后的程序。

case 后的整型常量表达式的值实际上就是 switch 后表达式的各种可能的取值。如果能将表达式各种可能的取值全部列出，则语句中可省去 default 分支；否则最好不要省略 default，因为 default 表示的是 switch 语句在没有找到匹配入口时的语句执行入口。

case 后面的常量表达式起语句标号的作用，并不进行条件判断。系统一旦找到入口标号，就从此标号开始执行，不再进行标号判断，因此必须加上 break 语句，以便结束 switch 语句。

break 语句的作用是结束 switch 语句，执行 switch 后面的程序。switch 中的语句组可以是单条语句，也可以是多条语句，如果为多条语句，则不需要用复合语句去表示，即不用 {} 括起来。而在 if～else 结构中，语句 1 和语句 2 只能是单条语句。

switch 语句一般形式的流程图如图 4－18 所示。

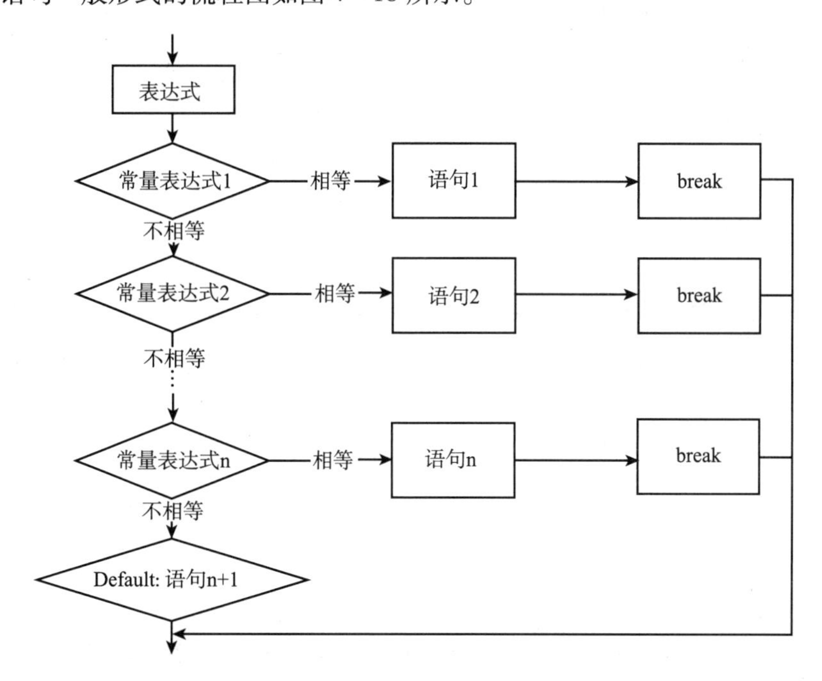

图 4－18 switch 语句流程图

【例 4－13】输入一个人的成绩，判断其成绩等级。

等级范围为：

90 分以上　　等级为 A

89～80 分　　等级为 B

79～70 分　　等级为 C

69～60 分　　等级为 D

60 分以下　　等级为 E

成绩用 score 表示，用表达式（int）（score/10）来判断等级。当表达式的值为 10 或者 9 时，对应等级为 A 的条件分支；当表达式的值为 8 时，对应等级为 B 的条件分支，依次类推。60 分以下可用 default 分支来描述。程序如下：

```
1   #include <stdio.h>
2   main()
3   {
4       float score;
5       int k;
6       scanf("% f", &score);
7       k = (int)(score/10);
8       switch(k)
9       {
10          case 10:
11          case 9: printf("You got A \n"); break;
12          case 8: printf("You got B \n"); break;
13          case 7: printf("You got C \n"); break;
14          case 6: printf("You got D \n"); break;
15          default:printf("You got E \n");
16       }
17   }
```

运行结果如图 4－19 所示。

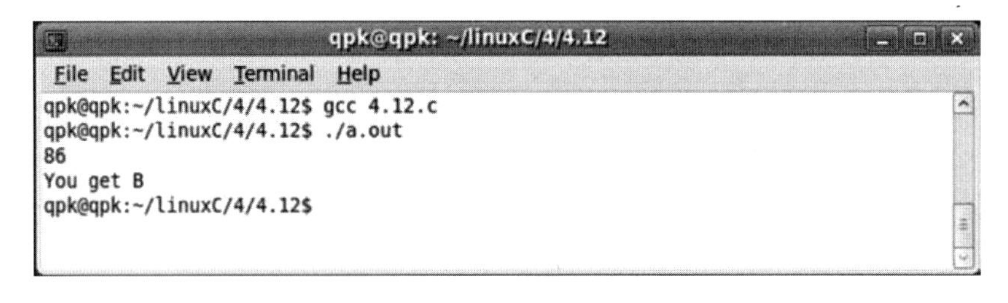

图 4－19　成绩等级计算

程序说明：

第 7 行 score/10 的结果为浮点型，将其转换为整型来与 case 语句进行匹配；

第 8 行常量表达式为 10 的分支，与 9 的分支均为 A 级，将执行同样的操作，因此可利用 switch 的特点将其执行语句缺省，即将共同执行的语句写在常量表达式为 9 的分支之后。

使用 switch 语句应注意以下几点。

（1）switch 语句的表达式与 case 后面常量表达式的数据类型必须一致，但如果是整型与字符型，则允许它们之间直接进行比较，而不必进行转换。

（2）若 case 语句后无 break 语句执行强制跳出，则从该处开始自动执行下一个 case 后或 default 后的语句，而不去判别与其常量值是否匹配，直至跳出或执行结束。

（3）case 及 default 的顺序对运行结果不产生影响，但习惯上把 default 语句安排在 switch 语句的最后。

（4）case 和其后的整型常量表达式中间应有空格。

（5）在 switch 语句中，允许多个 case 语句共用一组执行语句，并且允许将其执行语句写成缺省形式，即将共同执行的语句写在最后一种情况之后。

（6）switch 语句与 if 语句的不同之处在于 switch 语句只能判断整型或字符型表达式的值是否等于给定的值，而 if 语句可以用于判断各种表达式。

4.2.3　选择结构程序设计举例

【例 4－14】计算器程序。用户输入运算数和四则运算符，输出计算结果。

```
1    #include <stdio.h>
2    main()
3    {
4         float a,b;
5         char c;
6         printf("input expression: a+(-,* ,/)b \n");
7         scanf("% f% c% f",&a,&c,&b);
8         switch(c)
9         {
10             case '+': printf("% f\n", a+b); break;
11             case '-': printf("% f\n",a-b); break;
12             case '* ': printf("% f\n",a* b); break;
13             case '/': printf("% f\n",a/b); break;
14             default: printf("input error\n");
15          }
16    }
```

运行结果如图 4－20 所示。

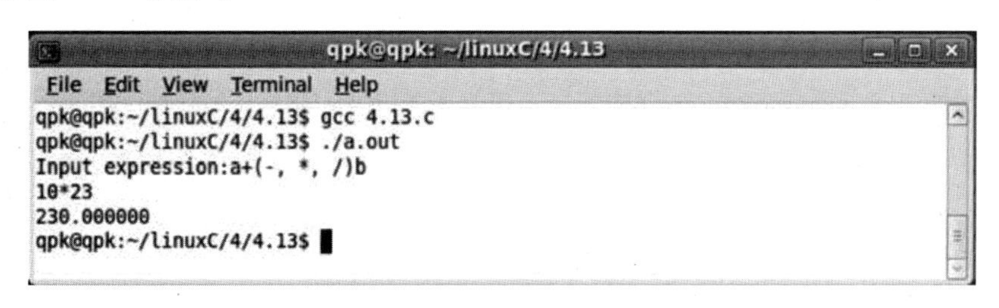

图 4－20　四则运算

程序说明：

第 5 ～ 7 行定义局部变量并接受键盘输入进行赋值；

第 8 ～ 15 行使用 switch 判断输入的运算符执行不同的语句并打印输出计算结果。

【例 4 - 15】 输入三个整数，输出最大数和最小数。

```
1    #include <stdio.h>
2    main()
3    {
4        float a,b,c,max,min;
5        printf("input three numbers: ");
6        scanf("% f, % f, % f",&a,&b,&c);
7        if(a>b)
8        {max=a;min=b;}
9        else
10       {max=b;min=a;}
11       if(max<c)
12       max=c;
13       else
14       if(min>c)
15       min=c;
16       printf("The max number is:% f \n The min number is:% f \n",max,min);
17   }
```

运行结果如图 4 - 21 所示。

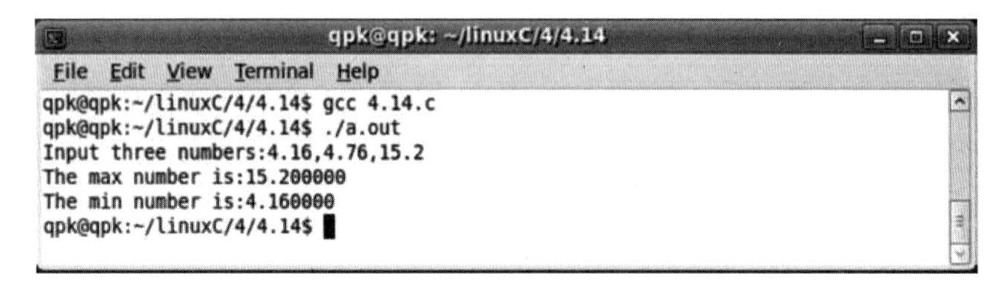

图 4 - 21　求最大和最小值

程序说明：

第 4 ～ 6 行定义局部变量并通过键盘输入对变量进行赋值；

第 7 ～ 10 行比较 a 和 b 的值，将大的赋值给变量 max，小的赋值给变量 min；

第 11 ～ 16 行将 c 与 max、min 分别比较，如果 c 大于 max 或小于 min，则将值赋予它。

本例中，首先比较输入的 a，b 的大小，并把大数赋给 max，小数赋给 min，然后再与 c 进行比较，若 max 小于 c，则把 c 赋予 max；如果 c 小于 min，则把 c 赋予 min。因此 max 内总是最大数，而 min 内总是最小数。最后输出 max 和 min 的值即可。

4.3 循环结构程序设计

在不少实际问题中有许多具有规律性的重复操作，因此在程序中就需要重复执行某些语句。一组被重复执行的语句称为循环体，能否继续重复，决定于循环的终止条件。因此，所谓循环就是在给定条件成立时，反复执行某程序段，直到条件不成立为止。循环语句是由循环体及循环的终止条件两部分组成的。

循环结构也称重复结构，是程序设计的三种基本结构之一。Linux C 提供的循环语句有四种：while 语句，do-while 语句，for 语句，goto 语句。for 循环的使用较为灵活，并且不需要在循环体中对循环变量进行修改；而 while 和 do-while 语句必须在循环体中对循环变量进行修改。四种循环语句各有不同的特点，可以根据具体情况灵活使用。

利用循环结构进行程序设计，一方面可以降低问题的复杂性，减少程序设计的难度；另一方面也能够充分发挥计算机自动执行程序、运算速度快的特点。在程序设计过程中，要注意程序循环条件的设计和在循环体中对循环变量的修改，以免陷入死循环。在实际应用时根据问题的需要，可选择用单重循环或多重循环来实现循环，并要注意处理好各循环之间的依赖关系。有些简单问题，采用单重循环就能解决；而有些问题，比如说二维表格数据输出的问题，则需要采用双重循环才能解决。

4.3.1 循环结构程序设计

循环结构程序的具体设计步骤可归纳如下。

（1）构造循环体。将问题中需要重复执行的部分，利用 C 语言规则归纳出一组程序段。在归纳的过程中应充分利用变量是一个变化的量这一概念。

（2）确定控制循环的变量。有的问题循环的次数是确定的，可以使用计数器来控制循环；有的问题循环的次数是不确定的，这时再使用计数器就不合适了，程序员应从题目中寻找规则变化的量来控制循环体完成规定的循环次数。

（3）确定控制变量的三个要素。

① 循环控制变量的初值；

② 循环的条件；

③ 使循环趋于结束的部分。

4.3.2 实现循环的语句

1. while 语句

while 语句是实现当型循环结构的语句，它的特点是："先判断，后执行"，其一般形式为：

while（表达式）

循环体语句

其中，while 是 Linux C 的关键字，表达式的作用是进行条件的判断，可以是关系表达式或逻辑表达式。循环体语句是 while 语句的内嵌语句，可以是单一语句，也可以是复合语句。

while 语句的流程图如图 4 - 22 所示。

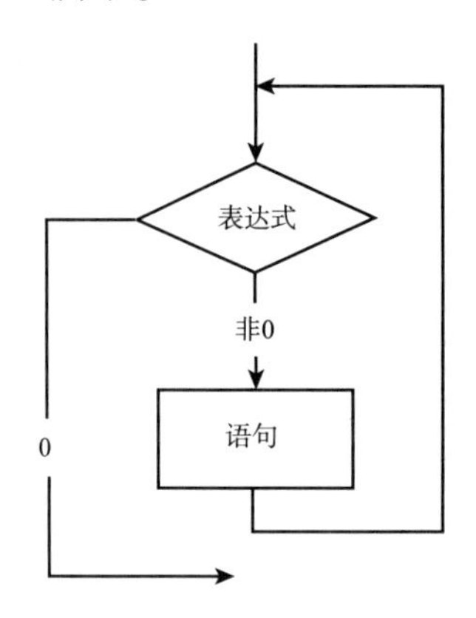

图 4 - 22　while 语句流程图

当程序执行到 while 语句时，先判断表达式（条件）的值，如果表达式的最初值为 0，则循环体语句一次也不执行。只有当表达式的值为非 0 时，才能执行循环体语句。执行完循环体语句后，再返回循环的开始部位，判断表达式的值，决定是否继续循环。

由此可见，while 循环是 for 循环的一种简化形式，即缺省了 for 循环的“变量赋初值”和“循环变量增值”表达式两部分。

使用 while 语句时应注意以下几点。

（1）由于 while 语句是先判断表达式，后执行循环体，如果表达式的值一开始就为 0，则循环体一次也不执行。

（2）while 循环的表达式要用圆括号括起来；当循环体包含多个语句时，要用大括号括起来，以形成复合语句。

（3）在循环体中应该有使表达式的值有所变化的语句，以使循环能趋于终止，否则会形成死循环。

【例 4 - 16】 求 $\sum_{i=1}^{10} i$。

```
1    #include <stdio.h>
2    main()
3    {
4          int i, sum=0;
5          i=1;
6          while(i <= 10)
7          {
8                 sum=sum+i;
9                 i++;
10         }
11          printf("sum=%d\n",sum);
12    }
```

运行结果如图 4 - 23 所示。

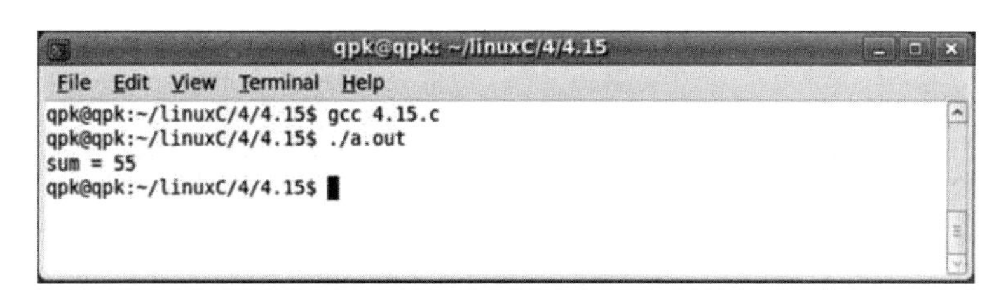

图 4-23　求和计算

思考　*若上述代码改为*

```
void main()
{
     int i, sum =0;
     i =1;
     while(i < =10)
            sum = sum + i;
     i =i +1;
     printf("% d",sum);
}
```

会有什么结果?

2. do-while 语句

在程序执行过程中，有时需要先执行循环体内的语句，再对条件进行判断（即直到型循环）。do-while 语句是直到型循环结构，即“先执行，后判断”，因此 do-while 语句至少会执行一次循环体语句。

其一般形式为：

do

循环体语句

while（表达式）;

do-while 语句的流程图如图 4-24 所示。

使用 do-while 语句实现循环时，首先执行一次循环体语句，然后判断表达式，如果表达式非 0，则继续执行循环体语句；如果表达式为 0，则结束循环，执行循环外的语句。

需要注意以下几点。

（1）循环体语句只能是一条语句，如果需要使用多条语句，必须用大括号括起来，采用复合语句的形式。

（2）循环体语句中一定要有能够改变表达式的值的操作，能够使表达式的值最终变为 0，结束循环，否则将成为“死”循环。

（3）在关键字 while 的小括号的后面，一定要加上分号“;”，它表示 do-while 语句到此结束。

（4）for 语句相比 do-while 语句，更为简洁，但 do-while 语句更适合如下情况：不论条件是否成立，先执行一次循环体语句。

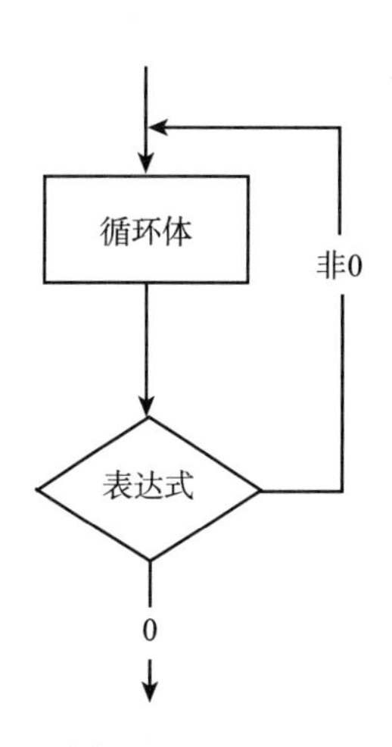

图 4-24　do-while 语句流程图

【例 4-17】求 $\sum_{i=1}^{10} i$。

```
1    void main()
2    {
3         int i, sum=0;
4         i=1;
5         do  {
6                   sum += i;
7                   i++;
8              }
9         while(i<=10);
10        printf("sum=%d\n",sum);
11   }
```

运行结果如图 4-25 所示。

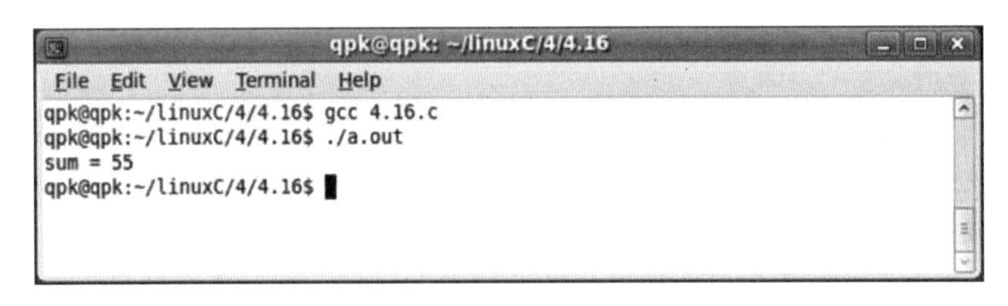

图 4-25　求和计算

程序说明：

第 5～9 行使用 do-while 循环时首先执行 do 后面的语句块，然后再进行 while 判断，在使用 do-while 作为循环时要注意与 while 作为循环时的区别。

3. for 语句

for 语句是 Linux C 提供的一种功能强大、使用广泛的循环语句。对于有序递变类型的数据计算，for 语句非常方便。for 语句还是一种非常灵活的循环语句，它将循环变量初始化、循环条件及循环变量的改变都放在同一行语句中。for 语句是实现当型循环结构的语句，特点也是“先判断，后执行”。

其一般形式为：

```
for(表达式1;表达式2;表达式3)
```

循环体语句；

其中，表达式 1 一般为赋值表达式，用来给循环变量赋初值。如果要在 for 语句外给循环变量赋初值，则可以省略该表达式。表达式 2 为循环条件，一般为关系表达式或逻辑表达式，也可以是任意确定的值。表达式 3 对循环变量进行改变，使循环趋于结束，一般是赋值表达式。

for 语句对应的传统流程如图 4-26 所示。

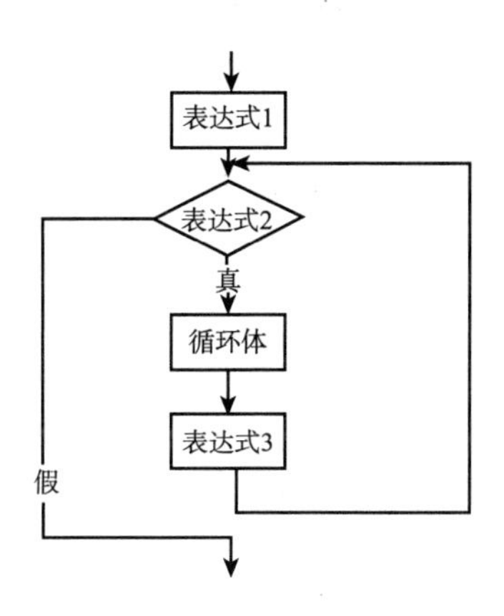

图 4－26　for 语句流程图

for 语句的执行过程如下。

（1）求解表达式 1。

（2）判断表达式 2，如果为真，则执行循环体语句，然后执行第三步；如果为假，则结束循环，执行 for 循环外的语句。

（3）求解表达式 3。转向第二步执行。

for 语句中的表达式 1 和表达式 3 都可以是逗号表达式。for 语句中循环变量的值可以递增变化，也可以递减变化。表达式 2 可以不涉及对循环变量的修改，它能够是任何合法的表达式。语句中的表达式 1、表达式 3 甚至可以省去不要。

由此可以看出，for 循环等价于如下的 while 循环：

```
表达式 1;
while(表达式 2)
{
循环体;
表达式 3;
}
```

说明：

（1）for 语句中的各表达式都可省略，但各表达式之间的分号不能省略。

例如：

```
for(;表达式 2;表达式 3)省去了表达式 1。
for(表达式 1;;表达式 3)省去了表达式 2。
for(表达式 1;表达式 2;)省去了表达式 3。
for(;;)省去了全部表达式。
```

（2）若在 for 语句之前已经给循环变量赋了初值，可省去表达式 1。

（3）省去表达式 2，则循环条件为真，循环将无休止地进行，造成死循环。

（4）若想省去表达式 3，可在循环体部分增加使循环趋于结束的内容。

（5）省略表达式 1 和表达式 3，则 for 语句相当于 while 语句。

（6）循环体可以是空语句。

无论 for 语句如何省略括号内的表达式，循环的三个要素是必须要体现的，因此在使用 for 语句时，要充分理解 for 语句的执行过程。

使用 for 语句时需要注意以下事项。

（1）for 语句的循环体语句只能是一条语句，如要使用多条语句，必须用大括号括起来，采用复合语句的形式。

（2）for 语句要使表达式 2 的值最终变为 0，以结束循环。否则将会造成“死”循环。

（3）for 语句形式灵活，表达式 1 和表达式 3 均可省略，但一定要确保表达式 2 最终能够取 0 值。表达式省略后，其后的分号不可省。

【例 4－18】 求 $\sum_{i=1}^{10} i$。

```
1   #include <stdio.h>
2    main()
3   {
4         int i, sum=0;
5         for(i=1; i<=10; i++)
6                sum += i;
7         printf("sum=%d\n",sum);
8   }
```

运行结果如图 4－27 所示。

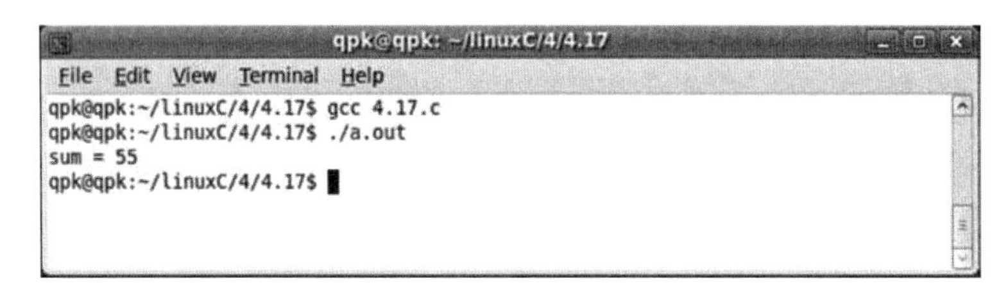

图 4－27　求和计算

程序说明：

第 5 行 i=1 对 i 进行初始化赋值为 1，判断 i<=10 是否成立，若成立，则执行第 6 行语句和 i++ 自加运算，然后返回来继续判断 i<=10 是否成立，从而形成一个循环往复的过程；若不成立，则结束跳出 for 循环。

4. goto 语句

goto 语句是一种无条件转移语句，可以控制程序流程转向到指定名称标号的地方。goto 语句的使用格式为：

goto 语句标号;

…

标号名：语句;

其中，goto 为保留字。语句标号是一个有效标识符，用来标识一条语句，语句标号可由字母、数字或下画线组成，且其第一个字符不能是数字。语句标号后面跟冒号，放在语句行的最前面。当执行 goto 语句后，程序就会自动跳转到该标号语句处并执行其后的语句。

语句标号与goto语句可以不在一个循环层中，但必须处于同一个函数内。goto语句常与if语句连用，构成一种远距离的转移，当满足某一条件时，程序跳转到标号处执行。这种用法可用来在满足特定条件时，跳出多重嵌套的循环。与其相比，break语句或continue语句仅对包含它们的本层循环有效。但需要注意的是，使用goto语句只能从循环内部跳转到循环外部，而不能由循环外部向循环内部跳转。此外，有时在遇到特殊情况时可用goto语句转出正常控制结构，提早结束正常处理的程序段。

但是goto语句容易导致结构化程序的逻辑混乱，因此结构化的程序设计方法不提倡使用goto语句。

说明：

（1）Linux C的语句标号仅表示goto语句转移的目标地址。

（2）不可使用goto语句把程序控制转移到其他函数内部，也不能使用goto语句把程序控制转向数据说明语句。

【例4-19】 求 $\sum_{i=1}^{10} i$ 。

```
1    #include <stdio.h>
2    main()
3    {
4        int i, sum=0;
5        i=1;
6        loop:if(i<=10)
7         {
8                sum += i;
9                i++;
10               goto loop;
11        }
12               printf("sum=%d\n",sum);
13   }
```

运行结果如图4-28所示。

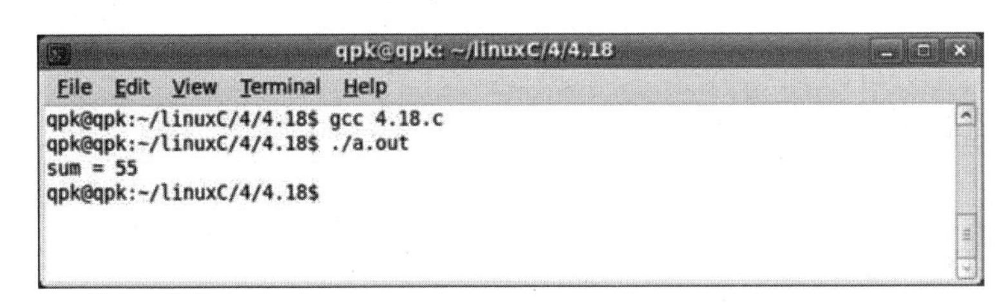

图4-28 求和计算

4.3.3 break和continue语句

Linux C提供三个无条件转向语句：break语句、continue语句和goto语句。goto语句前面已讲过，下面主要介绍break语句和continue语句及其区别。break语句主要用于循环结构和 switch 语句结构中。continue 语句主要用于循环结构中。

1. break 语句

break 语句在前面的 switch 语句中已经使用过，它可以从开关语句 switch 中退出，此外，break 语句也可以在循环体中使用，能够强制终止程序的执行，结束循环，即提前退出程序的执行，继续执行循环体外的语句。并且不管循环条件是否成立，都将跳出它所在循环。使用 break 语句可以使循环语句有多个出口，在某些情况下使编程更加灵活与方便。需要注意的是，如果 break 语句是在循环体中的 switch 语句中，其作用是跳出该 switch 语句体。如果 break 语句在循环体中，其作用是跳出本层循环体。break 语句只能跳出本层循环，不能跳出多重循环。

在循环语句中使用时，break 通常是和条件语句合用，作为循环语句的出口，即在循环过程中，如果 if 语句的条件成立，就跳出当前循环，执行循环后面的语句，主要形式如下，流程图见图 4－29。

```
while (…)
{
      …
      if(…)
      break;
      …
}
```

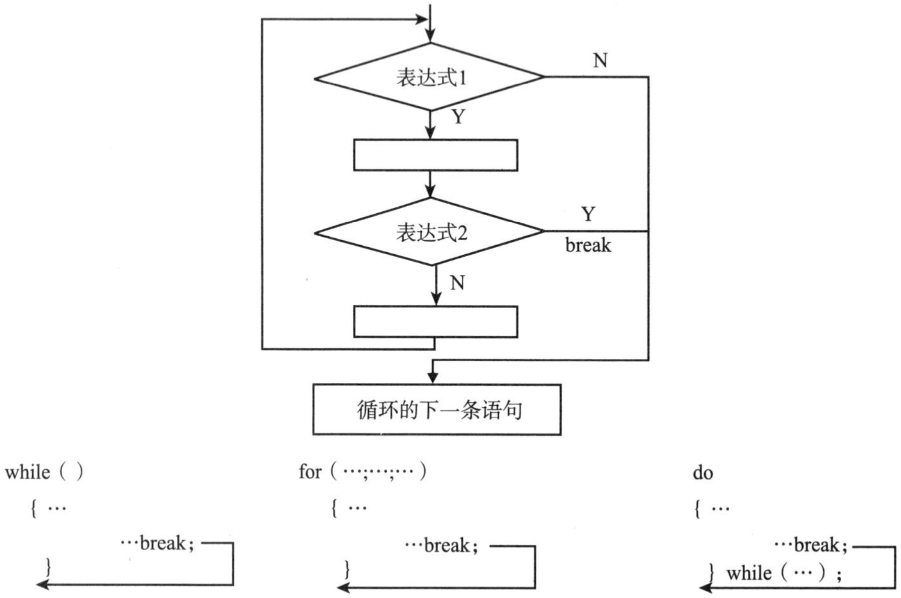

表达式1
N
Y
表达式2
Y
break
N
循环的下一条语句

while ( )
{ …
…break;
}

for (…;…;…)
{ …
…break;
}

do
{ …
…break;
} while (…) ;

图 4－29　break 语句流程图

若例 4－18 的代码改为如下所示：

```
1    #include <stdio.h>
2     main()
3    {
4         int i, sum=0;
```

```
5       for(i =1;i < =10;i + +)
6       {
7               sum = sum + i;
8               break;
9               printf("% d",sum);
10      }
11  }
```

由于 break 语句的作用，循环只进行了一次就结束，printf 语句一次也没有执行，并且永远也不会被执行。

2. continue 语句

continue 语句又称为接续语句，功能是提前结束本次循环，即不再执行循环体中continue 语句之后的语句，直接使程序回到循环条件，判断是否提前进入下一次循环。continue 语句用于改变一次循环的流程。

其一般格式是：

```
continue;
```

continue 语句具有强制执行的功能，不管其后是否还有其他执行语句，遇到 continue 语句，本次循环到此结束，接着进行下一次循环的判断。应当注意的是，该语句只结束本层本次的循环，并不跳出循环。

continue 语句只用在 for、while、do-while 等循环体中，通常与 if 条件语句一起使用，用来加速循环。在循环体中单独使用 continue 语句没有意义。对于 while 或 do-while 循环，continue 意味着跳过循环体其余语句，转向循环继续条件的判定；对于 for 循环，continue 则意味着跳过循环体其余语句，转向循环变量增量表达式的计算（见图 4 –30）。

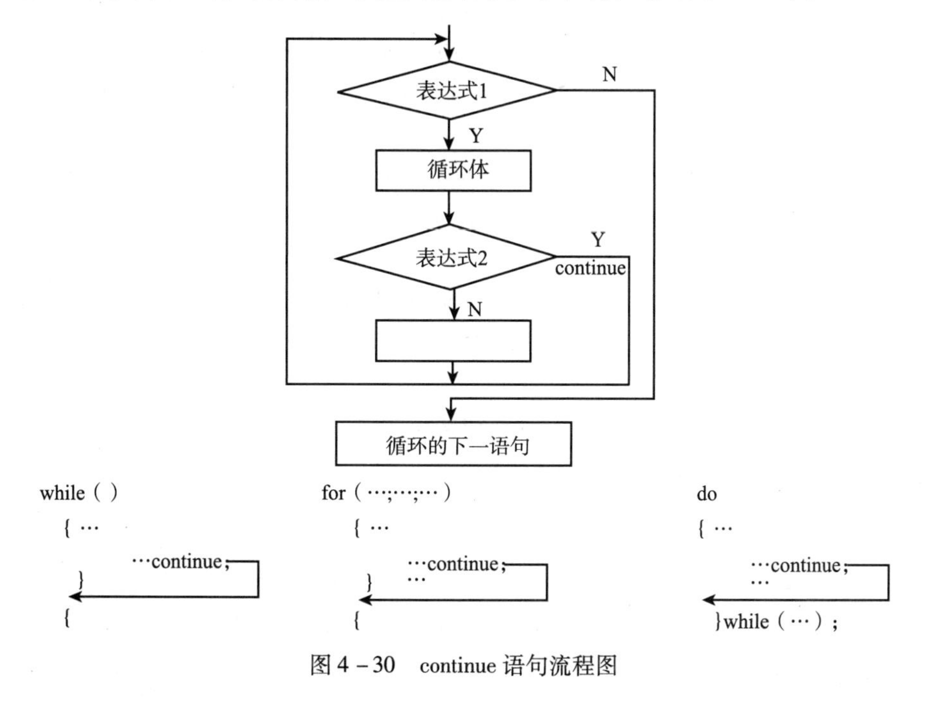

图 4 –30　continue 语句流程图

若例 4－18 的代码改为如下所示：

```
1   #include <stdio.h>
2    main()
3   {
4         int i, sum=0;
5         for(i=1;i<=10;i++)
6         {
7                 sum=sum+i;
8                 continue;
9                 printf("%d",sum);
10        }
11   }
```

则 printf 语句一次也不会执行。

3. continue 语句和 break 语句比较

break 语句是终止循环，即结束该语句所在层的循环，转到循环体外的语句去执行。与 break 语句不同的是，continue 语句只是结束本次循环，即忽略循环体中余下的尚未执行的语句，直接进入下一次循环。

break 语句和 continue 语句的有效范围都局限于所在的循环体之内。当在循环嵌套内时，break 和 continue 只影响包含它们的最内层循环，而无法影响外层循环。如果想直接跳出循环嵌套到循环之外，可在程序中引入一个标识变量，在各循环的结束位置检测这一变量，用多个 break 语句作连续的跳转。

4.3.4 循环的嵌套

若循环结构中包含了另一个完整的循环结构，则被称为循环的嵌套或多重循环。其中被嵌套的循环称为内循环，而嵌套了内循环的是外循环。被嵌入的循环还可以嵌套循环，形成多重嵌套。

循环结构的嵌套有很多种，while 循环结构的循环体中可以包含 while 循环；do_while 循环结构的循环体中可以包含 do_while 循环；for 循环结构的循环体中可以包含 for 循环。此外，这几种循环结构之间还可以相互嵌套。

多重循环执行时，外层循环执行一次，内层循环将执行整个循环。一般多重循环执行的次数等于外层循环的执行次数乘以内层循环的执行次数。

在循环嵌套时，应该注意循环嵌套不能够交叉，即内层循环必须完全包含在外层循环中，必须完全嵌套，不能部分嵌套，要避免交叉循环的情况。

【例 4－20】 分析下例中循环内外层循环控制变量的变化。

```
1   #include <stdio.h>
2    main()
3   {
4         int i, j;
5         int mul;
```

```
6        for(i=1;i<10;i++)
7        {
8                for(j=1;j<10;j++)
9                {
10                       mul=i* j;
11                       printf("% d* % d=% -4d", i, j, mul);
12               }
13               printf("\n");
14       }
15   }
```

运行结果如图 4－31 所示。

```
qpk@qpk: ~/linuxC/4/4.19
File  Edit  View  Terminal  Help
qpk@qpk:~/linuxC/4/4.19$ gcc 4.19.c
qpk@qpk:~/linuxC/4/4.19$ ./a.out
1*1 = 1   1*2 = 2   1*3 = 3   1*4 = 4   1*5 = 5   1*6 = 6   1*7 = 7   1*8 = 8   1*9 = 9
2*1 = 2   2*2 = 4   2*3 = 6   2*4 = 8   2*5 = 10  2*6 = 12  2*7 = 14  2*8 = 16  2*9 = 18
3*1 = 3   3*2 = 6   3*3 = 9   3*4 = 12  3*5 = 15  3*6 = 18  3*7 = 21  3*8 = 24  3*9 = 27
4*1 = 4   4*2 = 8   4*3 = 12  4*4 = 16  4*5 = 20  4*6 = 24  4*7 = 28  4*8 = 32  4*9 = 36
5*1 = 5   5*2 = 10  5*3 = 15  5*4 = 20  5*5 = 25  5*6 = 30  5*7 = 35  5*8 = 40  5*9 = 45
6*1 = 6   6*2 = 12  6*3 = 18  6*4 = 24  6*5 = 30  6*6 = 36  6*7 = 42  6*8 = 48  6*9 = 54
7*1 = 7   7*2 = 14  7*3 = 21  7*4 = 28  7*5 = 35  7*6 = 42  7*7 = 49  7*8 = 56  7*9 = 63
8*1 = 8   8*2 = 16  8*3 = 24  8*4 = 32  8*5 = 40  8*6 = 48  8*7 = 56  8*8 = 64  8*9 = 72
9*1 = 9   9*2 = 18  9*3 = 27  9*4 = 36  9*5 = 45  9*6 = 54  9*7 = 63  9*8 = 72  9*9 = 81
```

图 4－31　打印乘法表

程序说明：

程序输出的是一个完整的九九乘法表。控制外层循环的控制变量是 i，控制内层循环的控制变量是 j。每当 i 变化一次，j 就要从 1 变化到 9，可见内层循环的变化频率是高于外层循环的。在内层循环的循环体内使用的 i，j 的值正好是 i（1～9），j（1～9）的各种组合，因此可以使用嵌套的循环描述组合问题。

4.3.5　几种循环语句的比较

while 语句、do-while 语句、for 语句和 goto 语句四种循环语句的比较。

（1）这四种循环语句都可以实现相同的功能，通常四者可以互换。但又各有特点，应根据具体情况，选择合适的语句。一般来说，for 语句更为简洁，它将初始条件、判断条件和循环变量书写在一起，较为直观、明了。

（2）while 语句和 for 语句属于“当型循环”，do-while 属于“直到型”循环。

for 语句和 while 语句都是先判断循环条件，如果条件成立，才执行循环体，因此循环体有可能一次都不执行，for 语句和 while 语句具有“先判断，后执行”的特点；而 do-while 是先执行循环体，然后再判断条件，无论条件是否满足都要执行一次循环体，具有“先执行，后判断”的特点。

（3）用 while 语句和 do-while 语句时，循环变量的初始化是在 while 和 do-while 语句之前完成的，而对循环变量的修改是在循环体内完成的。for 语句是在表达式 1 中实现对循环变量的初始化，在表达式 3 中实现对循环变量的修改。

（4）goto 语句不常用，因为它容易使程序层次不清，可能造成结构混乱，但在退出多层嵌套时，用 goto 语句非常方便。

（5）while 语句、do-while 语句用于条件循环，for 语句用于计数循环。如果知道循环的次数，可选用 for 语句；如果不知道循环的次数，则可选用 while 语句、do-while 语句；要想保证循环至少执行一次，可选用 do-while 语句。

4.3.6 循环结构程序设计举例

【例 4－21】 求 $s_n = a + aa + aaa + \cdots + aa\cdots a$ 之值，其中 a 是一个数字。例如：2 +22 +222 +2222 +22222（此时 n =5），n 由键盘输入。

通项公式：$t_1 = a \quad (n = 1)$，

$t_n = t_{n-1} + a * 10^{n-1} \quad (n >= 2)$

```
1   #include <stdio.h>
2    main()
3   {
4        int a,n,count =1,sn =0,tn =0;
5        printf("input a(int)and n(int):");
6        scanf("% d,% d",&a,&n);
7        printf("a =% d,n =% d\n",a,n);
8        while(count < =n)
9       {
10           tn =tn +a;
11           sn =sn +tn;
12           a =a* 10;
13            + +count;
14      }
15       printf("a +aa +aaa +… =% d\n",sn);
16   }
```

运行结果如图 4－32 所示。

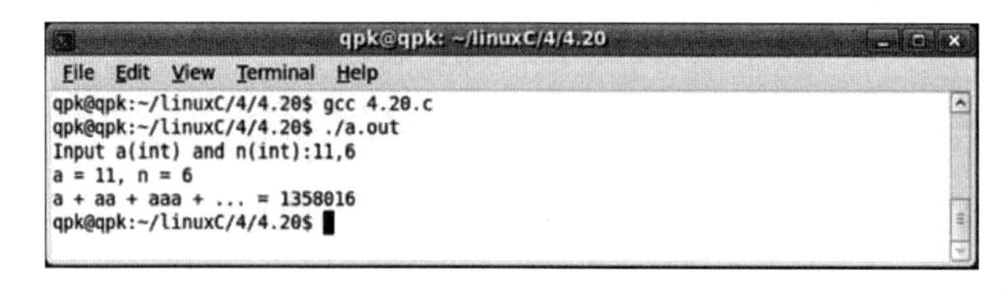

图 4－32　求和表达式计算

【例 4－22】 求 1！ +2！ +3！ +… +20！。

```
1   #include <stdio.h>
2    main()
3   {
4        float n,s =0,t =1;
```

```
5        for(n =1;n < =20;n + +)
6       {
7             t =t* n;
8             s =s +t;
9       }
10       printf("1! +2! +… +20! =% e\n",s);
11   }
```

运行结果如图 4 -33 所示。

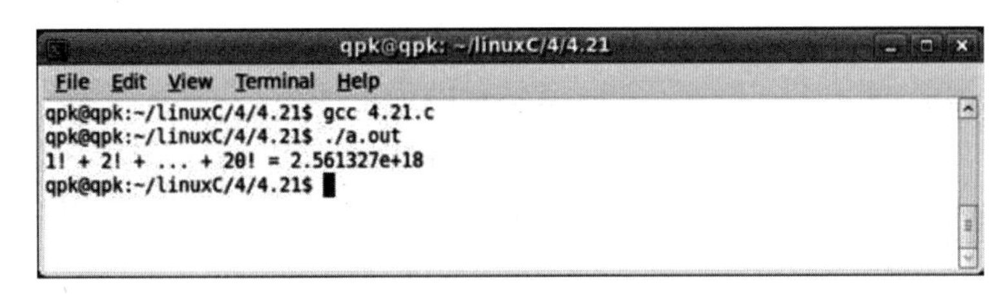

图 4 -33　阶乘求和表达式结算

【例 4 -23】 求 (1 +2 +3 +… +100) + (1 ∗1 +2 ∗2 +3 ∗3 +… +50 ∗50) + (1 +1/2 +1/3 +… +1/10) 的值。

```
1   #include <stdio.h>
2    main()
3   {
4        int n1 =100,n2 =50,n3 =10;
5        float k;
6        float s1 =0,s2 =0,s3 =0;
7        for(k =1;k < =n1;k + +)
8              1 =s1 +k;
9        for(k =1;k < =n2;k + +)
10             s2 =s2 +k* k;
11       for(k =1;k < =n3;k + +)
12             s3 =s3 +1/k;
13       printf("s =% 8.2f \n",s1 +s2 +s3);
14   }
```

运行结果如图 4 -34 所示。

```
qpk@qpk: ~/linuxC/4/4.22
File Edit View Terminal Help
qpk@qpk:~/linuxC/4/4.22$ gcc 4.22.c
qpk@qpk:~/linuxC/4/4.22$ ./a.out
(1+2+...+100)+(1*1 + ... + 50*50)+(1+1/2+...+1/10) = 47977.93
qpk@qpk:~/linuxC/4/4.22$
```

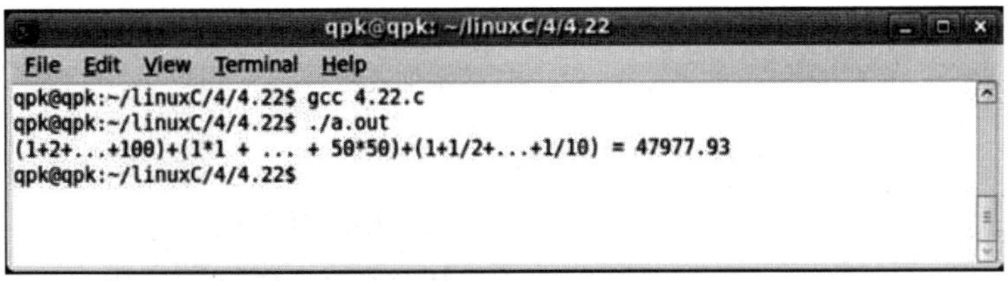

图 4 -34　表达式计算

程序说明：

第 7～8 行 for 循环计算和式（$1+2+3+\cdots+100$）。

第 9～10 行 for 循环计算和式（$1*1+2*2+3*3+\cdots+50*50$）。

第 11～12 行 for 循环计算和式（$1+1/2+1/3+\cdots+1/10$）。

【例 4-24】打印出所有的“水仙花数”，所谓“水仙花数”是指一个 3 位数，其各位数字立方和等于该数。例如，153 是一水仙花数，因为 $153=1*1*1+5*5*5+3*3*3$。

分析：

已知一个 3 位数 n，如何求出各位上的数字？（如：153）

方法一：

百位数字 $i=n/100$　　　　$i=153/100=1$

十位数字　　　　$j=(n-100*i)/10$，$j=(153-100*1)/10=5$

个位数字　　　　$k=n-100*i-10*j$，$k=153-100*1-10*5=3$

```
1    #include <stdio.h>
2    main()
3    {
4        int i,j,k,n;
5        for(n=100;n<1000;n++)
6         {
7                i=n/100;
8                j =(n-100* i)/10;
9                k=n-100* i-10* j;
10               if(100* i+10* j+k==i* i* i+j* j* j+k* k* k)
11               printf("% d",n);
12        }
13       printf("\n");
14    }
```

运行结果如图 4-35 所示。

```
qpk@qpk: ~/linuxC/4/4.23
File  Edit  View  Terminal  Help
qpk@qpk:~/linuxC/4/4.23$ gcc 4.23.c
qpk@qpk:~/linuxC/4/4.23$ ./a.out
153  370  371  407
qpk@qpk:~/linuxC/4/4.23$
```

图 4-35　打印水仙花数

方法二：

百位数字　　　　$i=n/100$，$i=153/100=1$

十位数字　　　　$j=n/10-10*i$，$j=153/10-10*1=5$

个位数字　　　　$k=n\%10$，$k=153\%10=3$

```
1   #include <stdio.h>
2    main()
3   {
4        int i,j,k,n;
5        printf("\n");
6        for(n=100;n<1000;n++)
7       {
8               i=n/100;
9               j=n/10-10*i;
10              k=n%10;
11              if(100*i+10*j+k==i*i*i+j*j*j+k*k*k)
12              printf("%d",n);
13      }
14   }
```

习　　题

一、单项选择题

1. 此程序的输出结果是（　　）。

```
main()
{ int n;
   (n=6*4,n+6),n*2;
  printf("n=%d\n",n);
}
```

A. 30　　B. 24　　C. 60　　D. 48

2. 语句的输出结果为（　　）。

```
for(k=0;k<5;++k)
     {     if(k==3)continue;
          printf("%d",k);
     }
```

A. 012　　B. 0124　　C. 01234　　D. 没有输出结果

3. 从循环体内某一层跳出，继续执行循环外的语句是（　　）。

A. break 语句　　B. return 语句　　C. continue 语句　　D. 空语句

4. Break 语句的正确的用法是（　　）。

A. 无论在任何情况下，都中断程序的执行，退出到系统下一层

B. 在多重循环中，只能退出最靠近的那一层循环语句

C. 跳出多重循环

D. 只能修改控制变量

5. 以下关于 do-while 循环的不正确描述是（　　）。

A. do-while 的循环体至少执行一次

B. do-while 循环由 do 开始，用 while 结束，在 while（表达式）后面不能写分号

C. 在 do-while 循环体中，一定要有能使 while 后面表达式的值变为零（“假”）的操作

D. do-while 的循环体可以是复合语句

6. 求取满足式 12 +22 +32 + … +n2 ≤1000 的 n，正确的语句是（　　）。

A. for（i=1，s=0；（s=s+i*i）<=1000；n=i++）；

B. for（i=1，s=0；（s=s+i*i）<=1000；n=++i）；

C. for（i=1，s=0；（s=s+i*++i）<=1000；n=i）；

D. for（i=1，s=0；（s=s+i*i++）<=1000；n=i）；

二、填空题

1. 设 a、b、c 均是 int 型变量，则执行以下 for 循环后，c 的值为________。

```
for(a=1,b=5;a<=b;a++)c=a+b;
```

2. 以下 do-while 语句中循环体的执行次数是________。

```
a=10;
b=0;
do { b+=2; a-=2+b; } while(a>=0);
```

3. 设 x 和 y 均为 int 型变量，则以下 for 循环中的 scanf 语句最多可执行的次数是________。

```
for(x=0,y=0;y!=123&&x<3;x++)
scanf("%d",&y);
```

4. 下面程序片段中循环体的执行次数是________次。

```
for(i=1,s=0;i<11;i+=2)s+=i;
```

三、编程题

1. 从键盘上输入 20 个元素的值存入一维数组 a 中，然后将下标为（1、3、5、7、9…）的元素值赋值给数组 b，输出数组 b 的内容。

2. 编程序求 3，-30，20，6，77，2，0，-4，-7，99 这十个数中最大值与最小值。

第 5 章　数组与指针

5.1　数　　组

本章重点

数组的基本概念、定义及使用方法；

字符串的深入理解及相关字符串操作库函数；

指针的基本概念、定义与使用方法；

指针类型的参数和返回值；

指针与数组的关系；

指向指针的指针和指针数组。

学习目标

通过本章的学习，熟练掌握数组的基本概念和使用方法；熟练掌握指针的基本概念和使用方法；掌握指针与数组间的关系；掌握指向指针的指针和指针数组；了解函数指针的概念；理解内存分配方法与策略。

程序，往往是现实生活的抽象，抑或是计算机语言的数学表达。日常生活中，我们接触最多的，是一些排列有序的事务，这些排列有序的事务对于计算机来说，就叫数组。

5.1.1　数组的基本概念

在程序设计中，为了处理方便，把具有相同类型的若干变量按有序的形式组织起来。这些按序排列的同类数据元素的集合称为数组。数组（Array）也是一种复合数据类型，它由一系列相同类型的元素（Element）组成。例如，定义一个由 4 个 int 型元素组成的数组 count：int count［4］。

数组 count 的 4 个元素的存储空间是相邻的。数组成员可以是基本数据类型，也可以是复合数据类型。数组类型的长度应该用一个整数常量表达式来指定。数组中的元素通过下标来访问。例如，前面定义的由 4 个 int 型元素组成的数组 count，如图 5－1 所示。

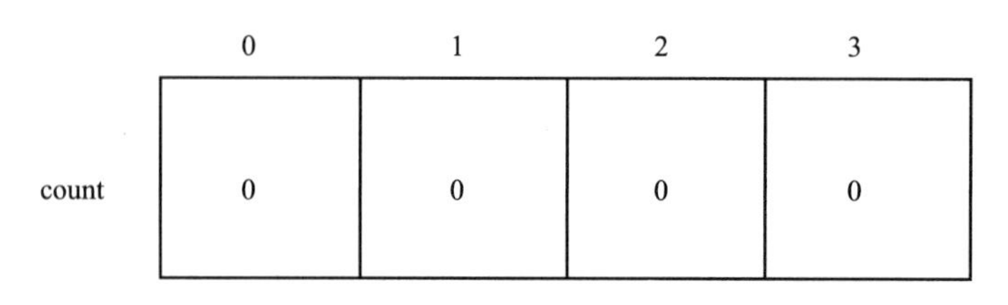

图 5－1　数组 count

整个数组占了 4 个 int 型的存储单元，存储单元用小方框表示，里面的数字是存储在这个单元中的数据（假设都是 0），而框外面的数字是下标，这四个单元分别用 count [0]、count [1]、count [2]、count [3] 来访问。注意，在定义数组 int count [4]；时，方括号中的数字 4 表示数组的长度，而在访问数组时，方括号中的数字表示访问数组的第几个元素。与我们平常数数不同，数组元素是从“第 0 个”开始数的，大多数编程语言都是这么规定的，这样规定使得访问数组元素非常方便，比如 count 数组中的每个元素占 4 个字节，则 count [i] 表示从数组开头跳过 4 * i 个字节之后的那个存储单元。这种数组下标的表达式不仅可以表示存储单元中的值，也可以表示存储单元本身，也就是说可以做左值，因此以下语句都是正确的：

```
count[0] =7;
count[1] =count[0] * 2;
++count[2];
```

前面曾经学习了四种后缀运算符：后缀 ++、后缀 --、数组取下标 [ ]、函数调用 ( )，还有一个结构体取成员的后缀运算符 .，将在后面的章节学习；还学习了五种单目运算符：前缀 ++、前缀 --、正号 +、负号 -、逻辑非!。在 C 语言中后缀运算符的优先级最高，单目运算符的优先级仅次于后缀运算符，比其他运算符的优先级都高，所以上面举例的 ++count [2] 应该看作对 count [2] 做前缀 ++ 运算。

数组下标也可以是表达式，但表达式的值必须是整型的。例如：

```
int i =10;
count[i] =count[i +1];
```

使用数组下标不能超出数组的长度范围，这一点在使用变量做数组下标时尤其要注意。C 编译器并不检查 count [-1] 或是 count [100] 这样的访问越界错误，编译时能顺利通过，所以属于运行时错误。但有时候这种错误很隐蔽，发生访问越界时程序可能并不会立即崩溃，而执行到后面某个正确的语句时却有可能突然崩溃。所以从一开始写代码时就要小心避免出问题，事后依靠调试来解决问题的成本是很高的。

数组可以被初始化，未赋初值的元素用 0 来初始化，例如：int count [4] = {3, 2}；则 count [0] 等于 3，count [1] 等于 2，后面两个元素等于 0。如果定义数组的同时初始化它，也可以不指定数组的长度，例如：int count [ ] = {3, 2, 1}；

编译器会根据 Initializer 有三个元素确定数组的长度为 3。利用 C99 的新特性也可以做 Memberwise Initialization：int count [4] = {[2] =3}；

下面举一个完整的例子。

【例 5 - 1】定义和访问数组。

```
1    #include <stdio.h>
2    main()
3    {
4        int count[4] = { 3, 2, }, i;
5        for(i = 0; i < 4; i + +)
6            printf("count[ % d] = % d \n", i, count[i]);
7    }
```

运行结果如图 5 - 2 所示。

```
qpk@qpk:~/linuxC/5/5.1$ gcc 5.1.c
qpk@qpk:~/linuxC/5/5.1$ ./a.out
count[0] = 3
count[1] = 2
count[2] = 0
count[3] = 0
qpk@qpk:~/linuxC/5/5.1$
```

图 5 - 2　定义和访问数组

程序说明：

第 4 行定义一个长度为 4 的整型数组 count 和一个整型变量 i；

第 5～6 行循环输出整数数组中的值，需要注意的是数组的长度为 4，数组的下标的范围是 0～3，如果取 count［4］的值，就会发生内存访问错误。

这个例子通过循环把数组中的每个元素依次访问一遍，在计算机术语中称为遍历。注意控制表达式 i < 4，如果写成 i < = 4 就错了，因为 count［4］是访问越界。

数组和结构体虽然有很多相似之处，但也有一个显著的不同：数组不能相互赋值或初始化。例如这样是错的：

```
int a[5] = { 4, 3, 2, 1 };
int b[5] = a;
```

相互赋值也是错的：a = b；

既然不能相互赋值，也就不能用数组类型作为函数的参数或返回值。如果写出这样的函数定义：

```
void foo(int a[5])
{
    …
}
```

然后这样调用：

```
int array[5] = {0};
foo(array);
```

编译器也不会报错，但这样写并不是传一个数组类型参数的意思。对于数组类型有一条特殊规则：数组类型做右值使用时，自动转换成指向数组首元素的指针。所以上面的函数调用其实是传一个指针类型的参数，而不是数组类型的参数，如果某个函数需要访问数组，就把数组定义为全局变量给函数访问，等以后讲了指针再使用传参的办法。这也解释了为什么数组类型不能相互赋值或初始化，例如，上面提到的 a = b 这个表达式，a 和 b 都是数组类型的变量，但是 b 做右值使用，自动转换成指针类型，而左边仍然是数组类型，所以编译器报的错是“error: incompatible types in assignment”。

5.1.2 数组应用实例

下面通过几个具体的例子进一步了解数组的定义与使用方法，以及数组的一些使用技巧与使用注意事项。

1. 统计随机数

首先通过一个实例介绍使用数组的一些基本模式。问题是这样的：首先生成一列0～9的随机数保存在数组中，然后统计其中每个数字出现的次数并打印，检查这些数字的随机性如何。随机数在某些场合（例如游戏程序）是非常有用的，但是用计算机生成完全随机的数却不是那么容易。计算机执行每一条指令的结果都是确定的，没有一条指令产生的是随机数，调用 C 标准库得到的随机数其实是伪随机（Pseudorandom）数，是用数学公式算出来的确定的数，只不过这些数看起来很随机，并且从统计意义上也很接近均匀分布的随机数。

C 标准库中使用 rand 函数生成随机数，使用这个函数需要包含头文件 stdlib.h，它没有参数，返回值是一个介于 0 和 RAND_MAX 之间的接近均匀分布的整数。RAND_MAX 是该头文件中定义的一个常量，在不同的平台上有不同的取值，但可以肯定它是一个非常大的整数。通常用到的随机数是限定在某个范围之中的，例如 0～9，而不是 0～RAND_MAX，可以用% 运算符将 rand 函数的返回值处理一下：int x = rand( )% 10;

完整的程序如下。

【例 5-2】生成并打印随机数。

```
1    #include <stdio.h>
2    #include <stdlib.h>
3    #define N 20
4    int a[N];
5    void gen_random(int upper_bound)
6    {
7         int i;
8         for(i=0; i < N; i++)
9              a[i]=rand()% upper_bound;
10    }
11    void print_random()
12    {
13         int i;
14         for(i=0; i < N; i++)
15              printf("%d ", a[i]);
16         printf("\n");
```

```
17      }
18      main()
19      {
20              gen_random(10);
21              print_random();
22      }
```

运行结果如图 5 –3 所示。

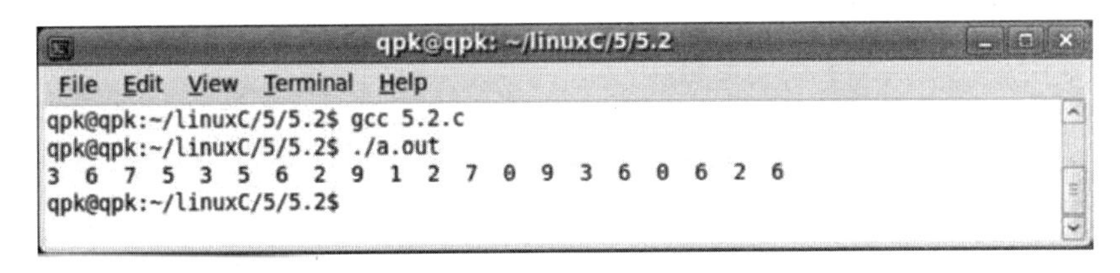

图 5 –3　生成并打印随机数

程序说明:

第 5 ~ 7 行调用系统函数 rand( )生成随机数，并对整型数组 a 进行赋值;

第 11 ~ 17 行将数据 a 中的值逐个输出打印到屏幕上。

这里介绍一种新的语法：用#define 定义一个常量。实际上编译器的工作分为两个阶段，先是预处理（Preprocess）阶段，然后才是编译阶段，用 gcc 的 –E 选项可以看到预处理之后、编译之前的程序，例如:

```
1   $ gcc -E main.c
2   …(这里省略了很多行 stdio.h 和 stdlib.h 的代码)
3   int a[20];
4   void gen_random(int upper_bound)
5   {
6    int i;
7    for(i =0; i < 20; i + +)
8     a[i] =rand()% upper_bound;
9    }
10   void print_random()
11   {
12    int i;
13    for(i =0; i < 20; i + +)
14     printf("% d ", a[i]);
15    printf(" \n");
16   }
17   main()
18   {
19    gen_random(10);
20    print_random();
21   }
```

可见在这里预处理器做了两件事情，一是把头文件 stdio. h 和 stdlib. h 在代码中展开，二是把#define 定义的标识符 N 替换成它的定义 20（在代码中做了三处替换，分别位于数组的定义中和两个函数中）。像#include 和#define 这种以#号开头的行称为预处理指示，将在其他章节学习其他预处理指示。此外，用 cpp main. c 命令也可以达到同样的效果，只做预处理而不编译，cpp 表示 C preprocessor。

那么，用#define 定义的常量和枚举常量有什么区别呢？首先，define 不仅用于定义常量，也可以定义更复杂的语法结构，称为宏（Macro）定义。其次，define 定义是在预处理阶段处理的，而枚举是在编译阶段处理的。例如：

```
1   #include <stdio.h>
2   #define RECTANGULAR 1
3   #define POLAR 2
4   int main(void)
5   {
6       int RECTANGULAR;
7       printf("% d % d\n", RECTANGULAR, POLAR);
8       return 0;
9   }
```

注意，虽然 include 和 define 在预处理指示中有特殊含义，但它们并不是 C 语言的关键字，换句话说，它们也可以用作标识符，例如，声明 int include；或者 void define（int）;。在预处理阶段，如果一行以#号开头，后面跟 include 或 define，预处理器就认为这是一条预处理指示。除此之外，预处理器并不关心出现在其他地方的 include 或 define，只是将它当成普通标识符交给编译阶段去处理。

回到随机数这个程序继续讨论，一开始为了便于分析和调试，取小一点的数组长度，只生成 20 个随机数，这个程序的运行结果为：

```
3 6 7 5 3 5 6 2 9 1 2 7 0 9 3 6 0 6 2 6
```

看起来很随机了。但随机性如何呢？分布得均匀吗？所谓均匀分布，应该每个数出现的概率是一样的。在上面的 20 个结果中，6 出现了 5 次，而 4 和 8 一次也没出现过。但这说明不了什么问题，毕竟样本太少了，才 20 个数，如果样本足够多，比如说 100000 个数，统计一下其中每个数字出现的次数也许能说明问题。但总不能把 100000 个数都打印出来然后挨个去数吧？需要写一个函数统计每个数字出现的次数。

【例 5 -3】统计随机数的分布。

```
1   #include <stdio.h>
2   #include <stdlib.h>
3   #define N 100000
4   int a[N];
5   void gen_random(int upper_bound)
6   {
7       int i;
```

```
8          for(i=0; i < N; i++)
9               a[i]=rand()% upper_bound;
10     }
11     int howmany(int value)
12     {
13         int count=0, i;
14         for(i=0; i < N; i++)
15              if(a[i] == value)
16                   ++count;
17         return count;
18     }
19     main()
20     {
21         int i;
22         gen_random(10);
23         printf("value\thow many\n");
24         for(i=0; i < 10; i++)
25              printf("%d\t%d\n", i, howmany(i));
26     }
```

这里只要把#define N 的值改为 100000，就相当于把整个程序中所有用到 N 的地方都改为 100000 了。如果不这么写，而是在定义数组时直接写成 int a [20];，在每个循环中也直接使用 20 这个值，这称为硬编码。如果原来的代码是硬编码的，那么一旦需要把 20 改成 100000 就非常麻烦，你需要找遍整个代码，判断哪些 20 表示这个数组的长度就改为 100000，哪些 20 表示别的数量，则不做改动，如果代码很长，这是很容易出错的。所以，写代码时应尽可能避免硬编码，这其实也是一个"提取公因式"的过程，避免一个地方的改动波及到大的范围。这个程序的运行结果如图 5-4 所示。

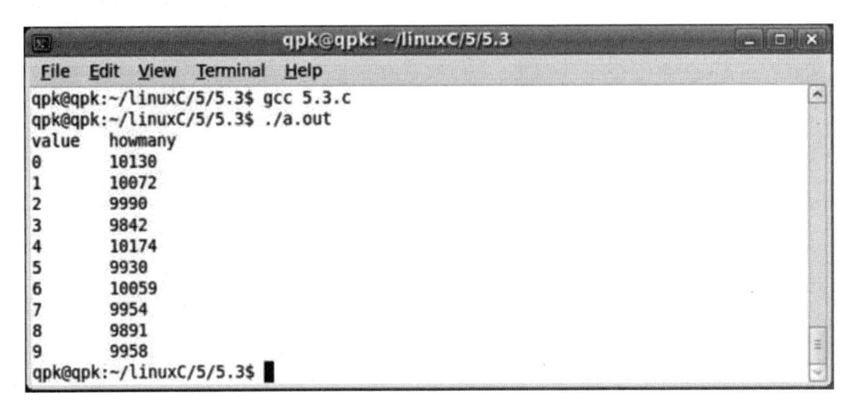

图 5-4　统计随机数分布

程序说明：

第 5～10 行调用系统函数 rand( ) 生成随机数，并对整型数组 a 进行赋值；

第 11～18 行 100000 次循环进而统计指定随机数出现的次数；

第 24～25 行循环输出 0～9 十个数在 100000 中出现的次数。

各数字出现的次数都在 10000 次左右，可见是比较均匀的。

2. 直方图

继续上面的例子。统计一列 0～9 的随机数，打印每个数字出现的次数，像这样的统计结果称为直方图（Histogram）。有时候并不只是想打印，更想把统计结果保存下来以便做后续处理。可以把程序改成这样：

```
main()
{
    int howmanyones = howmany(1);
    int howmanytwos = howmany(2);
    …
}
```

这显然太烦琐了。要是这样的随机数有 100 个呢？显然这里用数组最合适不过了：

```
main()
{
     int i, histogram[10];
     gen_random(10);
     for(i = 0; i < 10; i + +)
            histogram[i] = howmany(i);
     …
}
```

有意思的是，这里的循环变量 i 有两个作用，一是作为参数传给 howmany 函数，统计数字 i 出现的次数，二是做 histogram 的下标，也就是“把数字 i 出现的次数保存在数组 histogram 的第 i 个位置”。

尽管上面的方法可以准确地得到统计结果，但是效率很低，这 100000 个随机数需要从头到尾检查十遍，每一遍检查只统计一种数字的出现次数。其实可以把 histogram 中的元素当作累加器来用，这些随机数只需要从头到尾检查一遍就可以得出结果：

```
main()
{
     int i, histogram[10] = {0};
     en_random(10);
     for(i = 0; i < N; i + +)
            histogram[a[i]] + +;
     …
}
```

首先把 histogram 的所有元素初始化为 0，注意使用局部变量的值之前一定要初始化，否则值是不确定的。接下来的代码很有意思，在每次循环中，a[i] 就是出现的随机数，而这个随机数同时也是 histogram 的下标，这个随机数每出现一次就把 histogram 中相应的元素加 1。

把上面的程序运行几遍，你就会发现每次产生的随机数都是一样的，不仅如此，在别的计算机上运行该程序产生的随机数很可能也是这样的。这正说明了这些数是伪随机数，是用一套确定的公式基于某个初值算出来的，只要初值相同，随后的整个数列就都相同。实际应用中不可能使用每次都一样的随机数，例如，开发一个麻将游戏，每次运行这个游戏摸到的牌不应该是一样的。因此，C 标准库允许，你自己指定一个初值，然后在此基础上生成伪随机数，这个初值称为 Seed，可以用 srand 函数指定 Seed。通常通过别的途径得到一个不确定的数作为 Seed，例如，调用 time 函数得到当前系统时间距 1970 年 1 月 1 日 00：00：00 的秒数，然后传给 srand：srand（time（NULL））；

然后再调用 rand，得到的随机数就和刚才完全不同了。调用 time 函数需要包含头文件 time. h，这里的 NULL 表示空指针。

5.1.3　多维数组

就像结构体可以嵌套一样，数组也可以嵌套，一个数组的元素可以是另外一个数组，这样就构成了多维数组（Multi-dimensional Array）。多维数组可分为整型数组、浮点型数组和字符型数组等。例如，定义并初始化一个二维数组：

```
int a[3][2] = { 1, 2, 3, 4, 5 };
```

数组 a 有 3 个元素，a［0］、a［1］和 a［2］。每个元素也是一个数组，例如 a［0］是一个数组，它有两个元素 a［0］［0］和 a［0］［1］，这两个元素的类型是 int，值分别是 1 和 2，同理，数组 a[1] 的两个元素是 3 和 4，数组 a[2] 的两个元素是 5 和 0。如图 5 – 5 所示。

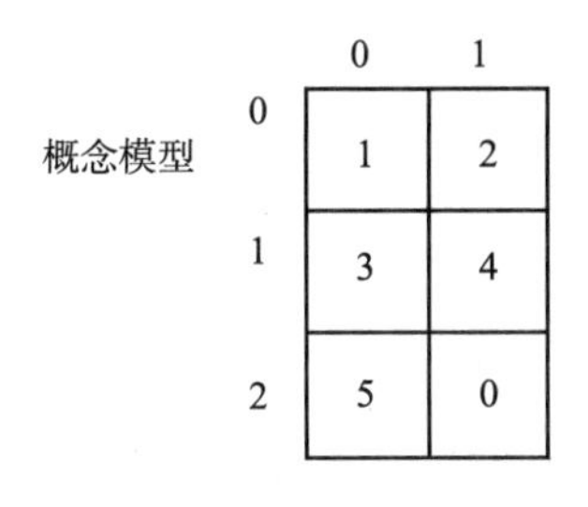

物理模型

a[0][0]	a[0][1]	a[1][0]	a[1][1]	a[2][0]	a[2][1]
1	2	3	4	5	0

图 5 – 5　多维数组

从概念模型上看，这个二维数组是三行两列的表格，元素的两个下标分别是行号和列号。从物理模型上看，这六个元素在存储器中仍然是连续存储的，就像一维数组一样，相当于把概念模型的表格一行一行接起来拼成一串，C 语言的这种存储方式称为 Row – major 方式，而有些编程语言是把概念模型的表格一列一列接起来拼成一串存储的，称为 Column-major 方式。

多维数组也可以像嵌套结构体一样用嵌套 Initializer 初始化，例如，上面的二维数组也可以这样初始化：

```
int a[][2] = { { 1, 2 },
               { 3, 4 },
               { 5, } };
```

注意，除了第一维的长度可以由编译器自动计算而不需要指定，其余各维都必须明确指定长度。利用 C99 的新特性也可以做 Memberwise Initialization，例如：

```
int a[3][2] = { [0][1] = 9, [2][1] = 8 };
```

如果是多维字符数组，也可以嵌套使用字符串字面值做 Initializer。

【例 5-4】 多维字符数组。

```
1    #include <stdio.h>
2    void print_day(int day)
3    {
4        char days[8][10] = { "", "Monday", "Tuesday",
5                          "Wednesday", "Thursday", "Friday",
6                          "Saturday", "Sunday" };
7        if(day < 1 || day > 7)
8             {
9                  printf("Illegal day number! \n");
10                 return;
11            }
12        printf("% s\n", days[day]);
13    }
14    main()
15    {
16        print_day(2);
17    }
```

运行结果如图 5-6 所示。

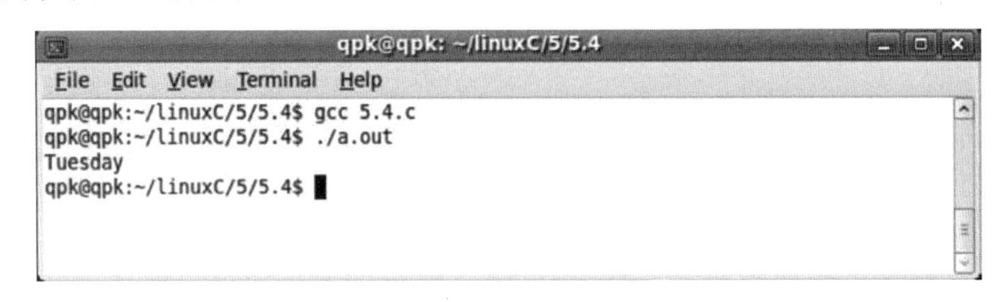

图 5-6　多维字符数组

程序说明：

第 2～13 行函数 print_day 根据输入的 1～7 数字输出相应的英文星期单词；

第 4～6 行定义一个 8 行 10 列的多维数组 days 并进行初始化；

第 7～11 行如果参数值在 1～7 范围之外，则输出提示错误信息；

第 16 行 main 函数中调用 print_day 函数，并传入参数“2”，运行该程序得到输出结果为“Tuesday”。

这个程序中定义了一个多维字符数组 char days[8][10];，如图 5-7 所示。为了使 1～7刚好映射到 days[1] ～days[7]，把 days[0] 空出来不用，所以第一维的长度是 8，为了使最长的字符串“Wednesday”能够保存到一行，末尾还能多出一个 NULL 字符的位置，所以第二维的长度是 10。这个程序之所以简捷，是因为用数据代替了代码。具体来说，通过下标访问字符串组成的数组可以代替一堆 case 分支判断，这样就可以把每个 case 里重复的代码（printf 调用）提取出来，从而又一次达到了“提取公因式”的效果。这种方法称为数据驱动的编程，写代码最重要的是选择正确的数据结构来组织信息，设计控制流程和算法尚在其次，只要数据结构选择得正确，其他代码自然而然就变得容易理解和维护了，就像这里的 printf 自然而然就被提取出来了。

\0	\0	\0	\0	\0	\0	\0	\0	\0	\0
M	o	n	d	a	y	\0	\0	\0	\0
T	u	e	s	d	a	y	\0	\0	\0
W	e	d	n	e	s	d	a	y	\0
T	h	u	r	s	d	a	y	\0	\0
F	r	i	d	a	y	\0	\0	\0	\0
S	a	t	u	r	d	a	y	\0	\0
S	u	n	d	a	y	\0	\0	\0	\0

图 5-7 多维字符数组

最后，综合本章的知识，来写一个最简单的小游戏——剪刀石头布：

【例 5-5】 剪刀石头布。

```
1     #include <stdio.h>
2     #include <time.h>
3     main()
4     {
5         char gesture[3][10] = { "scissor", "stone", "cloth" };
6         int man, computer, result, ret;
7         srand(time(NULL));
8         while(1)
9          {
10            computer = rand()% 3;
11            printf("Input your gesture(0 - scissor 1 - stone 2 - cloth):\n");
12            ret = scanf("% d", &man);
13            if(ret ! =1 ||man < 0 ||man > 2)
14            {
15                    printf("Invalid input! Please input 0, 1 or 2. \n");
16                    continue;
17            }
```

```
18          printf("Your gesture: % s\tComputer's gesture: % s\n",
19                  gesture[man], gesture[computer]);
20          result = (man - computer +4)% 3 -1;
21          if(result > 0)
22                  printf("You win! \n");
23          else if(result = = 0)
24                  printf("Draw! \n");
25          else
26                  printf("You lose! \n");
27      }
28  }
```

运行结果如图 5 - 8 所示。

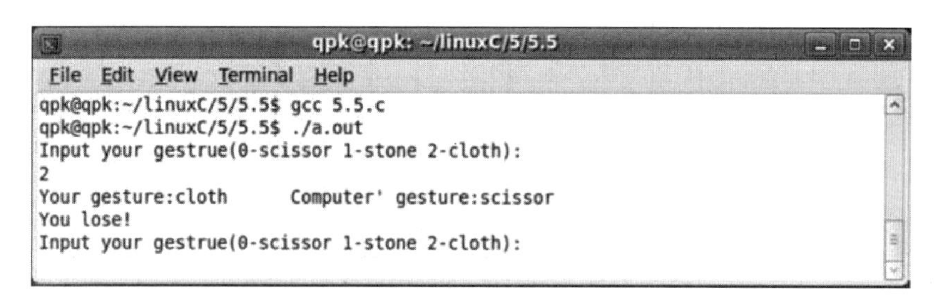

```
qpk@qpk:~/linuxC/5/5.5$ gcc 5.5.c
qpk@qpk:~/linuxC/5/5.5$ ./a.out
Input your gestrue(0-scissor 1-stone 2-cloth):
2
Your gesture:cloth      Computer' gesture:scissor
You lose!
Input your gestrue(0-scissor 1-stone 2-cloth):
```

图 5 - 8　剪刀、石头和布

程序说明：

第 5 行定义一个 3 行 10 列的多维数组 gesture 并使用三个字符串 “scisson、stone 和 cloth” 进行初始化，每个字符串在多维数组中占一行，列的最大维数为 10；

第 7 行利用 srand 函数设置随机数的种子，使用当前时间做随机数的种子是一种通常的用法；

第 10 行利用数字 0、1 和 2 分别代表石头、剪子和布，从而通过生成随机数的方法生成计算机的选择；

第 11 ～ 17 行提示用户输入选择信息，同样以 0、1 和 2 代表，并对输入信息做正确性验证；

第 20 ～ 26 行通过计算比较计算机产生随机数和用户输入之间的差值从而判断最终的结果并打印输出。

0、1、2 三个整数分别是剪刀石头布在程序中的内部表示，用户也要求输入 0、1 或 2，然后和计算机随机生成的 0、1 或 2 比胜负。这个程序的主体是一个死循环，需要按 Ctrl + C 键退出程序。以往写的程序都只有打印输出，在这个程序中第一次碰到处理用户输入的情况。

下面简单介绍一下 scanf 函数的用法。scanf（"% d"，&man）这个调用的功能是等待用户输入一个整数并按回车，这个整数会被 scanf 函数保存在 man 这个整型变量里。如果用户输入合法（输入的确实是数字而不是别的字符），则 scanf 函数返回 1，表示成功读入一个数据。但即使用户输入的是整数，还需要进一步检查是不是在 0 ～ 2 的范围内，写程序时对用

户输入要格外小心，用户有可能输入任何数据，他才不管游戏规则是什么。和 printf 类似，scanf 也可以用%c、%f、%s 等转换说明。如果在传给 scanf 的第一个参数中用%d、%f 或%c 表示读入一个整数、浮点数或字符，则第二个参数的形式应该是 & 运算符加相应类型的变量名，表示读进来的数保存到这个变量中，& 运算符的作用是得到一个指针类型；如果在第一个参数中用%s 读入一个字符串，则第二个参数应该是数组名，数组名前面不加 &，因为数组类型做右值时自动转换成指针类型，再由 scanf 读入字符串的例子。

字符型数组

字符串可以看作一个数组，它的每个元素是字符型的，例如，字符串 "Hello，world. \n" 如图 5－9 所示。

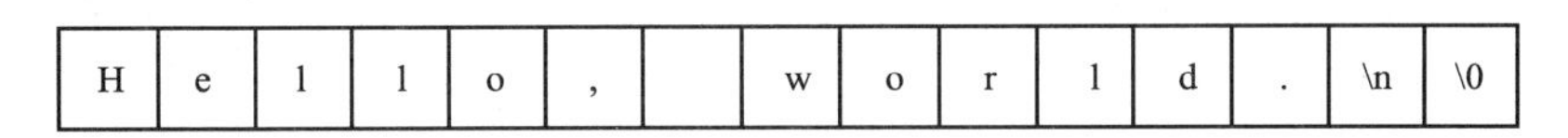

H	e	l	l	o	,		w	o	r	l	d	.	\n	\0

图 5－9　字符串

注意，每个字符末尾都有一个字符'\0'做结束符，这里的 \0 是 ASCII 码的八进制表示，也就是 ASCII 码为 0 的 NULL 字符，在 C 语言中这种字符串也称为以零结尾的字符串。数组元素可以通过数组名加下标的方式访问，而字符串字面值也可以像数组名一样使用，可以加下标访问其中的字符：

```
char c = "Hello, world. \n"[0];
```

但是通过下标修改其中的字符却是不允许的：

```
"Hello, world. \n"[0] = 'A';
```

这行代码会产生编译错误，说明字符串字面值是只读的，不允许修改。字符串字面值还有一点和数组名类似，做右值使用时自动转换成指向首元素的指针，printf 原型的第一个参数是指针类型，而 printf（"hello world"）其实就是传一个指针参数给 printf，如果是字符数组，也可以用一个字符串字面值来初始化：

```
char str[10] = "Hello";
```

相当于：

```
char str[10] = { 'H', 'e', 'l', 'l', 'o', '\0' };
```

str 的后四个元素没有指定，自动初始化为 0，即 NULL 字符。注意，虽然字符串字面值 "Hello" 是只读的，但用它初始化的数组 str 却是可读可写的。数组 str 中保存了一串字符，以'\0'结尾，也可以叫字符串。只要是以 NULL 字符结尾的一串字符都叫字符串，不管是像 str 这样的数组，还是像 "Hello" 这样的字符串字面值。

如果用于初始化的字符串字面值比数组还长，比如：

```
char str[10] = "Hello, world. \n";
```

则数组 str 只包含字符串的前 10 个字符，不包含 NULL 字符，这种情况编译器会给出警告。如果要用一个字符串字面值准确地初始化一个字符数组，最好的办法是不指定数组的长度，让编译器自己计算：

```
char str[] = "Hello, world. \n";
```

字符串字面值的长度包括 NULL 字符在内一共 15 个字符，编译器会确定数组 str 的长度为 15。有一种情况需要特别注意，如果用于初始化的字符串字面值比数组刚好长出一个 NULL 字符的长度，比如：

```
char str[14] = "Hello, world. \n";
```

则数组 str 不包含 NULL 字符，并且编译器不会给出警告，这样规定是为程序员方便，以前的很多编译器都是这样实现的，不管它有理没理，C 标准既然这么规定了我们也没办法，只能自己小心了。

补充一点，printf 函数的格式化字符串中可以用%s 表示字符串的占位符。在学字符数组以前，用%s 没什么意义，因为

```
printf("string: % s\n", "Hello");
```

还不如写成

```
printf("string: Hello\n");
```

但现在字符串可以保存在一个数组里面，用%s 来打印就很有必要了：

```
printf("string: % s\n", str);
```

printf 会从数组 str 的开头一直打印到 NULL 字符为止，NULL 字符本身是 Non - printable 字符，不打印。这其实是一个危险的信号，如果数组 str 中没有 NULL 字符，那么 printf 函数就会访问数组越界。结果可能会很诡异：有时候打印出乱码，有时候看起来没错误，有时候引起程序崩溃。

5.2 指　　针

当打开计算机的时候，多少都会用到一些快捷方式，不用进入程序安装的文件夹，只要双击那个图标，就可以启动程序。那这个快捷方式是一个怎样的概念呢？其实它只是存储了某个程序的“地址”，或者说，它指向了某个“地址”，于是，引出了一个概念：指针。

5.2.1 指针的基本概念

所谓指针是一个用来指示一个内存地址的计算机语言的变量或中央处理器中的寄存器。指针一般出现在比较近机器语言的语言，如汇编语言或 C 语言中。面向对象的语言如 Java 一般避免用指针。指针一般指向一个函数或一个变量。在使用一个指针时，一个程序既可以直接使用这个指针所储存的内存地址，又可以使用这个地址里储存的变量或函数的值。通俗地讲，在把一个变量所在的内存单元的地址保存在另外一个内存单元中，保存地址的这个内存单元称为指针，通过指针和间接寻址访问变量，这种指针在 C 语言中可以用一个指针类型的变量表示，例如，某程序中定义了以下全局变量：

```
int i;
int * pi = &i;
```

```
char c;
char * pc = &c;
```

这几个变量的内存布局如图 5 – 10 所示，在初学阶段经常要借助于这样的图来理解指针。

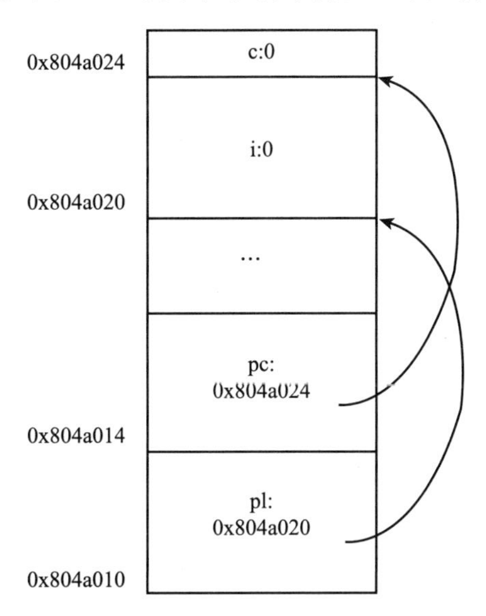

图 5 – 10 指针的基本概念

这里的 & 是取地址运算符，&i 表示取变量 i 的地址，int ＊pi = &i；表示定义一个指向 int 型的指针变量 pi，并用 i 的地址来初始化 pi。我们讲过全局变量只能用常量表达式初始化，如果定义 int p = i；就错了，因为 i 不是常量表达式，然而用 i 的地址来初始化一个指针却没有错，因为 i 的地址是在编译连接时能确定的，而不需要到运行时才知道，&i 是常量表达式。后面两行代码定义了一个字符型变量 c 和一个指向 c 的字符型指针 pc，注意 pi 和 pc 虽然是不同类型的指针变量，但它们的内存单元都占 4 个字节，因为要保存 32 位的虚拟地址，同理，在 64 位平台上指针变量都占 8 个字节。

我们知道，在同一个语句中定义多个数组，每一个都要有［］号：int a[5], b[5];。同样道理，在同一个语句中定义多个指针变量，每一个都要有＊号，例如：

```
int * p, * q;
```

如果写成 int＊ p, q；就错了，这样是定义了一个整型指针 p 和一个整型变量 q，定义数组的［］号写在变量后面，而定义指针的＊号写在变量前面，更容易看错。定义指针的＊号前后空格都可以省，写成 int＊p，＊q；也算对，但＊号通常和类型 int 之间留空格而和变量名写在一起，这样看 int ＊p, q；就很明显是定义了一个指针和一个整型变量，就不容易看错了。

如果要让 pi 指向另一个整型变量 j，可以重新对 pi 赋值：pi = &j;。

如果要改变 pi 所指向的整型变量的值，比如把变量 j 的值增加 10，可以写成：＊pi = ＊pi + 10;。

这里的＊号是指针间接寻址运算符，＊pi 表示取指针 pi 所指向的变量的值，也称为 Dereference 操作，指针有时称为变量的引用，所以根据指针找到变量称为 Dereference。

& 运算符的操作数必须是左值，因为只有左值才表示一个内存单元，才会有地址，运算结果是指针类型。＊运算符的操作数必须是指针类型，运算结果可以做左值。所以，如果表达式 E 可以做左值，＊&E 和 E 等价，如果表达式 E 是指针类型，&＊E 和 E 等价。

指针之间可以相互赋值，也可以用一个指针初始化另一个指针，例如：int ＊ptri = pi；或者：int ＊ptri；ptri = pi；。

表示 pi 指向哪里就让 ptri 也指向哪里，本质上就是把变量 pi 所保存的地址值赋给变量 ptri。

用一个指针给另一个指针赋值时要注意，两个指针必须是同一类型的。在这个例子中，pi 是 int ＊型的，pc 是 char ＊型的，pi = pc；这样赋值就是错误的。但是可以先强制类型转换，然后赋值：pi = （int ＊） pc；。如图 5 – 11 所示。

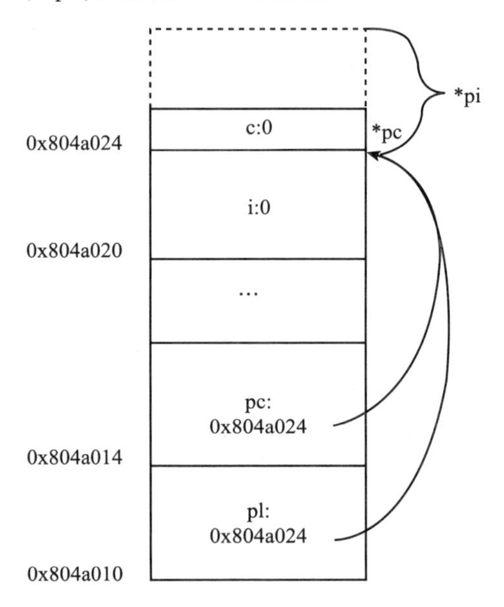

图 5 – 11　把 char ＊指针的值赋给 int ＊指针

现在 pi 指向的地址和 pc 一样，但是通过＊pc 只能访问到一个字节，而通过＊pi 可以访问到 4 个字节，后 3 个字节已经不属于变量 c 了，除非你很确定变量 c 的一个字节和后面 3 个字节组合而成的 int 值是有意义的，否则就不应该给 pi 这么赋值。因此使用指针要特别小心，很容易将指针指向错误的地址，访问这样的地址可能导致段错误，可能读到无意义的值，也可能意外改写了某些数据，使得程序在随后的运行中出错。有一种情况需要特别注意，定义一个指针类型的局部变量而没有初始化：

```
int main(void)
{
    int * p;
    …
    * p =0;
    …
}
```

我们知道，在堆栈上分配的变量初始值是不确定的，也就是说指针 p 所指向的内存地址是不确定的，后面用 * p 访问不确定的地址就会导致不确定的后果，如果导致段错误还比较容易改正，如果意外改写了数据而导致随后的运行中出错，就很难找到错误原因了。像这种指向不确定地址的指针称为"野指针"，为避免出现野指针，在定义指针变量时就应该给它明确的初值，或者把它初始化为 NULL：

```
int main(void)
{
    int * p = NULL;
    …
    * p = 0;
    …
}
```

NULL 在 C 标准库的头文件 stddef. h 中定义：#define NULL ((void *) 0)。

就是把地址 0 转换成指针类型，称为空指针，它的特殊之处在于，操作系统不会把任何数据保存在地址 0 及其附近，也不会把地址 0～0xfff 的页面映射到物理内存，所以任何对地址 0 的访问都会立刻导致段错误。* p = 0；会导致段错误，就像放在眼前的炸弹一样很容易找到，相比之下，野指针的错误就像埋下地雷一样，更难发现和排除，这次走过去没事，下次走过去就有事。

讲到这里就该讲一下 void * 类型了。在编程时经常需要一种通用指针，可以转换为任意其他类型的指针，任意其他类型的指针也可以转换为通用指针，最初 C 语言没有 void * 类型，就把 char * 当通用指针，需要转换时就用类型转换运算符 ( )，ANSI 在将 C 语言标准化时引入了 void * 类型，void * 指针与其他类型的指针之间可以隐式转换，而不必用类型转换运算符。注意，只能定义 void * 指针，而不能定义 void 型的变量，因为 void * 指针和别的指针一样都占 4 个字节，而如果定义 void 型变量（也就是类型暂时不确定的变量），编译器不知道该分配几个字节给变量。同样道理，void * 指针不能直接 Dereference，而必须先转换成别的类型的指针再做 Dereference。void * 指针常用于函数接口，比如：

```
1   void func(void * pv)
2   {
3       char * pchar = pv;
4       * pchar = 'A';
5   }
6
7   int main(void)
8   {
9       char c;
10      func(&c);
11      printf("% c\n", c);
12  …
13  }
```

5.2.2 指针类型的参数和返回值

首先看以下程序。

【**例 5 -6**】用指针做函数的参数和返回值。

```
1    #include <stdio.h>
2    int * swap(int * px, int * py)
3    {
4          int temp;
5          temp = * px;
6          * px = * py;
7          * py = temp;
8          return px;
9    }
10   main()
11   {
12         int i =10, j =20;
13         int * p = swap(&i, &j);
14         printf("now i = % d j = % d * p = % d\n", i, j, * p);
15   }
```

运行结果如图 5 -12 所示。

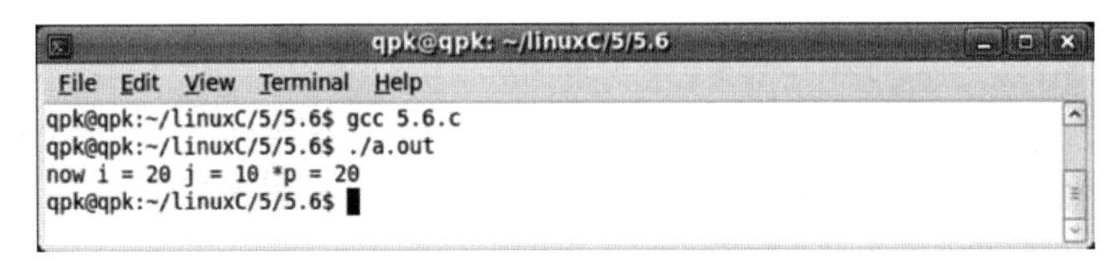

图 5 -12　指针做函数的参数和返回值

程序说明:

第 2～9 行定义函数 swap 对两个变量值进行交换，其中函数的参数和返回值都是指针;

第 12 行定义两个整型变量 i 和 j 并进行初始化;

第 13 行调用函数 swap，以 i 和 j 的地址作为函数的参数，从而实现 i 和 j 值的交换，并将返回值赋值给指针变量 p;

第 14 行打印输出 i、j 和 p 的值，从而可以看出函数 swap 实现了变量 i 和 j 值的交换。

我们知道，调用函数的传参过程相当于用实参定义并初始化形参，swap（&i, &j）这个调用相当于:

```
int * px = &i;
int * py = &j;
```

所以 px 和 py 分别指向 main 函数的局部变量 i 和 j，在 swap 函数中读写 * px 和 * py 其实是读写 main 函数的 i 和 j。尽管在 swap 函数的作用域中访问不到 i 和 j 这两个变量名，却

可以通过地址访问它们，最终 swap 函数将 i 和 j 的值做了交换。

上面的例子还演示了函数返回值是指针的情况，return px；语句相当于定义了一个临时变量并用 px 初始化：int ＊tmp = px；。

然后临时变量 tmp 的值成为表达式 swap（&i，&j）的值，然后在 main 函数中又把这个值赋给了 p，相当于：int ＊p = tmp；。

最后的结果是 swap 函数的 px 指向哪里就让 main 函数的 p 指向哪里。我们知道 px 指向 i，所以 p 也指向 i。

提示 通常函数的参数是单向值传递，即函数本身并不能改变实参的值，但是如果函数的参数是通过指针、引用或数组的方式进行传递的，那么就可以通过函数改变实参的值。这些内容将在第 6 章“函数”中详细介绍，这里先做一个简单的介绍。

5.2.3 指针与数组

先看个例子，有如下语句：

```
int a[10];
int * pa = &a[0];
pa + +;
```

首先指针 pa 指向 a[0] 的地址，注意后缀运算符的优先级高于单目运算符，所以是取a[0]的地址，而不是取 a 的地址。然后 pa + + 让 pa 指向下一个元素（也就是 a[1]），由于 pa 是int ＊指针，一个 int 型元素占 4 个字节，所以 pa ++ 使 pa 所指向的地址加 4，注意不是加 1。

下面画图理解。从前面的例子中可以发现，地址的具体数值其实无关紧要，关键是要说明地址之间的关系（a[1]位于 a[0]之后 4 个字节处）及指针与变量之间的关系（指针保存的是变量的地址），现在我们换一种画法，省略地址的具体数值，用方框表示存储空间，用箭头表示指针和变量之间的关系。如图 5－13 所示。

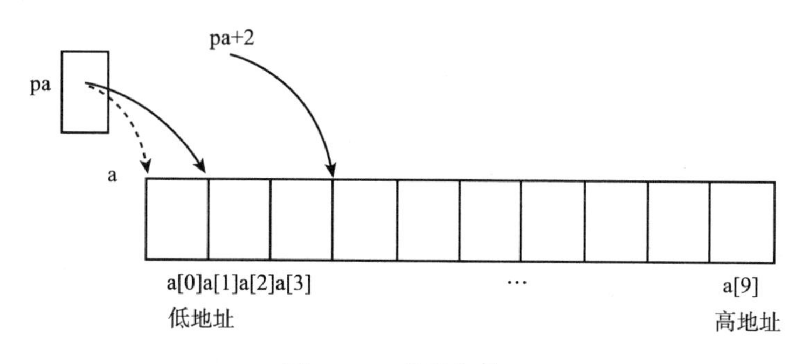

图 5－13 指针与数组

既然指针可以用 + + 运算符，当然也可以用 +、－运算符，pa +2 这个表达式也是有意义的，如图 5－13 所示，pa 指向 a[1]，那么 pa +2 指向 a[3]。事实上，E1[E2] 这种写法和(＊((E1) +(E2)))是等价的，＊(pa +2) 也可以写成 pa[2]，pa 就像数组名一样，其实数组名也没有什么特殊的，a[2] 之所以能取数组的第 2 个元素，是因为它等价于 ＊(a +2)，数组名做右值时自动转换成指向首元素的指针，所以 a[2] 和 pa[2] 本质上是一样的，都是通过指针间接寻址访问元素。由于(＊((E1) + (E2))) 显然可以写成

(*((E2)+(E1))),所以 E1[E2] 也可以写成 E2[E1],这意味着 2[a]、2[pa] 这种写法也是对的,但一般不这么写。另外,由于 a 做右值使用时和 &a[0] 是一个意思,所以 int *pa = &a [0]; 通常不这么写,而是写成更简洁的形式 int *pa = a;。

C 语言允许数组下标是负数,现在你该明白为什么这样规定了。在上面的例子中,表达式 pa [-1] 是合法的,它和 a [0] 表示同一个元素。

现在猜一下,两个指针变量做比较运算(>、>=、<、<=、==、!=)表示什么意义?两个指针变量做减法运算又表示什么意义?

根据什么来猜?根据 Rule of Least Surprise 原则。你理解了指针和常数加减的概念,再根据以往使用比较运算的经验,就应该猜到 pa+2 > pa,pa-1 == a,所以指针之间的比较运算比的是地址,C 语言正是这样规定的,不过 C 语言的规定更为严谨,只有指向同一个数组中元素的指针之间相互比较才有意义,否则没有意义。那么两个指针相减表示什么?pa-a等于几?因为 pa-1 == a,所以 pa-a 显然应该等于 1,指针相减表示两个指针之间相差的元素个数,同样只有指向同一个数组中元素的指针之间相减才有意义。两个指针相加表示什么?想不出来它能有什么意义,因此 C 语言也规定两个指针不能相加。假如 C 语言为指针相加也规定了一种意义,那就不符合一般的经验了。无论是设计编程语言还是设计函数接口或人机界面都是这个道理,应该尽可能让用户根据以往的经验知识就能推断出该系统的基本用法。

在取数组元素时用数组名和用指针的语法一样,但如果把数组名做左值使用,和指针就有区别了。例如 pa++是合法的,但 a++就不合法,pa = a+1 是合法的,但 a = pa+1 就不合法。数组名做右值时转换成指向首元素的指针,但做左值仍然表示整个数组的存储空间,而不是首元素的存储空间,数组名做左值还有一点特殊之处,不支持++、赋值这些运算符,但支持取地址运算符 &,所以 &a 是合法的。

在函数原型中,如果参数是数组,则等价于参数是指针的形式,例如:

```
void func(int a[10])
{
    …
}
```

等价于:

```
void func(int * a)
{
    …
}
```

第一种形式方括号中的数字可以不写,仍然是等价的:

```
void func(int a[])
{
    …
}
```

参数写成指针形式还是数组形式对编译器来说没有区别,都表示这个参数是指针,之所

以规定两种形式是为了给读代码的人提供有用的信息，如果这个参数指向一个元素，通常写成指针的形式，如果这个参数指向一串元素中的首元素，则经常写成数组的形式。

const 限定符和指针结合起来常见的情况有以下几种。

```
const int * a;
int const * a;
```

这两种写法是一样的，a 是一个指向 const int 型的指针，a 所指向的内存单元不可改写，所以（＊a）＋＋是不允许的，但 a 可以改写，所以 a＋＋是允许的。

```
int *  const a;
```

表示 a 是一个指向 int 型的 const 指针，＊a 是可以改写的，但 a 不允许改写。

```
int const *  const a;
```

表示 a 是一个指向 const int 型的 const 指针，因此＊a 和 a 都不允许改写。

指向非 const 变量的指针或者非 const 变量的地址可以传给指向 const 变量的指针，编译器可以做隐式类型转换，例如：

```
char c = 'a';
const char * pc = &c;
```

但是，指向 const 变量的指针或者 const 变量的地址不可以传给指向非 const 变量的指针，以免透过后者意外改写了前者所指向的内存单元，例如，对下面的代码编译器会报警告：

```
const char c = 'a';
char * pc = &c;
```

即使不用 const 限定符也能写出功能正确的程序，但良好的编程习惯是应该尽可能多地使用 const，原因如下。

（1）const 给读代码的人传达非常有用的信息。比如一个函数的参数是 const char ＊，你在调用这个函数时就可以放心地传给它 char ＊或 const char ＊指针，而不必担心指针所指的内存单元被改写。

（2）尽可能多地使用 const 限定符，把不该变的都声明成只读，这样可以依靠编译器检查程序中的 Bug，防止意外改写数据。

（3）const 对编译器优化是一个有用的提示，编译器也许会把 const 变量优化成常量。

字符串字面值通常分配在 . rodata 段，而字符串字面值类似于数组名，做右值使用时自动转换成指向首元素的指针，这种指针应该是 const char ＊型。我们知道 printf 函数原型的第一个参数是 const char ＊型，可以把 char ＊或 const char ＊指针传给它，所以下面这些调用都是合法的：

```
const char * p = "abcd";
const char str1[5] = "abcd";
char str2[5] = "abcd";
printf(p);
printf(str1);
```

```
printf(str2);
printf("abcd");
```

注意，上面第一行，如果要定义一个指针指向字符串字面值，这个指针应该是 const char * 型，如果写成 char *p = " abcd"；就不好了，有隐患，例如：

```
int main(void)
{
    char * p = "abcd";
...
    * p = 'A';
...
}
```

p 指向 . rodata 段，不允许改写，但编译器不会报错，在运行时会出现段错误。

5.2.4 指向指针的指针与指针数组

指针可以指向基本类型，也可以指向复合类型，因此也可以指向另外一个指针变量，称为指向指针的指针。

```
int i;
int * pi = &i;
int * * ppi = &pi;
```

这样定义之后，表达式 *ppi 取 pi 的值，表达式 * *ppi 取 i 的值。请读者自己画图理解 i、pi、ppi 这三个变量之间的关系。

很自然地，也可以定义指向“指向指针的指针”的指针，但是很少用到：

```
int * * * p;
```

数组中的每个元素可以是基本类型，也可以复合类型，因此也可以是指针类型。例如，定义一个数组 a 由 10 个元素组成，每个元素都是 int * 指针：

```
int * a[10];
```

这称为指针数组。int *a[10]；和 int * *pa；之间的关系类似于 int a[10]；和int *pa；之间的关系：a 是由一种元素组成的数组，pa 则是指向这种元素的指针。所以，如果 pa 指向 a 的首元素：

```
int * a[10];
int * * pa = &a[0];
```

则 pa[0] 和 a[0] 取的是同一个元素，唯一比原来复杂的地方在于这个元素是一个 int * 指针，而不是基本类型。

我们知道，main 函数的标准原型应该是 int main (int argc, char *argv[ ]);。argc 是命令行参数的个数。而 argv 是一个指向指针的指针，为什么不是指针数组呢？因为前面讲过，函数原型中的 [ ] 表示指针而不表示数组，等价于 char * *argv。那为什么要写成 char *

argv[ ] 而不写成 char * * argv 呢？这样写给读代码的人提供了有用信息，argv 不是指向单个指针，而是指向一个指针数组的首元素。数组中每个元素都是 char * 指针，指向一个命令行参数字符串。

【例 5 -7】 打印命令行参数。

```
1    #include <stdio.h>
2    int main(int argc, char * argv[])
3    {
4         int i;
5         for(i=0; i < argc; i + +)
6              printf("argv[% d] =% s \n", i, argv[i]);
7         return 0;
8    }
```

运行结果如图 5 - 14 所示。

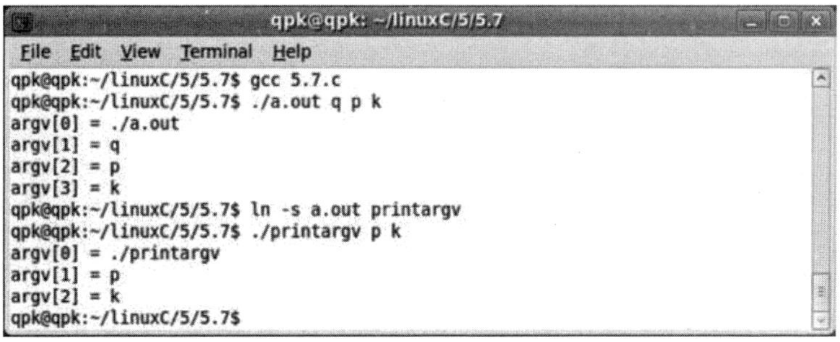

```
qpk@qpk: ~/linuxC/5/5.7
File  Edit  View  Terminal  Help
qpk@qpk:~/linuxC/5/5.7$ gcc 5.7.c
qpk@qpk:~/linuxC/5/5.7$ ./a.out q p k
argv[0] = ./a.out
argv[1] = q
argv[2] = p
argv[3] = k
qpk@qpk:~/linuxC/5/5.7$ ln -s a.out printargv
qpk@qpk:~/linuxC/5/5.7$ ./printargv p k
argv[0] = ./printargv
argv[1] = p
argv[2] = k
qpk@qpk:~/linuxC/5/5.7$
```

图 5 - 14　打印命令行参数

程序说明：

第 5 ～ 6 行通过命令行给 main 函数传递参数时，所传递的参数的个数将存储到变量 argc 中，而相关的参数则存储到字符串数组 argv[ ] 中。需要注意的是程序名也算一个命令行参数，所以执行 ./a. out q p k 这个命令时，argc 是 4，argv 如图 5 - 15 所示。

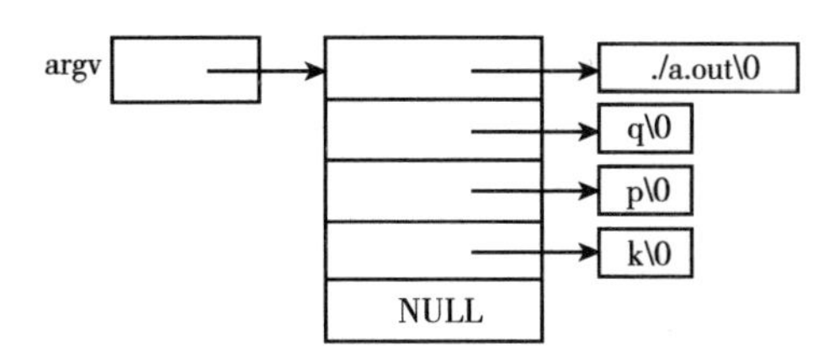

图 5 - 15　argv 指针数组

由于 argv[4] 是 NULL，我们也可以这样循环遍历 argv：

```
for(i =0; argv[i] ! = NULL; i + +)
```

NULL 标识着 argv 的结尾，这个循环碰到 NULL 就结束，因而不会访问越界，这种用法很形象地称为 Sentinel，NULL 就像一个哨兵守卫着数组的边界。

在这个例子中可以看到，如果给程序建立符号连接，然后通过符号连接运行这个程序，就可以得到不同的 argv[0]。通常，程序会根据不同的命令行参数做不同的事情，例如，ls -l和 ls -R 打印不同的文件列表，而有些程序会根据不同的 argv[0] 做不同的事情，例如专门针对嵌入式系统的开源项目 Busybox，将各种 Linux 命令裁剪后集于一身，编译成一个可执行文件 busybox，安装时将 busybox 程序拷到嵌入式系统的/bin 目录下，同时在/bin、/sbin、/usr/bin、/usr/sbin 等目录下创建很多指向/bin/busybox 的符号连接，命名为 cp、ls、mv、ifconfig 等，不管执行哪个命令，其实最终都是在执行/bin/busybox，它会根据 argv[0] 来区分不同的命令。

5.2.5 指向数组的指针与多维数组

指针可以指向复合类型，上一节讲了指向指针的指针，这一节学习指向数组的指针。以下定义一个指向数组的指针，该数组有 10 个 int 元素：

```
int (* a)[10];
```

和上一节指针数组的定义 int *a[10]；相比，仅仅多了一个 () 括号。如何记住和区分这两种定义呢？可以认为 [] 比 * 有更高的优先级，如果 a 先和 * 结合则表示 a 是一个指针，如果 a 先和 [] 结合，则表示 a 是一个数组。int *a[10]；这个定义可以拆成两句：

```
typedef int * t;
t a[10];
```

t 代表 int * 类型，a 则是由这种类型的元素组成的数组。int (*a)[10]；这个定义也可以拆成两句：

```
typedef int t[10];
t * a;
```

t 代表由 10 个 int 组成的数组类型，a 则是指向这种类型的指针。

现在看指向数组的指针如何使用：

```
int a[10];
int (* pa)[10] = &a;
```

a 是一个数组，在 &a 这个表达式中，数组名做左值，取整个数组的首地址赋给指针 pa。注意，&a[0] 表示数组 a 的首元素的首地址，而 &a 表示数组 a 的首地址，显然这两个地址的数值相同，但这两个表达式的类型是两种不同的指针类型，前者的类型是 int *，而后者的类型是 int (*)[10]。*pa 就表示 pa 所指向的数组 a，所以取数组的 a[0] 元素可以用表达式 (*pa)[0]。注意到 *pa 可以写成 pa[0]，所以 (*pa)[0] 这个表达式也可以改写成 pa[0][0]，pa 就像一个二维数组的名字，它表示什么含义呢？下面把 pa 和二维数组放在一起做个分析。

int a[5][10]；和 int (*pa)[10]；之间的关系同样类似于 int a[10]；和 int *pa；之间的关系：a 是由一种元素组成的数组，pa 则是指向这种元素的指针。所以，如果 pa 指向 a 的首元素：

```
int a[5][10];
```

```
int(* pa)[10] = &a[0];
```

则 pa[0] 和 a[0] 取的是同一个元素，唯一比原来复杂的地方在于这个元素是由 10 个 int 组成的数组，而不是基本类型。这样，可以把 pa 当成二维数组名来使用，pa[1][2] 和 a [1][2]取的也是同一个元素，而且 pa 比 a 用起来更灵活，数组名不支持赋值、自增等运算，而指针可以支持，pa ++ 使 pa 跳过二维数组的一行（40 个字节），指向 a[1] 的首地址。

5.2.6　函数类型和函数指针类型

在 C 语言中，函数也是一种类型，可以定义指向函数的指针。我们知道，指针变量的内存单元存放一个地址值，而函数指针存放的就是函数的入口地址（位于 . text 段）。下面看一个简单的例子。

【例 5 -8】 函数指针。

```
1    #include <stdio.h>
2    void say_hello(const char * str)
3    {
4          printf("Hello % s\n", str);
5    }
6    main()
7    {
8          void(* f)(const char * ) = say_hello;
9          f("Guys");
10    }
```

运行结果如图 5 -16 所示。

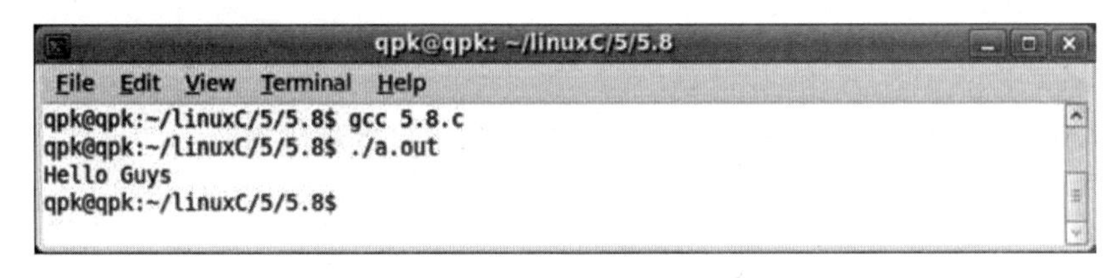

图 5 -16　函数指针

程序说明：

第 2 ~ 5 行定义函数 say_hello 用于向屏幕打印输出一个字符串；

第 8 行定义一个函数指针 f，并用函数指针指向函数 say_hello；

第 9 行通过函数指针 f 调用函数 say_hello 向屏幕输出打印一个字符串。

分析一下变量 f 的类型声明 void(* f)(const char *)，f 首先跟 * 号结合在一起，因此是一个指针。(* f) 外面是一个函数原型的格式，参数是 const char * ，返回值是 void，所以 f 是指向这种函数的指针。而 say_hello 的参数是 const char * ，返回值是 void，正好是这种函数，因此 f 可以指向 say_hello。注意，say_hello 是一种函数类型，而函数类型和数组类型类似，做右值使用时自动转换成函数指针类型，所以可以直接赋给 f，当然也可以写成 void(* f)(const char *) = &say_hello;，把函数 say_hello 先取地址再赋给 f，就不需要自动类型转换了。

可以直接通过函数指针调用函数，如上面的 f("Guys")，也可以先用 * f 取出它所指的函数类型，再调用函数，即(* f)("Guys")。可以这么理解：函数调用运算符 () 要求操作数是函数指针，所以 f("Guys")是最直接的写法，而 say_hello("Guys")或(* f)("Guys")则是把函数类型自动转换成函数指针，然后做函数调用。

下面再举几个例子区分函数类型和函数指针类型。首先定义函数类型 F：

```
typedef int F(void);
```

这种类型的函数不带参数，返回值是 int。那么可以这样声明 f 和 g：

```
F f, g;
```

相当于声明：

```
int f(void);
int g(void);
```

下面这个函数声明是错误的：

```
F h(void);
```

因为函数可以返回 void 类型、标量类型、结构体、联合体，但不能返回函数类型，也不能返回数组类型。而下面这个函数声明是正确的：

```
F * e(void);
```

函数 e 返回一个 F * 类型的函数指针。如果给 e 多套几层括号仍然表示同样的意思：

```
F * ((e))(void);
```

但如果把 * 号也套在括号里就不一样了：

```
int(* fp)(void);
```

这样声明了一个函数指针，而不是声明一个函数。fp 也可以这样声明：

```
F * fp;
```

5.2.7 内存分配方法与策略

在 C 语言中，内存被分成 5 个区，它们分别是堆、栈、自由存储区、全局/静态存储区和常量存储区。

堆，就是那些由 new 分配的内存块，它们的释放编译器不去管，由应用程式去控制，一般一个 new 就要对应一个 delete。假如程序员没有释放掉，那么在程序结束后，操作系统会自动回收。

栈，就是那些由编译器在需要的时候分配，在无须的时候自动清除的变量的存储区。里面的变量通常是局部变量、函数参数等。

自由存储区，就是那些由 malloc 等分配的内存块，它和堆是十分相似的，但是它是用 free 来结束自己的生命的。

全局/静态存储区，全局变量和静态变量被分配到同一块内存中，在以前的 C 语言中，

全局变量又分为初始化的和未初始化的，在C语言里面没有这个区分了，它们一起占用同一块内存区。

常量存储区，这是一块比较特别的存储区，它们里面存放的是常量，不允许修改（当然，你要通过非正当手段也能够修改，而且方法很多）。

堆和栈的区分问题，似乎是个永恒的话题，初学者对此往往是混淆不清的，所以先从这个问题入手，首先，举一个例子：

```
void f(){ int* p=new int[5]; }
```

这条短短的一句话就包含了堆和栈，看到new，首先就应该想到，分配了一块堆内存，那么指针p呢？它分配的是一块栈内存，所以这句话的意思就是：在栈内存中存放了一个指向一块堆内存的指针p。在程序会先确定在堆中分配内存的大小，然后调用operator new分配内存，然后返回这块内存的首地址，放入栈中，它的汇编代码如下：

```
00401028 push 14h
0040102A call operator new(00401060)
0040102F add esp,4
00401032 mov dword ptr [ebp-8],eax
00401035 mov eax,dword ptr [ebp-8]
00401038 mov dword ptr [ebp-4],eax
```

这里，为了简单并没有释放内存，那么该怎么去释放呢？是delete p么？不，应该是delete [ ] p，这是为了告诉编译器：我删除的是一个数组，编译器就会根据相应的信息去进行释放内存的工作。

堆和栈究竟有什么区别？

主要的区别由以下几点：

（1）管理方式不同；

（2）空间大小不同；

（3）能否产生碎片不同；

（4）生长方向不同；

（5）分配方式不同；

（6）分配效率不同；

……

管理方式：对于栈来讲，是由编译器自动管理，无须你手工控制；对于堆来说，释放工作由程序员控制，容易产生memory leak。

空间大小：一般来讲，在32位系统下，堆内存能够达到4G的空间，从这个角度来看，堆内存几乎是没有什么限制的。但是对于栈来讲，一般都是有一定的空间大小的。

碎片问题：对于堆来讲，频繁的new/delete势必会造成内存空间的不连续，从而造成大量的碎片，使程式效率降低。对于栈来讲，则不会存在这个问题，因为栈是先进后出的队列，它们是如此的一一对应，以至于永远都不可能有一个内存块从栈中间弹出，在它弹出之前，在它上面的后进的栈内容已被弹出。

生长方向：对于堆来讲，生长方向是向上的，也就是向着内存地址增加的方向；对于栈来讲，它的生长方向是向下的，是向着内存地址减小的方向增长。

分配方式：堆都是动态分配的，没有静态分配的堆。栈有两种分配方式：静态分配和动态分配。静态分配是编译器完成的，比如局部变量的分配。动态分配由 alloca 函数进行分配，但是栈的动态分配和堆是不同的，它的动态分配是由编译器进行释放，无须你手工实现。

分配效率：栈是机器系统提供的数据结构，计算机会在底层对栈提供支持：分配专门的寄存器存放栈的地址，压栈出栈都有专门的指令执行，这就决定了栈的效率比较高。堆的机制是很复杂的，例如，为了分配一块内存，库函数会按照一定的算法（具体的算法能够参考数据结构/操作系统）在堆内存中搜索可用的足够大小的空间，假如没有足够大小的空间（可能是由于内存碎片太多），就有可能调用系统功能去增加程序数据段的内存空间，这样就有机会分到足够大小的内存，然后进行返回。显然，堆的效率比栈要低得多。

从这里能够看到，堆和栈相比，由于大量 new/delete 的使用，容易造成大量的内存碎片；由于没有专门的系统支持，效率很低；由于可能引发用户态和核心态的转换，内存的申请，代价变得更加昂贵。所以栈在程序中是应用最广泛的，就算是函数的调用也利用栈去完成，函数调用过程中的参数，返回地址，EBP 和局部变量都采用栈的方式存放。所以，这里推荐大家尽量用栈，而不是用堆。

虽然栈有如此众多的好处，但是由于和堆相比不是那么灵活，有时候分配大量的内存空间，还是用堆好一些。

无论是堆还是栈，都要防止越界现象的发生，因为越界的结果要么是程序崩溃，要么是摧毁程序的堆、栈结构，产生意想不到的结果，就算是在你的程序运行过程中，没有发生上面的问题，你还是要小心，说不定什么时候就崩掉，那时候 debug 可是相当困难的。

习　题

一、单项选择题

1. 若有如下定义，则（　　）和（　　）是对数组元素的正确的引用。

```
int a[10] , * p ;
p = a ;
```

A. * &a[10]　　B. a[11]　　C. *(p+2)　　D. * p

2. 两个指针变量的值相等时，表明两个指针变量是（　　）。

A. 占据同一内存单元　　B. 指向同一内存单元地址或者都为空

C. 是两个空指针　　D. 都没有指向

3. 不正确的指针概念是（　　）。

A. 一个指针变量只能指向同一类型的变量

B. 一个变量的地址称为该变量的指针

C. 只有同一类型变量的地址才能存放在指向该类型变量的指针变量之中

D. 指针变量可以赋任意整数，但不能赋浮点数

4. 设有数组定义：char array [ ] = " China"；则数组所占的存储空间为（　　）。

A. 4 个字节　　B. 5 个字节　　C. 6 个字节　　D. 7 个字节

5. 设有定义：int a =1，*p =&a；float b =2.0；char c ='A'；以下不合法的运算是（　　）。
A. p ++；　　B. a --；　　C. b ++；　　D. c --；

6. 以下程序中调用 scanf 函数给变量 a 输入数值的方法是错误的，其错误原因是（　　）。

```
main()
  {
   int* p,* q,a,b;
        p = &a;
        printf("input a:");
        scanf("% d",* p);
        …
  }
```

A. *p 表示的是指针变量 p 的地址
B. *p 表示的是变量 a 的值，而不是变量 a 的地址
C. *p 表示的是指针变量 p 的值
D. *p 只能用来说明 p 是一个指针变量

7. 18. 以下能对一维数组 a 进行正确初始化的语句是（　　）。
A. in a[10] = (0, 0.0, 0, 0)；　　B. int a[10] = {}；
C. int a[] = {0}；　　D. int a[10] = {10*1}；

二、填空题

1. 若有以下定义和语句：

```
int * p[3],a[9],i;
for(i =0;i <3;i + +)p[i] = &a[3* i];
```

则 *p[0] 引用的是数组元素________；*(p[1] +1) 引用的是数组元素________。

2. 若有以下定义和语句：

```
int a[4] = {0,1,2,3},* p;
p = &a[2];
```

则 * --p 的值是________。

3. 执行以下程序段后，s 的值是________

```
int a[] = {5,3,7,2,1,5,3,10},s =0,k;
   for(k =0;k <8;k + =2)
        s + =* (a + k);
```

4. 执行以下程序段后，m 的值是________

```
int a[] = {7,4,6,3,10},m,k,* ptr;
   m =10;
   ptr = &a[0];
   for(k =0;k <5;k + =2)
        m = (* (ptr + k) <m)? * (ptr + k):m;
```

第6章　函　　数

本章重点

函数的声明、定义和返回值；

函数形参与实参；

函数的调用：函数的一般调用、函数的嵌套；

调用和函数的递归调用；

变量的作用范围和存储类型；

常用 Linux C 系统函数。

学习目标

通过本章的学习，掌握函数声明和定义的方法；理解函数形参与实参的区别及值传递关系；掌握程序内变量的作用范围与存储类型；了解 Linux C 常用系统函数及其使用方法。

6.1　概　　述

为了使程序大而不繁，简单明了，程序设计者要根据软件的总体要求，把相同功能或相似功能的操作归纳成模块的形式，并设计成函数，以实现程序设计的模块化。面对一项复杂任务，通常采取模块化的解决方法。首先，将该复杂任务分解成几个大的功能模块，根据需要还可以继续细分，直到分解成一个个功能独立的模块为止。分解的结果可以描述为一棵倒立的大树，如图 6 - 1 所示。

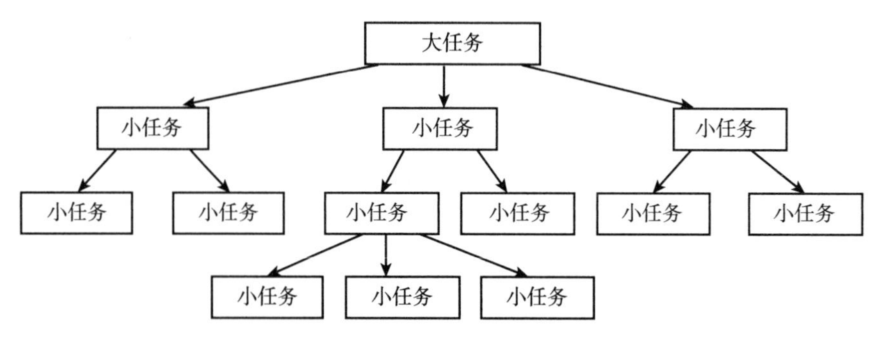

图 6 - 1　模块化程序设计

函数是模块化程序设计思想的产物，是构成C语言程序的基本功能模块，它完成一项相对独立的任务。一个C语言程序是若干函数构成的，在构成C程序的诸多函数中有而且只有一个主函数。函数是程序的最小组成单位。所有函数之间的关系是平行的，没有从属的概念。函数的平行关系使得函数的编写相对独立，便于模块化程序设计的实现。C程序的执行总是从主函数开始，又从主函数结束，其他函数只有通过调用关系发生作用。

可以把函数看成一个“黑盒子”，你只要使用这个“黑盒子”就能实现相应的功能，而函数内部究竟是如何工作的，外部程序是不知道的。外部程序所知道的仅限于给函数输入什么及函数输出什么。函数提供了编制程序的手段，使之容易读、写、理解、排除错误、修改和维护。除函数的具体设计者外，其他人员只要运用已经设计好的函数，知道函数原型，懂得如何调用，即知道函数的对外接口，无须知道函数内部的具体实现细节，这有利于提高程序的开发效率，同时增强程序的可靠性。

在C语言中，函数可分为两类，一类是由系统定义的标准函数，又称为库函数，其函数声明一般是在系统的include目录下以.h为后缀的头文件中，如果在程序中要用到某个库函数，必须在调用该函数之前用#include <头文件名>命令将库函数信息包含到本程序中。另一类函数是自定义函数，这类函数是根据问题的特殊要求而设计的，自定义的函数为构架复杂的大程序提供了方便，同时对程序的维护和扩充也带来了一些便利。在功能上，由主函数调用其他函数，其他函数也可以互相调用。C函数调用过程如图6-2所示。

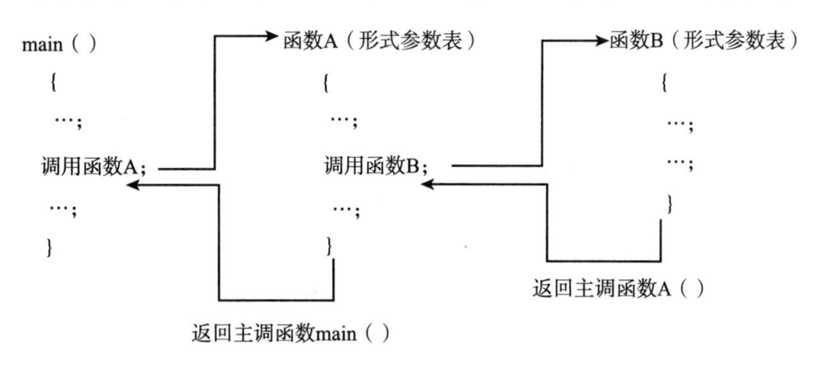

图6-2 C函数调用过程

C语言的函数作为一个模块应具备两个原则：首先，界面清晰。函数的处理子任务明确，函数之间数据传递越少越好；其次，大小适中。若函数太大，处理任务复杂，导致结构复杂，程序可读性较差；反之，若函数太小，则程序调用关系复杂，这样会降低程序的效率。

C程序中函数的数目实际上是不限的，如果说有什么限制的话，那就是一个C程序中必须至少有一个函数，而且其中必须有一个并且仅有一个以main为名，这个函数称为主函数，整个程序从这个主函数开始执行。C语言程序鼓励和提倡人们把一个大问题划分成一个个子问题，对应于解决一个子问题编制一个函数，因此，C语言程序一般是由大量的小函数而不是由少量大函数构成的，即所谓“小函数构成大程序”。这样的好处是让各部分相互充分独立，并且任务单一。因而这些充分独立的小模块也可以作为一种固定规格的小“构件”，用来构成新的大程序。

C 语言的一个主要特点是可以建立库函数。每种库函数都完成特定的功能，可由用户随意调用。这些函数总的分为输入输出函数、数学函数、字符串和内存函数、与 BIOS 和 DOS 有关的函数、字符屏幕和图形功能函数、过程控制函数和目录函数等。对这些库函数应熟悉其功能，只有这样才可省去很多不必要的工作。在本章的最后一节将着重介绍 C 语言常用的库函数。

6.2 函数定义与声明

函数的定义如下。

调用函数必须遵循“定义在先、使用在后”的原则。

函数定义的一般格式：

类型说明符 函数名（类型说明符 形参变量 1，类型说明符 形参变量 2，…）

```
{
    声明语句部分;
    执行语句部分;
}
```

函数的定义需要定义函数头和函数体两部分，下面分别介绍在定义两部分时的注意事项。

1. 函数头

包括函数名、函数的类型及形式参数表。

（1）函数名。用标识符表示，用来标识一个函数的名字，函数名后面必须有一对圆括号。除 main 函数外，其他函数可以按标识符规则任意命名，程序风格要求函数命名是能反映函数功能、有助于记忆的标识符。

（2）函数类型。函数名前的函数类型是指函数返回值的类型。如果函数是整型，int 可省略不写；如果函数无返回值，以 void 类型明示。如果函数是无参函数，而且在调用后没有返回值，C 语言规定应当将函数类型说明为 void 型（空值类型），否则，可能导致程序出错。

（3）形式参数表。圆括号内为形式参数列表部分，其中的参数称为形式参数，它包括函数的自变量部分。每个参数前都应用相应的类型标识符对参数进行说明，有多个参数时用逗号分开。如果是无参数函数，形式参数列表部分为空，但一对（）不能省略。

2. 函数体

函数体是函数头下面最外层一对花括号内的代码，它是由一系列语句构成的，用以实现函数的功能，函数体内可以有函数说明、变量说明及可执行语句。

函数体也可以是一对空的花括号，例如：

```
void function(void)
{
}
```

这是一个“空函数”，调用它并不产生任何有效的操作，但却是一个符合 C 语言语法的合法函数。在程序开发过程中，通常先开发主要函数，一些次要的函数或有待以后扩充和完善功能的函数暂时写成空函数，使程序可以在不完整的情况下调试部分功能。当函数执行到return语句或执行完函数体中的所有语句时，流程就回到主调函数。

【例6-1】 定义一个函数，用于求两个数中的大数。

```
1    #include <stdio.h>
2    int max(int n1, int n2)
3    {
4          return(n1 >n2? n1:n2);
5    }
6    main()
7    {
8          int max(int n1, int n2);
9          int num1, num2;
10          printf("input two numbers:\n");
11          scanf("% d% d", &num1, &num2);
12          printf("max =% d\n", max(num1,num2));
13    }
```

运行结果如图6-3所示。

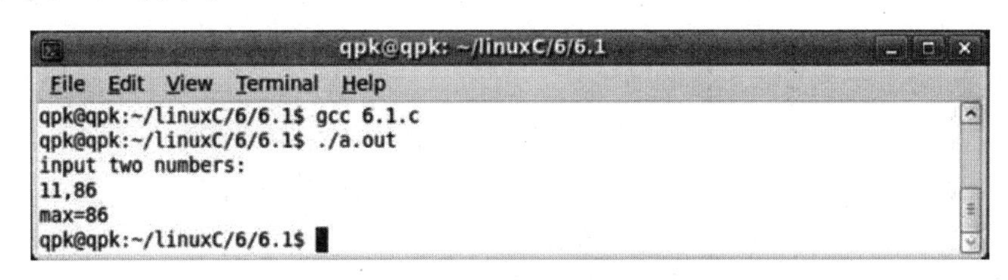

图6-3 函数求最大值

S程序说明：

第3～5行定义函数max判断选取两个数中的最大值并返回；

第8行是函数max的声明，函数在使用前都需要声明；

第9～11行定义整型局部变量num1和num2，并从键盘输入对这两个变量进行初始化；

第12行调用函数max并将num1和num2作为函数的参数，进而判断两个值的大小，输出最大值。

关于return语句说明如下。

return语句是函数的逻辑结尾，不一定是函数的最后一条语句，一个函数中允许出现多条return语句，但每次只能有一条return语句被执行。

如果不需要从被调函数带回返回值，可以不要return语句。一般情况下，将函数类型定义为void型，也叫空类型，此种类型的函数一般用来完成某种操作，例如输出程序运行结果等。

还可以用不带表达式的return作为函数和逻辑结尾，这时，return的作用是将控制权交给调用函数，而不是返回一个值。

3. 函数的声明

不同的函数实现各自的功能，完成各自的任务。要将它们组织起来，按一定顺序执行，是通过函数调用来实现的。主调函数通过函数调用向被调函数进行数据传送和控制转移；被调函数在完成自己的任务后，又会将结果数据回传给主调函数并交回控制权。各函数之间就是这样在不同时间和情况下执行有序的调用，共同来完成程序规定的任务。如果一个源程序包含了多个函数，而函数间又有相互调用，那将会形成一种复杂的局面，使“定义在前，使用在后”的原则难以实现。为此，C 语言通过函数声明语句解决这个问题。

(1) 标准库函数的说明。如被调用函数为 C 语言系统提供的标准库函数，可在程序的开头部分用#include 进行文件包含，printf( ) 和 sqrt( ) 等函数就属于这种形式。printf( ) 函数包含于 stdio. h 文件，sqrt( ) 函数包含于 math. h 文件，则在使用这两个函数之前，应在程序开头部分用下面的语句进行包含。

```
#include <stdio.h>
#include <math.h>
```

(2) 自定义函数的说明。如果是用户自定义函数，如函数与主调函数在同一程序文件中，在调用前用如下语句进行说明：

类型说明符 函数名 (类型说明符 形参变量 1，类型说明符 形参变量 2，…)；

从形式上看，函数声明就是在函数定义格式的基础上去掉了函数体。通常，将函数声明安排在源文件的开始部分。函数声明中的形参变量名可以省略。函数声明是语句，所以最后的结束符“;”不可缺少。使用函数声明后，可以将函数的定义放在源程序的后部。函数说明通常出现在程序的开头，第一个函数定义之前，也可放在主调函数的开头。有了函数说明，编译系统就对每次调用函数进行检查，将函数说明和函数调用进行对比，以保证调用时使用的参数、类型、返回值类型都是正确的。

函数声明按其位置不同，作用范围也不同。

(1) 在所有函数外部进行说明。在所有函数外部说明的函数，说明语句之后的所有函数中都可对其进行调用。通常把函数说明语句放在程序文件的头部，以方便其后的程序对其进行调用。

(2) 在函数内部进行说明。在某一函数内说明的函数，仅可在说明它的函数内部被调用 。

6.3 函数的参数与返回值

6.3.1 函数的参数

函数的参数分为形参和实参两种，作用是实现数据的传送。有参函数在调用时，主调函数和被调函数之间有数据传递，主调函数传递数据给被调函数。主调函数传递来的数据称为实际参数，简称实参。

定义函数时，函数名后的参数称为形式参数，简称形参。

在定义函数时，系统并不给形参分配存储单元，当然形参也没有具体的数值，所以称它

是形参，也叫作虚参。形参在函数调用时，系统暂时给它分配存储单元，以便存储调用函数时传来的实参。一旦函数结束运行，系统马上释放相应的存储单元。

调用函数时，实参有确定的值，所以称它是实际参数。它可以是变量、常量、表达式等任意“确定的值”。

实参和形参之间的关系如下。

（1）实参的个数、类型应该和形参的个数和类型一致。调用函数时，系统给形参分配存储单元，并且把实参的数值传递给形参。

（2）实参和形参分别属于主调函数和被调函数，具有不同的内存单元。所以，在函数调用时形参发生改变，不会影响到实参。

（3）C 语言中实参和形参的结合采取的是“单向值传递”方式，只有实参传递参数给形参，形参不回传参数给实参。下面用例 6－2 讲述实参和形参的具体结合方式。

【例 6－2】实参和形参的结合方式示例。

```
1    #include <stdio.h>
2    main()
3    {
4       float a,b,sum;
5       float add(float x, float y);
6       scanf("% f,% f",&a,&b);
7       sum=add(a,b);
8       printf("sum=% f \n",sum);
9    }
10    float add(float x, float y)
11    {
12       float z;
13       z=x+y;
14       return z;
15    }
```

运行结果如图 6－4 所示。

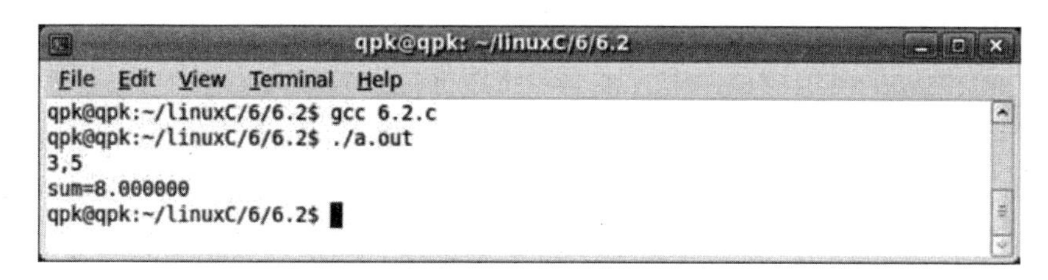

图 6－4　实参与形参的结合方式

程序说明：

程序从主函数开始执行，首先输入 a，b 的数值（假如输入 3，5），接下来调用函数 add（a，b）。具体调用过程如下。

（1）给形参 x，y 分配内存空间。

(2) 将实参 b 的值传递给形参 y，a 的值传递给形参 x，于是 y 的值为 5，x 的值为 3。

(3) 执行函数体。

① 给函数体内的变量分配存储空间。即给 z 分配存储空间。

② 执行算法实现部分，得到 z 的值为 8。

③ 执行 return 语句，完成以下功能。将返回值返回主调函数，即将 z 的值返回给main()。释放函数调用过程中分配的所有内存空间，即释放 x，y，z 的内存空间。结束函数调用，将流程控制权交给主调函数。当调用结束后继续执行 main() 函数直至结束。

函数调用前后实参、形参的变化情况如图 6－5 所示。

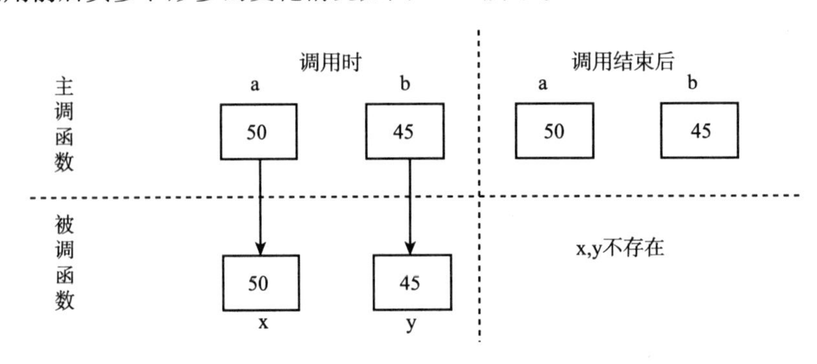

图 6－5 例 6.2 实参和形参变化示意图

函数参数的传递方式介绍如下。

1. 普通值传递

普通值传递方式所传递的是参数值。调用函数时，将实参的值计算出来传递给对应的形参。实参可以是常量或表达式，也可以是函数调用语句，如：

```
Calculate(4, 1000)              /* 常量作为函数参数 * /
Calculate(5, x* y)              /* 表达式作为函数参数 * /
Calculate(abs_sum(x,y), z)      /* 函数作为函数的参数 * /
```

以上都是正确的参数传递方式。

(1) 实参与形参不共用存储单元，即使同名，形参值的改变也不会影响主调函数实参变量的值。

(2) 实参与形参的类型应该匹配，由实参将数据传送给形参。

(3) 对于有返回值的函数，调用时若没有把它赋给某个变量，仍然是可以的，只是函数的返回值有可能会被丢失。

2. 地址值传递

地址值传递指的是调用时给出的实参是变量的地址值，此时函数参数（形参）应该是指针变量。形参指针得到某变量的地址值后，形参指针就直接指向该变量，所以在执行函数体的过程中形参指针通过间接访问可以改变这个变量的值，这是地址值传递的特点，利用这一点，在需要时调用函数后可以“返回”多个值。但是地址值的调用还是传值调用，此时传的是地址值，其传值的单向性没有改变，即形参指针在函数执行过程中的改变不影响实参（地址值）。

```
void swap(int * m,int * n);
```

```
main()
{
 int a,b;
 …
 swap(&a,&b);
 …
}
```

能进行传址调用的函数，其参数一般均为指针形式，程序段中函数 swap（（int ＊m，int ＊n）参数前的“＊”说明该项参数是一个 int 型指针，实参传递过来的值应该是一个指向 int 型数据的内存地址。而在调用语句“swap（&a，&b）”中，符号“&”表示传递的是变量的内存地址。由于实参和形参都是指向同一存储空间的，因此这种改变将引起实参内容的改变。

3. 数组作为函数参数

数组用作函数参数有两种形式，一种是把数组元素（下标变量）作为函数的实参使用；另一种是把数组名作为函数的形参和实参使用。

用数组名作函数参数时，应该注意如下几个方面。

（1）数组名作为函数参数，应该在主调函数与被调函数中分别定义数组，不能只在一方定义。

（2）要注意用数组元素作实参和数组名作实参的区别：用数组元素作实参时，只要数组类型和函数的形参变量的类型一致，那么作为下标变量的数组元素的类型也和函数形参变量的类型是一致的。因此，并不要求函数的形参也是下标变量。换句话说，对数组元素的处理是按普通变量对待的。而用数组名作函数参数时，则要求形参和相对应的实参都必须是类型相同的数组，都必须有明确的数组说明。当形参和实参二者不一致时，即会发生错误。

（3）实参数组和形参数组大小不要求一致，因为传送时只是将实参数组的首地址传给形参数组。因此，一维形参数组也可以不指定大小，在定义数组时，在数组名后跟一个空的方括弧。被调函数涉及对数组元素的处理，可另设一个参数来指明数组元素的个数。

（4）数组名作为函数参数，传送整个数组数据，不是用实参数组与形参数组元素间的“传值”方式，而是用把实参数组的首地址传给形参数组的“传址”方式。形参数组不会被分配内存空间，它与实参数组共用一段内存空间。在“传址”方式下，由于共用一段内存空间，形参数组中各元素值的变化直接影响到实参数组元素值的变化。

（5）多维数组名也可以作为实参和形参，使用时，也应该在主调函数与被调函数中分别定义数组，数组类型也应该一致，这样才不致出错。另外，在被调函数中对形参数组定义时，至多也只能省略第一维的大小说明。这是因为多维数组的数组元素是按连续地址存放的，不给出各维的长度说明，将无法判定数组元素的存储地址。也不能只指定第一维，不指定第二维以后的大小（因实参、形参数组可以大小不一致）。

6.3.2 函数的返回值

在函数定义时需要描述函数类型，但没有给出函数如何得到返回值。调用有值函数时，要求被调函数返回数据给主调函数，返回的数据称为函数返回值，简称函数值。得到函数返回值的方法是使用 return 语句。

return 语句使用的一般形式为：

```
return(表达式)
```

return 语句应书写在函数体的算法实现部分，圆括号可以省略。

通常 return 语句完成以下功能：返回一个值给主调函数；释放在函数的执行过程中分配的所有内存空间；结束被调函数的运行，将流程控制权交给主调函数。

注意 若调用函数中无 return 语句，并不是不返回一个值，而是一个不确定的值。为了明确表示不返回值，可以用“void”定义成“无（空）类型”。

编写函数时，应分析该函数中哪些量是函数的已知量，哪些是函数需要得到的结果。设计时将已知数据作为函数的形参，已知数据有几个，形参就有几个。未知数据正是函数需要得到的结果。除了需要分析已知和未知外，还需要确定已知和未知的数据类型，从而完成对函数头的设计。

6.4 函数的调用

6.4.1 函数的一般调用形式

1. 函数的声明

在进行函数调用之前首先要对函数进行声明，在进行 C 程序函数开发与使用的过程中要始终牢记“先声明，后使用”的原则。对被调用函数的声明有两种方式：外部声明和内部声明。在主调函数内对被调函数所作的声明称为内部声明，也称为局部声明；在函数外进行的函数声明称为外部声明，如果声明在程序最前端，外部声明又称为全局声明。

内部声明过的函数只能在声明它的主调函数内调用。外部声明过的函数，从声明处到本程序文件结束都可以被调用。内部声明应放在主调函数的数据描述部分，外部声明可以出现在程序中任何函数外。

对被调用函数的声明具体形式为：

```
函数类型　函数名();
```

一个 C 程序由主函数和若干个或 0 个用户函数组成。C 语言中的函数没有隶属关系，即所有的函数都是独立定义的，不能嵌套定义，函数是通过调用来执行的，允许函数间互相调用，也允许直接或间接的递归调用其自身。

main 函数是主函数，它可以调用其他函数，而不允许被其他函数调用。

调用另一个函数的函数称为主调函数，被调用的函数称为被调函数。一个函数调用另一个函数时是将流程控制权转到被调函数，被调函数执行完后返回主调函数的调用处继续主调函数的执行。

2. 函数的调用

在程序中，是通过对函数的调用来执行函数体的，其过程与其他语言的子程序调用相似。当函数被调用时，函数对应的程序代码才开始执行，才能实现相应的函数功能。函数调用是通过函数调用语句来实现的。函数调用时会去执行函数语句中的内容，函数执行完毕后，回到函数的调用处，继续执行下面的语句。C语言中，函数调用的一般形式为：

```
函数名([实际参数列表])
```

实际参数列表是函数入口参数的实际值。

注意 实参的个数、类型和顺序，应该与被调用函数所要求的参数个数、类型和顺序一致，才能正确地进行数据传递。

在C语言中，可以用以下几种方式调用函数。

（1）函数表达式。函数作为表达式的一项，出现在表达式中，以函数返回值参与表达式的运算。这种方式要求函数是有返回值的。

```
c=add(a+b);
```

（2）函数语句。C语言中的函数可以只进行某些操作而不返回函数值，这时的函数调用可作为一条独立的语句。

```
function();
```

（3）函数实参。函数作为另一个函数调用的实际参数出现。这种情况是把该函数的返回值作为实参进行传送，因此要求该函数必须是有返回值的。

```
d=add(a,add(b,c));
```

在编写程序、进行函数调用时，注意以下几点。

（1）调用函数时，函数名称必须与具有该功能的自定义函数名称完全一致。

（2）实参的类型与形参必须一一对应和匹配。如果类型不匹配，C编译程序将按赋值兼容的规则进行转换。如果实参和形参的类型不赋值兼容，通常并不给出出错信息，且程序仍然继续执行，只是得不到正确的结果。

（3）如果实参表中包括多个参数，对实参的求值顺序因系统而异。有的系统按自左向右顺序求实参的值，有的系统则相反。

（4）C语言参数传递时，主调函数中实参向被调函数中形参传送数据一般采用传值方式，把各个实参值分别顺序对应地传给形参。被调函数执行中形参值的变化不会影响主调函数中实参变量的值。但数组名作为参数传送时不同，它是“传址”，会对主调函数中的数组元素产生影响。

（5）由于采用传值方式，实参列表中的参数允许为表达式及常量。尤其值得注意的是，对实参表达式求值，C语言并没有规定求值的顺序。采用自右至左或自左至右顺序的系统均有。许多C（Turbo C、MS C）是采用自右至左的顺序求值的。遇此情形，为保证函数调用能得到正确的执行结果，编写程序时应尽量采用其他可行的办法，加以避免为好。

（6）注意采用函数原型声明对被调函数参数类型进行说明。如果不作说明，C语言无法进行实参类型的检查与转换。稍有疏忽，会造成实参个数、类型与形参个数、类型不符，将引起参数传送出错，导致运算结果的大相径庭。

（7）函数调用也是一种表达式，其值就是函数的返回值。

（8）函数调用时，被调用函数可以是库函数或用户自定义的函数。如果是库函数，一定要在本文件的开头加上头文件。

【**例 6 -3**】编写两个函数分别求两个整数的最大公约数和最小公倍数。

```
1      #include <stdio.h>
2      int GCD(int m, int n)
3      {
4          int p;
5          while(m% n)
6          {
7              p=m% n;
8              m=n;
9              n=p;
10          }
11          return n;
12      }
13      int LCM(int m,int n)
14      {
15          int p;
16          p=max(m, n);
17          return(m* m/p);
18      }
19      main()
20      {
21          int m,n;
22          printf("input m,n:");
23          scanf("% d ,% d",&m,&n);
24          printf("Greatest Common Divisor is: % d, Least Common Multiple is % d\n",
            GCD(m,n), LCM(m,n));
25      }
```

运行结果如图 6 -6 所示。

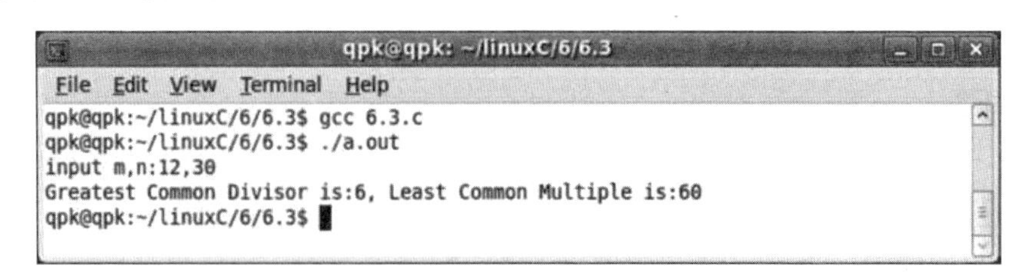

图 6 -6　最大公约数和最小公倍数

程序说明：

第 2～12 行函数 GCD 计算两个数的最大公约数并返回最大公约数的值，这里使用的是辗转相除法求最大公约数，具体过程可参照后面“扩展阅读”；

第 13～18 行函数 LCM 计算两个数的最小公倍数并返回最小公倍数的值；

第21～23行定义局部整型变量m和n并从键盘输入进行赋值；

第24行调用函数GCD和LCM求m和n的最大公约数和最小公倍数并输出打印到屏幕上。

扩展阅读

可以有三种方法求两数的最大公约数。设m>n。

(1) 让k从1变到n，能同时整除m和n的最大的k即为所求。

(2) 让k从n变到1，第一个能同时整除m和n的k即为所求。

(3) 使用辗转相除法。辗转相除法的算法为：首先将m除以n（m>n）得余数r，再用余数r去除原来的除数，得新的余数，重复此过程直到余数为0时停止，此时的除数就是m和n的最大公约数。经常使用的算法是辗转相除法。求m和n的最小公倍数：m和n的积除以m和n的最大公约数。

6.4.2 函数的嵌套调用

嵌套调用指的是在函数的调用过程中又出现了另外一种函数调用，称为函数的嵌套调用。实际上前面的程序中都有主函数调用常用的输入输出函数，或调用数学函数，或调用字符串函数，或调用自定义函数的例子，只不过是主函数在调用它们而已，从广义来说也是嵌套调用。

函数的嵌套调用更多的是指函数的连环调用。

函数嵌套调用过程中，每次调用函数时系统都要开辟一个新的内存区域用来存放被调用函数的代码和记录当时调用函数的状态和返回地址等。所以嵌套调用层次越多，时空开销越大（即运行时间长，占用内存空间多）。

【例6-4】 函数嵌套调用示例。

以下程序的功能是计算x2 + sinx在区间［0，2］的定积分。程序由三个函数构成，分别是主函数main()、函数f1()、函数f2()。main()调用函数f2()，在函数f2()的执行过程中又调用了函数f1()，main()嵌套调用了函数f1()。如图6-7所示。

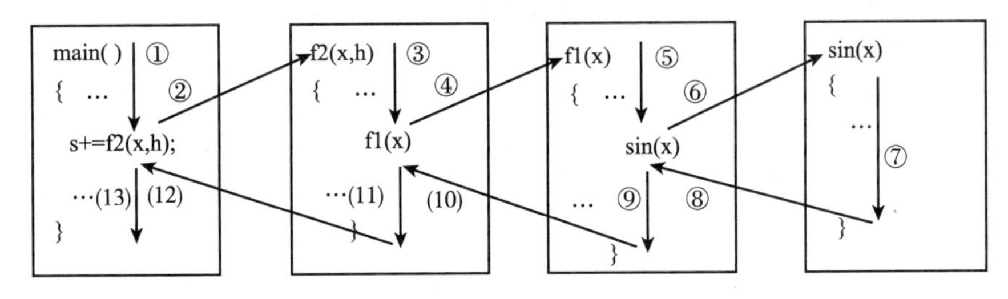

图6-7 例6-4函数嵌套调用过程

```
1   #include <stdio.h>
2   #include <math.h>
3   main()
4   {
5       float f2();
6       float s=0, h=0.5,x;
```

```
7       for(x=0;x<2;x+=h)
8       {
9               s += f2(x,h);
10              printf("% f\n",s);
11      }
12      float f2(x,h)
13      {
14              float x, h;
15              float f1();
16              return((f1(x)+f1(x+h))* h/2 );
17      }
18      float f1(x)
19      {
20              float x;
21              return(x* x+sin(x));
22      }
```

运行结果如图 6-8 所示。

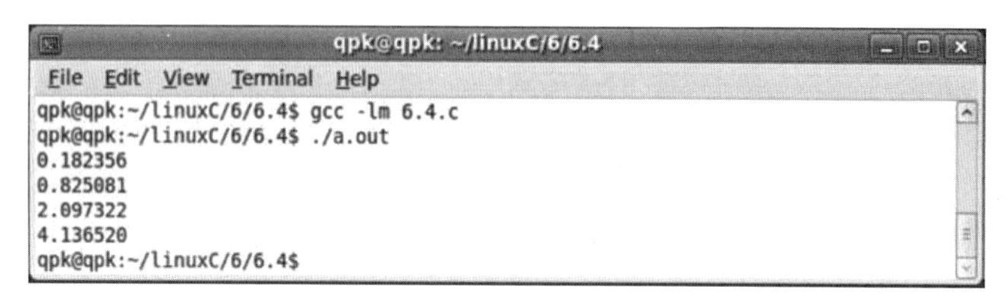

图 6-8　函数的嵌套调用

程序说明:

第 5 行声明函数 f2，在使用外部函数之前都要对函数进行声明;

第 9 行调用函数 f2;

第 12～17 行定义函数 f2，函数 f2 中调用了函数 f1，所以同样需要先声明后调用，进而相对于主函数 main 而言就是嵌套调用了函数 f1;

第 18～22 行定义函数 f1，函数 f1 中调用了库函数 sin 求三角函数的值，从而形成了一个四层函数嵌套调用的关系，main() →f2() →f1() →sin()。

注意　由于使用了三角函数，gcc 编译时需加条件 -lm。

6.4.3　函数的递归调用

函数的递归调用是函数嵌套调用的特殊形式。一个函数在它的函数体内直接或间接地调用了自己的函数称为函数的递归调用。在递归调用中，主调函数又是被调函数。执行递归调用的函数将反复调用其自身，每调用一次就进入新的一层。

C 语言中允许在函数中调用函数自身，或函数之间相互调用，这种调用方式称之为递归。在递归函数的调用中，问题的求解分为两个阶段：第一阶段是“回推”，即从所要求的

问题回推到递归的结束条件处；第二阶段是“递推”，即再从递归的结束条件递推到要求的问题，这时才可以求出结果。

根据不同的调用方式，递归又分为直接递归调用和间接递归调用。直接递归调用指函数直接调用自身，即递归调用在函数的函数体内，又定义了语句来调用函数自身，如图6－9（a）所示中有语句调用了函数a( ) 自身；间接递归调用指函数互相调用对方，如图6－9(b)所示即函数a( ) 中有语句调用函数b( )，而函数b( ) 中又有语句调用了函数a( )。

从图中简单来看，好像递归调用是一种不休止的循环调用，在如图6－9（b）所示的间接递归调用中：函数a( ) 在运行中将调用函数b( )，函数b( ) 在运行中又调用函数a( ) ……这种理解当然是错误的，为了防止递归调用出现无休止的循环主调用，必须在函数内部有终止调用的语句。通常在函数内部加上一个条件判断语句，在满足条件时停止递归调用，然后逐层返回。

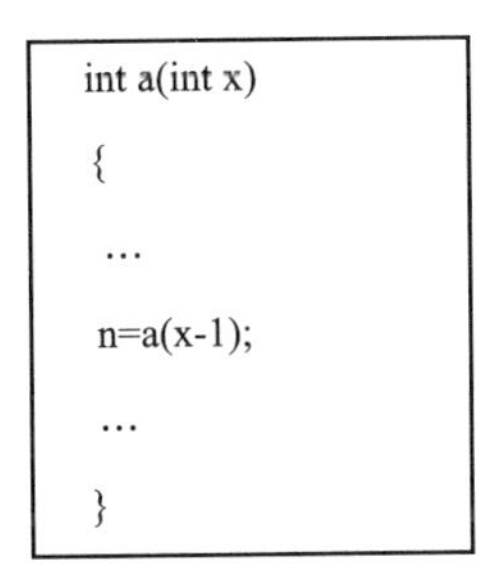

（a）直接递归调用

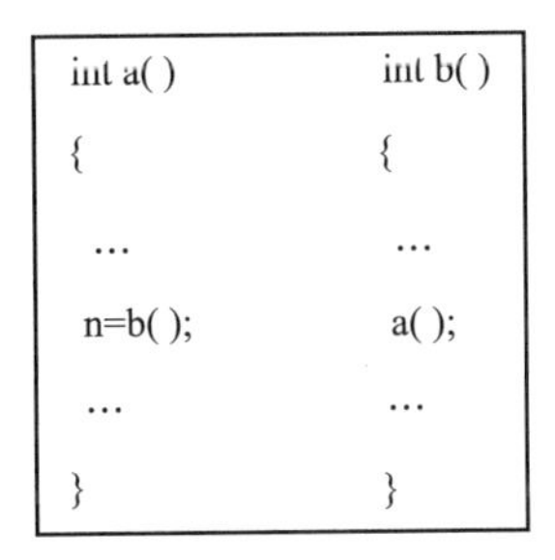

（b）间接递归调用

图6－9　递归调用

1. 递归的条件

从前面的实例分析中可以看到，一个有意义的递归算法应该满足以下条件。

（1）将要解决的问题分解为一个新的问题，而这个新问题是原问题的一个子问题，即新问题的解法仍与原问题相同，只是原问题的处理对象有规律地变化。

（2）这种转换过程可以使问题得到解决。

（3）必须有一个确定的结束条件，在满足条件时返回。例如，当上面的问题对象等于1时就结束了递归，返回到上级调用，依次计算，最终得到正确的运算结果。

2. 递归调用的转换

递归调用可以使得复杂问题变得更好理解，容易解决，并且程序显得简捷，但是函数的调用不可避免地会占用过多的资源，容易产生错误。

函数在调用中，执行到调用函数的语句时，将对当前的程序环境进行保存，在内存中另外开辟一块空间为所调用的函数的执行空间。每调用一次函数就需要为被调用的函数分配对应的存储空间，然后从函数开始的地方执行。

当执行完调用的函数回到主调用函数时，将释放为被调用函数分配的存储空间，返回主调用函数的调用语句处继续执行。

函数的调用流程如下所示：

主调用函数→调用函数语句→为被调用函数分配存储空间→从被调用函数头开始执行函数→返回语句→释放被调用函数对应的存储空间→返回主调用函数的调用语句继续执行。

在使用递归调用时，尤其应该注意递归的返回，因为函数每调用一次都会分配需要的存储空间，如果嵌套过多可能会导致内存资源耗尽而发生错误。

在程序设计时，可以将递归调用转换为循环结构，当资源占用不大，且问题易于用递归算法解决时，可考虑使用函数递归调用；而在资源占用比较大，且问题可以用循环来解决时，可以考虑用循环来解决。

【例 6－5】用递归法计算 n!。

```
1    #include <stdio.h>
2    float fac(int n)
3    {
4            float f;
5            if(n==0||n==1)
6                    f=1;
7            else
8                    f=fac(n-1)* n;
9            return(f);
10    }
11    main()
12    {
13            int n;
14            float y;
15            float fac();
16            printf("input n: ");
17            scanf("% d",&n);
18            y=fac(n);
19            printf("% d! =% .0f \n",n,y);
20    }
```

运行结果如图 6－10 所示。

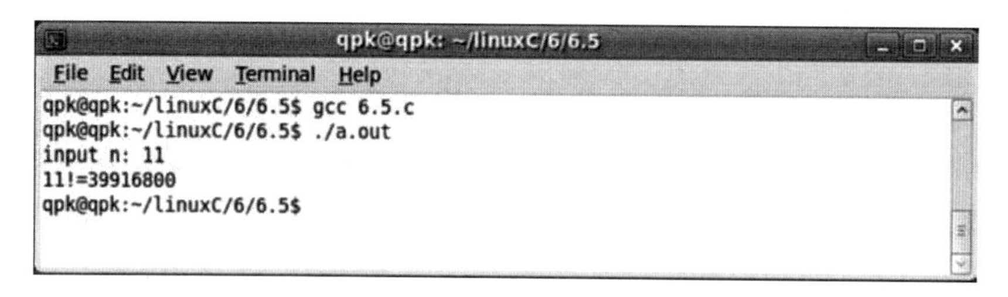

图 6－10　递归计算阶乘

程序说明：

第 2～10 行定义函数 fac 计算 n! 的值；

第 5～6 行递归退出条件。递归退出判断是递归函数非常关键的一个环节，如果缺少这一环节将会导致死循环的出现；

第 8 行递归调用函数体自身实现 n! 的计算；

第18～19行调用递归函数计算n！的值并输出打印到屏幕上。

6.5 变量的作用范围与存储类型

6.5.1 变量的作用范围

在C语言中按照变量的作用范围可以将变量分为局部变量和全局变量两种。

1. 局部变量

不管是主函数还是其他函数，在函数内声明的变量（包括函数参数）统称为局部变量。在没有其他修饰符的情况下，局部变量的特点是随函数的调用而生成，随函数调用结束而释放。局部变量的作用范围是定义它的函数。它只在定义它的作用域内有效，当退出作用域时，其存储空间被释放。前面所定义过的变量都是局部变量。在不同函数内部可以定义有相同名称的变量，但这些变量代表不同的对象，仅对定义它们的函数有效。

例如：

```
int f1(int a)
{
        int b,c;
        …
}                             /* a,b,c 作用域:仅限于函数 f1()中* /
int f2(int x)
{
        int y,z;
        …
}                             /* x,y,z 作用域:仅限于函数 f2()中* /
main()
{
        int m,n;
        …
}                             /* m,n 作用域:仅限于函数 main()中* /
```

关于局部变量的作用域还要说明以下几点。

（1）主函数main( )中定义的局部变量，也只能在主函数中使用，其他函数不能使用。同时，主函数中也不能使用其他函数中定义的局部变量。因为主函数也是一个函数，与其他函数是平行关系。这一点是与其他语言不同的，应予以注意。

（2）形参变量也是局部变量，属于被调用函数；实参变量，则是调用函数的局部变量。

（3）允许在不同的函数中使用相同的变量名，它们代表不同的对象，分配不同的单元，互不干扰，也不会发生混淆。

（4）在复合语句中也可定义局部变量，其作用域只在复合语句范围内。

2. 全局变量

函数外定义的变量称为全局变量。全局变量可以被定义它的文件中的所有函数使用。全局变量的作用范围是从定义变量的位置开始到它所在源文件结束的位置。全局变量从变量的定义开始，到程序文件结束，变量一直有效，可以为本程序中的所有函数所共享。在一个函数内变量所做的改变，将影响其他函数中该变量的值。但需要注意的是，如果定义了与全局变量同名的局部变量，则局部变量优先。

【例 6-6】 利用全局变量计算长方体体积及正、侧、顶三个面的面积。

```
1   #include <stdio.h>
2   int s1,s2,s3;
3   int vs(int a,int b,int c)
4   {
5           int v;
6           v=a*b*c; s1=a*b; s2=b*c; s3=a*c;
7           return v;
8   }
9   main()
10  {
11          int v,l,w,h;
12          printf("\ninput length,width and height: ");
13          scanf("%d,%d,%d",&l,&w,&h);
14          v=vs(l,w,h);
15          printf("v=%d   s1=%d   s2=%d   s3=%d\n",v,s1,s2,s3);
16  }
```

运行结果如图 6-11 所示。

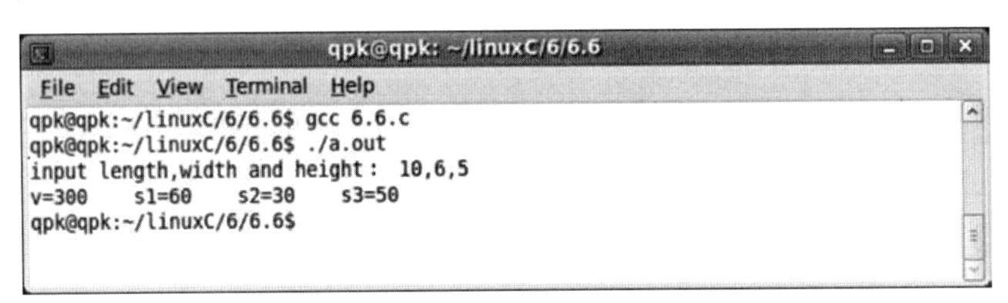

图 6-11 全局变量的使用

程序说明：

第 2 行定义整型全局变量 s1、s2 和 s3；

第 3～8 行定义函数 vs，计算长方体的体积和三个面的面积；

第 11～13 行定义局部整型变量 v、l、w 和 h 并通过键盘输入进行初始化；

第 14 行调用函数 vs，计算长方体的体积和三个面的面积，函数的参数遵循“单向值传递”的法则，所以局部变量 v、l、w、和 h 只能将值传递给 vs 的形参，而形参却不能改变实参的值，但是在函数 vs 中将计算结果赋值给三个全局变量 s1、s2 和 s3，全局变量在整个程序中都是可见并有效的，程序中任何一个地方对全局变量的操作都可以改变其值。

对于全局变量还有以下几点说明。

（1）全局变量可加强函数模块之间的数据联系，但又使这些函数依赖这些全局变量，

因而使得这些函数的独立性降低。

从模块化程序设计的观点来看这是不利的，因此不是非用不可时，不要使用全局变量。

（2）在同一源文件中，允许全局变量和局部变量同名。在内部变量的作用域内，全局变量将被屏蔽而不起作用。

（3）全局变量的作用域是从定义点到本文件结束。如果定义点之前的函数需要引用这些全局变量，需要在函数内对被引用的全局变量进行说明。全局变量说明的一般形式为：

extern 数据类型 全局变量［，全局变量2…］；

C语言允许将一个源文件程序清单分放在若干个程序文件中（若干个.c文件），采用分块编译方法编译生成一个目标程序（.obj文件）。其中每个程序称为一个“编译单位”，最后，将它们连接在一起生成.exe文件，从而达到提高编译速度和便于管理大型软件工程的目的。Turbo C系统规定在某一个源程序中定义的全局变量，其他的多个文件可以使用，这就是所说的程序间的数据交流，在C语言中称为外部变量。

外部变量使用关键字“extern”定义，在函数体之外定义，存放在静态存储区。

注意　全局变量的定义和全局变量的说明是两回事。全局变量的定义，必须在所有的函数之外，且只能定义一次。而全局变量的说明，出现在要使用该全局变量的函数内，而且可以出现多次。

3. 全局变量优点

（1）增加了各函数间数据传送的渠道。特别是函数返回值通常仅限于一个，这在很多场合不能满足使用要求。此时利用全局变量，可以得到更多的数据处理结果。

（2）利用全局变量可以减少函数实参与形参的个数。其带来的好处是减少函数调用时分配的内存空间及数据传送所必需的传送时间。

4. 全局变量的缺点

（1）全局变量的作用范围大，为此必然要付出的代价是其占用存储单元时间长。它在程序的全部执行过程都占据着存储单元，不像局部变量那样仅在一个函数的执行过程中临时占用存储单元。

（2）函数过多使用全局变量，降低了函数使用的通用性。通过外部变量传递数据也增加了函数间的相互影响，函数的独立性、封闭性、可移植性大大降低，出错的几率增大。

（3）多人合作完成的程序通常由多个源文件组成。一旦出现全局变量同名的情况，将引起程序出错。

（4）使用全局变量过多，会降低程序的清晰度，使人难以判断某一时刻各个全局变量的值，因为各个函数在执行时都可以改变全局变量的值。

6.5.2　变量的存储类别

C语言中的变量不仅有类型属性，而且还有存储类别的属性。完整的变量定义应该确定它的两种属性：存储类型和数据类型。

变量定义的完整形式为：

［存储类型］类型说明符 变量名表列；

变量占用内存单元的时间称为“生存期”，变量的生存期是由变量的存储位置决定的。

程序中使用的数据可存放在 CPU 的寄存器和内存储器中。

CPU 寄存器：CPU 寄存器中存储的数据是动态存储类型，不能长期占用。

内存储器：内存中供用户使用的存储空间分为代码区与数据区两个部分。变量存储在数据区，数据区又可分为静态存储区与动态存储区。静态存储是指在程序运行期间给变量分配固定存储空间的方式。如全局变量存放在静态存储区中，程序运行时分配空间，程序运行完释放空间。动态存储是指在程序运行时根据实际需要动态分配存储空间的方式。如形式参数存放在动态存储区中，在函数调用时分配空间，调用完成释放空间。

对于静态存储方式的变量可在编译时初始化，默认初值为 0 或空字符。对于动态存储方式的变量如果不赋初值，则它的值是一个不确定的值。

在 C 语言中，具体的存储类别有自动（auto）、寄存器（register）、静态（static）及外部（extern）四种。静态存储类别与外部存储类别变量存放在静态存储区，自动存储类别变量存放在动态存储区，寄存器存储类别变量直接送寄存器。如表 6－1 所示。

表 6－1　变量存储类型

存储类型	存储类型符	存储位置
自动型	auto	内存动态存储
寄存器型	register	CPU 寄存器
静态型	static	静态存储区
外部变量	Extern	静态存储区

1. 自动存储类型

自动变量又称为动态变量，在程序执行过程中，需要使用它时才分配存储单元，使用完毕立即释放。关键字 auto 表示变量是自动存储类型。自动存储类型的变量具有动态性。存储在堆区和栈区的变量，随函数调用而生成，随函数调用结束而释放，C 语言从存储的角度称这些变量为自动变量。自动存储类型变量的作用范围仅局限于定义它的函数。自动存储类型变量的存储单元分配在动态数据区。例如，函数的形式参数，在函数定义时并不给形参分配存储单元，只是在函数被调用时为其分配存储空间。

动态变量的定义格式如下：

```
auto 数据类型 变量名;/* 关键字 auto 可缺省 * /
```

例如，定义 a，b，c 为整型自动存储类别变量：

```
auto int a, b, c;
```

在定义时，关键字 auto 可省略，也就是说，在本节以前所定义的变量都是动态变量。在函数中定义的自动变量，只在该函数内有效；在函数被调用时分配存储空间，调用结束就释放。函数在复合语句中定义的自动变量，只在该复合语句中有效；退出复合语句后，也不能再使用，否则将引起错误。

如果只定义动态变量而不进行初始化，则其值是不确定的。如果进行初始化，则赋初值操作是在调用时进行的，且每次调用都要重新赋一次初值。

由于自动变量的作用域和生存期，都局限于定义它的个体内（函数或复合语句），因此不同的个体中允许使用同名的变量而不会混淆。即使在函数内定义的自动变量，也可与该函

数内部的复合语句中定义的自动变量同名。

2. 寄存器存储类型

通常，变量的值都是存储在内存中的，有些变量由于要大量重复调用（例如，for 循环中的循环变量），为了提高执行效率，C 语言允许将变量的值存放到 CPU 的寄存器中，这种变量就称为寄存器变量。

关键字 register 表示变量是寄存器存储类型，寄存器变量定义格式如下：

```
register 数据类型 变量名;
```

【例 6-7】 使用寄存器变量来作为程序的循环变量

```
1   #include <stdio.h>
2   main()
3   {
4       int a=0;
5       register int i;
6       for(i=1; i<10; i++)
7       {
8               a += i;
9               printf("%d ",a);
10       }
11      printf("\n");
12   }
```

运行结果如图 6-12 所示。

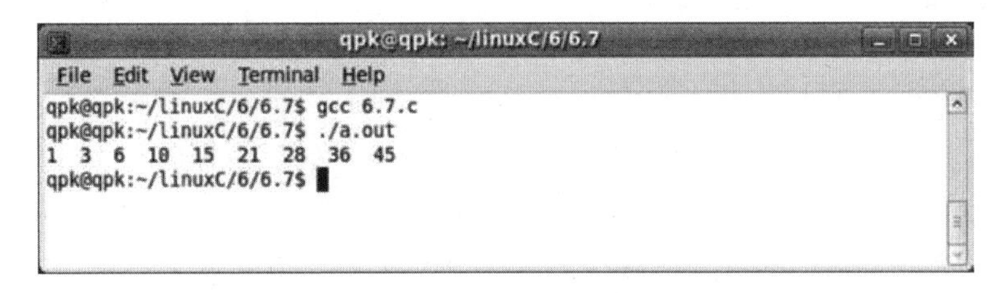

图 6-12 寄存器变量的使用

寄存器型变量具有动态性。寄存器存储类型变量的作用范围也是仅局限于定义它的函数。

3. 外部存储类型

外部变量是在函数外部定义的变量，也就是前面学过的全局变量。外部变量的定义请参考全局变量小节，这里不再重述。

如果需要在多个程序文件间进行变量的引用时，就需要将变量说明为外部变量。

关键字 extern 表示变量是外部存储类型，定义格式如下：

```
exten   数据类型  变量名;
```

注意 关键字 exten 仅用于说明外部变量，而不是定义外部变量，外部变量仅能定义一次，即只分配一次存储空间，如果重复定义变量，则程序编译时将会报错。外部存储类型变量具有静态性。外部存储类型变量定义在函数外部，它的作用域为从变量的定义处开始，到本程序文件的末尾结束。

4. 静态存储类型

静态变量存放在静态存储区中。静态变量在变量定义时就分配了固定的内存单元，并根据所定义的数据类型存入默认值，在程序运行中一直占用内存单元不释放，直到程序运行结束才释放。关键字 static 表示变量是静态存储类型。例如：

```
static double x,y;
```

表示定义变量 x，y 是双精度浮点型并且是静态存储类型。静态存储类型变量具有静态性。静态存储类型变量可以定义在函数内部，也可以定义在函数外部。在整个程序运行期间，静态型变量都占据存储单元。

静态变量是一种比较特殊的变量。从定义开始，一直保留其存储空间，供其在调用时使用，直到程序末尾结束。同局部变量相比，局部变量在离开作用域时释放其存储空间，再次进入同一作用域时会重新定义，重新分配存储空间。如上例所示，每一轮循环都对语句块级的变量重新定义、初始化并赋值。静态变量是存放在固定存储空间中的变量。静态变量在退出其作用域时，依然保留其存储空间，并在下一次进入时，继续使用。

静态变量属于静态存储。在程序执行过程中，即使所在函数调用结束也不释放。换句话说，在程序执行期间，静态变量始终存在，但其他函数是不能引用它们的。

注意 局部变量默认为 auto 型；
register 型变量个数受限，且不能为 long，double，float 型；
局部 static 变量具有全局寿命和局部可见性；
局部 static 变量具有可继承性；
extern 不是变量定义，可扩展外部变量作用域。

6.6 常用的 Linux C 函数介绍

6.6.1 终端控制与环境变量设置函数

1. getopt( ) 分析命令行参数

需要头文件：#include <unistd. h>

函数原型：int getopt (int argc, char * const argv[ ], const char * optstring);

函数返回值：如果找到符合的参数，则返回此参数字母，如果参数不包含在参数 optstring 的选项字母，则返回“?”字符，分析结束则返回 -1。

函数说明：getopt( ) 用来分析命令行参数。参数 argc 和 argv 是由 main( ) 传递的参数个数和内容。参数 optstring 则代表欲处理的选项字符串。此函数会返回在 argv 中的下一个选项字母，此字母会对应参数 optstring 中的字母。如果选项字符串里的字母后接着冒号“:”，则表示还有相关的参数，全域变量 optarg 即指向此额外参数。如果 getopt( ) 找不到符合的参数，则打印出错信息，并将全域变量 optopt 设为“?”字符，如果不希望 getopt( ) 打印出错信息，则只要将全域变量 opterr 设为 0 即可。

【例6-8】getopt 分析命令行参数

```
1   #include <stdio.h>
2   #include <unistd.h>
3   int main(int argc,char * * argv)
4   {
5           int ch;
6           opterr =0;
7           while((ch =getopt(argc,argv, "a:bcde"))! = -1)
8           switch(ch)
9           {
10               case 'a': printf("option a:'% s' \n",optarg);
11               break;
12               case 'b': printf("option b :b \n");
13               break;
14               default: printf("other option :% c \n",ch);
15           }
16           printf("optopt +% c \n",optopt);
17   }
```

运行结果如图6-13所示。

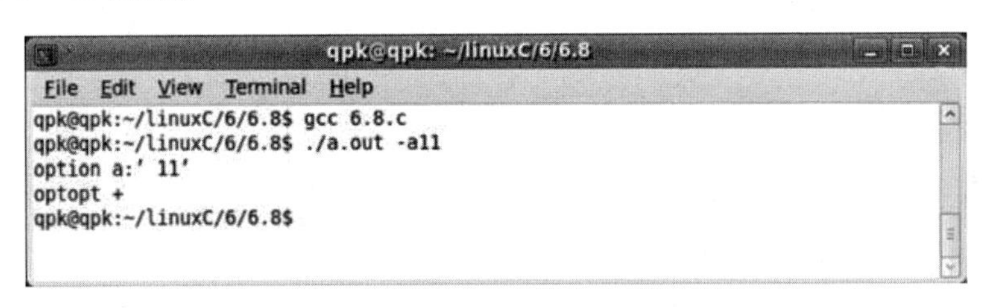

图6-13 getopt 分析命令行参数

2. ttyname( ) 返回一终端机名称

需要头文件：#include <unistd. h>

函数原型：char * ttyname (int desc);

函数返回值：如果成功则返回指向终端机名称的字符串指针，有错误情况发生时，则返回NULL。如果参数desc所代表的文件描述词为一终端机，则会将此终端机名称由一字符串指针返回，否则返回NULL。

【例6-9】ttyname 返回终端机名称。

```
1   #include <stdio.h>
2   #include <unistd.h>
3   #include <sys/types.h>
4   #include <sys/stat.h>
5   #include <fcntl.h>
6   main()
7   {
```

```
8       int fd;
9       char * file = "/dev/tty";
10      fd = open(file,O_RDONLY);
11      printf("% s",file);
12      if(isatty(fd))
13      {
14              printf("is a tty. \n");
15              printf("ttyname = % s \n",ttyname(fd));
16      }
17      else printf("is not a tty\n");
18              close(fd);
19  }
```

运行结果如图 6－14 所示。

```
qpk@qpk: ~/linuxC/6/6.9
File  Edit  View  Terminal  Help
qpk@qpk:~/linuxC/6/6.9$ gcc 6.9.c
qpk@qpk:~/linuxC/6/6.9$ ./a.out
/dev/ttyis a tty.
ttyname = /dev/tty
qpk@qpk:~/linuxC/6/6.9$
```

图 6－14　ttyname 获取终端机名称

6.6.2　日期时间函数

本节主要学习在 Linux C 中的时间表示和测量及其计算的函数。在程序中，经常要输出系统当前的时间，可以使用下面函数。

1. time( ) 取得目前的时间

函数原型：time_t time（time_t ＊t）；

函数返回值：成功则返回秒数，失败则返回（－1）值。

函数说明：此函数会返回公元 1970 年 1 月 1 日的 UTC 时间从 0 时 0 分 0 秒起到现在所经过的秒数。如果 t 为空指针的话，此函数也会将返回值存到 t 指针所指的内存。

2. ctime( ) 将时间和日期以字符串格式表示

函数原型：char ＊ctime（const time_t ＊timep)；

函数说明：ctime( ) 将参数 timep 所指的 time_t 结构中的信息转换成真实世界所使用的时间日期表示方法，然后将结果以字符串形式返回。

函数返回值：返回一个字符串表示目前当地的时间日期。这个字符串的长度是固定的，为 26。例如：Thu Dec 7 14：58：59 2000。

【例 6－10】获取当前日期和时间。

```
1  #include <stdio.h>
2  #include<time.h>
3  main()
```

```
4    {
5        time_t timep;
6        time(&timep);
7        printf("% s",ctime(&timep));
8    }
```

运行结果如图 6－15 所示。

图 6－15 获取当前日期和时间

3. gmtime( ) 取得目前的时间和日期

函数原型：struct tm ＊gmtime（const time_t ＊timep）；

函数说明：gtime( ) 将参数 timep 所指的 time_t 结构中的信息转换成真实世界所使用的时间日期表示方法，然后将结果由结构 tm 返回。

函数返回值：返回结构 tm 代表目前的 UTC 时间。

【例 6－11】 获取系统当前日期时间。

```
1     #include <stdio.h>
2     #include <time.h>
3     main()
4     {
5         char * wday[] = {"Sun","Mon","Tue","Wed","Thu","Fri","Sat"};
6         time_t timep;
7         struct tm * p;
8         time(&timep);
9         p = gmtime(&timep);
10        printf("% d/% d/% d",(1900 +p - >tm_year),(1 +p - >tm_mon),p - >tm_mday);
11        printf(" % s% d;% d;% d\n", wday[p - >tm_wday], p - >tm_hour, p - >tm_min, p
          - >tm_sec);
12    }
```

运行结果如图 6－16 所示。

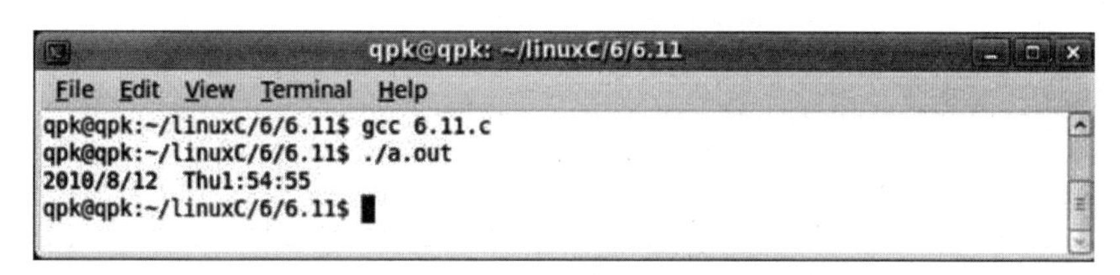

图 6－16 获取系统当前日期时间

4. difftime( ) 计算时间差距

函数原型：double difftime（time_t time，time_t time（））；

函数说明：difftime() 用来计算参数 time 和 time() 所代表的时间差距，结果以 double 型精确值返回。两个参数的时间皆是以 1970 年 1 月 1 日 0 时 0 分 0 秒算起的 UTC 时间。

函数返回值：返回精确的时间差距秒数。

6.6.3 字符串处理函数

1. index() 查找字符串中第一个出现的指定字符

函数原型：char *index (const char *s, int c)；

函数说明：index() 用来找出参数 s 字符串的第一个出现的参数 c 地址，然后将该字符出现的地址返回。字符串结束字符（NULL）也视为字符串的一部分。

函数返回值：如果找到指定的字符，则返回该字符所在的地址，否则返回 0。

【例 6-12】index 查找字符串中第一个出现的指定字符。

```
1    #include <stdio.h>
2    #include <string.h>
3    main()
4    {
5        char * s = "ABCDEFGHIJKLMN";
6        char * p;
7        p = index(s,'E');
8        printf("% s\n",p);
9    }
```

运行结果如图 6-17 所示。

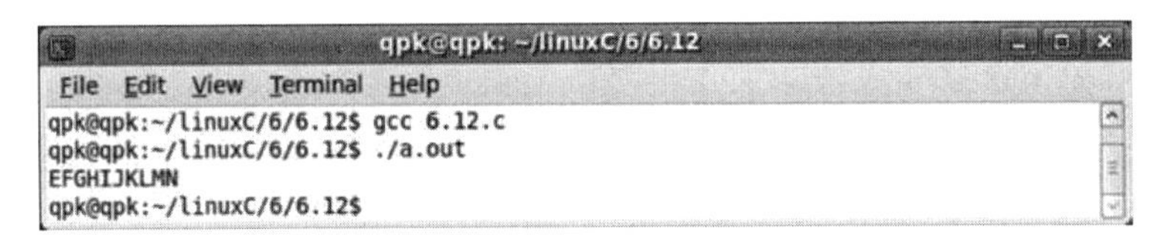

图 6-17　使用 index 函数完成索引功能

2. strcat() 连接两个字符串

函数原型：char *strcat (char *dest, const char *src)；

函数说明：strcat() 会将参数 src 字符串复制到参数 dest 所指的字符串尾。第一个参数 dest 要有足够的空间来容纳要复制的字符串。

函数返回值：返回参数 dest 的字符串起始地址。

【例 6-13】strcat 连接字符串。

```
1  #include <stdio.h>
2  #include <string.h>
3  main()
4  {
5      char a[30] = "abcedef";
6      char b[] = "hijklmn";
```

```
7        printf("% s\n", strcat(a,b));
8    }
```

运行结果如图 6－18 所示。

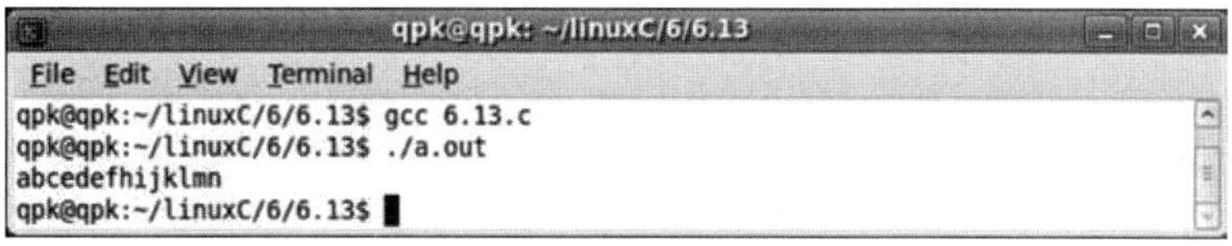

```
qpk@qpk: ~/linuxC/6/6.13
File Edit View Terminal Help
qpk@qpk:~/linuxC/6/6.13$ gcc 6.13.c
qpk@qpk:~/linuxC/6/6.13$ ./a.out
abcedefhijklmn
qpk@qpk:~/linuxC/6/6.13$
```

图 6－18　字符串连接

3. strcmp( ) 比较字符串

函数原型：int strcmp （const char ＊s1，const char ＊s2）；

函数说明：strcmp( ) 用来比较参数 s1 和 s2 字符串。字符串的大小比较以 ASCII 码表上的顺序来决定，此顺序亦为字符的值。

函数返回值：若参数 s1 和 s2 字符相同则返回 0。s1 若大于 s2 则返回大于 0 的值。s1 若小于 s2 则返回小于 0 的值。

【例 6－14】 strcmp 比较字符串

```
1.    #include <stdio.h>
2.    #include <string.h>
3.    main ()
4.    {
5.         char * a = "aBcdef";
6.         char * b = "abcdef";
7.         printf("strcmp(a,b ): % d\n",strcmp(a,b));
8.    }
```

运行结果如图 6－19 所示。

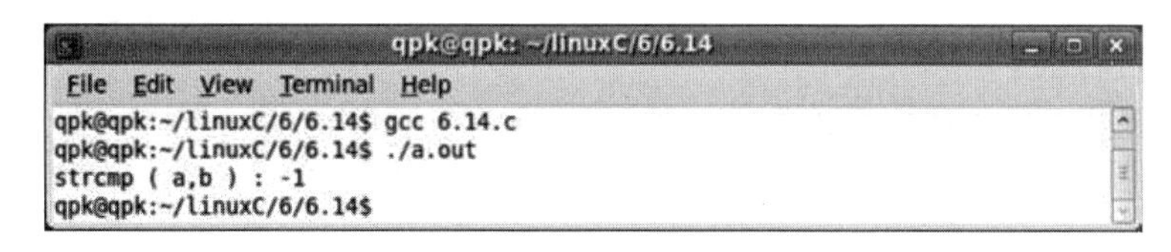

图 6－19　字符串比较

4. strcpy( ) 复制字符串

函数原型：char ＊strcpy （char ＊dest，const char ＊src ）；

函数说明：strcpy( ) 会将参数 src 字符串复制至参数 dest 所指的地址。

函数返回值：返回参数 dest 的字符串起始地址。

附加说明：如果参数 dest 所指的内存空间不够大，可能会造成缓冲溢出 （Buffer Overflow） 的错误。

【例 6－15】 strcpy 字符串复制。

```
1   #include <stdio.h>
```

```
2    #include <string.h>
3    main ()
4    {
5         char  a[30] = "12345";
6         char  b[] = "abcde";
7         printf("% s\n", strcpy(a,b ));
8    }
```

运行结果如图 6 – 20 所示。

```
qpk@qpk: ~/linuxC/6/6.15
File Edit View Terminal Help
qpk@qpk:~/linuxC/6/6.15$ gcc 6.15.c
qpk@qpk:~/linuxC/6/6.15$ ./a.out
abcde
qpk@qpk:~/linuxC/6/6.15$
```

图 6 – 20　字符串复制

6.6.4　常用数学函数

1. abs( ) 计算整型数的绝对值

需要头文件：#include <stdlib. h>

函数原型：int abs （int j）;

函数返回值：返回参数 j 的绝对值结果。

【例 6 – 16】 计算绝对值。

```
1    #include <stdio.h>
2    #include <stdlib.h>
3    main ()
4    {
5         int answer;
6         answer = abs( -12);
7         printf(" |-12 | = % d\n", answer);
8    }
```

运行结果如图 6 – 21 所示。

图 6 – 21　计算绝对值

2. cos( ) 取余弦函数值

需要头文件：include <math. h>

函数原型：double cos （double x）;

函数返回值：返回 –1 至 1 之间的计算结果。

函数说明：cos( ) 用来计算参数 x 的余弦函数值，然后将结果返回。

注意 使用 GCC 编译时请加入 -lm。

【例 6-17】 计算余弦值。

```
1    #include <math.h>
2    main ()
3    {
4        double answer =cos(0.5);
5        printf("cos(0.5) = % f \n",answer);
6    }
```

运行结果如图 6-22 所示。

```
qpk@qpk: ~/linuxC/6/6.17
File Edit View Terminal Help
qpk@qpk:~/linuxC/6/6.17$ gcc 6.17.c
qpk@qpk:~/linuxC/6/6.17$ ./a.out
cos (0.5) = 0.877583
qpk@qpk:~/linuxC/6/6.17$
```

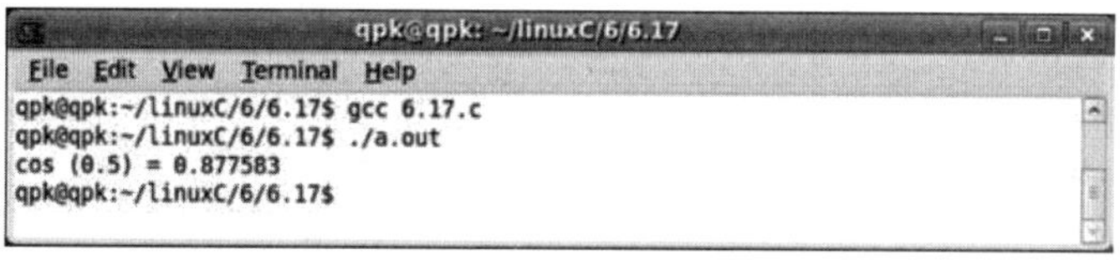

图 6-22 计算余弦值

3. ceil( ) 取不小于参数的最小整型数

需要头文件：#include <math.h>

函数原型：double ceil (double x);

函数返回值：返回不小于参数 x 的最小整数值。

函数说明：ceil( ) 会返回不小于参数 x 的最小整数值，结果以 double 形态返回。

注意 使用 GCC 编译时请加入 -lm。

【例 6-18】 计算不小于参数的最小整型数。

```
1    #include <math.h>
2    main()
3    {
4        double value[ ] ={4.8,1.12, -2.2,0};
5        int i;
6        for(i =0;value[i]! =0;i + +)
7        printf("% f --- >% f \n",value[i], ceil(value[i]));
8    }
```

运行结果如图 6-23 所示。

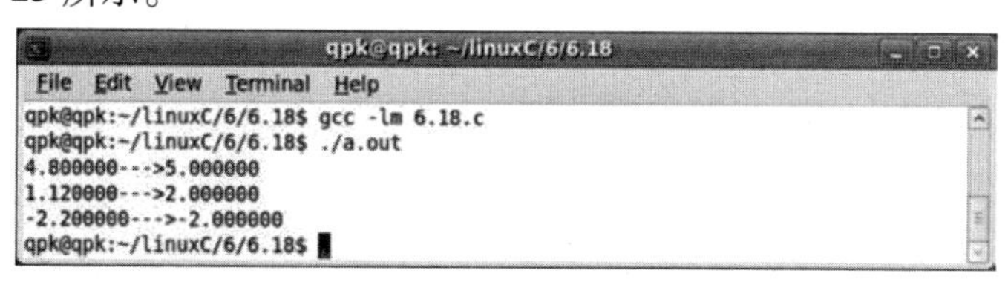

图 6-23 计算不小于参数的最小整型数

4. exp( ) 计算指数

需要头文件：#include <math. h>

函数原型：double exp (double x)；

函数返回值：返回 e 的 x 次方计算结果。

函数说明：exp( ) 用来计算以 e 为底的 x 次方值，即 ex 值，然后将结果返回。

注意 使用 GCC 编译时请加入 -lm。

【**例 6-19**】计算指数。

```
1   #include <math.h>
2    main()
3   {
4       double answer;
5       answer = exp(10);
6       printf("e^10 =% f\n", answer);
7   }
```

运行结果如图 6-24 所示。

```
qpk@qpk:~/linuxC/6/6.19$ gcc 6.19.c
qpk@qpk:~/linuxC/6/6.19$ ./a.out
e^10 =22026.465795
qpk@qpk:~/linuxC/6/6.19$
```

图 6-24 计算指数

5. sqrt( ) 计算平方根值

需要头文件：#include <math. h>

函数原型：double sqrt (double x)；

函数返回值：返回参数 x 的平方根值。错误代码：EDOM 参数 x 为负数。

函数说明：sqrt( ) 用来计算参数 x 的平方根，然后将结果返回。参数 x 必须为正数。

【**例 6-20**】计算平方值。

```
1   /* 计算 200 的平方根值* /
2   #include <math.h>
3   main()
4   {
5       double root;
6       root = sqrt(200);
7       printf("answer is % f\n",root);
8   }
```

运行结果如图 6-25 所示。

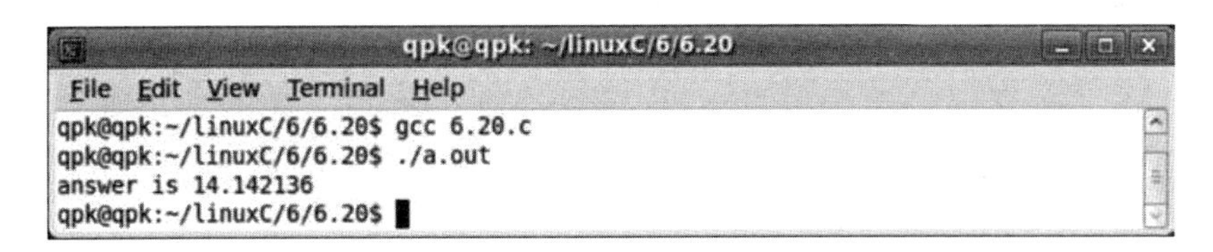

图6－25 计算平方值

6.6.5 数据结构及算法函数

1. crypt( ) 将密码或数据编码

需要头文件：#define _XOPEN_SOURCE

#include < unistd. h >

函数原型：char * crypt (const char * key, const char * salt);

函数返回值：返回一个指向以NULL结尾的密码字符串。

函数说明：crypt( ) 将使用Data Encryption Standard (DES) 演算法将参数key所指的字符串加以编码，key字符串长度仅取前8个字符，超过此长度的字符没有意义。参数salt为两个字符组成的字符串，由a－z、A－Z、0－9，"." 和 "/" 所组成，用来决定使用4096种不同内建表格的哪一个。函数执行成功后会返回指向编码过的字符串指针，参数key所指的字符串不会有所更动。编码过的字符串长度为13个字符，前两个字符为参数salt代表的字符串。

[注意] 使用GCC编译时需加－lcrypt。

【例6－21】编码数据。

```
1   #include <stdio.h>
2   #include <string.h>
3   #include <unistd.h>
4   main()
5   {
6       char passwd[13];
7       char * key;
8       char slat[2];
9       key = getpass ("Input First Password: ");
10      slat[0] = key[0];
11      slat[1] = key[1];
12      strcpy (passwd, crypt (key slat));
13      key = getpass ("Input Second Password: ");
14      slat[0] = passwd[0];
15      slat[1] = passwd[1];
16      printf ("After crypt (),1st passwd :% s \n", passwd);
17      printf ("After crypt (),2nd passwd:% s \n", crypt (key slat));
18  }
```

运行结果如图6－26所示。

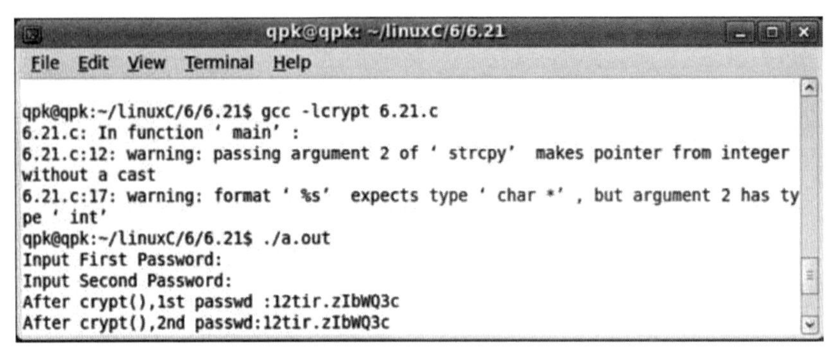

图 6-26　编码数据

2. bsearch() 二元搜索

需要头文件：#include <stdlib.h>

函数原型：void * bsearch (const void * key, const void * base, size_t nmemb, size_tsize, int (* compar) (const void * , const void *));

函数说明：bsearch() 利用二元搜索从排序好的数组中查找数据。参数 key 指向欲查找的关键数据，参数 base 指向要被搜索的数组开头地址，参数 nmemb 代表数组中的元素数量，每一元素的大小则由参数 size 决定，最后一项参数 compar 为一函数指针，这个函数用来判断两个元素之间的大小关系，若传给 compar 的第一个参数所指的元素数据大于第二个参数所指的元素数据，则必须回传大于 0 的值，两个元素数据相等，则回传 0。

注意　找到关键数据则返回找到的地址，如果在数组中找不到关键数据则返回 NULL。

【例 6-22】二元搜索。

```
1   #include <stdio.h>
2   #include <stdlib.h>
3   #define NMEMB 5
4   #define SIZE 10
5   int compar(const void * a,const void * b)
6   {
7        return(strcmp((char * )a,(char * )b));
8   }
9   main()
10  {
11      char data[50][size] = { "linux", "freebsd", "solaris", "sunos", "windows"};
12      char key[80],* base ,* offset;
13      int i, nmemb = NMEMB, size = SIZE;
14      while(1)
15      {
16             printf(" > ");
17             fgets(key,sizeof(key),stdin);
18             key[strlen(key) -1] = ' \0 ';
19             if(! strcmp(key, "exit"))break;
20             if(! strcmp(key, "list"))
```

```
21          {
22           for(i=0; i<nmemb; i++)
23                 printf("%s\n", data[i]);
24           continue;
25          }
26           base=data[0];
27           qsort(base,nmemb,size,compar);
28           offset =(char *)bsearch(key,base,nmemb,size,compar);
29           if(offset==NULL)
30          {
31           printf("%s not found! \n",key);
32           strcpy(data[nmemb++],key);
33           printf("Add %s to data array\n",key);
34          }
35          else
36          {
37           printf("found: %s \n",offset);
38          }
39      }
40  }
```

运行结果如图6-27所示。

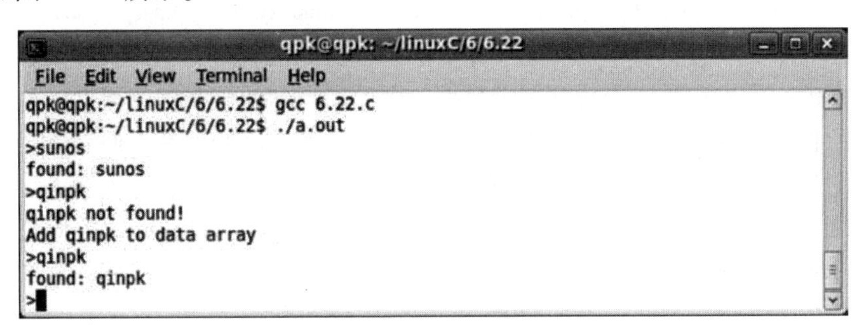

图6-27　二元搜索

程序说明：

第5～8行定义函数compar比较两个字符串的大小，在函数中传递的指针是“void *”，可以将其理解为“万能指针”，其可以接受任何类型的指针变量，在函数体中再通过强制类型转换，转换回原始类型；

第7行调用系统函数strcmp比较两个字符串的大小，并返回比较结果；

第11行定义字符型二维数组data存储5个字符串；

第14～39行while循环持续接收用户输入并进行相关操作直到用户输入“exit”退出；

第17行接收键盘输入并将输入的字符串存储到“key”中；

第18行字符串末尾增加字符串结束标识符；

第19行如果输入字符串为“exit”，则标识程序退出，直接退出while循环；

第 20～25 行如果输入字符串为“list”，则输出字符数组中存储的所有字符串；

第 27 行调用系统函数 qsort，利用快速排序法排列数组，这样会使得查找效率更高；

第 28 行调用系统函数 bsearch 进行二元搜索，查找数组中是否存在与用户输入相同的字符串。

3. lfind( ) 线性搜索

需要头文件：#include <stdlib.h>

函数原型：void * lfind (const void * key, const void * base, size_t * nmemb, size_t size, int (* compar) (const void * , const void *));

函数返回值：找到关键数据则返回找到的该元素的地址，如果在数组中找不到关键数据，则返回空指针（NULL）。

函数说明：lfind( ) 利用线性搜索在数组中从头至尾一项项查找数据。参数 key 指向欲查找的关键数据，参数 base 指向要被搜索的数组开头地址，参数 nmemb 代表数组中的元素数量，每一元素的大小则由参数 size 决定，最后一项参数 compar 为一函数指针，这个函数用来判断两个元素是否相同，若传给 compar 的第一个参数所指的元素数据和第二个参数所指的元素数据相同，则返回 0，两个元素数据不相同，则返回非 0 值。lfind( ) 与 lsearch( ) 的不同点在于，当找不到关键数据时，lfind( ) 仅会返回 NULL，而不会主动把该笔数据加入数组尾端。

4. lsearch( ) 线性搜索

需要头文件：#include <stdlib.h>

函数原型：void * lsearch (const void * key , const void * base , size_t * nmemb, size_t size, int (* compar) (const void * , const void *));

函数返回值：如果在数组中找到关键数据，则返回找到的该元素的指针，如果在数组中找不到关键数据，则将此关键数据加入数组，再把加入数组后的地址返回。

函数说明：lsearch( ) 利用线性搜索在数组中从头至尾一项项查找数据。参数 key 指向欲查找的关键数据，参数 base 指向要被搜索的数组开头地址，参数 nmemb 代表数组中的元素数量，每一元素的大小则由参数 size 决定，最后一项参数 compar 为一函数指针，这个函数用来判断两个元素是否相同，若传给 compar 的第一个参数所指的元素数据和第二个参数所指的元素数据相同，则返回 0，两个元素数据不相同，则返回非 0 值。如果 lsearch( ) 找不到关键数据则主动把该项数据加入数组里。

【例 6－23】 线性搜索。

```
1   #include <stdio.h>
2   #include <stdlib.h>
3   #define NMEMB 50
4   #define SIZE 10
5   int compar(void * a, void * b)
6   {
7         return(strcmp((char * )a,(char * )b));
8   }
9    main()
```

```
10  {
11       char data[NMEMB][SIZE] = { "Linux","freebsd","solzris","sunos",
             "windows"};
12       char key[80],* base,* offset;
13       int i, nmemb=NMEMB, size=SIZE;
14       for(i=1; i<5; i++)
15       {
16            fgets(key, sizeof(key), stdin);
17            key[strlen(key)-1]='\0';
18            base=data[0];
19            offset =(char *)lfind(key,base,&nmemb,size,compar);
20            if(offset == NULL)
21            {
22                 printf("%s not found! \n",key);
23                 offset=(char*)lsearch(key, base, &nmemb,size,compar);
24                 printf("Add %s to data array\n",offset);
25            }
26            else
27            {
28                 printf("found : %s \n",offset);
29            }
30       }
31  }
```

运行结果如图6－28所示。

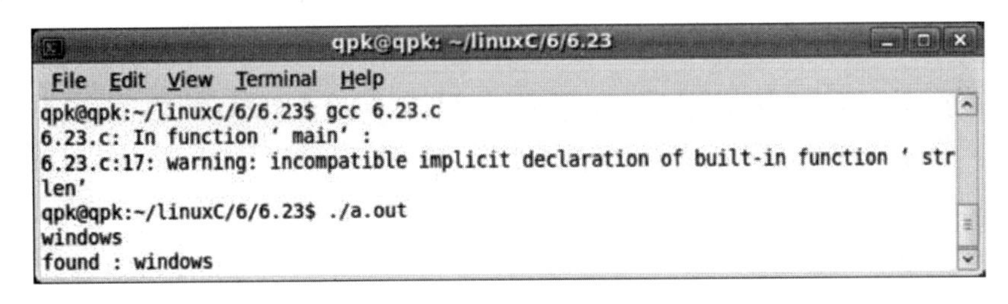

图6－28　线型搜索

程序说明：

第5～8行定义函数compar比较两个字符串的大小，在函数中传递的指针是“void *”，可以将其理解为“万能指针”，其可以接受任何类型的指针变量，在函数体中再通过强制类型转换，转换回原始类型；

第7行调用系统函数strcmp比较两个字符串的大小；

第11行定义字符型二维数组data存储5个字符串；

第14～30行for循环遍历字符数组中的5个字符串；

第19行遍历每个字符串时调用线性搜索函数lfind，查找该字符串中是否有与用户输入匹配的字符串；

第 23 行如果字符串不存在，则调用系统函数 lsearch 将字符串加入到字符数组中，因为对于 lsearch 而言，如果在数组中找不到关键数据，则将此关键数据加入数组。

5. rand( ) 产生随机数

需要头文件：#include <stdlib. h>

函数原型：int rand(void)

函数返回值：返回 0 至 RAND_MAX 之间的随机数值，RAND_MAX 定义在 stdlib. h 中，其值为 2147483647。

函数说明：rand( ) 会返回一随机数值，范围在 0 至 RAND_MAX 间。在调用此函数产生随机数前，必须先利用 srand( ) 设好随机数种子。如果未设随机数种子，rand( ) 在调用时会自动设随机数种子为 1。关于随机数种子请参考 srand( )。

【例 6－24】生成随机数。

```
1   #include <stdio.h>
2   #include <stdlib.h>
3   main()
4   {
5       int i,j;
6       for(i=0;i<10;i++)
7        {
8               j=1+(int)(10.0*rand()/(RAND_MAX+1.0));
9               printf ("% d ", j);
10       }
11      printf ("\n");
12  }
```

运行结果如图 6－29 所示。

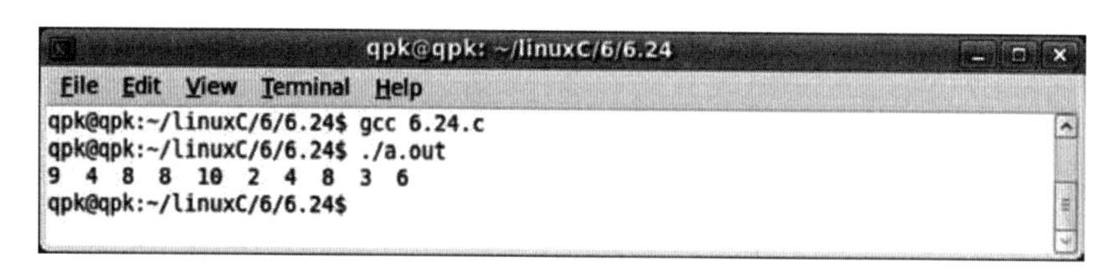

图 6－29　生成随机数

6. srand( ) 设置随机数种子

需要头文件：#include <stdlib. h>

函数原型：void srand (unsigned int seed);

函数说明：srand( ) 用来设置 rand( ) 产生随机数时的随机数种子。参数 seed 必须是个整数，通常可以利用 geypid( ) 或 time(0) 的返回值来当做 seed。如果每次 seed 都设相同值，rand( ) 所产生的随机数值每次就会一样。

【例 6－25】随机数种子设置。

```
1    #include <stdio.h>
2    #include <time.h>
3    #include <stdlib.h>
4    main()
5    {
6        int i,j;
7        srand((int)time(0));
8        for(i=0; i<10; i++)
9         {
10               j=1+(int)(10.0* rand()/(RAND_MAX+1.0));
11               printf ("%d", j);
12        }
13       printf ("\n");
14    }
```

运行结果如图 6－30 所示。

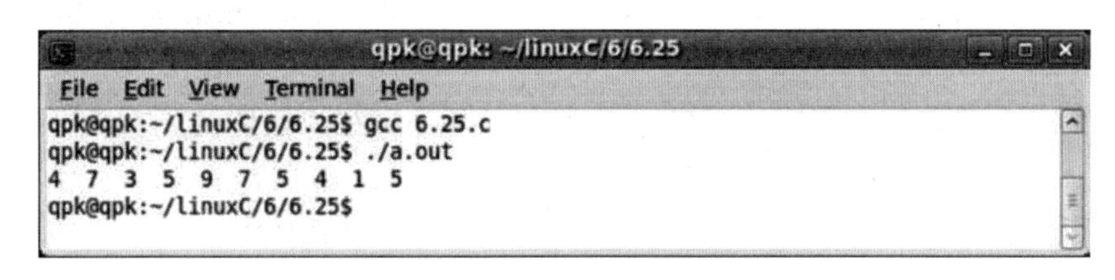

图 6－30 设置随机数种子

程序说明：

第 7 行用当前时间作为随机数的种子；

第 10 行产生介于 1 到 10 之间的随机数值。

习 题

一、单项选择题

1. 以下正确的描述是（ ）。
   A. 函数的定义可以嵌套，但函数的调用不可以嵌套
   B. 函数的定义不可以嵌套，但函数的调用可以嵌套
   C. 函数的定义和函数的调用均不可以嵌套
   D. 函数的定义和函数的调用均可以嵌套
2. 在 C 语言中，下面对函数不正确的描述是（ ）。
   A. 当用数组名作形参时，形参数组值的改变可以使实参数组之值相应改变
   B. 允许函数递归调用
   C. 函数形参的作用范围只是局限于所定义的函数内
   D. 子函数必须位于主函数之前

3. C 语言规定，简单变量做实参时，它和对应形参之间的数据传递方式为（　　）。

A. 地址传递　　B. 单向值传递

C. 由实参传给形参，再由形参传回给实参　　D. 由用户指定传递方式

4. 如果在一个函数中的复合语句中定义了一个变量，则以下正确的说法是（　　）。

A. 该变量只在该复合语句中有效　　B. 该变量在该函数中有效

C. 该变量在本程序范围内均有效　　D. 该变量为非法变量

5. 以下正确的函数形式是（　　）。

A. double fun (int x, int y) { z = x + y; return z;}

B. fun (int x, y) { int z; return z;}

C. fun (x, y) { int x, y; double z; z = x + y; return z;}

D. double fun (int x, int y) {double z; z = x + y; return z; }

6. C 语言的输入与输出操作是由（　　）完成的。

A. 输入语句　　B. 输出语句

C. 输入与输出函数　　D. 输入与输出语句

7. 对函数形参的说明有错误的是（　　）。

A. int a (float x [ ], int n)　　B. int a (float *x, int n)

C. int a (float x [10], int n)　　D. int a (float x, int n)

8. 如果一个变量在整个程序运行期间都存在，但是仅在说明它的函数内是可见的，这个变量的存储类型应该被说明为（　　）。

A. 静态变量　　B. 动态变量　　C. 外部变量　　D. 内部变量

9. 在 C 语言中，函数的数据类型是指（　　）。

A. 函数返回值的数据类型　　B. 函数形参的数据类型

C. 调用该函数时的实参的数据类型　　D. 任意指定的数据类型

10. 一个函数内有数据类型说明语句如下：

double x, y, z (10);

关于此语句的解释，下面说法正确的是（　　）。

A. z 是一个数组，它有 10 个元素

B. z 是一个函数，小括号内的 10 是它的实参的值

C. z 是一个变量，小括号内的 10 是它的初值

D. 语句中有错误

二、编程题

1. 输入两个整数，调用函数 stu ( )，求两个数和的立方，返回主函数显示结果。

2. 编程函数计算 1～100 之间的奇数和与偶数和，并在主函数中调用该函数把值输出打印到屏幕上。

第7章　结　构　体

本章重点

复合类型与结构体；

数据抽象和数据抽象。

学习目标

通过本章学习，理解结构体的基本概念并学会使用结构体来组织复杂结构的数据类型；理解包含结构类型变量的结构体类型——嵌套结构体。

7.1　复合类型与结构体

在编程语言中，最基本的、不可再分的数据类型称为基本类型，例如整型、浮点型。根据语法规则由基本类型组合而成的类型称为复合类型。例如，字符串是由很多字符组成的。有些场合下要把复合类型当作一个整体来用，而另外一些场合下需要分解组成这个复合类型的各种基本类型，复合类型的这种两面性为数据抽象奠定了基础。在学习一门编程语言时要特别注意以下三个方面。

（1）这门语言提供了哪些 Primitive，例如，基本类型、基本运算符、表达式和语句。

（2）这门语言提供了哪些组合规则，例如，基本类型如何组成复合类型、简单的表达式和语句如何组成复杂的表达式和语句。

（3）这门语言提供了哪些抽象机制，包括数据抽象和过程抽象。

本章以结构体为例讲解数据类型的组合和数据抽象，现在用 C 语言表示一个复数。从直角坐标系来看，复数由实部和虚部组成，从极坐标系来看，复数由模和辐角组成，两种坐标系可以相互转换，如图 7－1 所示。如果用实部和虚部表示一个复数，可以写成由两个 double 型组成的结构体：

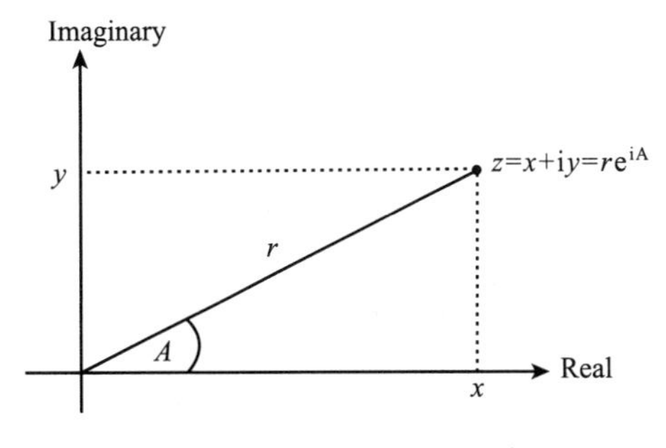

图 7－1　复数

```
struct complex_struct {
     double x,y;
};
```

这一句定义了标识符 complex_ struct（同样遵循标识符的命名规则），这种标识符在 C 语言中称为 Tag，struct complex_ struct { double x，y;} 整个可以看作一个类型名，就像 int 或 double 一样，只不过它是一个复合类型，如果用这个类型名来定义变量，可以这样写：

```
struct complex_struct {
     double x,y;
} z1,z2;
```

这样 z1 和 z2 就是两个变量名，变量定义后面带个“;”号是我们早就习惯的。但即使像先前的例子那样只定义了 complex_ struct 这个 Tag 而不定义变量，“}”后面的“;”号也不能少。这点一定要注意，类型定义也是一种声明，声明都要以“;”号结尾，结构体类型定义的“}”后面少“;”号是初学者常犯的错误。不管是用上面两种形式的哪一种定义了 complex_struct 这个 Tag，以后都可以直接用 struct complex_struct 来代替类型名。例如，可以这样定义另外两个复数变量：

struct complex_struct z3，z4;

如果在定义结构体类型的同时定义了变量，也可以不必写 Tag，例如：

```
struct {
     double x,y;
} z1,z2;
```

但这样就没办法再次引用这个结构体类型了，因为它没有名字。每个复数变量都有两个成员 x 和 y，可以用“.”运算符（. 号）来访问，这两个成员的存储空间是相邻的，合在一起组成复数变量的存储空间。看下面的例子。

【例 7 -1】 定义和访问结构体。

```
1    #include <stdio.h>
2    main()
3    {
4         struct complex_struct { double x,y;} z;
5         double x =3.0;
6         z.x =x;
7         z.y =4.0;
8         printf("struct value : z.x =% d z.y =% d\n",z.x,z.y);
9    }
```

运行结果如图 7 -2 所示。

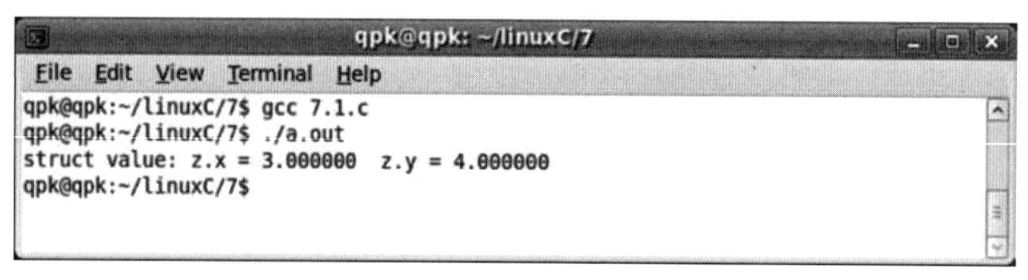

图 7 -2　定义和访问结构体

程序说明：

第4行定义一个结构体 complex_struct，它包含两个双精度浮点型成员变量，并定义结构体变量 z；

第6～7行对结构体成员和变量 z 进行赋值；

第8行输出结构体成员变量 z 的值。

注意，上例中变量 x 和变量 z 的成员 x 的名字并不冲突，因为变量 z 的成员 x 只能通过表达式 z.x 来访问，编译器可以从语法上区分哪个 x 是变量 x，哪个 x 是变量 z 的成员 x。结构体 Tag 也可以定义在全局作用域中，这样定义的 Tag 在其定义之后的各函数中都可以使用。例如：

```
struct complex_struct { double x,y;};
main()
{
     struct complex_struct z;
     …
}
```

结构体变量也可以在定义时初始化，例如：

```
struct complex_struct z = { 3.0,4.0 };
```

初始化中的数据依次赋给结构体的各成员。如果初始化中的数据比结构体的成员多，编译器会报错，但如果只是末尾多个逗号则不算错。如果 Initializer 中的数据比结构体的成员少，未指定的成员将用0来初始化，就像未初始化的全局变量一样。例如，以下几种形式的初始化都是合法的：

```
double x =3.0;
struct complex_struct z1 = { x,4.0,};/*  z1.x =3.0,z1.y =4.0 * /
struct complex_struct z2 = { 3.0,};/*  z2.x =3.0,z2.y =0.0 * /
struct complex_struct z3 = { 0 };/*  z3.x =0.0,z3.y =0.0 * /
```

注意，z1 必须是局部变量才能用另一个变量 x 的值来初始化它的成员，如果是全局变量，则只能用常量表达式来初始化。这也是 C99 的新特性，C89 只允许在 {} 中使用常量表达式来初始化，无论是初始化全局变量还是局部变量。

{} 这种语法不能用于结构体的赋值，例如这样是错误的：

```
struct complex_struct z1;
z1 = { 3.0,4.0 };
```

结构体类型用在表达式中有很多限制，不像基本类型那么自由，例如 +、-、*、/等算术运算符和 &&、||、! 等逻辑运算符都不能作用于结构体类型，if 语句、while 语句中的控制表达式的值也不能是结构体类型。严格来说，可以做算术运算的类型称为算术类型，算术类型包括整型和浮点型，可以表示零和非零，可以参与逻辑与、或、非运算或者做控制。表达式的类型称为标量类型，标量类型包括算术类型和以后要讲的指针类型。

结构体变量之间使用赋值运算符是允许的，用一个结构体变量初始化另一个结构体变量也是允许的，例如：

```
struct complex_struct z1 = { 3.0,4.0 };
struct complex_struct z2 = z1;
z1 = z2;
```

同样地，z2 必须是局部变量才能用变量 z1 的值来初始化。既然结构体变量之间可以相互赋值和初始化，也就可以当作函数的参数和返回值来传递：

```
struct complex_struct add_complex(struct complex_
struct z1,struct complex_struct z2)
{
        z1.x = z1.x + z2.x;
        z1.y = z1.y + z2.y;
        return z1;
}
```

这个函数实现了两个复数相加，如果在 main 函数中这样调用：

```
struct complex_struct z = { 3.0,4.0 };
z = add_complex(z,z);
```

那么调用传参的过程如图7－3所示。

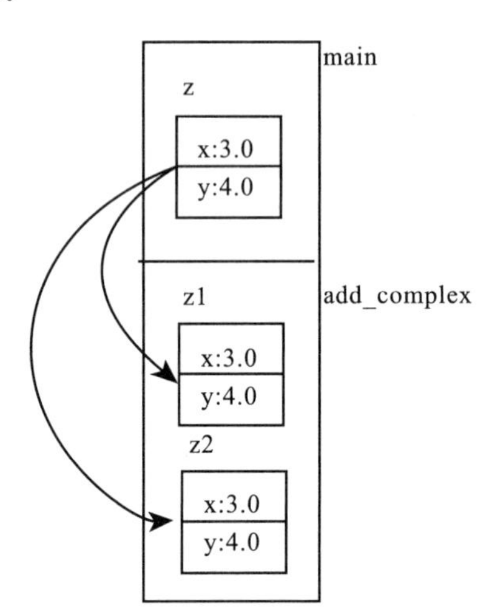

图 7－3 结构体传参

变量 z 在 main 函数的栈帧上，参数 z1 和 z2 在 add_complex函数的栈帧上，z 的值分别赋给 z1 和 z2。在这个函数里，z2 的实部和虚部被累加到 z1 中，然后 return z1；可以看成是：

(1) 用 z1 初始化一个临时变量；

(2) 函数返回并释放栈帧；

(3) 把临时变量的值赋给变量 z，释放临时变量。

由 “.” 运算符组成的表达式能不能做左值取决于 “.” 运算符左边的表达式能不能做左值。在上面的例子中，z 是一个变量，可以做左值，因此表达式 z.x 也可以做左值，但表达式 add_complex (z, z) .x 只能做右值而不能做左值，因为表达式 add_complex (z, z) 不能做左值。

7.2 数据抽象

现在来实现一个完整的复数运算程序。在 7.1 节已经定义了复数的结构体类型，现在需要围绕它定义一些函数。复数可以用直角坐标或极坐标表示，直角坐标做加减法比较方便，极坐标作乘除法比较方便。如果定义的复数结构体是直角坐标的，那么应该提供极坐标的转换函数，以便在需要的时候可以方便地取它的模和辐角：

```
1  #include <math.h>
2  struct complex_struct {
3        double x,y;
4  };
```

```
5  double real_part(struct complex_struct z)
6  {
7       return z.x;
8  }
9  double img_part(struct complex_struct z)
10  {
11      return z.y;
12  }
13  double magnitude(struct complex_struct z)
14  {
15      return sqrt(z.x *  z.x + z.y *  z.y);
16  }
17  double angle(struct complex_struct z)
18  {
19      return atan2(z.y,z.x);
20  }
```

此外，还提供两个函数用来构造复数变量，既可以提供直角坐标，也可以提供极坐标，在函数中自动做相应的转换，然后返回构造的复数变量：

```
1  struct complex_struct make_from_real_img(double x,double y)
2  {
3        struct complex_struct z;
4        z.x=x;
5        z.y=y;
6        return z;
7  }
8  struct complex_struct make_from_mag_ang(double r,double A)
9  {
10       struct complex_struct z;
11       z.x=r *  cos(A);
12       z.y=r *  sin(A);
13       return z;
14  }
```

在此基础上就可以实现复数的加减乘除运算了：

```
1  struct complex_struct add_complex(struct complex_struct z1,struct complex_struct
   z2)
2  {
3        return make_from_real_img(real_part(z1) + real_part(z2),
4                                  img_part(z1) + img_part(z2));
5  }
6  struct complex_struct sub_complex(struct complex_struct z1,struct complex_struct
   z2)
```

```
7  {
8        return make_from_real_img(real_part(z1) - real_part(z2),
9                          img_part(z1) - img_part(z2));
10  }
11  struct complex_struct mul_complex(struct complex_struct z1,struct comple x_
    struct z2)
12  {
13        return make_from_mag_ang(magnitude(z1) * magnitude(z2),
14                          angle(z1) + angle(z2));
15  }
16  struct complex_struct div_complex(struct complex_struct z1,struct comple x_
    struct z2)
17  {
18        return make_from_mag_ang(magnitude(z1) / magnitude(z2),
19                          angle(z1) - angle(z2));
20  }
```

可以看出，复数加减乘除运算的实现并没有直接访问结构体 complex_ struct 的成员 x 和 y，而是把它看成一个整体，通过调用相关函数来取它的直角坐标和极坐标。这样就可以非常方便地替换掉结构体 complex_struct 的存储表示，例如，改为用极坐标来存储：

```
1  #include <math.h>
2  struct complex_struct {
3       double r,A;
4  };
5  double real_part(struct complex_struct z)
6  {
7       return z.r * cos(z.A);
8  }
9  double img_part(struct complex_struct z)
10  {
11       return z.r * sin(z.A);
12  }
13  double magnitude(struct complex_struct z)
14  {
15        return z.r;
16  }
17  double angle(struct complex_struct z)
18  {
19        return z.A;
20  }
21  struct complex_struct make_from_real_img(double x,double y)
22  {
```

```
23        struct complex_struct z;
24        z.A = atan2(y,x);
25        z.r = sqrt(x * x + y * y);
26  }
27  struct complex_struct make_from_mag_ang(double r,double A)
28  {
29        struct complex_struct z;
30        z.r = r;
31        z.A = A;
32        return z;
33  }
```

虽然结构体 complex_struct 的存储表示做了这样的改动，add_complex、sub_complex、mul_complex、div_complex 这几个复数运算的函数却不需要做任何改动，仍然可以用，原因在于这几个函数只把结构体 complex_struct 当作一个整体来使用，而没有直接访问它的成员，因此也不依赖于它有哪些成员。下面结合图 7-4 进行具体分析。

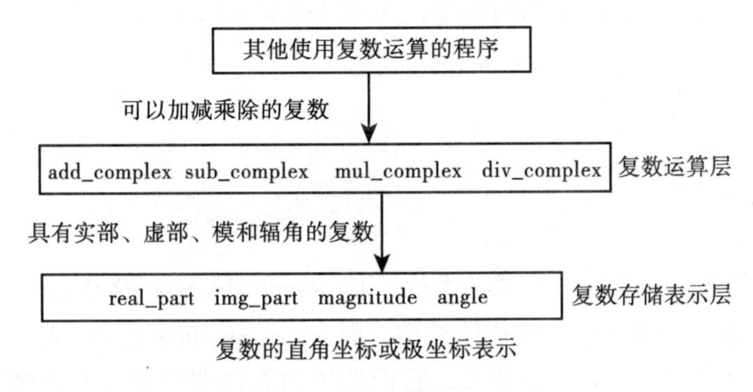

图 7-4 数据抽象

这里是一种抽象的思想。其实“抽象”这个概念并没有那么抽象，简单地说就是“提取公因式”：ab + ac = a（b + c）。如果 a 变了，ab 和 ac 这两项都需要改，但如果写成 a（b + c）的形式，就只需要改其中一个因子。

在复数运算程序中，复数有可能用直角坐标或极坐标来表示，把这个有可能变动的因素提取出来组成复数存储表示层：real_part、img_part、magnitude、angle、make_from_real_img、make_from_mag_ang。这一层看到的数据是结构体的两个成员 x 和 y，或者是 r 和 A，如果改变了结构体的实现，就要改变这一层函数的实现，但函数接口不改变，因此调用这一层函数接口的复数运算层也不需要改变。复数运算层看到的数据只是一个抽象的“复数”的概念，知道它有直角坐标和极坐标，可以调用复数存储表示层的函数得到这些坐标。再往上看，其他使用复数运算的程序看到的数据是一个更为抽象的“复数”的概念，只知道它是一个数，像整数、小数一样可以加减乘除，甚至连它有直角坐标和极坐标也不需要知道。

这里的复数存储表示层和复数运算层称为抽象层（Abstraction Layer），从底层往上层来看，复数越来越抽象了，把所有这些层组合在一起就是一个完整的系统。组合使得系统可以任意复杂，而抽象使得系统的复杂性是可以控制的，任何改动都只局限在某一层，而不会波及整个系统。著名的计算机科学家 Butler Lampson 说过："All problems in computer science can be solved by another level of indirection." 这里的 indirection 其实就是 abstraction 的意思。

7.3 数据类型标志

在 7.2 节中，通过一个复数存储表示抽象层把 complex_struct 结构体的存储格式和上层的复数运算函数隔开，complex_struct 结构体既可以采用直角坐标也可以采用极坐标存储。但有时候需要同时支持两种存储格式。比如，先前已经采集了一些数据存在计算机中，有些数据是以极坐标存储的，有些数据是以直角坐标存储的，如果要把这些数据都存到 complex-struct 结构体中怎么办？一种办法是规定 complex_struct 结构体采用直角坐标格式，直角坐标的数据可以直接存入 complex_struct 结构体，而极坐标的数据需要先转成直角坐标再存，但由于浮点数的精度有限，转换总是会损失精度的。这里介绍另一种办法，complex_struct 结构体由一个数据类型标志和两个浮点数组成，如果数据类型标志为 0，那么两个浮点数就表示直角坐标，如果数据类型标志为 1，那么两个浮点数就表示极坐标。这样，直角坐标和极坐标的数据都可以适配到 complex_struct 结构体中，无需转换和损失精度：

```
enum coordinate_type { RECTANGULAR, POLAR };
struct complex_struct {
      enum coordinate_type t;
      double a, b;
};
```

enum 关键字的作用和 struct 关键字类似，把 coordinate_type 这个标识符定义为一个标签，struct complex_struct 表示一个结构体类型，而 enum coordinate_type 表示一个枚举（Enumeration）类型。枚举类型的成员是常量，它们的值由编译器自动分配，例如，定义了上面的枚举类型之后，RECTANGULAR 就表示常量 0，POLAR 表示常量 1。如果不希望从 0 开始分配，可以这样定义：

```
enum coordinate_type { RECTANGULAR =1, POLAR };
```

这样，RECTANGULAR 就表示常量 1，而 POLAR 表示常量 2。枚举常量也是一种整型，其值在编译时确定，因此也可以出现在常量表达式中，可以用于初始化全局变量或者作为 case 分支的判断条件。

有一点需要注意，虽然结构体的成员名和变量名不在同一命名空间中，但枚举的成员名却和变量名在同一命名空间中，所以会出现命名冲突。例如，这样是不合法的：

```
main()
{
      enum coordinate_type { RECTANGULAR =1, POLAR };
      int RECTANGULAR;
      printf ("% d % d \n", RECTANGULAR, POLAR);
}
```

complex_struct 结构体的格式变了，就需要修改复数存储表示层的函数，但只要保持函数接口不变就不会影响到上层函数。例如：

```
1    struct complex_struct make_from_real_img (double x, double y)
2     {
3        struct complex_struct z;
4        z.t = RECTANGULAR;
5        z.a = x;
6        z.b = y;
7        return z;
8    }
9    struct complex_struct make_from_mag_ang (double r, double A)
10     {
11       struct complex_struct z;
12       z.t = POLAR;
13       z.a = r;
14       z.b = A;
15       return z;
16    }
```

7.4　嵌套结构体

结构体也是一种递归定义：结构体的成员具有某种数据类型，而结构体本身也是一种数据类型。换句话说，结构体的成员可以是另一个结构体，即结构体可以嵌套定义。例如，我们在复数的基础上定义复平面上的线段：

```
struct segment {
     struct complex_struct start;
     struct complex_struct end;
};
```

初始化也可以嵌套，因此嵌套结构体可以嵌套地初始化，例如：

```
struct segment s = {{ 1.0,2.0 },{ 4.0,6.0 }};
```

也可以平坦（Flat）地初始化。例如：

```
struct segment s = { 1.0,2.0,4.0,6.0 };
```

甚至可以把两种方式混合使用（这样可读性很差，应该避免）：

```
struct segment s = {{ 1.0,2.0 },4.0,6.0 };
```

利用 C99 的新特性也可以做 Memberwise Initialization，例如：

```
struct segment s = { .start.x = 1.0,.end.x = 2.0 };
```

访问嵌套结构体的成员要用到多个“.”运算符，例如：

```
s.start.t = RECTANGULAR;
s.start.a = 1.0;
s.start.b = 2.0;
```

习　　题

一、单项选择题

1. C 语言结构体类型变量在程序执行期间（　　）。

   A. 所有成员一直驻留在内存中　　B. 只有一个成员驻留在内存中

   C. 部分成员驻留在内存中　　D. 没有成员驻留在内存中

2. 下面程序的运行结果是（　　）。

```
main()
{
 struct cmplx{
                  int x;
                  int y;
                 }cnum[2] = {1,3,2,7};
    printf("% d\n",cnum[0].y/cnum[0].x* cnum[1].x);
}
```

   A. 0　　B. 1　　C. 3　　D. 6

3. 设有如下定义：

```
struct  sk
 {
    int n;
    float x;
  }data ,* p;
```

   若要使 p 指向 data 中的 n 域，正确的赋值语句是（　　）。

   A. data. n;　　B. p = data. n;

   C. p = （struct sk*） &data. n;　　D. p = （struct sk*） data. n;

4. 以下对结构体变量 stu1 中成员 age 的非法引用是（　　）。

```
 struct student
{
      int age;
      int num;
}stu1,* p;
 p = &stu1;
```

   A. stu1. age　　B. student. age　　C. p -> age　　D. （ * p）. age

5. 下面对 typedef 的叙述中不正确的是（　　）。

A. 用 typedef 可以定义各种类型名，但不能用来定义变量
B. 用 typedef 可以增加新类型
C. 用 typedef 只是将已存在的类型用一个新的标识符来代表
D. 使用 typedef 有利于程序的通用和移植

6. 以下 scanf 函数调用语句中对结构体变量成员的不正确引用是（　　）。

```
struct pupil
{
        char name[20];
        int age;
     int sex;
   }pup[5],* p;
   p=pup;
```

A. scanf（"%s"，pup[0].name）;　　　B. scanf（"%d"，&pup[0].age）;
C. scanf（"%d"，&（p->sex））;　　　D. scanf（"%d"，p->age）;

二、填空题

1. 以下程序的运行结果是________。

```
struct n
{
      int x;
      char c;
};
main()
{
      struct n a={10,'x'};
      func(a);
      printf("% d,% c",a.x,a.c);
}
func(struct n b)
{
      b.x=20;
      b.c='y';
}
```

2. 若有定义：

```
struct num
{
    int a;
    int b;
    float f;
 }n={1,3,5.0};
struct num * pn=&n;
```

则表达式 pn－>b/n. a＊++pn－>b 的值是________，表达式（＊pn）. a+pn->f 的值是________。

三、编程题

利用结构：

```
struct complx
{
      int real;
      int im;
};
```

编写求两个复数之积的函数 cmult，并利用该函数求下列复数之积：

(1) (3+4i)×(5+6i)；

(2) (10+20i)×(30+40)。

第8章　预处理命令

本章重点

无参宏定义和有参宏定义；

文件包含；

条件编译。

学习目标

通过本章学习，熟悉宏定义与宏扩展；熟悉宏定义与函数的区别；熟悉文件包含命令#include的作用及其预处理方法；熟悉条件编译的使用。

8.1　宏　定　义

C语言标准允许在程序中用一个标识符来表示一个字符串，称为宏。标识符为宏名，在编译预处理时，将程序中所有的宏名用相应的字符串来替换，这个过程称为宏替换，宏分为两种：无参数的宏和有参数的宏。

1. 无参数宏

无参数宏定义的一般形式为：

#define　标识符字符串

"#"代表本行是编译预处理命令。define是宏定义的关键词，标识符是宏名。字符串是宏名所代替的内容，可以是常数、表达式等。

注意　宏定义和其他编译预处理命令不是以分号结尾的。

【例8-1】　使用无参数宏的程序，输入半径，求圆的周长、面积和体积。

```
1    #include <stdio.h>
2    #define PI 3.1415926
3    main()
4    {
5        float l,s,r,v;
6        printf("input radius:");
7        scanf("%f",&r);
8        l=2.0*PI*r;
```

```
9          s=PI* r* r;
10         v=4.0/3.0* PI* r* r* r;
11         printf(" l=%10.4f \n s=%10.4f \n v=%10.4f \n",l,s,v);
12     }
```

运行结果如图 8-1 所示。

```
qpk@qpk: ~/linuxC/8/8.1
File  Edit  View  Terminal  Help
qpk@qpk:~/linuxC/8/8.1$ gcc 8.1.c
qpk@qpk:~/linuxC/8/8.1$ ./a.out
Input radius:2.8
 l =    17.5929
 s =    24.6301
 v=   91.9523
qpk@qpk:~/linuxC/8/8.1$
```

图 8-1　无参宏使用

程序说明：

第 2 行宏定义，用 PI 来代表 3.1415926，宏替换是在程序中用相应的字符串来替换宏名，编译器预处理程序对它不作任何检查。如果有错误，只能在编译程序时才会被编译器发现。习惯上，宏名都是用大写字母，当然也可以用小写字母。使用宏代替一个字符串，可以减少程序中重复书写某些字符串的工作量。可以用一个有意义的宏名来代替无规律的字符串，提高程序的可读性，同时修改起来也方便。如果要把程序中的 PI 值改为 3.14，则只要修改#define 这一行即可。如果没有使用宏，那么就要查找程序并修改所有的 PI 值。宏的作用范围是从宏定义开始到源程序文件结束为止。也可以使用#undef 来提前终止作用范围。例如：

```
#define MAX 256
int main()
{
…
}
#undef MAX
int r()
{
…
}
```

注意　由于使用了#undef，使宏名 MAX 只在 main 函数中有效。

知识点　终止宏定义命令的一般形式：

#undef　标识符

undef 是终止宏定义的特定字，其作用是从该命令开始，该标识符（宏名）不再代表相应字符序列，即该标识符的作用范围到此处结束。

宏定义允许嵌套。例如：

```
#define MIN 10
```

```
#define MAX MIN* 2
```

定义 MAX 宏时使用了前面已经定义的 MIN。

【例 8－2】　输出格式定义为宏的示例。

```
1    #define PR printf
2    #define NL "\n"
3    #define MACRO "%d "
4    #define MACRO1 MACRO NL
5    #define MACRO2 MACRO MACRO NL
6    #define MACRO3 MACRO MACRO MACRO NL
7    #define MACRO4 MACRO MACRO MACRO MACRO NL
8    #define S "%s\n"
9    main()
10    {
11        int a,b,c,d;
12        char string[] = "CHINA";
13        a =1;b =2;c =3;d =4;
14        PR(MACRO1,a);
15        PR(MACRO2,a,b);
16        PR(MACRO3,a,b,c);
17        PR(MACRO4,a,b,c,d);
18        PR(S,string);
19    }
```

运行结果如图 8－2 所示。

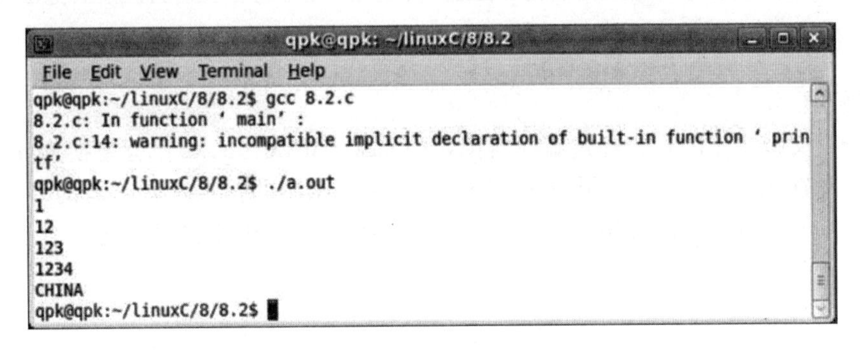

图 8－2　输出格式定义为宏

程序说明：

第 1 行宏定义，以 PR 代替系统输出函数 printf，PR 可以作为系统输出函数来用；

第 2 行宏定义，以 NL 代替“\n”，在打印输出时可以用 NL 进行换行操作，替代“\n”。

第 3 行宏定义，以 MACRO 代替“%d”，在打印输出时可以用 MACRO 代替“%d”，作为整型变量输出的标志；

第 4 行宏定义，以 MACRO1 代替 MACRO NL，即打印输出时 MACRO1 表示一个整型变量加一个换行输出符。以此类推第 5 行、第 7 行是与之类似的宏定义；

第 8 行宏定义，以 S 代替“%s\n”，即用 S 代表一个字符串加一个换行输出。

2. 有参数宏

有参数的宏类似于有参数的函数，其定义的一般形式为：

#define 标识符（形参表）字符串

如果有多个形参，像函数参数一样以逗号隔开。在程序中使用有参数宏的形式是：

标识符（实参表）

【例 8-3】 演示了有参数宏的实现方法。

```
1    #include <stdio.h>
2    #define MAX(x,y) (x>y? x:y)
3    main()
4    {
5        int a=1,b=2,max;
6        max=MAX(a,b);
7        printf{"the max between (% d,% d) is % d\n",a,b,max};
8    }
```

运行结果如图 8-3 所示。

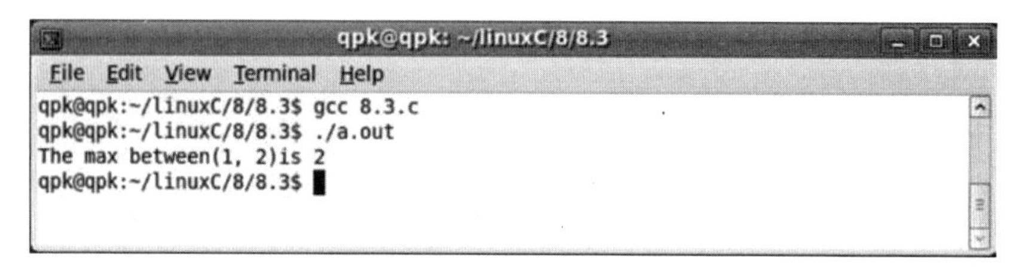

图 8-3　带参宏使用

程序说明：

第 2 行定义带实参的宏，经过编译器预处理 max = MAX（a，b）就替换为 max =（a > b? a：b）。程序第二行的宏定义中表达式 x > y? x：y 两边的括号不是必需的，但出于良好的编程规范应该加上。如果没有括号，往往会导致一些意想不到的问题。比如有一个宏定义：

```
#define M(x,y) x* y
```

在程序中有：

```
int a=2,b=3,c;
c=M(a+1,b+1);
```

那么进行宏替换，a+1 是 x 的实参，b+1 是 y 的实参，那么替换后的结果为：

```
c=a+1* b+1;
```

显然这是不符合要求的，应该按照如下方式进行宏定义：

```
#define M(x,y) (x)* (y)
```

此时宏展开后：

```
c =(a +1)* (b +1);
```

定义有参数的宏的时候，应该注意。

(1) 宏名与形参表的圆括号之间不能有空格，否则会导致错误。例如#define M (x, y) (x) *(y)，M 与“(”之间不能有空格。

(2) 在宏定义中，字符串内的形式参数最好用括号括起来，以避免错误。例如，#define M (x, y) (x) *(y) 中的字符串 (x) *(y)、x、y 都用括号括起来。

知识点

宏定义与函数的区别

通过前面的举例，读者可能会觉得：在定义宏时有形式参数，通过宏调用给出实际参数，这种形式与函数的使用十分相似。事实上，它们是有本质不同的。主要体现在以下几方面。

(1) 宏定义只是对字符串进行简单替换，而函数调用则是按程序的含义来替换形式参数。

(2) 宏定义只能用于简单的单行语句替换，而函数可用于复杂运算。

(3) 宏定义只占用编译时间，不占用运行时间，执行速度快，而函数调用、参数的传递等，都要占用内存开销。

(4) 宏定义在编译时展开，多次使用会让源程序增大，而函数调用不管多少次总占用相同的源程序空间。

(5) 宏的作用范围从定义点开始，到程序源文件的末尾或使用命令#undef 取消定义之前。

(6) 有参数的宏的形式参数不是变量，不分配内存空间，无需说明数据类型。而函数的形式参数是变量，需要分配内存空间，在函数定义时要指明参数的数据类型。

总的来说，当语句较简单时，可考虑使用宏定义，从程序执行的速度来说，它优于函数。使用宏的次数较多时，宏替换后源程序一般会变长。而函数调用不会使程序变长。宏替换不会占用运行时间，只是编译的时间稍微变长一点。而函数调用则会占用运行时间。一般用宏来代表一些较为简单的表达式比较合适。

8.2 文件包含

文件包含是指把指定源文件的全部内容包括到当前源程序文件中。

文件包含命令的一般形式为：

#include "文件名"

或

#include <文件名>

文件包含预定处理命令#include 的作用是使一个源文件可以将另外一个源文件的全部内容包含进来，把指定的文件插入该命令行位置取代该命令行，从而把指定的文件和当前的源程序文件连成一个源文件。

一个大型的程序通常都是分为多个模块，由不同的程序员编写，最终需要将它们汇集在一起进行编译。另外，在程序设计中，有一些程序代码会经常使用，例如，程序中的函数、宏定义等。为了方便代码的重用和包含不同模块文件的程序，C 语言提供了文件包含的方法。文件包含示意图如图 8－4 所示。

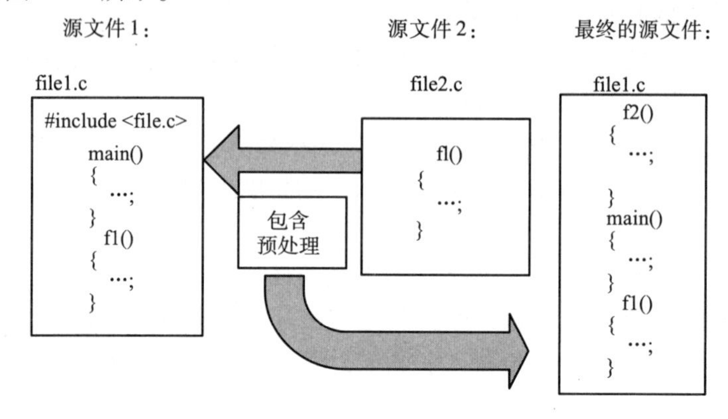

图 8－4　文件包含示意图

文件包含命令中的文件名既可以用尖括号，也可以用双引号括起来，它们的区别在于查找指定文件的位置不同。尖括号只在缺省目录里找指定文件。缺省目录是由用户设置的编程环境决定的。双引号则先在源程序文件所在的当前目录里查找指定文件，如果没有找到再到缺省目录里找。如果指定文件与当前编写中的源程序出在同一个目录里，就必须使用双引号来包含该文件，否则编译程序会报告找不到指定的头文件。

8.3　条件编译

条件编译是指在特定的条件下，对满足条件和不满足条件的情况分别进行处理——满足条件时编译某些语句，不满足条件时编译另一些语句。

条件编译指令常用于程序的移植等方面，与系统编译环境相关。在编译前先对系统环境进行判断，再进行相应的语句编译。

一般情况下，源程序中所有的行都被编译，有时希望其中一部分内容只在某个条件成立或不成立时才去编译，也就是对一部分内容指定编译的条件，这就是条件编译。

条件编译命令有以下几种模式。

模式一：

#ifndef 标识符

程序段 1

#endif

其含义是：如果没有定义标识符，则编译程序段 1。

这里的程序段 1 既可以是语句组，也可以命令行。

使用示例：

```
#ifndef getkey
#define getkey
#include <sys/types.h>
```

```
#endif
```

这段代码的含义是：如果没有定义符号常量 getkey，就定义该常量并且包含头文件 sys/types. h. 。

模式二：

#ifndef　标识符

程序段 1

#else

程序段 2

#endif

其含义是：如果没有定义标识符，就编译程序段 1，否则就编译程序段 2。

模式三：

#ifdcf　标识符

程序段 1

#endif

其含义是：如果定义了标识符，就编译程序段 1，否则就不编译该程序段。

使用示例：

```
#ifdef  DEBUG
printf{"a = % d,b = % d",a,b};
#endif
```

在调用程序时，可以在源程序头部加入如下语句：

```
#define  DEBUG
```

这样在软件开发阶段，编译运行程序时会输出变量 a、b 的值。当程序调试完毕，在源程序文件头部删除这一行，则用户运行时不会输出 a、b 的值。这里打印出 a、b 值只是供调试使用。

模式四：

#ifdef　标识符

程序段

#else

程序段 2

#endif

其含义是：如果定义了标识符，就编译程序段 1，否则编译程序段 2。

模式五：

#if　表达式

程序段 1

#endif

其含义是：如果表达式成立，则编译程序段 1，否则不编译该程序段。

使用示例：

```
#include <stdio.h>
#define MAX(x,y)(x>y? x:y)
…
int a=5,b=10,c;
…
#if c
C=MAX(a,b);
#endif
```

如果变量 c 存在，就调用宏 MAX（a，b）获得 a、b 的最大值，并把该值赋给变量 c。

模式六：

#if　表达式

程序段 1

#else

程序段 2

#endif

其含义是：如果表达式成立，就编译程序段 1，否则编译程序段 2。

事实上，不用条件编译而直接使用 if… else 语句也可以达到该要求，但采用条件编译，可以减少被编译的语句，从而减少可执行程序的长度，缩短程序运行时间。当条件编译的程序段比较多时，可执行程序的长度可以大大减少。

【例 8－4】　输入一行字母字符，根据需要设置条件编译，使之能将字母全改为大写输出，或全改为小写输出。

```
1    #define  LETTER 1
2    main()
3    {
4         char str[20]="C Language",c;
5         int i;
6         i=0;
7         while((c=str[i]) ! = '\0')
8         {
9              i++;
10             #if LETTER
11             if (c>='a' && c<='z')
12                   c=c-32;
13             #else
14             if (c>='A' && c<='Z')
15                   c=c+32;
16             #endif
17             printf("%c",c);
18         }
19        printf("\n");
```

```
20    }
```

运行结果如图 8 -5 所示。

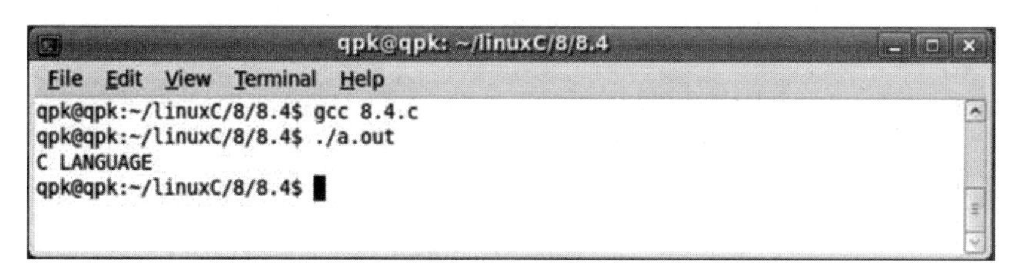

图 8 -5　条件编译

这个程序在编译时，选择性的编译语句为：

```
if (c> -'a' && c< ='z')
  c=c - 32;
```

如果把宏定义改为：#define LETTER 0，则编译时，选择性得编译语句为：

```
if (c> ='A' && c< ='Z')
    c=c + 32;
```

习　　题

单项选择题

1. 已知宏定义。

```
#define N 3
#define Y(n) ((N+1)* n)
```

执行语句 z=2＊ (N+Y (5+1))；后，变量 z 的值是 (　　)。

A. 42　　B. 48　　C. 52　　D. 出错

2. 已知宏定义 define SQ (x) x＊x，执行语句 printf ("%d", 10/SQ (3))；后的输出结果是 (　　)。

A. 1　　B. 3　　C. 9　　D. 10

3. 已知宏定义如下：

```
#define PR printf
#define NL "\n"
#define D "% d"
#define D1 DNL
```

若程序中的语句是 PR (D1, a)；经预处理后展开为 (　　)。

A. printf (%d\ n, a)；　　B. printf ("%d\ n", a)；

C. printf ("%d"" \ n", a)；　　D. 原语句错误

4. 以下程序的运行结果是 (　　)。

```
#define  MIN(x,y) (x) < (y)? (x):(y)
main()
{
int i =10,j =15,k;
        k =10* MIN(i,j);
        printf("% d\n",k);
}
```

A. 10　　B. 15　　C. 100　　D. 150

5. 若有宏定义如下：

```
#define   X   5
#define   Y   X +1
#define   Z   Y* X/2
```

则执行以下 printf 语句后，输出结果是（　　）。

```
int a;a =Y;
printf("% d\n",Z);
printf("% d\n", - -a);
```

A. 7　　B. 12　　C. 12　　D. 7

6. 请读程序：

```
#include  < stdio. h
#define MUL (x, y) (x)  * y
main ()
{
    int a =3, b =4, c;
    c = MUL (a + +, b + +);
    printf ("%d \ n", c);
}
```

上面程序的输出结果是（　　）。

A. 12　　B. 15　　C. 20　　D. 16

7. 对下面程序段：

```
#define A 3
#define B (a) ( (A +1)  * a)
…
x =3 *  (A +B (7));
```

正确的判断是（　　）。

A. 程序错误，不许嵌套宏定义　　B. x =93

C. x =21　　D. 程序错误，宏定义不许有参数

8. 以下正确的描述是（　　）。

A. C 语言的预处理功能是指完成宏替换和包含文件的调用

B. 预处理指令只能位于C源程序文件的首部

C. 凡是C源程序中行首以“ . ”标识的控制行都是预处理指令

D. C语言的编译预处理就是对源程序进行初步的语法检查

9. 在“文件包含”预处理语句的使用形式中，当include后面的文件名用< >（尖括号）括起时，找寻被包含文件的方式是（　　）。

A. 仅仅搜索当前目录

B. 仅仅搜索源程序所在目录

C. 直接按系统设定的标准方式搜索目录

D. 先在源程序所在目录搜索，再按照系统设定的标准方式搜索</P< p>

第9章　Linux文件系统与文件操作

本章重点

Linux 文件系统基本概念、类型划分和文件处理方式；
文件类型指针和文件描述符；
缓冲文件和非缓冲文件；
文本文件与二进制文件；
临时文件读写。

学习目标

通过本章学习，了解 Linux 文件组织方式及文件系统的基本结构与分类；熟悉文件类型指针与文件描述符的区别与联系；掌握缓冲文件操作与非缓冲文件操作；掌握文本文件与二进制文件，文本方式与二进制方式之间的区别与联系；掌握临时文件的创建与读写。

9.1　Linux 文件系统简介

9.1.1　Linux 文件系统概述

1. 文件系统是什么

操作系统中负责管理和存储文件信息的软件机构称为文件管理系统，简称文件系统。例如，常用的 Windows XP 最常见的文件系统 FAT32 和 NTFS。文件系统由三部分组成：与文件管理有关的软件、被管理的文件及实施文件管理所需的数据结构。从系统角度来看，文件系统是对文件存储器空间进行组织和分配，负责文件的存储并对存入的文件进行保护和检索的系统。具体地说，它负责为用户建立文件，存入、读出、修改、转储文件、控制文件的存取和当用户不再使用时撤销文件等。

通常文件系统的存储介质可以是：硬盘、光盘、软盘、Flash 盘、磁带和网络存储设备等。磁盘或分区和它所包括的文件系统的不同是很重要的。只有极少数的程序直接对磁盘或分区的原始扇区进行操作，因为直接操作原始扇区有可能会破坏一个存在的文件系统。大部分程序都是基于文件系统进行操作，通常同一个程序在不同种文件系统上不能工作。对程序进行平台移植的主要工作就在于文件系统操作方面的修缮。

2. 如何创建文件系统

从磁盘分区开始一步步分析如何在一个磁盘上建立文件系统。

（1）磁盘分割。这是针对大容量的存储设备来说的，主要是指硬盘。对于大硬盘，要合理规划分区。硬盘的分割，Linux 有 fdisk、cfdisk 和 parted 等，常用的还有 fdisk 工具，Windows 和 dos 常用的也有 fdisk，但和 Linux 中的使用方法不一样。

（2）文件系统的建立。一个分区或磁盘能作为文件系统使用前，需要初始化，并将记录数据结构写到磁盘上。这个过程就叫建立文件系统。通常可以通过一些格式化工具进行格式化操作，一般情况下，每个类型的操作系统都有这方面的工具。例如，Linux 中有 mkfs 系列工具可以用来进行格式化操作。

（3）挂载。文件系统只有挂载才能使用，UNIX 类的操作系统如此，Windows 也是一样；在 Windows 更直观一些，具体内部机制我们不太了解。但 UNIX 类的操作系统是通过 mount 进行的，挂载文件系统时要有挂载点，例如，在安装 Linux 的过程中，有时会提示你分区，然后建立文件系统，接着是问你的挂载点是什么，大多选择的是“/”。在 Linux 系统的使用过程中，也会挂载其他的硬盘分区，也要选中挂载点，挂载点通常是一个空置的目录，最好是你自建的空置目录。

经过磁盘分区、文件系统建立和挂载三个步骤就可以在一个空的磁盘上建立一个与操作系统相关的文件系统。文件系统的是用来组织和排列文件存取的，所以它是可见的，在 Linux 中，可以通过 ls 等工具来查看其结构，在 Linux 系统中，见到的都是树形结构；例如，操作系统安装在一个文件系统中，表现为由“/”起始的树形结构：

```
[root@ localhost]#cd /
[root@ localhost /]#tree
```

3. 如何挂载/卸载已有的文件系统

Linux 系统呈现给用户的文件系统是一个单树状结构。树根称为“根目录”，用“/”表示。文件系统中的各种目录和文件从树根向下分支。对用户而言，该目录树就像一个无缝的整体，用户能看见的是紧密联系的目录和文件。实际上，文件树中的许多目录存放在一个磁盘、不同磁盘甚至不同的计算机的不同分区中。当磁盘分区之一被挂载到文件树中称为“安装点”（mount point）的目录上时，就成为了该目录树的一个组成部分。Linux 正是通过这种技术将不同文件系统装配在一起，实现了一个文件系统之间的无缝连接，为用户的操作提供了极大的方便，用户也不用费心思去考虑光盘驱动器的盘符是什么了。

要在 Linux 目录树中安装一个文件系统，必须要有实际要安装的硬盘分区、光盘或软盘，并且作为该文件系统安装点的目录必须是实际存在的。

手工安装文件系统。命令是：

```
mount [options] <device> <mount_point>
```

其中，device 是要安装的实际设备文件；mount_point 是安装点；options 是 mount 接收的命令行选项，如表 9－1 所示。如果用户没有给出所需的选项，mount 将尝试从相关的/etc/fstab 文件中查找。

表 9－1　mount 的常用的命令行选项

选　项	含　　义
－r	以只读方式安装文件系统
－w	以可读写方式安装文件系统
－v	verbose 模式，mount 将给出许多信息以报告其工作状态
－a	安装/etc/fstab 文件中所列的所有文件系统
－o	list_of_options 选项列表，各选项之间用逗号隔开
－t	file_type 指定要安装的文件系统类型

卸载文件系统的命令是 umount，由四种基本的命令格式：

```
umount <device>
umount <mount_point>
umount - a
umount - t fs_type
```

前两种方式卸下由 device 和 mount_point 指定的文件系统，第三种形式卸下所有的文件系统，第四种方式卸下指定类型的文件系统。umount 不能卸下正在使用的文件系统，当然系统的根分区也不能卸载，直到系统退出 Linux 的运行状态。

4. Linux 文件系统的组成

Linux 操作系统由一些目录和文件组成。根据安装的方式不同，这些目录可能是不同的文件系统。通常，一个系统可以由多个文件系统组成：根分区文件系统（/）和安装在/usr 下的文件系统，还有其他安装在/home、/var 下的文件系统。其中根文件系统必须是 Linux ext2/3。顺便提一下最简单的 Linux 操作系统分区是/和交换分区（SWAP）。

根目录中包含了组成根目录的内容，也为其他的文件系统提供了安装点。

（1）Linux 中所有的设备都是以设备文件的形式存在。/dev 目录包含所有的设备文件，这些设备都是系统设置的，一般都和系统的硬件有一定相互对应关系，分为块设备、字符设备和特殊设备，一般不要随便更改和删除。

（2）/bin 目录。包含称为二进制文件的可执行程序。

（3）/sbin 目录。和/bin 目录类似，这些文件往往是用来进行系统管理的，一般只有 root 才有运行的权限。

（4）/etc 目录。Linux 系统的绝大部分配置文件都存放在这里，这些文件是系统更符合用户的需要。

（5）/proc 目录。这实际是一个虚拟的文件系统，使系统启动是从内存中建立的，用于内存读取数据。

（6）/tmp 目录。用于存放各种临时文件，这些文件大都是程序运行时产生的，程序结束时一般将它们删除。

（7）/home 目录存放一般用户的个人目录。

（8）/var 目录保存大小和内容随时改变的文件，通常各种系统日志文件存放在这里。

（9）/lib 目录。存放系统的各种库文件，库文件在编译程序时会用到。

（10）/mnt 目录。为其他的文件系统提供安装点。

（11）/boot 目录。存放系统启动时所需的各项文件。

（12）/root 目录。超级用户的个人目录，普通用户没有权限访问。

（13）/lost + found 目录。放置一些垃圾文件。

（14）/usr 目录。一般用户程序安装所在的目录，是系统中最庞大和最重要的目录。

5. 文件系统管理

Linux 文件系统管理的最上层模块是文件系统。系统启动时，必须首先装入“根”文件系统，然后根据/etc/fstab 中指定，逐个建立文件系统。此外也可以通过 mount、umount 操作，随时安装和卸载文件系统。

当装入一个文件系统时，应该首先向系统核心注册该系统及其类型。当卸载一个文件系统时，应该向核心申请注销该系统和类型。文件系统的注册和注销反映在以 vfsmnlist 为链头，vfsmntail 为链尾，以 vfsmount 为节点的单向链表中。从链表的每一个 vfsmount 可以找出一个已注册的文件系统的信息。文件系统类型的注册和注销反映在以 file systems 为链头，以file_system_type为节点的单向链表中。链表中的每一个 file_system - type 节点描述了一个已注册的文件系统类型。

6. 虚拟文件系统（VFS）

VFS 是物理文件系统与服务之间的一个接口层，它对每一个 Linux 文件系统的所有细节进行抽象，使得不同的文件系统在 Linux 核心及系统中运行的其他进程看来，都是相同的。

严格说来，VFS 并不是一种实际的文件系统。它只存在于内存中，不存在于任何外存空间。VFS 在系统启动时建立，在系统关闭时消亡。

VFS 的功能包括：记录可用的文件系统的类型；将设备同对应的文件系统联系起来；处理一些面向文件的通用操作；涉及针对文件系统的操作时，VFS 把它们映射到与控制文件、目录及 inode 相关的物理文件系统。

扩展阅读

UNIX 与 Linux 的区别

Linux 的源头要追溯到最古老的 UNIX。1969 年，Bell 实验室的 Ken Thompson 开始利用一台闲置的 PDP - 7 计算机开发了一种多用户、多任务操作系统。很快，Dennis Richie 加入了这个项目，在他们共同努力下诞生了最早的 UNIX。Richie 受一个更早的项目——MULTICS 的启发，将此操作系统命名为 UNIX。早期 UNIX 是用汇编语言编写的，但其第三个版本用一种崭新的编程语言 C 重新设计了。C 是 Richie 设计出来并用于编写操作系统的程序语言。通过这次重新编写，UNIX 得以移植到更为强大的 DEC PDP - 11/45 与 11/70 计算机上运行。后来发生的一切，正如他们所说，已经成为历史。UNIX 从实验室走出来并成为了操作系统的主流，现在几乎每个主要的计算机厂商都有其自有版本的 UNIX。Linux 起源于一个学生的简单需求。Linus Torvalds，Linux 的作者与主要维护者，在其上大学时所买得起的唯一软件是 Minix。Minix 是一个类似于 UNIX，被广泛用来辅助教学的简单操作系统。Linus 对 Minix 不是很满意，于是决定自己编写软件。他以学生时代熟悉的 UNIX 作为原型，在一台 Intel 386 PC 上开始了他的工作。他的进展很快，受工作成绩的鼓舞，他将这项成果通过互连网与其他同学共享，主要用于学术领域。有人看到了这个软件并开始分发。每当出现新问题时，有人会立刻找到解决办法并加入其中，很快地，Linux 成为了一个操作系统。值得注意的是，Linux 并没有包括 UNIX 源码。它是按照公开的 POSIX 标准重新编写的。Linux 大量使用了由麻省剑桥免费软件基金提供的 GNU 软件，同时 Linux 自身也是用它们构造而成。

另外两大区别：

（1）UNIX 系统大多是与硬件配套的，而 Linux 则可运行在多种硬件平台上。

（2）UNIX 是商业软件，而 Linux 是自由软件，免费、公开源代码的。

9.1.2 Linux 文件系统的类型

Linux 支持多种文件系统，主要包括以下几种。

（1）Romfs 是一个只读的文件系统，它是最早支持 Flash 的文件系统。Romfs 是一种基于块设备的文件系统，它是只读的，非常小巧。在 Linux 中，它属于默认的为嵌入式系统定制的文件系统。在 Romfs 文件系统中，文件中的所有数据都是顺序存储的，可以方便 ARM、ColdFire 等嵌入式处理器程序的运行。

Romfs 为根文件系统，需要读写的 var 和/tmp 目录采用 Ramfs。

（2）Cramfs 是 2.4 系列 Linux 内核提供的一种新的文件系统。它是一种压缩的、只读的文件系统。它主要的优势是所有存储的文件都是压缩的，而且这些文件只是在被访问到的时候才解压到 RAM 中，而不在访问之列的文件并没有被解压到 RAM 中。这样，Cramfs 能有效减少 Flash 和 RAM 的占用量，但不足之处是需要的指令比较多，不支持 XIP 特性。

（3）JFFS（Journaling Flash File System）是专门针对嵌入式系统中 Flash 存储器的特性而设计的一种日志文件系统。它是基于 Nor - Flash 开发的文件系统，它最大的特点是支持对 Flash 的直接读写。

（4）JFFS2 是在 JFFS 的基础之上开发的，它采用了成熟稳定的 MTD 技术，因此要比 JFFS 稳定。和 JFFS 相比，JFFS2 支持更多节点类型，提高了磨损均衡和碎片收集的能力，增加了对硬链接的支持。JFFS2 还增加了数据压缩功能，这更利于在容量较小的 Flash 中使用。

和传统的 Linux 文件系统如 ext2 相比，JFFS2 处理擦除和读写操作的效率更高，并且具有完善的掉电保护功能，使存储的数据更加安全。在嵌入式系统中使用 JFFS2 文件系统的缺点很少，只是当文件系统快要满时，JFFS2 会放慢运行速度，这是由于碎片收集的原因导致的。

如表 9 - 2 所示是几种常用的文件系统，其中 ext2 和 ext3 文件系统是在 Linux 中常用的文件系统。

表 9 - 2　常用文件系统性能

文件系统	可写性	永久存储型	掉电稳定性	压缩性	在 RAM 中的时间
Romfs	No	N/A	N/A	No	No
Cramfs	No	N/A	N/A	Yes	No
JFFS	Yes	Yes	Yes	No	No
JFFS2	Yes	Yes	Yes	Yes	No
ext2 over NFTL	Yes	Yes	Yes	No	No
ext3 over NFTL	Yes	Yes	Yes	No	No
ext2 over RAM	Yes	No	No	No	No

Linux 下采用的文件系统构成如图9－1所示。

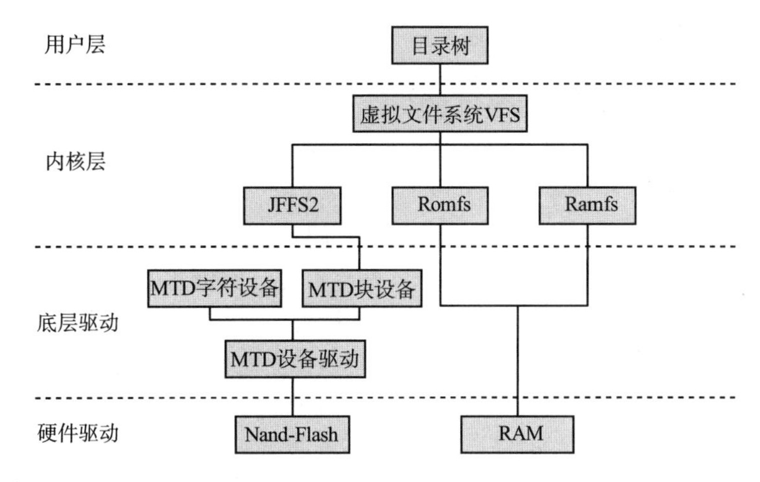

图9－1　Linux 下的文件系统构成

下面再详细介绍一下 Linux 中最常用的文件系统 ext3、ext2 及 reiserfs。

（1）ext2 文件系统。ext2 文件系统应该说是 Linux 正宗的文件系统，早期的 Linux 都是用 ext2 文件系统，但随着技术的发展，大多 Linux 的发行版本目前并不用这个文件系统了；比如 Redhat 和 Fedora 大多都建议用 ext3 文件系统。ext3 文件系统是由 ext2 文件系统发展而来的。对于 Linux 新手，还是建议你不要用 ext2 文件系统；ext2 支持 undelete（反删除），如果误删除文件，有时是可以恢复的，但操作上比较麻烦；ext2 支持大文件；ext2 文件系统的官方主页是：http：//e2fsprogs. sourceforge. net/ext2. html

（2）ext3 文件系统。ext3 文件系统是由 ext2 文件系统发展而来的。

ext3 是一个用于 Linux 的日志文件系统，ext3 支持大文件，但不支持反删除（undelete）操作。Redhat 和 Fedora 都力挺 ext3。

（3）reiserfs 文件系统。reiserfs 文件系统是一款优秀的文件系统，支持大文件，支持反删除（undelete）；测试 ext2、reiserfs 反删除文件功能的过程中，发现 reiserfs 文件系统表现得最为优秀，几乎能恢复 90% 以上的数据，有时能恢复到 100%；操作反删除比较容易；reiserfs 支持大文件。

9.2 文件概述

9.2.1 文件的概念

文件指存储在外部介质上的相关数据的集合。存放文件的外部介质有磁带、磁盘和光盘等外部存储器。数据包括：数字、文字、图形、图像、声音和视频等。每个文件都有一个名字叫做文件名。计算机操作系统就是根据文件名对各种文件进行存取和处理的。

以前各章中所用到的输入输出，都是以屏幕等（标准输出文件指针：stdout）为输出设备，以键盘（标准输入文件指针：stdin）为输入设备。而程序运行有时需要把数据存放到磁盘中，从磁盘中输入最后在输出到磁盘上，这就要用到磁盘文件。文件的输入输出时本章的重点。

1. 文件有多种分类方式

（1）文件按存放设备可分为磁盘文件和设备文件两种。

① 磁盘文件。存放在磁盘上的数据文件，包括硬盘和软盘等。

② 设备文件。操作系统与外部设备（例如，磁带驱动器，磁盘驱动器，打印机，终端，modern）是通过一种被称为设备文件的文件来进行通信。UNIX 输入输出到外部设备的方式和输入输出到一个文件的方式是相同的。在 UNIX 同一个外部设备进行通信之前，这个设备必须首先要有一个设备文件。例如，每一个终端都有自己的设备文件来供 UNIX 写数据（出现在终端屏幕上）和读取数据（用户通过键盘输入）。

设备文件和普通文件不一样，设备文件中并不包含任何数据。操作系统通过设备文件来与一个设备进行通信。设备文件存在于/dev 目录下。由于 UNIX 操作系统为你创建所有的设备文件，所以在你存取一个外部设备的时候，需要知道这个设备对应的设备文件名。有时候需要自己创建一个设备文件。如果你永久地去掉一个外部设备，你应该删除它对应的设备文件。

（2）文件按数据的组织形式又可分为 ASCII 码文件（或称文本文件）和二进制文件两种。

① ASCII 文件（或称文本文件）。ASCII 码文件可在屏幕上按字符显示，此种存储形式便于输出显示。以 ASCII 码或者其他文字语言的交换编码存储的文件，可以直接在屏幕或者打印机输出人们能识别的信息。ASCII 文件在磁盘中存放时，每个字符对应一个字节，用于存放对应的 ASCII 码。如：整型十进制数 12345，按 ASCII 文件存放则需要占用 5 个字节。可在屏幕上显示，但占用空间较大，读写操作要转换。

ASCII 码文件特点：存储量大、速度慢、便于对字符进行操作。

② 二进制文件。二进制文件是按二进制的编码方式来存放文件的。二进制文件中的数据与该数据的二进制形式是一致的。即对不同的数据类型，按其实际占用内存字节数存放，与其在内存的存储形式相同，原样输出到磁盘上存放。如：整型十进制数 12345，按二进制文件存放只需要 2 个字节。屏幕显示为乱码，但占用空间小，读写操作效率高。

二进制文件特点：存储量小、速度快、适于存放中间结果。

内存存储与二进制存储结构如图 9 – 2 所示。

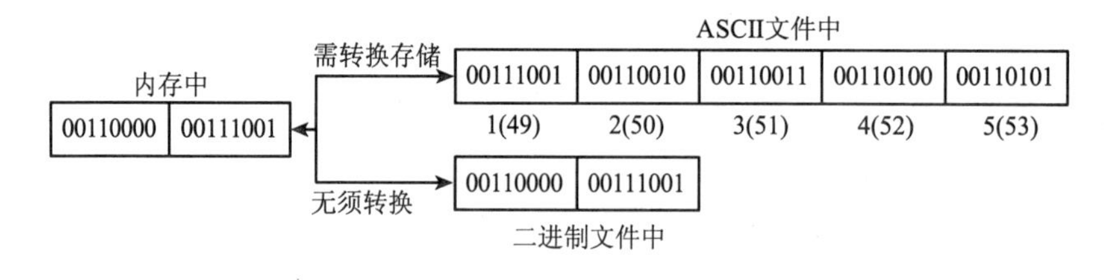

图 9 – 2　内存存储与二进制存储

不同的文件格式，文件的存储方式是不同的，应该注意加以区分，因为这无论对通常的使用还是对编程都是至关重要的，例如：

```
*.C     C语言的源程序    ASCII码文件
*.OBJ   目标文件         二进制文件
*.EXE   可执行文件       二进制文件
```

(3) 按读写方式文件可分为顺序文件和随机文件。

对顺序文件来说，读写必须从头开始。对随机文件来说，读写的过程是随机的。

9.2.2　Linux C 文件处理方式

要了解 Linux C 文件的处理方式首先要了解流（Stream）的概念。C 语言把文件看作一个字符（字节）的序列，即由一个一个的字符或字节的数据顺序组成。换句话说，C 语言是把每一个文件都看作一个有序的字节流。如图 9－3 所示。

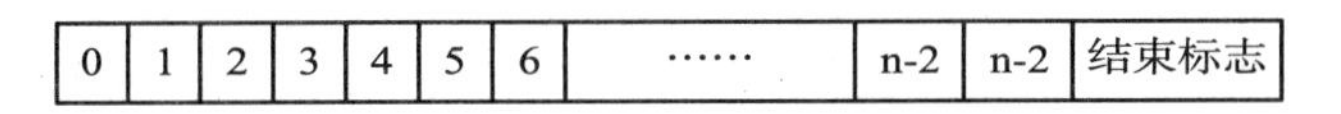

图 9－3　文件字节流

流是文件和程序之间的通道。一个 C 程序可以创建文件和对文件内容进行更新和修改，在程序中所需的数据也可以从另一个文件中获得。

流是程序输入或输出的一个连续的数据序列，常用设备（如键盘、显示器和打印机等）的输入/输出都是通过流来处理的。在 C 语言中，所有的流均以文件的形式出现，包括设备文件。流实际上是文件输入/输出的一种动态形式，C 文件就是一个字节流或二进制流。流作为连续数据序列不是由记录组成的。C 文件输入/输出的字节流或二进制流仅受程序控制而不受物理符号（如回车换行符）控制。也就是说，文件输入/输出时不会考虑记录的界限，这种文件通常可以称为流文件。

Linux C 中有两种处理文件的方法：一种是“缓冲文件系统”；另一种是“非缓冲文件系统”。

缓冲文件系统又称为标准文件系统或高层文件系统，它与具体机器无关，通用性好，功能强，使用方便。系统自动地在内存区为每个正在使用的文件开辟一个缓冲区，文件的存取都是通过缓冲区进行的。缓冲区相当于一个中转站，它的大小由具体的 C 版本规定，一般为 512 字节。当从内存向磁盘输出数据时，先将数据送到内存缓冲区，待缓冲区装满后，再一起送到磁盘文件保存；当从磁盘文件读入数据时，则一次从磁盘文件中将一批数据输入到内存缓冲区，然后再从缓冲区逐个地将数据送到程序数据区。如图 9－4 所示。

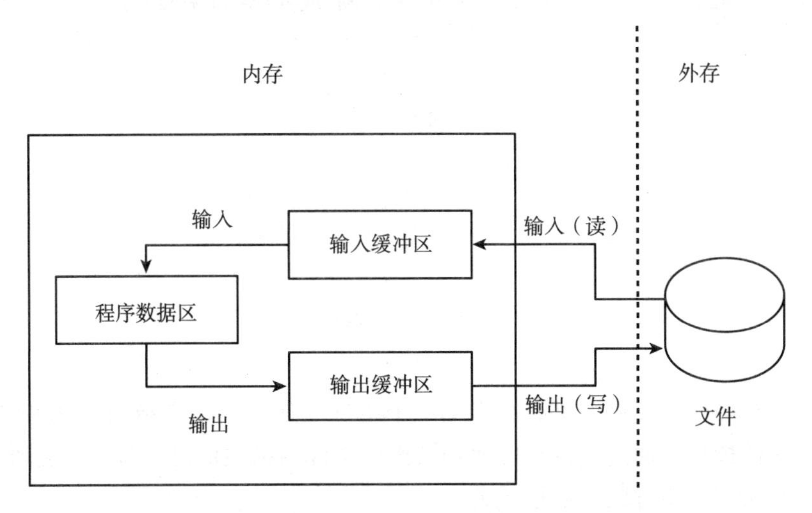

图 9－4　Linux 文件处理方式

非缓冲文件系统又称为低层文件系统，与机器有关，使用较为困难但节省内存，执行效率较高。系统不自动开辟内存缓冲区，而是由用户根据所处理数据量的大小在程序中设置数据缓冲区。

缓冲文件系统原来用于处理文本文件，而非缓冲文件系统原来用于处理二进制文件。ANSI C 不再采用非缓冲文件系统，而只采用缓冲文件系统，在处理二进制文件时，也通过缓冲文件系统进行。ANSI C 通过扩充缓冲文件系统，使缓冲文件系统既能处理文本文件，又能处理二进制文件。但是在学习 Linux C 编程时不仅要重点学习 ANSI C 标准的文件处理方法，同样要学习 Linux 系统自身所有的文件与设备处理方法。因为非缓冲 I/O 是系统直接的输入和输出，它不经过“缓冲区”，所以从速度和效率方面来说就显得快一些了。在某些要求效率的特定情况下可能需要这一特性。

9.2.3 文件类型指针和文件描述符

在缓冲文件系统（高级 I/O 系统）通过文件指针访问文件，而非缓冲文件系统（低级磁盘 I/O 系统）则没有文件型指针，不是靠文件指针来访问文件，而是用一个整数代表一个文件（相当于 FORTRAN 等语言的“文件号”），这个整数称为“文件说明符”。下面将分别学习文件指针与文件说明符的概念及使用方法。

1. 文件类型指针

文件类型指针是相对于缓冲文件系统的概念。在缓冲文件系统中，系统为每个被使用的文件都在内存中开辟一个区域，用来存放文件名、文件状态、缓冲区状态及文件当前位置等信息，这些信息被 C 语言系统保存在一个称为 FILE 的结构体中，它在 stdio. h 头文件中定义。FILE 结构体的内容为（在使用文件操作时，一般不用关心 FILE 内部成员信息）：

```
typedef struct
{
    short level;                  /* 缓冲区“满”或者“空”的程度* /
    unsigned flags;               /* 文件状态标志* /
    char fd;                      /* 文件描述符* /
    unsigned char hold;           /* 如果无缓冲区则不读取字符* /
    short bsize;                  /* 缓冲区的大小* /
    unsigned char* buffer;        /* 数据缓冲区的位置* /
    unsigned char* curp;          /* 指针,当前的指向* /
    unsigned istemp;              /* 临时文件指示器* /
    short token;                  /* 用于有效性检查* /
} FILE;
```

对于每一个要操作的文件，都必须定义一个指针变量，并使它指向该文件结构体变量，这个指针称为文件指针。通过文件指针找到被操作文件的描述信息，就可对它所指的文件进行各种操作。定义文件指针的一般形式为：

FILE * 指针变量标识符；

如：FILE *fp；表示fp是一个指向FILE类型结构体的指针变量。可以使fp指向某一个文件的结构体变量，从而通过该结构体变量中的文件信息能够访问该文件。

注意 FILE是用typedef声明的文件信息结构体的别名，由C系统定义，用户只能使用，不能修改，并且FILE必须大写。

对文件的操作一般步骤包括：声明一个文件指针、通过文件名打开文件、为文件指针赋值、通过文件指针对文件进行存取和通过文件指针关闭文件。

2. 文件描述符

文件描述符是相对于非缓冲文件系统的概念。Linux系统本身提供了一些函数，可以使用这些函数对文件和设备进行访问和控制，这些函数也是通向操作系统本身的操作接口。操作系统的核心部分，即内核，是一系列设备驱动程序。这是一些对系统硬件进行操控的底层接口。

文件描述符是一个很小的正整数，它是一个索引值，指向内核为每一个进程所维护的该进程打开文件的记录表。当打开一个现存文件或创建一个新文件时，内核就向进程返回一个文件描述符；当需要读写文件时，也需要把文件描述符作为参数传递给相应的函数。

在一个程序开始运行的时候，这些文件描述符里一般会有三个是已经为它打开了的，它们是：

0　标准输入

1　标准输出

2　标准错误

这样用户就可以通过系统调用open把其他文件描述符与文件和设备关联在一起。用来访问设备驱动程序的底层函数，即系统调用，包括：

open　打开一个文件或设备。

read　从一个打开的文件或设备里读数据。

write　写入一个文件或设备。

close　关闭一个文件或设备。

icotl　把控制信息传递到设备驱动程序。

扩展阅读

设备文件

C语言中把所有的外部设备都作为文件看待，这样的文件称为设备文件。C语言中常用的设备文件名如下：

CON或KYBD：键盘；

CON或SCRN：显示器；

PRN或LPT1：打印机；

AUX或COM1：异步通信口。

另外，在程序开始运行时，系统自动打开3个标准设备文件与终端相联系。它们的文件结构体指针的命名与作用如下：

stdin　标准输入文件结构体指针（系统分配为键盘）；

stdout　标准输出文件结构体指针（系统分配为显示器）；

stderr　标准错误输出文件结构体指针（系统分配为显示器）。

9.3 缓冲文件操作

前面了解到标准 I/O 库函数的文件有两个处理方式：缓冲文件系统和非缓冲文件系统。由于标准的 ANSI 决定不采用非缓冲文件系统，而只采用缓冲文件系统，即既使用缓冲文件系统处理文本文件，也使用它来处理二进制文件。也就是将缓冲文件系统扩充为可以处理二进制文件。

缓冲文件系统自动地在内存区为每个正在使用的文件开辟一个缓冲区，文件的存取都是通过缓冲区进行的。缓冲区相当于一个中转站，它的大小由具体的 C 版本规定，一般为 512 字节。当从内存向磁盘输出数据时，先将数据送到内存缓冲区，待缓冲区装满后，再一起送到磁盘文件保存；当从磁盘文件读入数据时，则一次从磁盘文件中将一批数据输入到内存缓冲区，然后再从缓冲区逐个地将数据送到程序数据区。

9.3.1 文件的创建、打开与关闭

1. 文件的创建与打开（fopen 函数）

打开文件实际上是建立文件的各种有关信息，并使文件指针指向该文件，以便进行其他各种操作。关闭文件则是断开指针与文件之间的联系，也就是禁止再对该文件进行操作。

ANSIC 规定了标准输入输出函数库，用 fopen( ) 函数来实现打开文件。该函数是指针型函数，调用后返回文件类指针。有两个函数参数，都是字符型指针。

需要头文件：`#include <stdio.h>`

函数的原型：`FILE* fopen(char * filename,char * mode)`

函数参数：filename，以字符串形式表现的文件名，这个字符串可以是一个合法的带有路径的文件名；mode，对文件的操作模式，如表 9 - 3 所示。

表 9 - 3 文件操作模式

类 型	含 义	文件不存在时	文件存在时
r	以只读方式打开一个文本文件	返回错误标志	打开文件
w	以只写方式打开一个文本文件	建立新文件	打开文件，原文件内容清空
a	以追加方式打开一个文本文件	建立新文件	打开文件，从文件尾向文件追加数据
r +	以读/写方式打开一个文本文件	返回错误标志	打开文件
w +	以读/写方式建立一个新的文本文件	建立新文件	打开文件，原文件内容清空
a +	以读/写方式打开一个文本文件	建立新文件	打开文件，可从文件中读取或往文件中写入数据
rb	以只读方式打开一个二进制文件	返回错误标志	打开文件
wb	以只写方式打开一个二进制文件	建立新文件	打开文件，原文件内容清空
ab	以追加方式打开一个二进制文件	建立新文件	打开文件，从文件尾向文件追加数据
rb +	以读/写方式打开一个二进制文件	返回错误标志	打开文件
wb +	以读/写方式打开一个新的二进制文件	建立新文件	打开文件，原文件内容清空
ab +	以读/写方式打开一个二进制文件	建立新文件	打开文件，可从文件读取或往文件中写入数据

函数返回值：调用成功则返回指向被打开文件的文件指针。否则，返回 NULL。通常通过函数的返回值来判断函数调用是否成功。

【例 9-1】 打开文件。

```
1   #include <stdio.h>
2   #include <stdlib.h>
3   main()
4   {
5       FIEL* pFile;
6       if(pFile=fopen("file.c","r") == NULL)
7     {
8           printf("File open failed… \n");
9           exit(0);
10     }
11     else
12     {
13          printf("File open successful… \n");
14          fclose(pFile);
15     }
16  }
```

运行结果如图 9-5 所示。

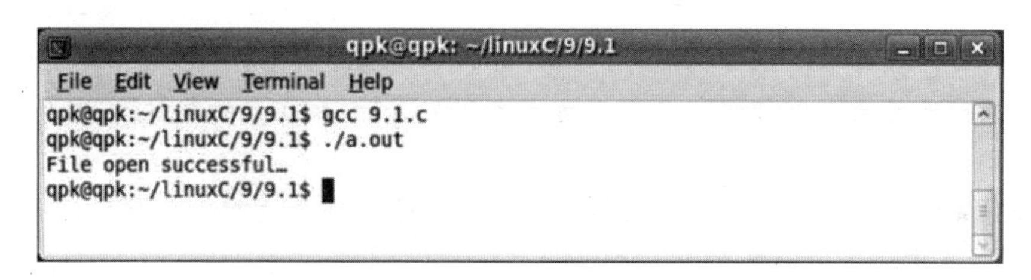

图 9-5 打开文件

程序说明：

第 5～6 行定义一个文件指针 pFile，并调用文件打开函数 fopen 打开文件“file.c”，使文件指针指向该文件。

这个例子演示了如何使用 fopen 函数来打开文件，并根据返回值判断打开是否成功。该例子实现的功能是，在当前目录下打开文件 mld.c，只允许进行“读”操作，并使 pFile 指向该文件。

同样，可以通过制定文件的绝对路径的方式来打开磁盘上任意位置的文件。

```
FIEL* pFile;
if(pFile=fopen("c:\\mld.exe","rb") == NULL)
{
     printf("文件打开失败！ \n");
     exit(0);
}
```

打开 C 盘下根目录下的 mld.exe 文件，由于 mld.exe 是二进制文件，所以必须得按二进制方式进行相应的打开与读写操作。前面的两个例子都使用了 exit（）函数，exit 函数的作用是关闭已打开的所有文件，结束程序运行，返回操作系统，并将“程序状态值”返回给操作系统（调用 exit 函数必须添加头文件 stdlib. h）。当“程序状态值”为 0 时，表示程序正常退出；非 0 值时，表示程序出错退出。

说明

对于文件使用方式有以下几点需要说明。

(1) 文件使用方式由 r、w、a、t、b 和 + 六个字符拼成，各字符的含义是：r (read) 读；w (write) 写；a (append) 追加；t (text) 文本文件；可省略不写；b (binary) 二进制文件； + 读和写。

(2) 用“r”打开一个文件时，该文件必须已经存在，且只能从该文件中读出。

(3) 用“w”打开的文件只能向该文件写入。若打开的文件已经存在，则将该文件删除，重建一同名新文件；若打开的文件不存在，则以指定的文件名建一个新文件。

(4) 以“a”方式打开的文件，主要用于向其尾部添加（写）数据。此时，该文件应存在，打开后，位置指针指向文件尾。如所指文件不存在，则创建一个新文件。

(5) 以“r +”、“w +”、“a +”方式打开的文件，既可以读入数据，也可以输出数据。使用“r +”方式时，文件应存在。“w +”方式是新建文件（同“w”方式），操作时，应先向其输出数据，有了数据后，也可读入数据。而“a +”方式，不同于“w +”方式，其所指文件内容不被删除，指针至文件尾，可以添加，也可以读入数据。若文件不存在，也可用其新建一文件。

(6) 打开文件操作不能正常执行时，函数 fopen( ) 返回空指针 NULL（其值为 0），表示出错。出错原因大致为：以“r”、“r +”方式打开一个并不存在的文件、磁盘故障、磁盘满、无法建立新文件等。

(7) 如果不能实现打开指定文件的操作，则 fopen( ) 函数返回一个空指针 NULL（其值在头文件 stdio. h 中被定义为 0）。

(8)“r (b) +”与“a (b) +”的区别：使用前者打开文件时，读写位置指针指向文件头；使用后者打开文件时，读写指针指向文件尾。

(9) 使用文本文件向计算机系统输入数据时，系统自动将回车换行符转换成一个换行符；在输出数据时，将换行符转换成回车和换行两个字符。

使用二进制文件时，内存中的数据形式与数据文件中的形式完全一样，就不再进行转换。

(10) 有些 C 编译系统，可能并不完全提供上述对文件的操作方式，或采用的表示符号不同，请注意所使用系统的规定。

(11) 在程序开始运行时，系统自动打开三个标准文件，并分别定义了文件指针：

① 标准输入文件 stdin：指向终端输入（一般为键盘）。如果程序中指定要从 stdin 所指的文件输入数据，就是从终端键盘上输入数据。

② 标准输出文件 stdout：指向终端输出（一般为显示器）。

③ 标准错误文件 stderr：指向终端标准错误输出（一般为显示器）。

2. 文件的关闭（fclose 函数）

调用该函数后的功能是断开由 fopen( ) 函数建立的文件指针 fp 与其相应文件的联系，释放它所占的内存缓冲区和相应的文件类型结构体变量所占的内存，使得原来的指针变量不再指向该文件。此后就不可以通过该指针来访问这个文件。

需要头文件：#include <stdio.h>

函数的原型：int fclose(FILE * pFile)

函数的参数：pFile 指向文件的文件指针。调用这个函数使文件指针变量与文件“脱钩”，释放文件结构体和文件指针。从而释放内存空间。

函数返回值：函数调用成功，关闭文件并返回 0。否则（如磁盘空间不足、写保护或关闭已经关闭的文件）返回 EOF，即 -1。

```
1    #include <stdio.h>
2    #include <stdlib.h>
3    #define  NULL 0
4    FILE* fp;
5    if(( fp = fopen("文件名","文件使用方式")) == NULL)
6    {
7           printf("file can not open! \n");
8           exit(0);
9    }
10   …
11   fclose(fp);
```

程序说明：

第 5 行打开文件用于读写；

第 8 行关闭所有文件，中止程序运行；

第 10 行文件正确打开，可对文件进行操作；

第 11 行关闭 fp 所指向的文件。

注意　其中打开文件出错时调用了系统函数“exit (0)”，该函数的作用是关闭所有文件，中止程序的运行。操作系统对可以同时打开的文件数量有一定限制，当打开的文件个数很多时，会影响到对其他文件的操作。文件使用完后，一定要关闭文件，否则可能丢失数据。因为在关闭之前，首先将缓冲区的数据输出到磁盘文件中，然后再释放文件指针变量。

注意　在使用 C 语言标准 I/O 库提供的函数时都必须要包含头文件"stdio.h"。当以不同的方式（文本或二进制）创建文件后，也必须得按照相应的所创建文件的格式去读写文件。

9.3.2　文件的读写

通过前面章节的学习了解到可以通过文本和二进制方式创建文件，同样当以不同的方式创建文件时也应该以相应的方式去对文件进行读、写和定位操作，否则不仅不能正确地获取文件的内容，而且还可能发生很多未知的错误。下面将分别分析如何通过标准 C 语言 I/O 库函数进行文本文件和二进制文件的读写操作。

文件被打开之后，就可以用标准库中提供的文件读写函数进行读写，对文件的读和写是最常用的文件操作。在 C 语言的标准 I/O 库中提供了多种文件读写的函数。

字符读写函数：fgetc( ) 和 fputc( )。

字符串读写函数：fgets( ) 和 fputs( )。

数据块读写函数：fread( ) 和 fwrite( )。

格式化读写函数：fscanf() 和 fprintf()。

1. fgetc() 和 fputc()

字符读写函数 fgetc() 和字符读写函数 fputc() 是以字符为单位的，每次只可从文件读出或向文件写入一个字符。

fgetc() 函数的功能是从指定的文件中读一个字符，该文件必须是以只读或读写方式打开的。当读到文件末尾或出错时，该函数返回一个文件结束标志 EOF(-1)。因为字符的 ASCII 码为非负值，所以可用 EOF(-1) 作为结束标志，即当读入的字符值等于 -1 时表示文件已结束。

需要头文件：#include <stdio.h>

函数的原型：int fgetc (FILE * pFile);

函数的参数：pFile 指向文件的文件指针。

函数返回值：返回读取到的字符，若返回 EOF(-1)，则表示到了文件尾。

说明

(1) 在 fgetc 函数调用中，读取的文件必须是以读或读写方式打开的；

(2) 读取字符的结果也可以不向字符变量赋值，这时读出的字符被丢失；

(3) 在文件内部有一个位置指针，用来指向文件的当前读写字节。该指针由系统自动设置，用户不用关心。每执行一次 fgetc，该指针自动下移一个字节，因此 fgetc 可用在循环中读取文件的所有字符。

fputc () 函数的功能是把一个字符写入指定的文件中。

需要头文件：`#include <stdio.h>`

函数的原型：`int fputc(int c,FILE* stream);`

函数的参数：整形变量 c 所存储的内容会被转化为 unsigned char，然后写入到 pFile 所指向的文件，即 c 是所要写入文件的字符，pFile 是被写入文件的指针。

说明

(1) 被写入的文件可以用写、读写和追加方式打开。

(2) 用写或读写方式打开一个已存在的文件时将清除原有的文件内容，写入字符从文件首开始。

(3) 如果需要保留原有文件内容，希望写入的字符从文件末尾开始存放，必须以追加方式打开文件。

(4) 被写入的文件若不存在，则自动创建该文件。

(5) 每写入一个字符，文件内部位置指针向后移动一个字节。

下面通过一个完整的例子来学习如何使用 fgetc() 与 fputc() 函数，将一个字符保存到文件中和从文件中读取一个字符。

【例 9-2】 文件读写——单字符读写。

```
1    #include <stdio.h>
2    #include <stdlib.h>
3    main()
4    {
5        FILE * fp;
```

```
6         char ch;
7         if((fp=fopen("file.txt","w"))==NULL)
8      {
9              printf("Cannot open this file! \n");
10             exit(0);
11      }
12      ch=getchar();
13      fputc(ch,fp);
14      fclose(fp);
15      if((fp=fopen("file.txt","r"))==NULL)
16      {
17            printf("Cannot open this file! \n");
18            cxit(0);
19      }
20      ch =  fgetc(fp);
21      if(ch ! = EOF)
22      {
23            printf("Read from the file : % c \n", ch);
24      }
25      fclose(fp);
26   }
```

运行结果如图9-6和图9-7所示。

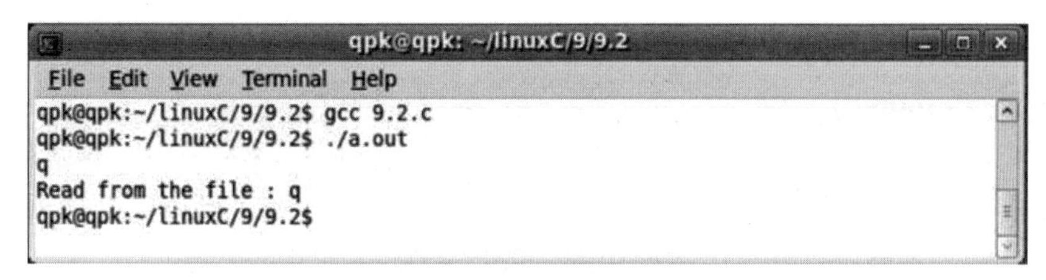

图9-6 读写单个字符

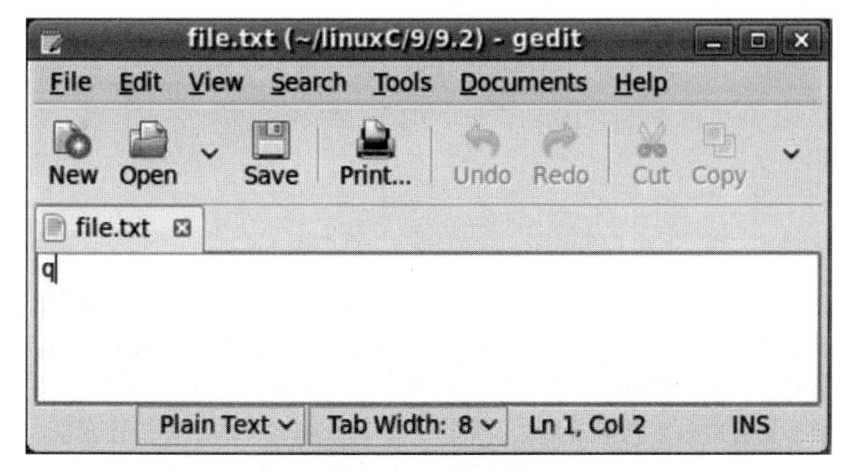

图9-7 文件操作结果

程序说明：

第 7 行以只写方式打开文件；

第 12 行从键盘输入一个字符；

第 13 行使用 fputc( ) 函数将字符写入文件；

第 14 行关闭并保存文件；

第 15 行以只读方式打开文件；

第 20 行从文件中读取一个字符。

在使用 fputc( ) 和 fgetc( ) 两个函数时需要注意以下问题。

(1) 有些 C 版本为了书写方便，把函数 fgetc( ) 和 fputc( ) 在头文件 stdio. h 中分别定义为宏名 getc( ) 和 putc( ) ,即

```
#define  putc(ch,fp)  fputc(ch,fp)
#define  getc(fp)  fgetc(fp)
```

这时两函数名前的“f ”字母可以省略。

(2) 程序开始执行时，操作系统自动打开三个标准文件：标准输入、标准输出和标准出错输出。并自动定义三个文件指针 stdin、stdout 和 stderr，它们分别指向终端输入（键盘）、终端输出（屏幕）和标准出错输出（屏幕）。因此这三者可以直接用于文件操作。

例如：

```
fgetc(stdin);                   /* 从键盘输入一个字符* /
putc(ch,stdout);                /* 在屏幕上显示一个字符* /
```

相当于系统已经定义的 getchar( ) 函数和 putchar(ch) 函数。

2. fgets( ) 和 fputs( )

fgets( ) 函数的功能是从指定的文件中读一个字符串到字符数组中。当下列情况出现时，读写过程结束：读取了少于 n 个字符；当前读取的字符是回车符；已读到文件末尾。出错时返回文件结束标志 EOF(- 1)。函数调用的一般形式为：

fgets（字符数组名，n，文件指针）

其中，n 是一个正整数，表示从文件中最多可读入（n - 1）个字符，读入后将它们存放到指定的字符数组中。在读入的最后一个字符后自动追加字符串结束标志“\ 0”

函数返回值：0 代表函数调用成功；非 0 值代表函数调用失败。

例如：

```
char     sz[10];
fgets(sz,10,fp);
```

上述代码含义，从文件指针 fp 所指向的文件中读取 10 个字符到字符型数组 sz 中。

fputs( ) 函数的功能是向指定的文件写入一个字符串，其调用的一般形式为：

fputs（字符串，文件指针）

其中，字符串可以是字符串常量，也可以是字符数组名，或字符指针变量。

例如:

```
/* 情形一:字符串常量* /
fputs("abcde",fp)
/* 情形二:字符型数组* /
char  sz[5]={a,b,c,d,e}
fputs(sz,fp);
/* 情形三:字符型指针变量 * /
char*   pSz  = new char[5];
int      nNum=0;
for(nNum=0;nNum<5;nNum++)
{
   pSz[nNum]='a' + nNum;
}
fputs(pSz,fp);
```

需要说明的是，第一种情况将字符串常量写入到文件中时，并不写入字符串末尾的字符串结束标示符‘\0’。

【例 9-3】　文件读写——字符串读写。

```
1    #include <stdio.h>
2    #include <stdlib.h>
3    main()
4    {
5      FILE*   fp;
6      char   sz[128];
7      char*   pStr=new char[128];
8      if((fp=fopen("file.txt","w")) == NULL)
9      {
10           printf("Cannot open this file! \n");
11           exit(0);
12     }
13     scanf("%s",sz);
14     if(fputs(sz,fp) == EOF)
15     {
16             printf("File write error! ");
17             exit(0);
18      }
19      fclose(fp);
20      if((fp=fopen("file.txt","r")) == NULL)
21      {
22             printf("Cannot open this file! \n");
23             exit(0);
24      }
```

```
25      fgets(pStr,128,fp);
26      printf("% s\n",pStr);
27      fclose(fp);
28  }
```

运行结果如图 9－8 所示。

```
qpk@qpk: ~/linuxC/9/9.3
File  Edit  View  Terminal  Help
qpk@qpk:~/linuxC/9/9.3$ gcc 9.3.c
qpk@qpk:~/linuxC/9/9.3$ ./a.out
syit-cugb-bupt
Write to file.txt
Read from file.txt: syit-cugb-bupt
qpk@qpk:~/linuxC/9/9.3$
```

图 9－8　字符串读写

程序说明：

第 5～12 行定义文件指针 fp 使之指向以只写方式打开的文件“file. txt”；

第 13～18 行从键盘输入获取一个字符串并调用 fputs 函数将字符串写入到文件中；

第 19 行关闭文件并将 fp 文件指针缓存中的内容写入文件；

第 20～27 行以只读方式打开文件并调用 fgets 函数，从文件中读取一个字符串并输出打印到屏幕上，最后关闭文件指针所指向的文件。

3. fread( ) 和 fwrite( )

fread( ) 函数可以从文件中读取一个给定大小的数据块。

函数原型：`fread(buffer,size,count,fp)`

函数参数：其中 buffer 是一个指针，表示存放读出数据的内存首地址；size 表示每个数据块的字节数；count 表示要读写的数据块个数；fp 表示文件类型指针。该函数的功能是，从 fp 所指的文件中读出 count 个数据项，每个数据项为 size 个字节，读出后的数据项放入 buffer 所指的内存单元中。

函数返回值：函数返回实际读入的数据项个数。如果读入的数据项个数少于函数调用时指定的数目，则调用出错。

fwrite( ) 函数可以将一个给定大小的数据块写入到文件中。

函数原型：`fwrite(buffer,size,count,fp)`

函数参数：其中 buffer 表示写入数据的首地址，其他三个参数的含义与 fread( ) 参数相同。该函数的功能是，从 buffer 所指的内存单元中将 count 个数据项写入 fp 所指的文件中，每个数据项为 size 个字节。

函数返回值：函数调用成功时返回实际写入 fp 所指文件中的数据项个数；如果写入的数据项个数少于函数调用时指定的数目，则调用出错。

【例 9－4】　文件读写——数据块读写。

```
1    #include <stdlib.h>
2    #include <stdio.h>
```

```
3     main()
4     {
5         struct student
6         {
7             char number[6];
8             char name[20];
9             char sex;
10            int age;
11            int score;
12        }
13        s[2] = {{ "00001","Peter",'m',19,250},{"00002","Betty",'f',18,
          268}};
14        struct student ss[2];
15        int i,j;
16        FILE * fp;
17        if((fp=fopen("file.dat","wb+")) == NULL)
18       {
19            printf("Can't open this file! \n");
20            exit(0);
21       }
22        j=sizeof(struct student);
23        for(i=0;i<=1;i++)
24       {
25            if(fwrite(&s[i],j,1,fp)!=1)
26            {
27                printf("File write Error! \n");
28                exit(0);
29            }
30       }
31        fflush(fp);
32        printf("File write successful…\n");
33        rewind(fp);
34        printf("Begin to read file…\n");
35        for(i=0;i<=1;i++)
36        {
37        fread(&ss[i],j,1,fp);
38        printf("%s,%s,%c,%d,%d\n",ss[i].number,ss[i].name,ss[i].sex,
          ss[i].age,ss[i].score);
39        }
40        fclose(fp);
41    }
```

运行结果如图 9－9 和图 9－10 所示。

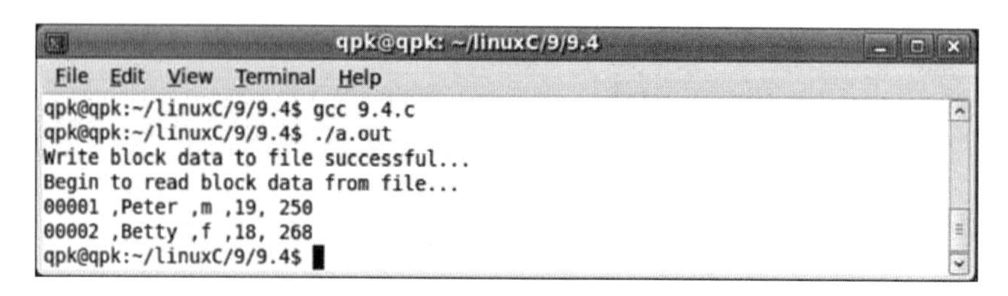

图 9－9　数据块读写

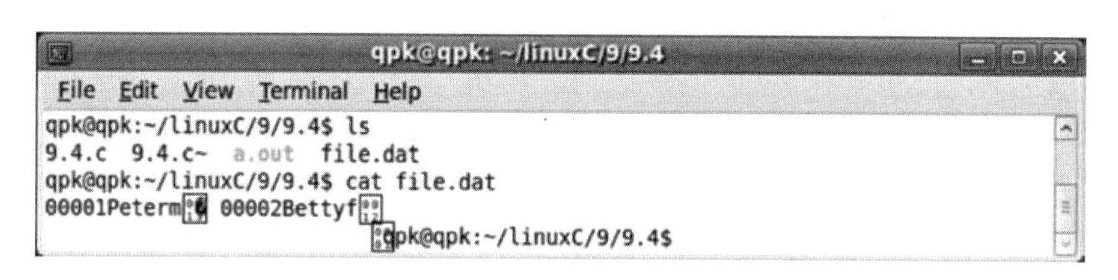

图 9－10　文件操作结果

程序说明：

第 5～12 行定义结构体类型 student，其中包含 student 相关信息，定义一个结构体成员变量数组并进行初始化；

第 14 行定义 student 结构体类型数组 ss [ ]，用以存放从文件中读出的数据；

第 17 行以二进制读写方式打开文件 file. dat，并用文件指针 fp 指向该文件；

第 22～30 行将结构体数组 s 中的内容写入到文件流上；

第 31 行强制将缓冲区内的数据写回文件指针所指定的文件中，如果不调用该函数将缓冲区数据强制写回文件指针所指的文件中而直接读取文件，很有可能读不到刚刚所写入文件的内容；

第 33 行调用 rewind 函数将文件指针指向文件的起始位置以便读取文件内容；

第 34～39 行从文件中读取数据存储到结构体类型变量 ss 中并输出打印到屏幕上。

该程序实现的功能是：把一组整数写入文件 file 中，然后再读取文件中的内容并将之显示在屏幕上。

关于以上两个函数的使用有以下几点需要注意的事项。

（1）从上述描述可见，这两个函数读（写）的字节总数为：项大小 × 项数。

（2）当这两个函数调用成功时，两函数各自返回实际读或写的数据项的项数，而不是字节总数。

（3）当遇到文件结束或出错时，fread( ) 函数返回一个短整型值；当写出错时，fwrite( ) 函数也会返回一个短整型值。

4. fscanf( ) 和 fprintf( )

格式化读写函数 fscanf( ) 和 fprintf( ) 与前面使用的 scanf( ) 和 printf( ) 函数的功能很相似，都是格式化读写函数。两者的区别仅在于 fscanf( ) 函数和 fprintf( ) 函数的读写对象不是键盘和显示器，而是磁盘文件。

这两个函数的调用格式为：

fscanf（文件指针，格式字符串，地址表列）

fprintf（文件指针，格式字符串，输出表列）

其中，文件指针用于指出从哪个文件中读入数据或将数据输出到哪个文件中。例如：

```
fscanf(fp,"%d%s",&m,s);
fprintf(fp,"%c\n",ch);
```

【例9-5】 从键盘上依次读取一个字符、两个整数、三个单精度数和一个字符串，写入当前目录下名为"file.dat"的二进制数据文件中。

```
1   #include<stdio.h>
2   #include<stdlib.h>
3   main()
4   {
5       FILE* fp;
6       char a[81],c;
7       int i1,i2;
8       float f1,f2,f3;
9       if((fp=fopen("file.dat","wb"))==NULL)
10    {
11          printf(" file can not open! \n");
12          exit(0);
13    }
14      scanf("%c",&c);
15      scanf("%d,%d",&i1,&i2);
16      scanf("%f,%f,%f",&f1,&f2,&f3);
17      scanf("%s",a);
18      fprintf(fp,"%c\n%d,%d\n%f,%f,%f\n%s\n",c,i1,i2,f1,f2,f3,a);
19      fclose(fp); /* 关闭fp所指向的文件* /
20  }
```

运行结果如图9-11所示。

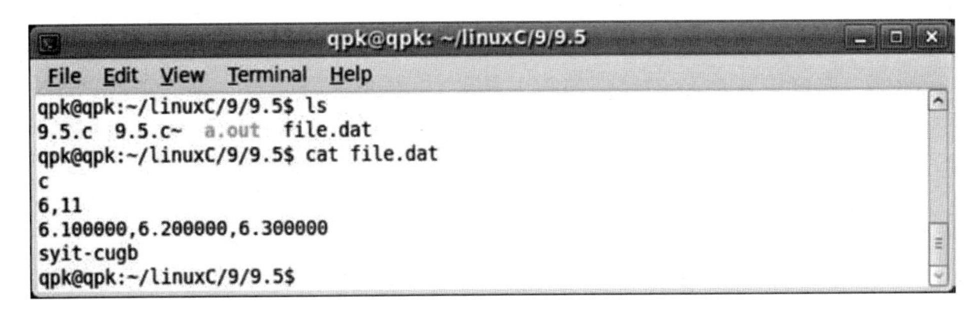

图9-11 二进制文件读写

程序说明：

第9行以只写的方式打开一个二进制文件；

第 14 ～ 17 行分别从键盘读取一个字符、两个整数、三个实数和一个字符串；

第 18 行将一个字符、两个整数、三个实数和一个字符串写入 fp 指向的文件。

5. 文本文件与二进制文件

计算机的存储在物理上是二进制的，所以文本文件与二进制文件的区别并不是物理上的，而是逻辑上的。这两者只是在编码层次上有差异。

简单来说，文本文件是基于字符编码的文件，ASCII 编码就是一种常见的编码方式。二进制文件是基于值编码的文件，可以根据具体应用，指定某个值是什么意思（这样一个过程，可以看作自定义编码)。

文本文件在磁盘中存放时每个字符对应一个字节，用于存放对应的 ASCII 码。例如，数 5678 的存储形式为：

ASCII 码：　00110101 00110110 00110111 00111000

　　　　　↓　　　　↓　　　　↓　　　　↓

十进制码：　5　　　　6　　　　7　　　　8

共占用 4 个字节。文本文件可在屏幕上按字符显示，例如，源程序文件就是文本文件，用 DOS 命令 TYPE 可显示文件的内容。由于是按字符显示，因此能读懂文件内容。

二进制文件是按二进制的编码方式来存放文件的。例如，数 5678 的存储形式为：00010110 00101110

只占两个字节。二进制文件虽然也可在屏幕上显示，但其内容无法读懂。C 系统在处理这些文件时，并不区分类型，都看成是字符流，按字节进行处理。输入输出字符流的开始和结束只由程序控制而不受物理符号（如回车符）的控制。因此也把这种文件称为“流式文件”。

6. 文本方式与二进制方式

虽然文件分为二进制文件和文本文件，但实际上它们都是以二进制数据的方式存储的。文件只是计算机内存中以二进制表示的数据在外部存储介质上的另一种存放形式。对于文本文件来说，它只是一种特殊形式的文件，它所存放的每一个字节都可以转化为一个可读的字符，即文本文件用记事本等文本编辑器打开，可以看懂上面的信息。通常一个文本文件分为很多行，作为数据储存时，还有列的概念。实际上，储存在硬盘或其他介质上，文件内容是按照线性排列和存储的，列是用空格或 Tab 间隔，行是用回车和换行符间隔。

当按照文本方式向文件中写入数据时，一旦遇到“换行”字符（ASCII 码为 10)，则会转换为“回车—换行”（ASCII 码分别为 13、10)。在读取文件时，一旦遇到“回车—换行”的组合（连续的 ASCII 码为 13、10)，则会转换为换行字符（ASCII 为 10)。例如储存如下信息到文本文件来中：

10

11

12

需要的空间是：6 个字符、2 个回车符和 2 个换行符一共是 10 个字节。文本文件储存数据是有格式、无数据类型的。比如 10 这个数据，并不指定是整型还是实型或是字符串。它有长度，就是 2，两个字节。储存时计算机储存它的 ASCII 码：31h，30h（用十六进制表示)。回车符是：0Dh，换行符：0Ah。

因此，这个数据储存是这样的：

31 30 0D 0A 31 31 0D 0A 31 32

31h 30h是10，0D 0A是回车换行；31h 31h是11；31h 32h是12。由此可见文本文件在最终存储时也是转化为十六进制格式，因此也可以认为文本文件是特殊的二进制文件。

当按照二进制方式向文件中写入数据时，则会将数据在内存中的存储形式原样输出到文件中。比如在存储上面三个数的时候，二进制文件在文件中存储的就是按照它们在内存中的格式存储的是三个整数。但二进制文件没有行的概念。要紧凑地储存它们（当然也可以中间加入一些空白的字节）。从数据类型上来说，首先考虑整型。如果把10 11 12当作2字长的整型，则10表示为：0Ah 00h。因为0Ah对应十进制10。而后面的00h是空白位。2字长的整型如果不足FFh，也就是不足255，则需要一个空白位。类似地，11表示为0Bh 00h，12表示为0Ch 00h。当整型数据超过255时，需要两个字节来储存。比如2748（ABCh），则表示为：BCh 0Ah。要把低位写在前面（BCh），高位写在后面（0Ah）。当整型数据超过65535时，就需要4个字节来储存。比如439041101（1A2B3C4Dh），则表示成：4Dh 3Ch 2Bh 1Ah。当数据再大时，就需要8字节储存了。

由于文本方式和二进制方式在读取和写入文件时的差异，所以在写入和读取文件时要保持一致。如果采用文本方式写入数据，应采用文本方式读取；如果采用二进制方式写入数据，在读取时也应该按照二进制方式。需要注意的是，不管是文本文件还是二进制文件，如果统一采用二进制方式进行写入和读取，则是不会出错的。因为这种读取和写入是严格按照一个字节一个字节地进行的。

这里一定要注意，文本文件和二进制文件、文本方式和二进制方式之间的区别。不管是文本文件还是二进制文件，都可以采用二进制方式或文本方式打开，然后进行写入或读取。但是，对于二进制文件来说，如果以文本方式读取时，可能会出现一些问题。

下面通过一个例子来形象地理解，文本文件和二进制文件、文本方式和二进制方式的区别。

【例9-6】 已知一个整数例如12345，将该整数保存到文件中，并以记事本打开该文件中时，显示12345，结果如图9-12所示。

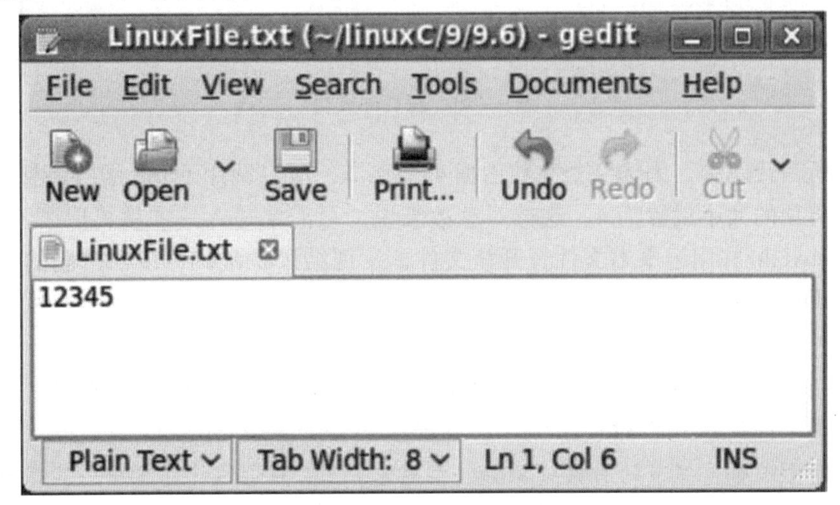

图9-12 程序实现结果

源码一：

```
1  #include <stdio.h>
2  #include <stdlib.h>
3  main()
4  {
5      FILE*  pFile = fopen("LinuxFile.txt", "w");
6      if(pFile == NULL)
7      {
8          printf("File open error… \n");
9          exit(0);
10     }
11     int  i = 12345;
12     if(fwrite(&i,4,1,pFile) <= 0)
13     {
14         printf("File write error… \n");
15     }
16     else
17     {
18         printf("File write successful… \n");
19     }
20     fclose(pFile);
21 }
```

运行结果如图 9 – 13 所示。

图 9 – 13　写文件成功

源码一所写代码中，因为一个整数占据 4 个字节，所以调用 fwirte 函数将整数 i 的值写入文件时，将项的大小设置为 4，这样对整数来说，只需要写入一项就可以了。运行程序，生成文件 LinuxFile 并用记事本文件打开该文件，发现结果是乱码，以二进制的方式打开这个文件，结果如下所示：

39 30 00 00

这时的结果是：00 00 30 39，因为一个整数在内存中占据 4 个字节，这是一个十六进制表示，转化为十进制就是 12345。

提示　对于一个多字节的对象（例如整型对象），在不同的计算机中，其字节的存储排列顺序是不一样的。有两种排列规则：一种为 little endian，即在存储器中按照从最低字节到最高字节顺序存储对象，基于 Intel 的机器都采用这种规则。正因为采用了 little endian 存储

顺序，所以上面的 12345（二进制表示为 00 00 30 39）在存储时表示为 39 30 00 00。另一种排序规则称为 big endian，在存储器中按照从最高字节到最低字节的顺序存储对象，也就是和平常的书写习惯一致。

读者一定要记住，文件实际上就是数据在内存中的存储形式在外部存储介质上的另一种存放形式。当以记事本打开 LinxuFile 这个文件的时候，也就是以文本方式打开该文件时，该文件中存储的每一个字节的数据都要作为 ASCII 码转换为相应的字符，但是它的每一个字节的数据转换为字符之后又是不可读的，因此看到的就是乱码。

如果对文本文件和二进制文件之间的区别做比较了解的话，可以知道，如果想在记事本中打开文件时能看到 12345 这五个字符的话，则在存储时应该存储 12345 这五个字符的 ASCII 码。因此可以定义一个五个字符的数组，对于数字字符来说，字符 0 的 ASCII 码是 48，所以 9 的这个数字字符的 ASCII 码就是：9 + 48。依此类推，然后再写入文件时，直接写入这个字符数组即可。代码如下：

源码二：

```
1    #include <stdio.h>
2    #include <stdlib.h>
3    main()
4    {
5         FILE*           pFile = fopen("LinuxFile.txt","w");
6         if(pFile == NULL)
7         {
8               prtinf("File open error…\n");
9               exit(0);
10      }
11      char            chNum[6];
12      int             nChar;
13      for(nChar = 1;nChar <= 5;nChar ++)
14    {
15              chNum[nChar] = nChar + 48;
16    }
17      if(fwrite(chNum,1,5,pFile) <= 0)
18      {
19            printf("File write error…\n");
20      }
21      else
22      {
23            pritnf("File write successful…\n");
24    }
25      fclose(pFile);
26  }
```

分析，这个例子重点在于对文本文件和二进制文件的理解。如果直接将整数 12345 写入到文本文件中，是无法得到所示结果的。因为对于文本文件而言，它的每一个字节存放的是可表示为一个字符的 ASCII 码，如果想在记事本中看到 12345 这几个字符，实际上看到的是这些字符转换后的字符，也就是说，在记事本中看到 12345 是五个字符，并不是整数 12345。

为什么要使用二进制文件。原因大概有三个。

（1）二进制文件比较节约空间，这两者储存字符型数据时并没有差别。但是在储存数字，特别是实型数字时，二进制更节省空间，比如储存 Real * 4 的数据：3.1415927，文本文件需要 9 个字节，分别储存：3.1415926 这 9 个 ASCII 值，而二进制文件只需要 4 个字节（DB 0F 49 40）。

（2）内存中参加计算的数据都是用二进制无格式储存起来的，因此，使用二进制储存到文件就更快捷。如果储存为文本文件，则需要一个转换的过程。在数据量很大的时候，两者就会有明显的速度差别了。

（3）一些比较精确的数据，使用二进制储存不会造成有效位的丢失。

9.3.3 文件的定位

对于流式文件，既可以顺序读写，也可以随机读写，关键在于控制文件的位置指针。前面程序中文件的访问都是通过文件指针来完成，它指向当前读写的位置，然后按顺序读写文件，每次读写一个字符，读写完之后，该位置指针自动移到下一个字符。如果要改变文件读写的定位，实现文件的随机读写，这时就要使用文件定位操作来控制文件位置指针。文件定位主要包括以下操作。

1. fseek( ) 改变当前文件指针的位置

实现将文件指针所指向的文件的位置指针移到以"起始位置"为基准和以"位移量"为位移量的位置上。因此，调用该函数可以改变文件的位置指针，使用户能直接去读写文件中的某一个指定的位置。这样就可以使得 C 语言的流式文件既可以顺序读/写，也可以随机读/写了。

函数原型：`int fseek ( FILE *  stream,long int offset,int origin );`

函数参数：stream 是已定义过的文件指针；origin 为"起始位置"参数，必须是以下值之一。

0（SEEK_SET）：文件开头。

1（SEEK_CUR）：当前文件指针文件。

2（SEEK_END）：文件末尾。

Offset 为"位移量"参数，是相对于"起始位置"的偏移字节数，它要求是 long 型数据。

2. rewind( ) 将文件指针置于文件开头位置

有时需要文件指针指向文件的开头以便访问（例如，从头开始重新写入文件），而此时却因为前面的文件操作使指针移动到文件的其他位置，这时就需要重置文件指针使其回到文件头。

需要头文件：`#include <stdio.h>`

函数原型：`void rewind(FILE *  stream);`

函数说明：rewind( ) 用来把文件流的读写位置移至文件开头。参数 stream 为已打开的文件指针。此函数相当于调用 fseek（stream，0，SEEK_SET）。

3. ftell( )获取文件指针的当前位置

在程序执行过程中，若要获取文件指针的当前位置，可以使用 ftell( )函数来完成。ftell( )函数用于取文件指针的当前位置。函数的一般格式如下：

需要头文件：#include <stdio.h>

函数原型：long ftell(FILE * stream);

函数说明：ftell( )用来取得文件流目前的读写位置。参数 stream 为已打开的文件指针。

函数返回值：当调用成功时则返回目前的读写位置，若有错误则返回 -1，errno 会存放错误代码。

知识点　如果仅仅只是要判断文件指针是否已经指向文件末尾，可以直接调用 feof(fp) 函数。如果遇到文件结束，函数返回 1，否则返回 0。参数 fp 为指向文件的指针变量。

【例 9-7】　获取文件大小。

```
1  #include <stdio.h>
2  #include <stdlib.h>
3  main ()
4  {
5       FILE * pFile;
6       long size;
7       pFile = fopen ("file ","rb");
8       if (pFile == NULL)
9      {
10           printf("Error opening file. \n");
11           exit(0);
12      }
13       else
14      {
15           fseek (pFile,0,SEEK_END);
16           size = ftell (pFile);
17           fclose (pFile);
18           printf (" Size of file: % ld bytes. \n", size);
19      }
20  }
```

运行结果如图 9-14 所示。

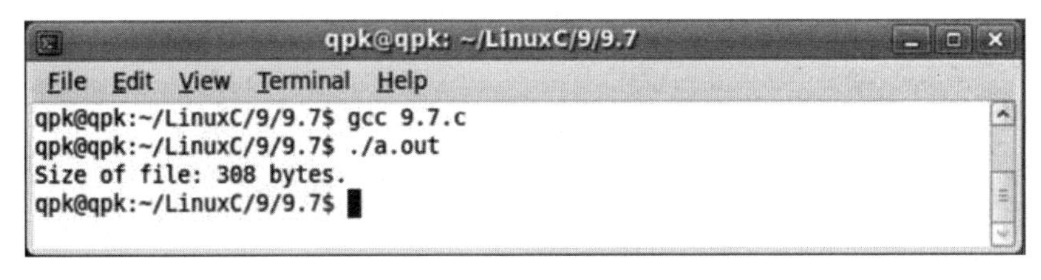

图 9-14　获取文件大小

程序说明：

第 15 行调用 fseek 函数将文件指针定位到文件的末尾位置；

第 16 行调用 ftell 函数返回当前文件指针位置和文件开头之间的距离，由于文件指针处于文件的末尾，所以得到的就是文件的大小。

9.3.4 文件操作检测

在文件的访问中有时会出现错误，例如，不能打开指定的文件、文件不存在等。此时，可以使用 C 语言提供的两个函数 ferror( ) 和 clearerr( ) 对文件读写操作过程的出错情况进行检测。

1. ferror( ) 文件读写错误的检测

函数原型：int ferror (FILE * stream);

函数参数：stream 是已定义过的文件指针；

函数返回值：该函数返回 0 值表示未出错，返回非 0 值表示出错。

注意 对同一个文件在每一次调用输入输出函数（如：putc、getc、fread、fwrite 等）时，均产生一个新的 ferror 函数值。因此，应当在调用一个输入输出函数后立即检查 ferror 函数的值，否则信息会丢失。在执行 fopen 函数时，ferror 函数的初始值自动置为 0。

【例 9-8】 文件出错检测——写错误检测。

```
1     #include <stdio.h>
2     #include <stdlib.h>
3     main ()
4     {
5           FILE * pFile;
6           char ch = 'q';
7           pFile = fopen("file.txt","r");
8           if (pFile = = NULL)
9       {
10                printf ("Error opening file. \n");
11                exit(0);
12       }
13          else
14       {
15                fputc (ch,pFile);
16                if (ferror (pFile))
17                {
18                      printf ("Error Writing to file.txt \n");
19                      fclose (pFile);
20                }
21       }
22    }
```

运行结果如图 9 – 15 所示。

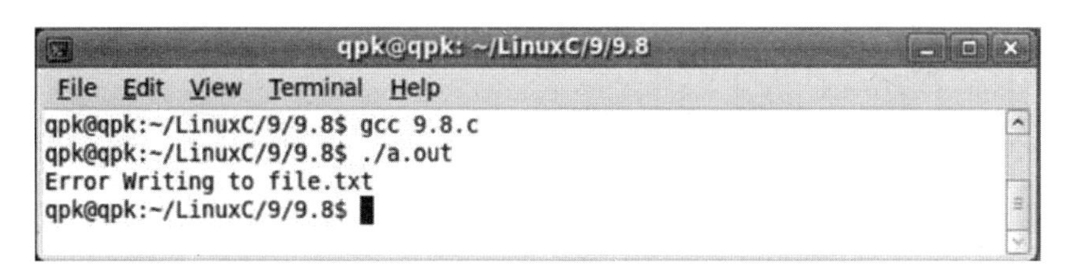

图 9 – 15 文件出错检测

程序说明：

第 7 行以只写方式打开文件；

第 16 行以只读方式打开文件，执行写操作必然发生错误，从而起到测试 ferror 函数的作用。

特意以只读方式打开文件，然后调用 fput 函数往文件中写入数据，必然导致错误产生从而测试 ferror 函数。

2. clearerr( ) 函数

clearerr( ) 函数用于清除文件错误标志。

函数原型：`clearerr( fp );`

该函数的作用是，将文件指针所指向文件的输入输出出错标记和文件结束标记置为 0。当调用的输入输出函数出错时，由 ferror( ) 函数给出非 0 标记，并一直保持此值，只有在调用 clearerr( ) 函数后才重新置 0。

3. feof( ) 文件结束检测

对于文本文件，通常可用 EOF（ –1）作为结束标志；但对于二进制文件， –1 可能是字节数据的值。为了正确判定文件的结束，可以通过使用 feof( ) 函数来完成。

函数原型：`int feof ( FILE *  stream );`

函数参数：streamfp 是已定义过的文件指针；

函数返回值：该函数用于检测文件是否结束，若结束，则返回非 0 值；否则返回 0 值。

【例 9 –9】 计算文件的字节数。

```
1    #include <stdio.h>
2    #inclue <stdlib.h>
3    main ()
4    {
5          FILE * pFile;
6          long n=0;
7          pFile=fopen ("myfile.txt","rb");
8          if (pFile= =NULL)
9        {
10              printf ("Error opening file.\n");
11              exit(0);
12       }
```

```
13        else
14       {
15             while (! feof(pFile))
16             {
17                  fgetc (pFile);
18                  n ++;
19          }
20           fclose (pFile);
21           printf ("Total number of bytes: % d\n",n);
22       }
23   }
```

运行结果如图 9-16 所示。

```
qpk@qpk:~/LinuxC/9/9.9$ gcc 9.9.c
qpk@qpk:~/LinuxC/9/9.9$ ./a.out
Total number of bytes: 319
qpk@qpk:~/LinuxC/9/9.9$
```

图 9-16 计算文件字节数

程序说明：

第 15～19 行 while 循环判断文件指针 pFile 是否指向了文件的末尾；

第 17～18 行从文件指针所指向的文件中逐字符读取文件内容并统计字符个数，从而得到文件大小。

9.3.5 其他文件操作函数

除了前面的文件操作函数外，C 标准库还提供了其他的文件操作函数。下面来学习几个常用的文件函数。

1. fflush( ) 强迫将缓冲区内的数据写回参数 stream 指定的文件中

清除输入缓冲区函数 fflush（），清除文件缓冲区，文件以写方式打开时强迫将缓冲区内容写回参数 stream 指定的文件。

函数原型：`int fflush(FILE* fp);`

函数参数：fp 为被打开的文件指针；

函数返回值：函数执行成功返回 1，执行失败返回 EOF；

函数说明：fflush 会强迫将缓冲区内的数据写回参数 fp 指定的文件中。如果参数 fp 为空，fflush 会将所打开的文件更新。

【例 9-10】 fflush 函数的使用。

```
1    #include <stdio.h>
2    char mybuffer[80];
3    int main()
```

```
4    {
5        FILE * pFile;
6        pFile=fopen ("file.txt","r+");
7        if (pFile == NULL)
8       {
9              printf ("Error opening file. \n");
10             exit(0);
11      }
12      else
13      {
14             fputs ("test",pFile);
15             if(fflush (pFile) == EOF)
16            {
17                   printf ("Error in file update . \n");
18                   fclose(pFile);
19                   return;
20            }
21             fseek(pFile,0,SEEK_SET);
22             fgets (mybuffer, 80, pFile);
23             puts (mybuffer);
24             fclose (pFile);
25       }
26  }
```

运行结果如图 9 - 17 所示。

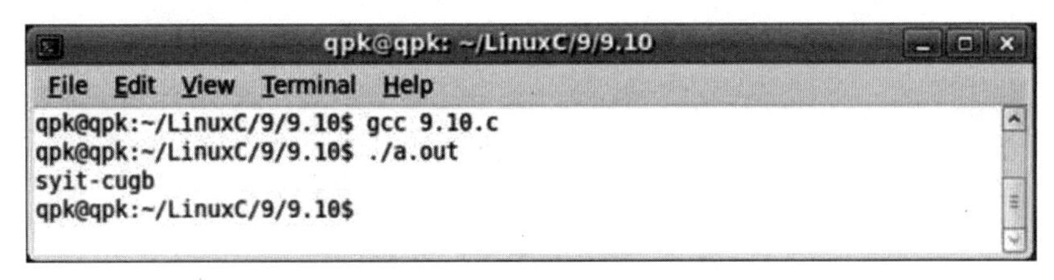

图 9 - 17　fflush 函数使用

程序说明：

第 21 行文件写入完成后，文件指针位于文件的尾部，所以在读取文件之前要移动文件指针到文件的起始位置，调用 feek 函数将文件指针偏移到文件的起始位置。

2. uugetc( ) 将字符写回文件流

uugetc( ) 将字符写回参数 stream 所指定的文件流。这个写回的字符会由下一个读取文件流的函数取得。

需要头文件：`#include <stdio.h>;`

函数原型：`int ungetc(int c,FILE * stream);`

函数返回值：成功则返回 c 字符，若有错误则返回 EOF。

函数说明：ungetc( ) 将参数 c 字符写回参数 stream 所指定的文件流。这个写回的字符会由下一个读取文件流的函数取得。

【例 9 - 11】】 uugetc 函数的使用。

```
1    #include <stdio.h>
2    #include <ctype.h>
3    main()
4    {
5         int i=0;
6         char ch;
7         puts("Input an integer followed by a char:");
8         while((ch=getchar())! =EOF && isdigit(ch))
9              i=10 * i + ch - 48;
10        if (ch ! =EOF)
11             ungetc(ch,stdin);
12        printf("i=% d,next char in buffer=% c\n",i,getchar());
13   }
```

运行结果如图 9 - 18 所示。

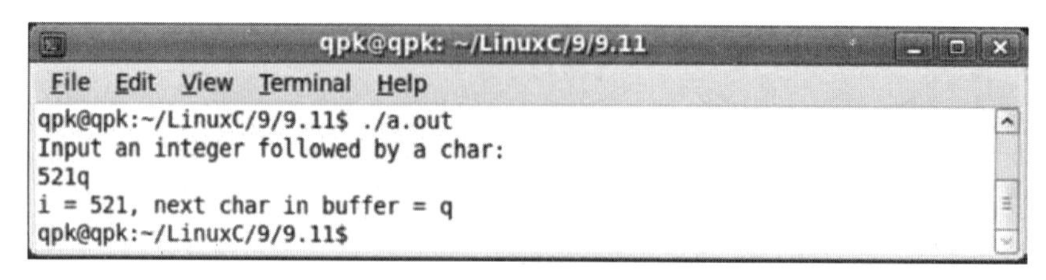

图 9 - 18　uugetc 函数的使用

程序说明：

第 8 ～ 9 行从输入流中读取数字直到文件结束位置，并将以 ASCII 形式存在的数字转化为整型值；

第 10 ～ 11 行将非数字字符重新写回到文件指针流上。

9.4　非缓冲文件操作

非缓冲文件系统不属于 ANSIC 标准规定的范围。缓冲输入输出系统又称高级磁盘输入输出系统。非缓冲输入输出系统又称为低级磁盘输入输出系统，系统不为这类文件自动提供文件缓冲区，程序设计者必须自己设定一个缓冲区并考虑如何使用它们。缓冲文件系统（高级 I/O 系统）是有文件指针的，通过文件指针访问文件，而非缓冲文件系统（低级磁盘 I/O 系统）则没有文件型指针，不是靠文件指针来访问文件，而是用一个整数代表一个文件（相当于 FORTRAN 等语言的 “文件号”），这个整数称为 “文件说明符”。非缓冲文件操作通常使用几个系统函数：open、read、write、lseek、close。在这一章中所有的系统函数都属于 “非缓冲文件” （unbuffered I/O）。也就是说这些函数都是直接调用内核中的系统函数，它完全没有经过 “缓冲区”，直接调用了。所以，这样不经过 “缓冲区” 调用的速度就肯定比经过 “缓冲区” 快了。

1. 缓冲文件系统

第一段简单说到了，“缓冲文件系统”的文件操作要经过“缓冲区”，那么具体如何操作呢？比如说最常用的 read 和 write。首先操作系统会在内存区域开辟一个缓冲区，顾名思义，缓冲区就是用于缓冲的。如果要执行 read 操作，那么先从磁盘那里把数据内容读入缓冲区，然后等到把缓冲区装满之后，CPU 再从缓冲区把数据读入特定的变量。如果是写操作，刚好是反过来了，CPU 先把数据一个个写进缓冲区里面，等到写满之后就把缓冲区刚刚写进的数据写入到文件里面了。ANSI C 中函数库支持“缓冲区文件系统”，所以文件操作函数像 fopen，fclose，fread，fwrite 等都是属于缓冲 I/O。这里不多说这些函数了。

2. 非缓冲文件系统

在 ANSI C 中函数库支持“缓冲区文件系统”，但不支持“非缓冲文件系统”，“非缓冲文件系统”是 POSIX. 1 和 UNIX specification 的一部分。

前面说到了，非缓冲 I/O 是系统直接的输入和输出，它不经过“缓冲区”，所以从速度和效率方面来说就显得快一些了。下面对几个基本的 unbuffered I/O 函数的功能通过配合代码描述一下。

（1）文件建立 creat( )。

函数原型：`int creat(char * filename,int mode);`

函数参数：filename，指定的文件名；mode 指定文件打开模式，可以取三种值：0 表示只读属性；1 隐藏属性；2 系统文件。

函数返回值：当文件创建失败时该函数返回 -1。

（2）打开一个非缓冲文件 open( )。

函数原型：
```
int open( const char *  pathname,int flags);
int open( const char *  pathname,int flags,mode_t mode);
```

函数参数：filename 指定的文件名。mode 指定文件打开模式，可以取三种值：0 表示读打开；1 表示写打开；2 表示读写打开。

如果要打开的文件不存在，多数 C 编译系统按“打开失败”处理，不产生新的文件。但有的编译系统可以用 open 函数建立一个新文件。另一些 C 编译系统则只能用 creat 函数建立一个新文件。

open 建立了一条到文件或设备的访问路径。如果操作成功，它将返回一个．文件描述符，后续的 read 和 write 等系统调用就将使用该文件描述符对打开的那个文件进行操作，文件的文件描述符是独一无二的，并且不会与运行中的任何其他程序共享。如果两个程序同时去打开同一个文件，会导致两个彼此不一样的文件描述符。如果它们都对文件进行写操作，那么它们会各写各的，分别接着上次离开的位置继续往下写。它们的数据不会交错出现交织在一起，而是彼此互相覆盖（后写入的内容覆盖掉前面写入的内容）。两个程序对文件的读写位置（偏移值）有各自的理解，各干各的。为了防止出现这种我们并不希望看的混乱冲突的局面，可以使用“文件加锁”功能。

准备打开的文件或设备的名字被当作 path 参数传递到函数中去，oflags 参数用来定义准备对打开的文件进行的操作动作。

oflags 参数是通过把人们要求的文件访问模式与其他可选模式按位 OR 运算得到的。open 调用必须给出表 9 -4 所列的某个文件访问模式。

表 9-4　open 访问模式

模　式	说　　明
O_RDONLY	以只读方式打开文件
O_WRONLY	以只写方式打开文件
O_RDWR	以可读写方式打开文件。O_RDONLY、O_WRONLY 和 O_RDWR 三种旗标是互斥的，也就是不可同时使用，但可与 O_CREAT、O_APPEND、O_TRLNC 和 O_EXCL 旗标利用 OR（|）运算符组合
O_CREAT	若欲打开的文件不存在则自动建立该文件
O_APPEND	当读写文件时会从文件尾开始移动，也就是所写入的数据会以附加的方式加入到文件后面
O_TRUNC	若文件存在并且以可写的方式打开，此旗标会令文件长度清为 0，而原来存于该文件的资料也会消失
O_EXCL	如果 O_CREAT 也被设置，此指令会去检查文件是否存在。文件若不存在，则建立该文件，否则将导致打开文件错误。此外，若 O_CREAT 与 O_EXCL 同时设置，并且欲打开的文件为符号连接，则会出现打开文件失败

其他可能出现的 oflags 值请参考 open 调用的使用手册页文档，它们出现在该文档的第二小节用（“man open2”命令查看）。

函数返回值：函数调用成功，它会返回一个新的文件描述符（文件描述符永远是一个非负整数）；如果失败，就返回 -1，并对全局性的 errno 变量进行设置以指明失败的原因。在下一小节将对 errno 做进一步讨论。新文件描述符永远取未用描述符的最小值，这在某些情况下是非常有用的。比如说，如果一个程序关闭了自己的标准输出，然后再次调用 open，就会重新使用 1 作为文件描述符。而标准输出将被重定向到另外一个文件或设备。

POSIX 技术规范还标准化了一个 creat 调用，但它并不常用。这个调用不仅会创建文件，还会打开它——它的作用相当于以“O_CREAT | O_WRONLY | O_TRUNC”为 oflags 标志的 open 调用。

① 访问权限的初始化值。当用 open 加 O_CREAT 标志来创建一个文件的时候，必须使用 open 调用的三个参数格式。第三个参数 mode 是几个标志按位 OR 操作后得到的，这些标志是在头文件/sys/stat. h 里定义的，它们如表 9-5 所示。

表 9-5　访问权限

模　　式	权　　限
S_IRWXU	文件所有者具有可读、可写及可执行的权限
S_IRUSR 或 S_IREAD	文件所有者具有可读取的权限
S_IWUSR 或 S_IWRITE	文件所有者具有可写入的权限
S_IXUSR 或 S_IEXEC	文件所有者具有可执行的权限
S_IRWXG	文件用户组具有可读、可写及可执行的权限
S_IRGRP	文件用户组具有可读的权限
S_IWGRP	文件用户组具有可写入的权限
S_IXGRP	00010 权限，代表该文件用户组具有可执行的权限
S_IRWXO	00007 权限，代表其他用户具有可读、可写及可执行的权限
S_IROTH	00004 权限，代表其他用户具有可读的权限
S_IWOTH	00002 权限，代表其他用户具有可写入的权限
S_IXOTH	00001 权限，代表其他用户具有可执行的权限

请看下面的例子：

```
open("myfile",O_CREAT | S_IRUSR | S_IXOTH);
```

它的作用是创建一个名为 myfile 的文件，文件属主拥有它的读操作权限，其他用户拥有它的执行权限。也只有这么多权限。

有几个因素会对文件的访问权限产生影响。首先，只有文件被创建出来以后才能谈及访问权限。第二，用户掩码（“user mask”，由 shell 的 umask 命令设定）会影响到被创建文件的访问权限。open 调用里给出的模式值将在程序运行时与用户掩码的反值做 AND 运算。举例来说，如果用户掩码被设置为“001”，open 调用给出了 S_IXOTH 模式标志，那么文件不会被创建为其他用户拥有执行权限的情况。这是因为用户掩码中规定了不允许向其他用户提供执行权限。因此，可以说 open 和 creat 调用中的标志实际上是设置权限的申请，所申请的权限是否会被设置，还要取决于 umask 在程序运行时的值。

② umask。umask 是一个系统变量，它的作用是为文件的访问权限设定一个掩码，再把这个掩码用在文件创建操作中。执行 umask 命令可以对这个变量进行修改，给它提供一个新值。这是一个由三个八进制数字组成的值。各数字都是八进制值1，2，4 AND 的操作结果。这三个数字分别对应着用户（user）、分组（group）和其他用户（Other）的访问权限。如表 9－6 所示。

表 9－6　umask 系统变量

数　字	取　　值	含　　义
1	0	不禁止任何属主权限
	4	禁止属主的读权限
	2	禁止属主的写权限
	1	禁止属主的执行权限
2	0	不禁止任何分组权限
	4	禁止分组的读权限
	2	禁止分组的写权限
	1	禁止分组的执行权限
3	0	不禁止任何其他用户权限
	4	禁止其他用户的读权限
	2	禁止其他用户的写权限
	1	禁止其他用户的执行权限

表 9－7 给出的是禁止分组写和执行权限，禁止了其他用户写权限情况下的 umask 掩码。

表 9－7　禁止分组写和执行权限

位　　置	取　　值
1	0
2	2
	1
3	2

各位上数字的值将 AND 在一起；因此第 2 位数字的值是“2&1”，结果为“3”。最终的 umask 结果是“032”。

当通过一个 open 或 creat 调用创建一个文件的时候，mode 参数将与 umask 进行比较。mode 参数中被置位的位如果在 umask 中也被置位了，就会被排除在访问权限的构成之外。打个比方，这样做的最终结果是用户可以设置自己的环境说“不准创建允许其他用户有写权限的文件，即使创建该文件的程序提出申请也不行。”但这样做并不会影响某个程序或用户在今后使用 chrnod 命令（或者在程序中使用 chmod 系统调用）添加其他的写权限，它确实能够帮助保护用户的利益，让他们不必费心去检查和设置每一个新文件的访问权限。

（3）close( ) 关闭文件函数。

函数原型：`int close(int handle);`

函数参数：handle 为整型变量，它是“文件说明符”（即文件号）。

在打开文件时，open 函数返回一个整数，这就是“文件说明符”（文件号）。在未关闭此文件之前，此文件说明符与该文件相联系，或者说，它代表一个确定的文件。执行 close 函数后，文件号释放，它不再与一个确定的文件相联系。它可以再被用来与另一个文件联系。文件号是由系统在打开文件时分配的，而不是由程序设计者指定的。每一个 C 编译系统规定了可以同时打开的文件的最大数字。假如，某一个 C 编译系统允许同时最多打开 10 个文件，则 fd 的值为 1 ～ 10。如果用 close 函数关闭了 fd 为 3 的文件，则再用 open 函数打开另一文件时，系统就可能将 3 作为该新文件的文件号。可以看到文件号 3 先后与两个不同的文件相联系。由于一个 C 编译系统允许同时打开的文件数目是有限的。因此，凡不再使用的文件应及时用 close 函数关闭。如果关闭操作失败（如不存在此文件，或把磁盘从驱动器取出），则 close 函数返回 -1；成功时返回 0。

（4）read( ) 文件读取。

函数原型：`int read(int handle,void * buf,int nbyte) ;`

函数参数：其中 fd 为文件号，buf 是一个地址，它指向程序员指定的“缓冲区”的开头，这个“缓冲区”可以是一个数组或一个变量，或一个已分配内存的数据结构；count 是一个整数；上述 read 函数的作用是从 fd 所代表的文件中，读 count 个字节的信息到 buf 指向的缓冲区中。

函数返回值：如果执行 read 成功，则函数返回实际读入的字节数；如果遇到文件结束，则函数值返回 0；

函数说明：read 函数的作用是从指定的磁盘文件中读入若干个字符到程序开辟的缓冲区中。

【例 9 -12】 下面的程序从名为“file”的文件中读 20 个字符到 buffer 数组中，并将该字符串显示出来。

```
1     #include <unistd.h>
2     #include <stdio.h>
3     #include <stdlib.h>
4     #include <string.h>
5     main()
6     {
7          int fd;
```

```
8        char buffer[20];
9        if((fd=open("file",0))==-1)
10       {
11            printf("can not open file\n");
12            exit(0);
13       }
14       if(read(fd,buffer,20)<=0) printf("read error");
15       printf("%s\n",buffer);
16       close(fd);
17   }
```

运行结果如图 9－19 所示。

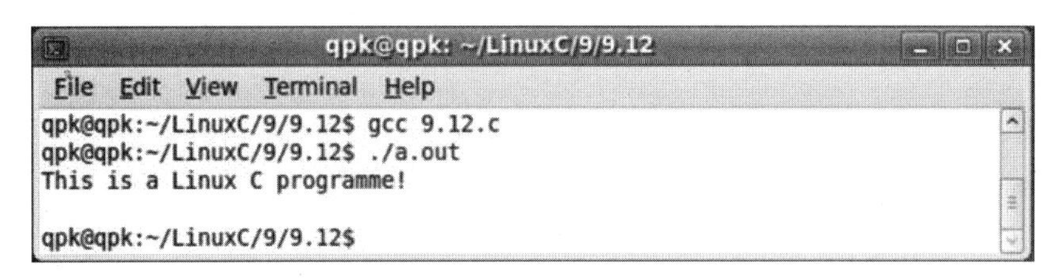

图 9－19　非缓冲文件读操作

程序说明：

第 7 行定义一个整型变量作为非缓冲文件的文件描述符；

第 8 行定义一个字符型数组作为非缓冲文件的缓冲区；

第 9～13 行调用系统函数 open 打开文件并将返回的文件描述符赋值给整型变量 fd；

第 14 行读取文件描述符所代表的文件到所开辟的内存空间 buffer 中；

第 15 行将读取到缓冲区中的内容输出打印到屏幕上。

buffer 是一个字符型数组，它就是程序设计者指定的“缓冲区”，这个“缓冲区”不是系统自动设置的（这是与缓冲文件系统不同的），而是由程序设计者根据需要在程序中设定的。如果程序不设定所需的缓冲区，数据就无法读入。其实，也可以简单地理解为：将数据读入到指定地址的内存单元中去。如同 scanf（"%s"，buffer）；只是 read 函数从磁盘文件中读数据，因此要指定 fd，而且要指定需读入的字节数目。

在上述程序中，如果成功地执行了 read，则 read 函数的返回值应为 50。如果不等于 50，则肯定出现了意外情况（例如，企图从一个只能写的文件中读数；文件中能被读入的字节不足 50；等等）。在执行 read 函数的过程中，每读入一个字节后，文件位置指针往后移到下一个字节处。每次从文件位置指针指向处开始读取数据。

（5）write( ) 写文件。

函数原型：`int write(int handle,void * buf,int nbyte);`

函数参数：其中 fd、buf 和 count 的含义与 read 函数中相同，上述 write 函数的作用是：从 buf 所指向的内存区中输出 count 个字节的信息到 fd 所代表的磁盘文件中去，write 函数的返回值为实际输出的字节数；

函数作用：从指定的内存区将若干个字节中的信息输出到指定的文件中；

函数返回值：如果实际输出的字节数比指定的 count 小，则函数值可能比 count 小。如果执行 write 有错误，则返回值为 -1。

注意 通常 write 会报告说它写的字节比用户要求的少。这并不一定是个错误。用户应该在自己的程序里检查 errno 看看是否出现了错误，然后再次调用 write 写出其余的数据。

【例 9-13】 从终端键盘读入 20 个字符，然后输出到磁盘文件“file”中去。

```
1    #include <stdio.h>
2    #include <stdlib.h>
3    main()
4    {
5         int fd;
6         char buffer[file];
7         if((fd=creat("file",1))==-1)
8         {
9              printf("can not open file\n");
10             exit(0);
11       }
12        gets(buffer);
13        if(wirte(fd,buffer,20) <= 0)
14       {
15            printf("write error");
16       }
17        else
18       {
19            printf("write successful.\n);
20       }
21        close(fd);
22   }
```

运行结果如图 9-20 所示。

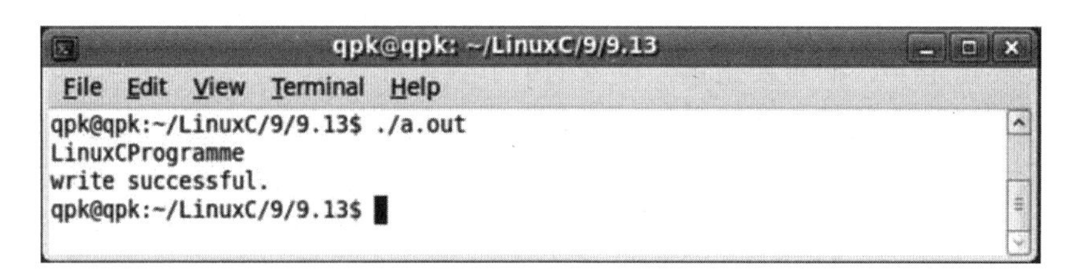

图 9-20 非缓冲文件写操作

程序说明：

第 7～11 行调用 creat 函数创建文件 file 并将文件描述符赋值给整型变量 fd；

第 12 行调用系统函数 gets 从键盘输入字符串赋值给字符型数组 buffer，也可以将 buffer 看作是为读写文件所开辟的缓冲区；

第 13～16 行调用系统函数 write 将缓冲区 buffer 中的内容写入到文件描述符 fd 所代表的

文件中；

第 21 行关闭文件描述符所关联的文件。

在这里所用的系统中，用 creat 函数建立一个新文件“file”。程序将从键盘输入由 50 个字符组成的字符串，然后将它输出给此文件。如果文件是以文本方式（ASCⅡ码）打开的，则执行 write 函数时将如以前介绍过的那样发生字符的转换。

文件随机读取。其概念大致与缓冲文件系统的 fseek 函数相同，只是不用文件指针而用文件号来标识文件。“起始点”用 0、1 和 2 分别代表“文件开始位置”、文件“当前位置”和“文件末尾”。函数的返回值是长整型（long 型）数据。例如：

```
lseek(fd,100L,0);        /* 将文件位置指针移到距文件开头 100 字节处 */
lseek(fd, -10,1);        /* 将文件位置指针从当前位置倒退 10 个字节 */
```

如果执行 lseek 函数失败，则返回 -1L（注意 -1L 代表长整数 -1）。

有了 lseek 函数就能够实现对非缓冲文件的随机存取，只需事先将文件位置指针移到所需读写的位置上，然后进行读写操作即可，在此不再赘述。读者可自己编写一些随机存取的程序。

- lseek 移动文件指针。

函数原型：`long lseek(int fildes,long offset ,int whence);`

函数参数：fildes 为已打开的文件描述词，参数 offset 为根据参数 whence 来移动读写位置的位移数。

参数 whence 为下列其中一种：

SEEK_SET 参数 offset 即为新的读写位置；

SEEK_CUR 以目前的读写位置往后增加 offset 个位移量；

SEEK_END 将读写位置指向文件尾后再增加 offset 个位移量；

当 whence 值为 SEEK_CUR 或 SEEK_END 时，参数 offet 允许负值的出现。

函数作用：每一个已打开的文件都有一个读写位置，当打开文件时通常其读写位置是指向文件开头，若是以附加的方式打开文件（如 O_APPEND），则读写位置会指向文件尾，当 read( )或 write( )时，读写位置会随之增加，lseek( )便是用来控制该文件的读写位置，设置 handle 所指文件的位置指针的新位置，该位置与 origin 指定的文件位置相距 offset 个字节；

函数返回值：当调用成功时，返回目前的读写位置，也就是距离文件开头多少个字节。当有错误时，返回 -1，errno 会存放错误代码。

以下是较特别的使用方式。

欲将读写位置移到文件开头时：lseek（int fildes，0，SEEK_SET）；

欲将读写位置移到文件尾时：lseek（int fildes，0，SEEK_END）；

想要取得目前文件位置时：lseek（int fildes，0，SEEK_CUR）。

注意　Linux 系统不允许 lseek( )对 tty 的装置作用，此项动作会令 lseek( )返回ESPIPE。

- tell 获取文件指针位置。

函数原型：`long tell(int handle) ;`

函数参数：handle 文件描述符；

函数返回值：返回当前文件位置指针的位置；发生错误时该函数返回 -1。

9.5 临时文件的操作

1. 什么是临时文件、为什么要使用临时文件?

有时程序需要存储很大量的数据，或者在几个进程间交换数据，这时可能考虑到使用临时文件。使用临时文件要考虑以下几个问题：

(1) 保证临时文件间的文件名不互相冲突；

(2) 保证临时文件中内容不被其他用户或者黑客偷看、删除和修改。

所以在 Linux 下有专门处理临时文件的函数。

2. 临时文件的创建、打开与关闭

(1) mkstemp 创建临时文件。

需要头文件：`#include <stdlib.h>;`

函数原型：`int mkstemp(char* template);`

函数参数：template 为所创建的临时文件的文件名；

函数返回值：文件顺利打开后返回可读写的文件描述符；若文件打开失败则返回 NULL，并把错误代码存在 erron 中，可以通过调用 ferror 函数捕获该错误代码。

函数说明：mkstemp 函数将在系统中以独一无二的文件名创建一个文件并打开，而且只有当前用户才有访问这个临时文件的权限，当前用户对这个临时文件可以打开并进行读、写操作。mkstemp 函数只有一个参数，这个参数是个以“XXXXXX”结尾的非空字符串。mkstemp 函数会用随机产生的字符串替换“XXXXXX”，保证了文件名的唯一性。函数返回一个文件描述符，如果执行失败返回 -1。在 glibc 2.0.6 及更早的 glibc 库中，这个文件的访问权限是 0666，glibc 2.0.7 以后的库中，这个文件的访问权限是 0600。

当临时文件完成它的使命后，如果不把它清除干净或者程序由于意外在临时文件被清除前就已经退出，临时文件所在的目录会塞满垃圾。由于 mkstemp 函数创建的临时文件不能自动删除（请参考下文中的 tmpfile 函数），执行完 mkstemp 函数后要调用 unlink 函数，unlink 函数删除文件的目录入口，所以临时文件还可以通过文件描述符进行访问，直到最后一个打开的进程关闭文件操作符，或者程序退出后临时文件被自动彻底地删除。

【例 9-14】 建立临时文件。

```
1    #include <stdlib.h>
2    main()
3    {
4         int fd;
5         char template[] = "template-XXXXXX";
6         if(fd=mkstemp(template) != NULL)
7       {
8              printf("Create temp file successfule,the name of the temp file is: %s\
               n",template);
9              unlink(template);
10      }
```

```
11        close(fd);
12    }
```

运行结果如图 9－21 所示。

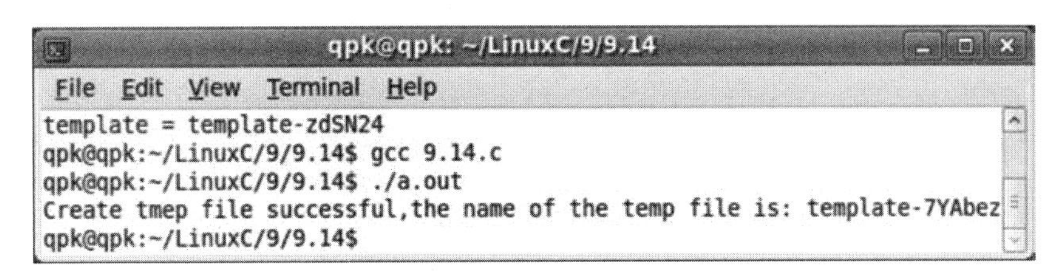

图 9－21　建立临时文件

程序说明：

第 5 行新建文件名和文件，文件名中的 XXXXXX 将被随机字符串代替，以保证文件名在系统中的唯一性；

第 9 行如果不加 unlink（template），则所创建的临时文件不会自动删除，添加该语句后，当调用 close（fd）后，则自动删除 mkstemp 所创建的临时文件。

【例 9－15】　临时文件操作综合实例。

```
1    #include <stdlib.h>
2    #include <unistd.h>
3    #include <stdio.h>
4    int write_temp_file (char* buffer, size_t length)
5     {
6         char temp_filename [] =" temp_file.XXXXXX";
7         int fd=mkstemp (temp_filename);
8         printf (" Create temp file successfule, the name of the temp file is: % s \
          n", tem_filename);
9         unlink (temp_filename);
10        write (fd, buffer, length);
11        printf (" Write successful. \n");
12        return fd;
13    }
14    void read_temp_file (int temp_file, char* buffer, size_t length)
15     {
16         int fd=temp_file;
17         lseek (fd, 0, SEEK_SET);
18         printf (" Read from temp file, file ID:% d \n", fd);
19         read (fd, buffer, ength);
20         printf (" Close the temp file and auto delete the temp file. \n");
21         close (fd);
22    }
23
```

```
24    main ()
25     {
26         char buffer [] =" This is a Linux C programme! ";
27         char readBuffer [50];
28         int  nFile=0;
29         nFile=write_temp_file (buffer, sizeof (buffer));
30         memset (readBuffer, 0, sizeof (readBuffer));
31         read_temp_file (nFile, readBuffer, sizeof (readBuffer));
32         printf (" Info read from temp file is:% s \n", readBuffer);
33    }
```

运行结果如图 9－22 所示。

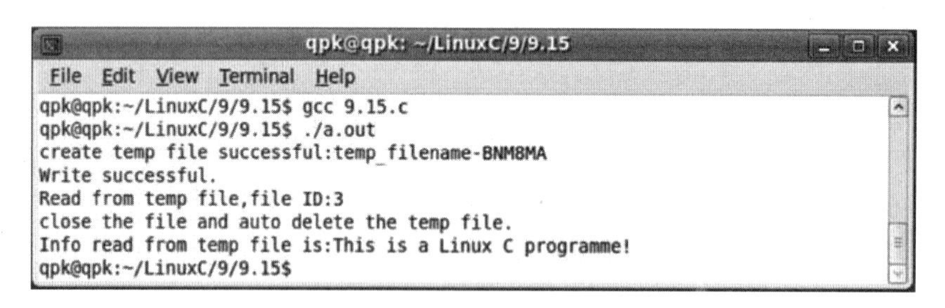

图 9－22　临时文件读写操作

程序说明：

第 4～13 行定义函数 write_temp_file，该函数从 BUFFER 中向临时文件写入 LENGTH 字节数据。临时文件在刚一创建时就被删除掉。函数会返回临时文件的句柄。

第 6 行新建文件名和文件，文件名中的 XXXXXX 将被随机字符串代替，以保证文件名在系统中的唯一性；

第 9 行创建临时文件后文件立刻被 unlink，这样只要文件描述符一关闭文件就会被自动删除；

第 10 行将缓冲区的内容写入到临时文件中；

第 12 行函数返回文件描述符，作为临时文件的句柄；

第 16 行定义整型变量 fd 是访问临时文件的文件描述符；

第 17 行把文件指针指向文件开头；

第 19～20 行将临时文件的内容读取到所开辟的缓冲区 buffer 中并输出打印到屏幕上；

第 21 行关闭文件描述符，临时文件被彻底删除。

（2）tmpfile 函数。如果使用 C library I/O 函数，并且并没有另一个程序使用这个临时文件（笔者注：按我的理解是在同一进程或具有父子关系的进程组中），有个更简单的函数——tmpfile。tmpfile 函数创建并打开一个临时文件，并且自动执行了 unlink 这个临时文件。tmpfile 函数返回一个文件描述符，如果执行失败返回 NULL。当程序执行了 fclose 或者退出时，资源被释放。

Linux 系统中还提供 mktemp、tmpnam 和 tempnam 等函数，但是由于健壮性和安全方面的考虑，不建议使用它们。

习　题

一、单项选择题

1. 要打开一个已存在的非空文件“file”用于修改，选择正确的语句（　　）。

   A. fp = fopen（"file"，"r"）　　B. fp = fopen（"file"，"a +"）

   C. fp = fopen（"file"，"w"）　　D. fp = fopen（"file"，"r +"）

2. 当顺利执行了文件关闭操作时，fclose 函数的返回值是（　　）。

   A. －1　　B. TRUE　　C. 0　　D. 1

3. fscanf 函数的正确调用形式是（　　）。

   A. fscanf（文件指针，格式字符串，输出列表）

   B. fscanf（格式字符串，输出列表，文件指针）

   C. fscanf（格式字符串，文件指针，输出列表）

   D. fscanf（文件指针，格式字符串，输入列表）

4. 使用 fgetc 函数，则打开文件的方式必须是（　　）。

   A. 只写　　B. 追加　　C. 读或读/写　　D. B 和 C 都正确

5. 系统的标准输入文件是指（　　）。

   A. 键盘　　B. 显示器　　C. 软盘　　D. 硬盘

6. 若执行 fopen 函数时发生错误，则函数的返回值是（　　）。

   A. 地址值　　B. 0　　C. 1　　D. EOF

7. 若要用 fopen 函数打开一个新的二进制文件，该文件要既能读也能写，则文件方式字符串应是（　　）。

   A. " ab + "　　B. " wb + "　　C. " rb + "　　D. " ab"

8. fscanf 函数的正确调用形式是（　　）。

   A. fscanf（fp，格式字符串，输出表列）

   B. fscanf（格式字符串，输出表列，fp）

   C. fscanf（格式字符串，文件指针，输出表列）

   D. fscanf（文件指针，格式字符串，输入表列）

9. 函数调用语句：fseek（fp，－20L，2）；的含义是（　　）。

   A. 将文件位置指针移到距离文件头 20 个字节处

   B. 将文件位置指针从当前位置向后移动 20 个字节

   C. 将文件位置指针从文件末尾处后退 20 个字节

   D. 将文件位置指针移到距当前位置 20 个字节处

10. 利用 fseek 函数可实现的操作（　　）。

    A. fseek（文件类型指针，起始点，位移量）

    B. fseek（fp，位移量，起始点）

    C. fseek（位移量，起始点，fp）

    D. fseek（起始点，位移量，文件类型指针）

二、编程题

1. 编写程序，从键盘输入三个学生的数据，将它们存入文件 student；然后再从文件中读出数据，显示到屏幕上。

2. 编写程序，从键盘输入一行字符串，将其中的小写字母全部转换成大写字母，然后输出到一个磁盘文件“test”中保存。

第 10 章　进程与线程

本章重点

进程与线程的基本概念；

Linux 系统创建进程与线程的方法；

Linux 系统进程间通信技术：管道、消息队列、共享内存和 Domain Socket 线程的互斥与同步。

学习目标

通过本章学习，熟悉操作系统进程与线程的基本概念和两者间的关系；掌握 Linux 系统进程的创建、等待和终止的方法；掌握进程间通信技术：管道、消息队列、共享内存和 Domain Socket 的基本原理与编程方法；掌握 Linux 系统线程的创建、线程的互斥与同步。

本章主要介绍 Linux 系统中进程和线程的相关技术，主要包括进程的控制、进程间通信和线程的创建、销毁、互斥、同步的方法。

10.1　进　　程

10.1.1　Linux 系统进程基础

进程是一个运行有一个或者多个线程的地址空间和线程要求使用的系统资源。进程是个抽象实体，是操作系统可独立调试的活动，当它执行某个任务时，操作系统要为它分配和释放各种资源。进程是 Linux 系统的基本调试单位，是一个具有独立功能的程序关于某个数据集合的一次可以并发执行的活动，是处于活动状态的计算机程序。

进程由程序代码、数据、变量（占用着系统内存）、打开的文件（文件描述符）和一个环境组成。通常，Linux 系统会让进程共享代码和系统库，所以在任何时候内存里都只有代码的一份拷贝。Linux 系统为每个进程分配它们的堆栈空间，函数的局部变量与控制函数调用和返回的信息就保存在其中。进程还有自己的环境空间，其环境变量设置出来的环境是供这个进程专用的。进程还必须有自己的程序计数器，用来记录它自己执行到了什么位置，也就是在执行线程中的位置。以下章节会介绍到：当使用线程的时候，进程可以有不止一个执行线程。在许多 Linux 系统上，子目录/proc 里有一组特殊的文件。它们是一些相当特殊的文件，因为它们允许你在进程运行的时候“透视”到进程的内部。

Linux 系统中每个进程都会分配到一个独一无二的数字编号，称为“进程标识码”(Process Ldentifier)，或者就直接叫它 PID。Linux 系统通过进程的 PID 对进程进行管理。这是一个正整数，取值范围从 2 到 32768。当一个进程被启动的时候，它会顺序挑选下一个未使用的编号数字作为自己的 PID；如果它们已经轮过一圈了，新的编号重新从 2 开始。数字 0 为调度进程所占用，该进程也被称为交换进程（swapper），它是内核的一部分，它并不执行任何磁盘上的程序，因此也被称为系统进程。数字 1 一般是为特殊进程 init 保留的，它负责管理其他的进程。

实际上操作系统会为每个进程在内核中分配一个进程控制块（Process Control Block，PCB），由进程控制块来维护进程相关的信息。进程标识符只是进程控制块中的其中一项，Linux 内核的进程控制块是 task_struct 结构体。通常进程控制块所包含的信息有：

- 进程标识符 PID，在 C 语言中用 pid_t 类型表示，为一个非负整数；
- 进程的状态，有运行、挂起、停止、僵尸等状态；
- 进程切换时需要保存和恢复的一些 CPU 寄存器；
- 描述虚拟地址空间的信息；
- 描述控制终端的信息；
- 当前工作目录（Current Working Directory）；
- umask 掩码；
- 文件描述符表，包含很多指向 file 结构体的指针；
- 和信号相关的信息；
- 用户 id 和组 id；
- 控制终端、session 和进程组；
- 进程可以使用的资源上限（Resource Limit）。

当一个进程复制时，父进程和子进程实际上是完全相同的（除了 PID，PPID 和运行库等）。子进程的代码、数据和堆栈是父进程的副本。但是子进程也许会把代码替换为另一个可执行文件的代码，将自己和父进程区分开来。子进程终止时，系统将它的死亡消息传递给父进程，以便父进程采取适当的操作。

操作系统为每个进程分配一定的时间片，获得时间片的进程才能占有 CPU，否则只能为处理就绪或等待状态。进程的状态图如图 10－1 所示。

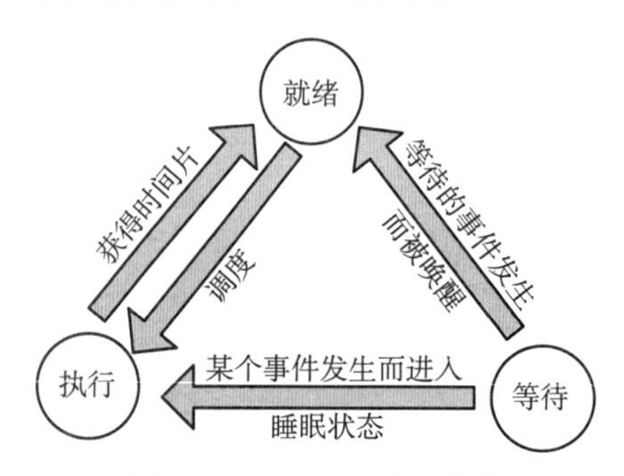

图 10－1　figure1 进程状态

Linux 系统通过一个进程调度器（Scheduler）来决定下一个时间片应该分配给哪个进程。这

就要用到进程的优先级，优先级比较高的进程运行得比较频繁，而包括后台任务在内的低优先级进程运行得就不那么频繁。在 Linux 里，进程的运行时间是不可能超过分配给它们的时间片的。

Linux 中改变进程优先级的函数是 nice( )，该函数全称为 int nice （int delta），它在进程的当前优先级中添加 delta。合法的优先级值在 -20 ~ +19 之间。只有超级用户（root）才能指定导致负值的 delta。

如果调用成功，返回新的 nice 值；如果调用失败，返回 -1。

Linux 系统中挂起进程的函数是 int pause （void），pause 挂起调用进程，当调用进程收到信号时返回。

10.1.2　进程的控制

程序员对进程的控制主要指启动新的进程、等待进程结束、提升进程的优先级和销毁进程。Linux 系统提供有丰富的进程控制库函数，如表 10 -1 所示。

表 10 -1　进程控制函数

函数名称	功　能
fork	复制进程
getpid	获得进程号 PID
getppid	获得父进程号 PID
exit	终止进程
wait	等待子进程
exec	替换进程的代码、数据和堆栈
nice	改变进程优先级
getuid	返回调用进程的真正用户 ID
geteuid	返回调用进程的有效用户 ID
getgid	返回调用进程的真正用户组 ID
getegid	返回调用进程的有效用户组 ID

注：ID 号对应在“/etc/passwd”和“/etc/group”文件中列出的用户 ID 和用户组 ID，这些调用总是成功的。

这些调用只有被超级用户执行或被调用进程的真正用户和用户组执行时才会成功。如果成功，返回 0；否则返回 -1。

10.1.3　进程的创建

进程的创建可以通过库函数 system 来实现，也可以通过 fork 函数或 exec 函数来实现。其中 fork 函数是程序设计的重点，下面首先简单介绍 system 函数与 exec 函数的用法，再详细阐述 fork 函数的使用方法。

1. system 创建子进程

需要头文件：`#include <stdlib.h>;`

函数原型：`int system (const char * string);`

函数说明：system 函数的作用是以执行字符串参数的形式传递给它的命令，并等待命令的完成。这个命令的执行情况就好像是 shell 中的下面这条命令：

sh -c string

如果无法启动 shell 运行命令，system 将返回“127”；出现不能执行 system 调用的其他错误时，返回“ -1”。如果 system 能够顺利执行，它将返回那个命令的退出码。

【例 10 - 1】　使用 system 函数执行系统命令。

```
1    #include <stdlib.h>
2    #include <stdio.h>
3    main()
4    {
5        printf("List all running processes:\n");
6        system("ps -af");
7        printf("OK! \n");
8    }
```

运行结果如图 10 - 2 所示。

```
qpk@qpk: ~/LinuxC/10/10.1
File  Edit  View  Terminal  Help
qpk@qpk:~/LinuxC/10/10.1$ gcc 10.1.c
qpk@qpk:~/LinuxC/10/10.1$ ./a.out
List all running processes:
UID        PID  PPID  C STIME TTY          TIME CMD
qpk       4335  4216  0 05:28 pts/0    00:00:00 ./a.out
qpk       4336  4335  0 05:28 pts/0    00:00:00 sh -c ps -af
qpk       4337  4336  0 05:28 pts/0    00:00:00 ps -af
OK!
qpk@qpk:~/LinuxC/10/10.1$
```

图 10 - 2　system 执行系统命令

程序说明：

因为 system 函数要使用一个 shell 来启动预定的程序，所以可以把它放到后台去运行，具体做法是在 string 字符串后加上‘&’即可。如 system（"ps -a&"）;。

通常，system 函数远非是启动其他进程的理想手段，因为它必须用一个 shell 来启动预定的程序。因为必须先启动一个 shell，然后才能启动程序，所以这种办法的效率很低；对 shell 的安装情况和它所处的环境的依赖也很大。

2. exec

下面介绍另一个创建进程的底层函数：exec( )，它可以把当前进程替换为一个新的进程，新进程由 path 或 file 参数指定。exec 名下是由多个关联函数组成的一个完整系列。在新进程的启动方式和程序参数的传递办法方面，它们各用各的做法。也就是说，当进程调用一种 exec 函数时，该进程的用户空间代码和数据完全被新程序替换，从新程序的启动例程开始执行。调用 exec 并不创建新进程，所以调用 exec 前后该进程的 id 并未改变。其实有 6 种以 exec 开头的函数，统称 exec 函数：

```
#include <unistd.h>
int execl(const char * path,const char * arg,…);
int execlp(const char * file,const char * arg,…);
int execle(cosnt char * path,const char * arg,…,char * const envp[]);
int execv(const char * path,char * const argv[]);
int execvp(const char * file,char * const argv[]);
int execve(onst char * );
```

函数如果调用成功则加载新的程序从启动代码开始执行，不再返回，如果调用出错则返回 -1，所以 exec 函数只有出错的返回值而没有成功的返回值。

这些函数原型看起来很容易混，但只要掌握了规律就很好记。不带字母 p（表示 path）的 exec 函数第一个参数必须是程序的相对路径或绝对路径，例如“/bin/ls”或“./a. out”，而不能是“ls”或“a. out”。对于带字母 p 的函数：

- 如果参数中包含/，则将其视为路径名；
- 否则视为不带路径的程序名，在 PATH 环境变量的目录列表中搜索这个程序。

带有字母 l（表示 list）的 exec 函数要求将新程序的每个命令行参数都当作一个参数传给它，命令行参数的个数是可变的，因此函数原型中有…，…中的最后一个可变参数应该是 NULL，起 sentinel 的作用。对于带有字母 v（表示 vector）的函数，则应该先构造一个指向各参数的指针数组，然后将该数组的首地址当作参数传给它，数组中的最后一个指针也应该是 NULL，就像 main 函数的 argv 参数或者环境变量表一样。

对于以 e（表示 environment）结尾的 exec 函数，可以把一份新的环境变量表传给它，其他 exec 函数仍使用当前的环境变量表执行新程序。

exec 调用举例如下：

```
char * const ps_argv [] = {" ps"," -o"," pid, ppid, pgrp, session, tpgid, comm",
NULL};
char * const ps_envp [] = {" PATH=/bin: /usr/bin"," TERM=console", NULL};
char * const ps_envp [ ] =execl (" /bin/ps"," ps"," -o"," pid, ppid, pgrp,
session, tpgid,
comm", NULL);
execv (" /bin/ps", ps_argv);
execle (" /bin/ps"," ps"," -o"," pid, ppid, pgrp, session, tpgid, comm", NULL, ps
_ envp);
execve (" /bin/ps", ps_argv, ps_envp);
execlp (" ps"," ps"," -o"," pid, ppid, pgrp, session, tpgid, comm", NULL);
execvp (" ps", ps_argv);
```

事实上，只有 execve 是真正的系统调用，其他 5 个函数最终都调用 execve。这些函数之间的关系如图 10 -3 所示。

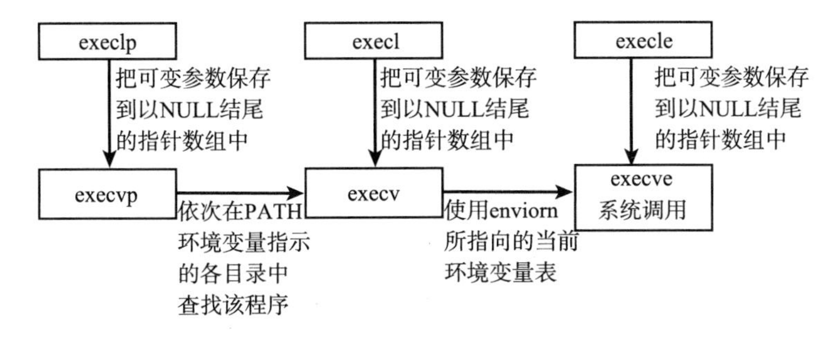

图 10 -3　exec 函数关系图

【例 10 -2】　exec 创建一个新的进程。

```
1    #include <unistd.h>
2    #include <stdlib.h>
3    main()
4    {
5        execlp("ps","ps","-o","pid,ppid,pgrp,session,tpgid,comm",NULL);
6        perror("exec ps");
7    }
```

运行结果如图 10-4 所示。

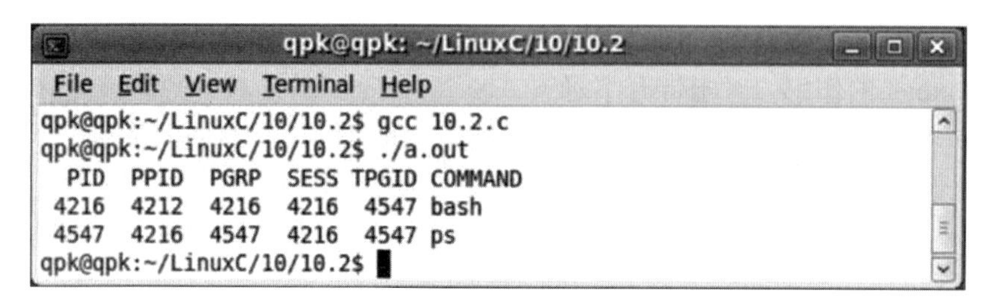

图 10-4　execlp 创建一个新的进程

程序说明：

由于 exec 函数只有错误返回值，只要返回了，一定是出错了，所以不需要判断它的返回值，直接在后面调用 perror 即可。注意，在调用 execlp 时传了两个“ps”参数，第一个“ps”是程序名，execlp 函数要在 PATH 环境变量中找到这个程序并执行它，而第二个“ps”是第一个命令行参数，execlp 函数并不关心它的值，只是简单地把它传给 ps 程序，ps 程序可以通过 main 函数的 argv [0] 取到这个参数。

调用 exec 后，原来打开的文件描述符仍然是打开的。利用这一点可以实现 I/O 重定向。

扩展阅读　例 10-2 中用到了函数 perror——打印出错误原因信息字符串。

需要头文件：#include <stdio.h>;

函数原型：void perror(const char * s);

函数说明：perror 用来将上一个函数发生错误的原因输出到标准错误（stderr）。参数 s 所指的字符串会先打印出来，后面再加上错误原因字符串。此错误原因依照全局变量 errno 的值来决定要输出的字符串。例如：

```
1    #include <stdio.h>
2    #include <stdlib.h>
3    main()
4    {
5        FIFE* fp;
6        fp=fopen("qpk.dat","r+");
7        if(fp == NULL)
8        {
9            perror("fopen");
10     exit(0);
11       }
```

```
12          else
13      {
14              printf("File open successful \n");
15              close(fp);
16        }
17    }
```

运行结果如图10－5所示。

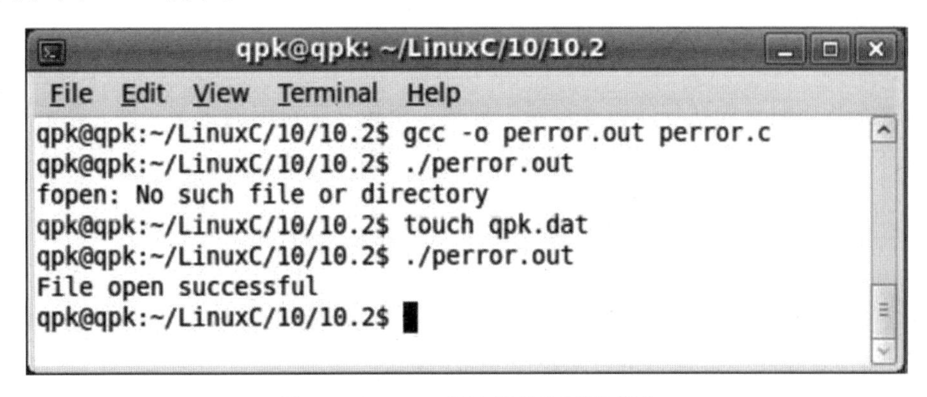

图10－5 perror打印错误原因字符串

程序说明：

该程序实现打开程序所在目录下文件“qpk. dat”的功能，如果打开失败，则打印输出失败原因，如果打开成功，则给出相应的提示信息。

首先，当前目录下没有文件“qpk. dat”时，perror输出错误信息“fopen：No such file or directory”。

其次，使用命令“touch qpk. dat”创建文件后，再次运行程序则提示“File open successful”。

【例10－3】 把标准输入转成大写，然后打印到标准输出。

```
1    #include <stdio.h>
2    main()
3    {
4          int ch;
5          while((ch=getchar()) != EOF)
6          {
7             putchar(toupper(ch));
8          }
9    }
```

运行结果如图10－6所示。

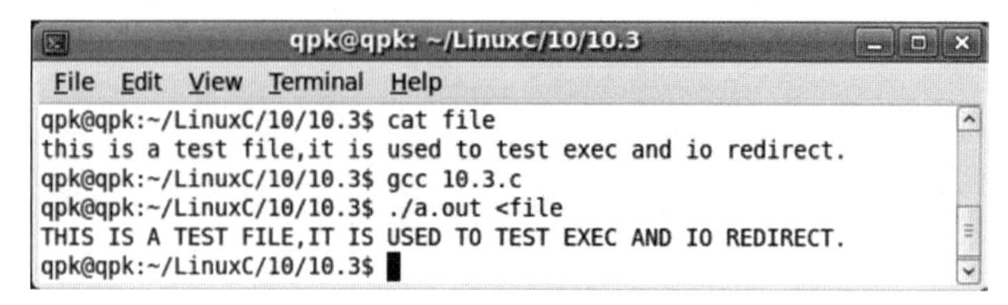

图 10－6 标准输入转化为大写

程序说明：

运行这个程序时首先在程序所在目录中创建一个包含字符串的文本文件，然后通过命令行方式将文本文件中包含的内容传递到程序中，使程序的 getchar 函数可以捕获这个字符串中的字符。

第 5 行 while 循环获取输入流中的字符，直到结束标识符；

第 7 行调用系统函数 toupper 将小写字母转化为大写字母。

如果希望把待转换的文件名放在命令行参数中，而不是借助于输入重定向，可以利用 upper 程序的现有功能，再写一个包装程序 wrapper。

【例 10－4】 把标准输入转成大写，然后打印到标准输出。

```
1    #include <unistd.h>
2    #include <stdlib.h>
3    #include <stdio.h>
4    #include <fcntl.h>
5    main()
6    {
7         int fd;
8         if ( argc != 2 )
9        {
10              fputs("usage:wrapper file\n", stderr);
11              exit(1);
12       }
13        fd = open(argv[1],O_RDONLY);
14        if (fd < 0)
15       {
16            perror ("open");
17            exit (1);
18       }
19        dup2 (fd, STDIN_FILENO);
20        close (fd);
21        execl ("./10.3.out"," 10.3", NULL);
22        perror ("exec./10.3.out");
23   }
```

运行结果如图 10－7 所示。

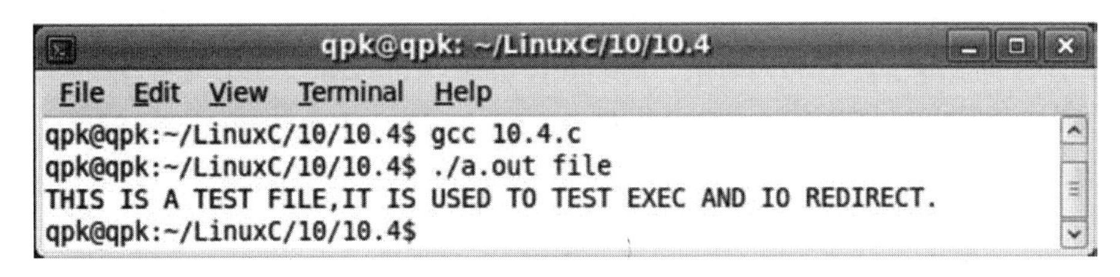

图 10－7　标准输入转化为大写

程序说明：

wrapper 程序将命令行参数当作文件名打开，将标准输入重定向到这个文件，然后调用 exec 执行 upper 程序，这时原来打开的文件描述符仍然是打开的，upper 程序只负责将标准输入字符转成大写，并不关心标准输入对应的是文件还是终端。

3. fork 创建子进程

需要头文件：`#include <sys/types.h>,#include <unistd.h>;`

函数原型：`pid_t fork (void);`

函数返回值：正确返回，在父进程中返回子进程的进程号，在子进程中返回 0；错误返回 －1。

函数定义 pid_t fork（void）使进程复制自己。子进程继承父进程的代码、数据、堆栈、打开的文件描述符和信号表的副本。子进程的 PID 和父进程的 PPID 不同，fork( ) 调用成功，返回子进程的 PID 给父进程，返回 0 给子进程，可以利用这一特点把父、子进程区分开，如图 10－8 所示。fork( ) 调用失败，返回 －1 给父进程，没有创建子进程，可以通过errno查看失败的原因。

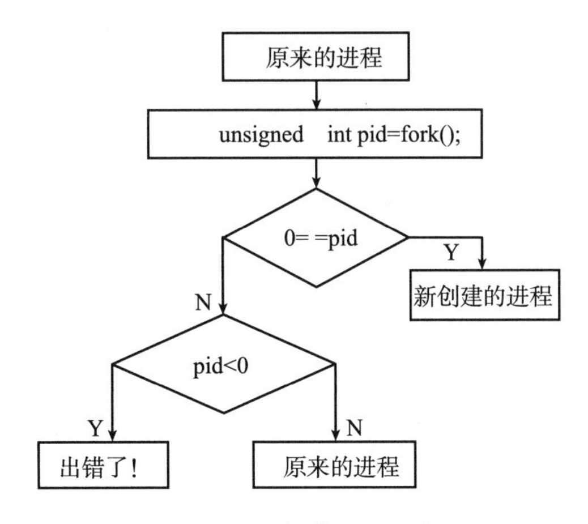

图 10－8　fork 创建子进程流程图

fork 创建进程有下面两种用法。

（1）一个父进程希望复制自己，使父、子进程同时执行不同的代码段。这在网络服务进程中是常见的——父进程等待客户端的服务请求。当这种请求到达时，父进程调用 fork，使子进程处理此请求。父进程继续等待下一个服务请求到达。

（2）一个进程要执行一个不同的程序。这对 shell 是常见的情况。在这种情况下，子进程从 fork 返回后立即调用 exec。某些 Linux 系统进程将这两个操作组合在一起，并称其为 spawn。但大多数情况下需要分开使用，因为子进程通常需要在 fork 和 exec 之间更改自己的属性。例如 I/O 重定向、用户 ID、信号安排等。

调用 fork 可以创建一个全新的进程，这个系统调用对当前进程进行复制，子进程中进程控制块中的信息大多继承自父进程。

【例 10－5】 fork 创建子进程。

```
1    #include <sys/types.h>
2    #include <unistd.h>
3    #include <stdio.h>
4    #include <stdlib.h>
5    int main(void)
6    {
7         pid_t pid;
8         char * message;
9         int n;
10        pid=fork();
11        if (pid < 0)
12        {
13             perror ("fork failed");
14             exit(1);
15        }
16        if (pid == 0)
17        {
18             message="This is the child \n";
19             n=6;
20        }
21        else
22        {
23             message="This is the parent \n";
24             n=3;
25        }
26        for (; n > 0; n--)
27        {
28             printf ("%d: \t% s", n, message);
29             sleep (1);
30        }
31   }
```

运行结果如图 10－9 所示。

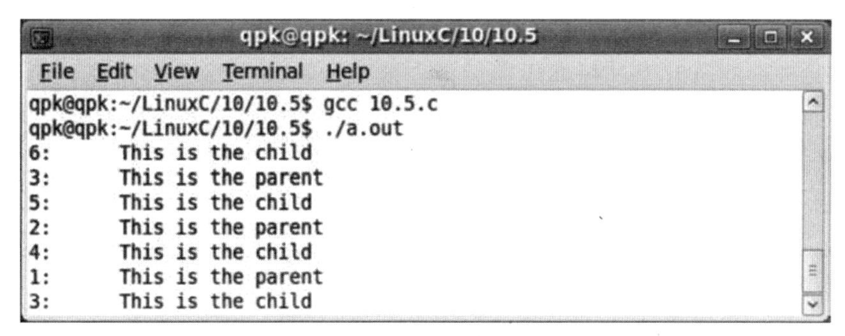

图 10－9　fork 创建子进程

程序说明：

第 10 行调用 fork 创建一个子进程，从调用 fork 函数之后直到程序结束（即第 11 行到第 31 行）主进程和子进程将同时执行这段代码。主进程调用 fork 创建子进程后，将从第 11 行开始执行，同时如果创建子进程成功即 fork 正确返回子进程的进程号，那么子进程将复制父进程的资源也从第 11 行开始执行代码（即 fork 之后）。在父进程中 fork 将子进程的进程号返回并复制给 pid，子进程中 fork 返回为 0 并赋值给 pid，以此来区分父进程和子进程；

第 11～15 行如果 fork 调用失败子，进程创建失败，则返回错误；

第 16～20 行 fork 返回值为 0 标识，该进程为子进程，则 if 语句块中的代码将只在子进程中得到执行；

第 21～25 行 fork 返回值为子进程的进程号，即 fork 返回值不为 0，else 语句块中的代码只在父进程中执行；

第 26～30 行打印输出该进程包含的相关信息。

如果进程运行时间足够长，从程序执行结果可以看出，父进程和子进程之间是独立运行的，并没有运行先后次序之分。

10.1.4　进程的等待

一个进程在终止时会关闭所有文件描述符，释放在用户空间分配的内存，但它的 PCB 还保留着，内核在其中保存了一些信息：如果是正常终止，则保存着退出状态，如果是异常终止，则保存着导致该进程终止的信号。这个进程的父进程可以调用 wait 或 waitpid 获取这些信息，然后彻底清除掉这个进程。

wait 和 waitpid

需要头文件：`#include <sys/types.h>,#include <sys/wait.h>;`

函数原型：
```
pid_t wait (int * status);
pid_t waitpid (pid_t pid, int * status, int options);
```

如果调用成功，则返回清理掉的子进程 id；如果调用出错，则返回 －1。父进程调用 wait 或 waitpid 时可能会：

- 阻塞（如果它的所有子进程都还在运行）。
- 带子进程的终止信息立即返回（如果一个子进程已终止，正等待父进程读取其终止信息）。
- 出错立即返回（如果它没有任何子进程）。

这两个函数的区别如下。

- 如果父进程的所有子进程都还在运行，调用 wait 将使父进程阻塞，而调用 waitpid 时，如果在 options 参数中指定 WNOHANG，可以使父进程不阻塞而立即返回 0。
- wait 等待第一个终止的子进程，而 waitpid 可以通过 pid 参数指定等待哪一个子进程。

可见，调用 wait 和 waitpid 不仅可以获得子进程的终止信息，还可以使父进程阻塞等待子进程终止，起到进程间同步的作用。如果参数 status 不是空指针，则子进程的终止信息通过这个参数传出，如果只是为了同步而不关心子进程的终止信息，可以将 status 参数指定为 NULL。

【例 10 -6】 进程等待。

```
1     #include <sys/types.h>
2     #include <sys/wait.h>
3     #include <unistd.h>
4     #include <stdio.h>
5     #include <stdlib.h>
6     main()
7     {
8         pid_t pid;
9         pid=fork ();
10        if (pid < 0)
11        {
12            perror ("fork failed");
13            exit (1);
14        }
15        if (pid == 0)
16        {
17            int i;
18            for (i=3; i > 0; i--)
19            {
20                printf ("This is the child\n");
21                sleep (1);
22            }
23            exit (3);
24        }
25        else
26        {
27            int stat_val;
28            waitpid (pid, &stat_val, 0);
29            if (WIFEXITED (stat_val))
30            printf ("Child exited with code %d\n", WEXITSTATUS (stat_val));
31            else if (WIFSIGNALED (stat_val))
32            printf ("Child terminated abnormally, signal %d\n", WTERMSIG
              (stat_val));
```

```
33              }
34      }
```

运行结果如图10－10所示。

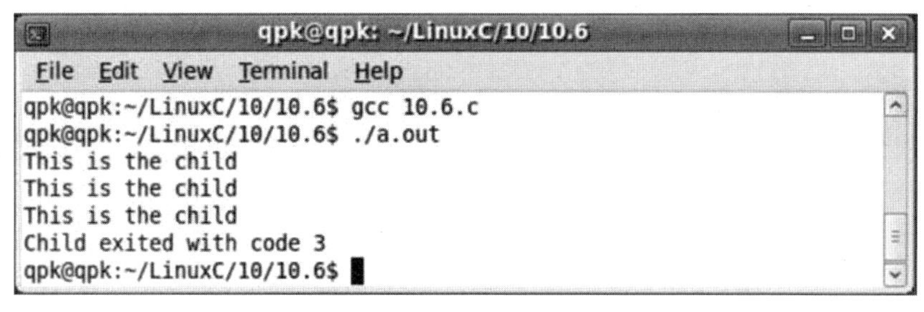

图10－10　进程等待

程序说明：

第9行调用fork创建子进程并将返回的子进程的进程号赋值给整型变量pid；

第15～24行如果子进程创建成功，if语句块为子进程执行代码，作用是延时输出字符串，目的是让父进程等待子进程的执行效果的出现；

第21行让子进程暂停执行1秒，即停止等待1秒时间；

第25～33行父进程执行代码段，该段代码中父进程调用系统函数waitpid等待直至子进程结束退出；

子进程的终止信息在一个int中包含了多个字段，用宏定义可以取出其中的每个字段：如果子进程是正常终止的，WIFEXITED取出的字段值非零，WEXITSTATUS取出的字段值就是子进程的退出状态；如果子进程是收到信号而异常终止的，WIFSIGNALED取出的字段值非零，WTERMSIG取出的字段值就是信号的编号。

10.1.5　进程的终止

进程的终止分为两种情况，正常终止和异常终止。每种情况都对应着相应的系统函数调用。

1. 正常终止

通常，Linux系统有以下5种正常的进程终止方式。

（1）在main函数内执行return语句。这等效于调用exit。

（2）调用exit函数。此函数由ISO C定义，其操作包括调用各终止处理程序，然后关闭所有标准I/O流等。

（3）调用_exit或_Exit函数。ISO C定义_Exit，其目的是为进程提供一种无需运行终止处理程序或信号处理程序而终止的方法。在UNIX系统中，_Exit和_exit是相同的，它们并不清理标准I/O流。

（4）进程的最后一个线程在其启动例程中执行返回语句。但是，该线程的返回值不会用作进程的返回值。当最后一个线程从其启动例程返回时，该进程以终止状态0返回。

（5）进程最后一个线程调用pthread_exit函数。如同前面一样，在这种情况中，进程终止状态总是0，这与传送给pthread_exit的参数无关。

2. 异常终止

在以下情况发生时，将导致进程的异常终止。

（1）调用 abort。

（2）当进程接收到某些信号时。

（3）最后一个线程对“取消”（cancellation）请求作出响应。按系统默认，“取消”以延迟方式发生：一个线程要求取消另一个线程，一段时间之后，目标线程终止。

3. 进程终止的系统处理

不管进程如何终止，最后都会执行内核中的同一段代码。这段代码为相应进程关闭所有打开的描述符，释放它所使用的存储器等。

进程的正常退出通过 void exit(int status) 完成，如果要强制杀死一个进程，可通过 kill 命令来完成。函数定义 void exit(int status) 关闭一个进程的所有文件描述符，收回进程的代码、数据和堆栈，然后终止进程。当进程终止时，它向父进程发送一个 SIGCHLD 信号，并等待它的终止码 status 被接受。status 值在 0～255 间。等待父进程接受它的终止码的进程叫僵尸进程。父进程通用执行 wait() 接受子进程的终止码。init 进程总是会接受其子进程的终止码。

如果一个进程已经终止，但是它的父进程尚未调用 wait 或 waitpid 对它进行清理，这时的进程状态称为僵尸(Zombie) 进程。任何进程在刚终止时都是僵尸进程，正常情况下，僵尸进程都立刻被父进程清理了，为了观察到僵尸进程，下面给出一个不正常的程序，父进程 fork 出子进程，子进程终止，而父进程既不终止也不调用 wait 清理子进程。

【例 10 -7】 进程终止。

```
1    #include <unistd.h>
2    #include <stdlib.h>
3    #include <stdio.h>
4    main()
5    {
6         pid_t pid = fork();
7         if(pid < 0)
8        {
9              perror("fork");
10             exit(1);
11       }
12        if(pid > 0)
13       {
14             while(1);
15       }
16   }
```

在后台运行这个程序，然后用 ps 命令查看。

运行结果如图 10 -11 所示。

```
qpk@qpk:~/LinuxC/10/10.7$ gcc 10.7.c
qpk@qpk:~/LinuxC/10/10.7$ ./a.out&
[1] 4407
qpk@qpk:~/LinuxC/10/10.7$ ps u
USER       PID %CPU %MEM    VSZ   RSS TTY      STAT START   TIME COMMAND
qpk       3433  0.0  0.6   6024  3124 pts/0    Rs   14:44   0:00 bash
qpk       4407 86.0  0.0   1652   296 pts/0    R    15:24   0:04 ./a.out
qpk       4408  0.0  0.0      0     0 pts/0    Z    15:24   0:00
qpk       4409  0.0  0.2   2768  1032 pts/0    R+   15:24   0:00 ps u
qpk@qpk:~/LinuxC/10/10.7$
```

图 10 - 11　进程终止

程序说明：

在 ./a. out 命令后面加个 & 表示后台运行，shell 不等待这个进程终止就立刻打印提示符并等待用户输命令。现在 shell 是位于前台的，用户在终端的输入会被 shell 读取，后台进程是读不到终端输入的。第二条命令 ps u 是在前台运行的，在此期间 shell 进程和 ./a. out 进程都在后台运行，等到 ps u 命令结束时 shell 进程又重新回到前台。

父进程的 pid 是 4408，子进程是僵尸进程，pid 是 4409，ps 命令显示僵尸进程的状态为 Z，在命令行一栏还显示 <defunct>。

如果一个父进程终止，而它的子进程还存在（这些子进程或者仍在运行，或者已经是僵尸进程了），则这些子进程的父进程改为 init 进程。init 是系统中的一个特殊进程，通常程序文件是/sbin/init，进程 id 是 1，在系统启动时负责启动各种系统服务，之后就负责清理子进程，只要有子进程终止，init 就会调用 wait 函数清理它。

僵尸进程是不能用 kill 命令清除掉的，因为 kill 命令只是用来终止进程的，而僵尸进程已经终止了。杀死父进程可以终止僵尸进程，如图 10 - 12 所示。

```
qpk@qpk:~/LinuxC/10/10.7$ kill 4407
qpk@qpk:~/LinuxC/10/10.7$ ps u
USER       PID %CPU %MEM    VSZ   RSS TTY      STAT START   TIME COMMAND
qpk       3433  0.0  0.6   6024  3124 pts/0    Ss   14:44   0:00 bash
qpk       4411  0.0  0.2   2768  1032 pts/0    R+   15:27   0:00 ps u
[1]+  Terminated              ./a.out
qpk@qpk:~/LinuxC/10/10.7$
```

图 10 - 12　kill 杀死进程

10.2　进程间通信技术

进程间通信（IPC）是描述两个进程如何彼此交换信息的一个通用术语。一般地，通信的两个进程可以运行于同一台机器，也可以运行于不同的机器，但有些 IPC 机制只支持本地使用（如信号和管道）。进程间通信可以是数据的交换，两个或多个进程合作处理数据或同步信息，以帮助两个彼此独立但互相关联的进程调度工作，避免重叠。

进程间通信的方式共有四种，管道、消息队列、共享内存和 Domaim Socket。Domaim Socket

所涉及内容较多将在 10.3 节中单独讲解，本节内容主要介绍进程间通信的前三种方式。

10.2.1 管道

管道（pipe）是允许两个或多个进程彼此发送信息的进程间通信机制，常用于 shell 中，连接一个程序的标准输出和另一个程序的标准输入。管道的读进程和写进程是同时执行的，管道自动缓冲写进程的输出，如果管道太满，管道挂起写进程；如果管道清空了，管道挂起读进程，直到写进程再生成一些输出。

Linux 提供两种管道：匿名管道（未命名管道）和命名管道，其中一个匿名管道只能实现单向通信，如果要实现双向通信，需要创建两个匿名管道；而一个命名管道就可实现双向通信。

shell 使用未命名管道在进程之间传递数据。

1. 未命名管道

未命名管道是自动缓冲其输入的一个单向通信链路。可以用 pipe( ) 系统调用来创建。如图 10－13 所示。

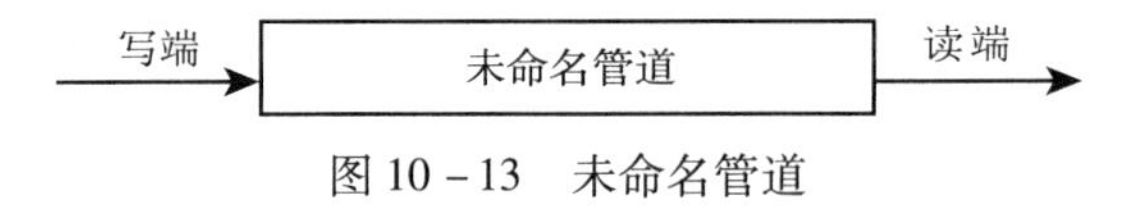

图 10－13　未命名管道

管道的每一端都有一个关联的文件描述符。可以用 write( )写管道的写端，用 read( )读管道的读端。当一个进程使用完管道的文件描述符后，它应该使用 close( )关闭该文件描述符。

需要头文件：`#include <unistd.h>;`

函数原型：`int pipe(int fd[2]);`

函数返回值：若成功则返回零，否则返回 －1，错误原因存于 errno 中（可通过调用 perror函数获取错误标识并输出打印到屏幕上）。

pipe( )创建一个未命名管道并返回两个文件描述符：和读端关联的文件描述符保存在 fd[0]中，和写端关联的文件描述符保存在 fd[1]中。如图 10－14 所示。

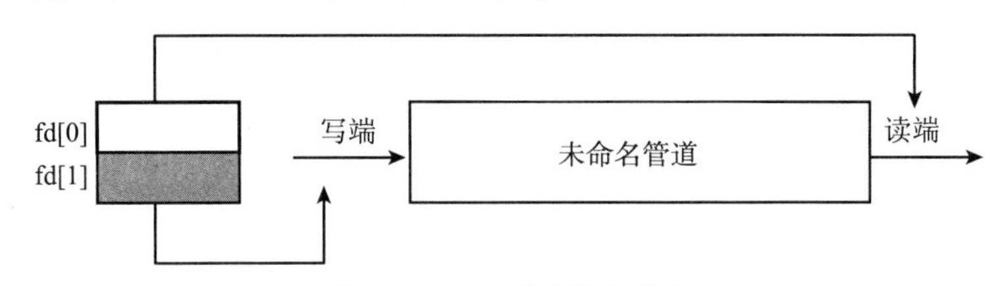

图 10－14　未命名管道读写

读管道进程的有关规则如下。

（1）如果进程读一个写端关闭的管道，read( ) 返回 0，表示输入结束。

（2）如果进程读一个写端仍打开的空管道，该进程休眠，直到管道中有新的输入。

（3）如果进程试图从管道中读多于现有量的字节，返回当前的所有内容，read() 返回实际读取的字节。

写管道进程的有关规则如下。

（1）如果进程写一个读端关闭的管道，写操作失败，将一个 SIGPIPE 信号发送给写进

程。此信号的缺省操作是终止进程。

(2) 如果进程写入管道的字节数少于管道能保存的数，write() 保证是原子操作，即写进程将完成它的系统调用，不会被另一个进程抢占。

未命名管道的访问是通过文件描述符机制进行的，一般只有创建管道的进程和它的后代可以使用该管道。

未命名管道通常用于父进程和子进程之间的通信。

未命名管道的典型事件序列如下。

(1) 父进程调用 pipe() 创建未命名管道。

(2) 父进程创建子进程。

(3) 写进程关闭管道的读端，指定的读进程关闭管道的写端。

(4) 进程使用 write() 和 read() 两个系统调用进行通信。

(5) 每个进程在使用完后关闭激活的文件描述符。

【例 10-8】 父进程通过管道读取子进程的一个消息。

```
1    #include <stdlib.h>
2    #include <stdio.h>
3    #define READ 0
4    #define WRITE 1
5    char* phrase = "Stuff this in your pipe and smoke it";
6    int main()
7    {
8         int fd [2],bytesRead;
9         char message [100];
10        pipe (fd);
11        if (fork () == 0)
12        {
13            close(fd[READ]);
14            printf("Child procee write pipe. \n");
15            write (fd[WRITE],phrase,strlen (phrase) + 1);
16            close (fd[WRITE]);
17        }
18        else
19        {
20            close (fd[WRITE]);
21            bytesRead = read (fd[READ],message,100);
22            printf("Father procee read pipe. \n");
23            printf ("Read % d bytes: % s \n",bytesRead,message);
24            close (fd[READ]);/* Close usedend * /
25        }
26    }
```

运行结果如图 10-15 所示。

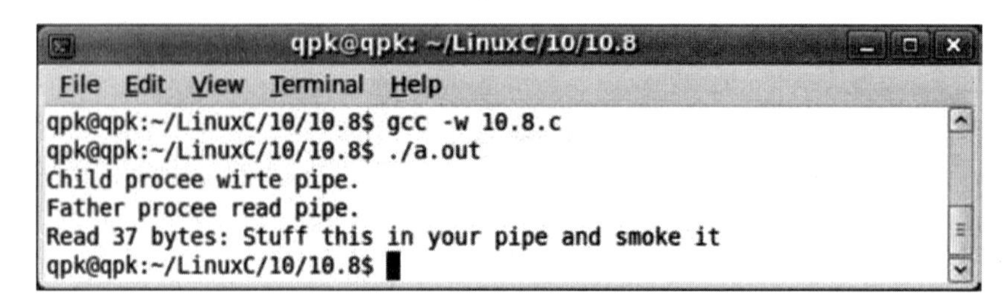

图 10-15　未命名管道通信

程序说明：

第 3～4 行宏定义 READ 和 WRITE 分别代表管道的读和写端；

第 9 行定义一个字符型数组作为父进程的消息缓冲区；

第 10 行创建一个未命名管道，将文件描述符赋值给整型数组 fd；

第 11 行调用 fork 创建子进程，其中第 12～16 行为子进程执行代码段；

第 13 行子进程完成往管道内写数据的功能，所以子进程关闭管道读端，只打开管道写端；

第 15 行子进程调用系统函数 write 将数据写入管道；

第 16 行子进程写管道完成关闭管道写端；

第 18～25 行父进程完成读管道功能；

第 20 行父进程关闭管道写端；

第 21 行父进程调用系统函数 read 从管道中读取数据；

第 24 行父进程关闭管道读端。

说明　(1) 双向通信要使用两个未命名管道。

(2) 子进程在消息中包括了 NULL 终止符，以使父进程能显示这个消息。当写进程向管道发送一个以上的变长消息时，它必须使用协议向读进程指明消息的结束。

方法如下：

(1) 在发送消息本身之前，先发送消息的字节长度；

(2) 用特殊字符如换行符或 NULL 字符结束消息。

Linux shell 使用未命名管道构建管道线。与重定向机制类似，即把一个进程的标准输出连接到另一个进程的标准输入。

【例 10-9】　Linux shell 使用未命名管道构建管道线。

```
1     #include <stdio.h>
2     #define READ 0
3     #define WRITE 1
4     int main (int argc,const char*  argv[])
5     {
6         int fd [2];
7         pipe (fd);
8         if (fork () ! = 0)
9         {
10            close (fd[READ]);
11            dup2 (fd[WRITE],1);
```

```
12          close (fd[WRITE]);
13          execlp (argv[1],argv[1],NULL);
14          perror ("connect");
15       }
16       else
17       {
18          close (fd[WRITE]);
19          dup2 (fd[READ],0);
20          close (fd[READ]);
21          execlp (argv[2],argv[2],NULL);
22          perror ("connect");
23       }
24    }
```

运行结果如图10-16所示。

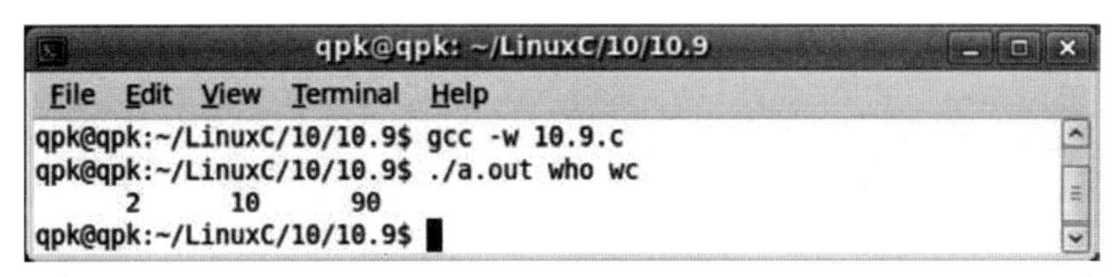

图10-16　构建管道线

程序说明：

该程序的功能类似于：

```
who |wc
```

该例假定任何一个程序都不使用参数选项调用，程序的名字在命令行中给出。

2. 命名管道

命名管道（FIFO）不像未命名管道有那么多的限制，它具有以下特点：

（1）它们有一个存在于文件系统中的名称；

（2）它们可以被不相关的进程使用；

（3）在显式删除之前它们一直存在；

（4）所有适用于未命名管道的规则也适用于命名管道。因为命名管道在文件系统中以特殊文件的形式存在，使用命名管道的进程不必像使用未命名管道，必须具有相同的祖先进程。

（1）mkfifo创建命名管道。

需要头文件：`include <sys/types.h>,#include <sys/stat.h>`

函数原型：`int mkfifo(const char * pathname,mode_t mode);`

函数说明：mkfifo()会依参数pathname建立特殊的FIFO文件，该文件必须不存在，而参数mode为该文件的权限（mode% umask），因此umask值也会影响到FIFO文件的权限。mkfifo()建立的FIFO文件，其他进程都可以用读写一般文件的方式存取。当使用open()来打开FIFO文件时，O_NONBLOCK标识会有影响，从而标识了命名管道的两种读写方式——阻塞与非阻塞。

① 当使用O_NONBLOCK标识时（即设置为非阻塞方式），打开FIFO文件来读取的操

作会立刻返回，但是若还没有其他进程打开 FIFO 文件来读取，则写入的操作会返回 ENXIO 错误代码，如下所示：

```
/* 以只读和非阻塞方式打开管道 */
open ("PipeName",O_RDONLY | O_NONBLOCK);
/* 以只写和非阻塞方式打开管道 */
open (" PipeName", O_WRONLY | O_NONBLOCK);
/* 以读写和非阻塞方式打开管道 */
open (" PipeName", O_RDONLY | O_WRONLY | O_NONBLOCK);
```

② 没有使用 O_NONBLOCK 标识时（即设置为阻塞方式），打开 FIFO 来读取的操作会等到其他进程打开 FIFO 文件来写入才正常返回。同样地，打开 FIFO 文件来写入的操作会等到其他进程打开 FIFO 文件来读取才正常返回。

```
/* 以只读和阻塞方式打开管道 */
open ("PipeName",O_RDONLY);
/* 以只写和阻塞方式打开管道 */
open (" PipeName", O_WRONLY);
/* 以读写和阻塞方式打开管道 */
open (" PipeName", O_RDONLY | O_WRONLY);
```

函数返回值：若成功则返回 0，否则返回 -1，错误原因存于 errno 中（可通过调用 perror 函数获取错误标识并输出打印到屏幕上）。

（2）命名管道（FIFO）的读写规则。

从 FIFO 中读取数据。

① 如果有进程写打开 FIFO，且当前 FIFO 内没有数据，则对于设置了阻塞标志的读操作来说，将一直阻塞。对于没有设置阻塞标志的读操作来说，则返回 -1，当前 errno 值为 EAGAIN，提醒以后再试。

② 对于设置了阻塞标志的读操作来说，造成阻塞的原因有两种：一种是当前 FIFO 内有数据，但有其他进程再读这些数据；另一种是 FIFO 内没有数据，阻塞原因是 FIFO 中有新的数据写入，而不论新写入数据量的大小，也不论读操作请求多少数据量。

③ 读打开的阻塞标志只对本进程第一个读操作施加作用，如果本进程内有多个读操作序列，则在第一个读操作被唤醒并完成读操作后，其他将要执行的读操作将不再阻塞，即使在执行读操作时，FIFO 中没有数据也一样（此时，读操作返回 0）。

④ 如果没有进程写打开 FIFO，则设置了阻塞标志的读操作会阻塞。

⑤ 如果 FIFO 中有数据，则设置了阻塞标志的读操作不会因为 FIFO 中的字节数小于请求读的字节数而阻塞，此时，读操作会返回 FIFO 中现有的数据量。

向 FIFO 中写入数据。

对于设置了阻塞标志的写操作。

① 当要写入的数据量不大于 PIPE_BUF 时，Linux 将保证写入的原子性。如果此时管道空闲缓冲区不足以容纳要写入的字节数，则进入睡眠，直到当缓冲区中能够容纳要写入的字节数时，才开始进行一次性写操作。

② 当要写入的数据量大于 PIPE_BUF 时，Linux 将不再保证写入的原子性。FIFO 缓冲区一有空闲区域，写进程就会试图向管道写入数据，写操作在写完所有请求写的数据后返回。

对于没有设置阻塞标志的写操作。

① 当要写入的数据量大于 PIPE_BUF 时，Linux 将不再保证写入的原子性。再写满所有 FIFO 空闲缓冲区后，写操作返回。

② 当要写入的数据量不大于 PIPE_BUF 时，Linux 将保证写入的原子性。如果当前 FIFO 空闲缓冲区能够容纳请求写入的字节数，则写完后成功返回；如果当前 FIFO 空闲缓冲区不能够容纳请求写入的字节数，则返回 EAGAIN 错误，提醒以后再写。

【例 10－10】　两个程序之间建立命名管道。

工作方式：执行一个读进程，它创建一个叫做“aPipe”的命名管道。然后它从管道读并显示以 NULL 结束的行，直到所有管道被所有的写进程关闭。

执行一个或几个写进程，每个进程都执行下面的操作：打开这个叫做“aPipe”的命名管道，向管道发送三个消息。如果写进程试图打开管道时管道不存在，写进程则每 1 秒重试一次，直到成功。当一个写进程的所有消息都发送后，该写进程关闭管道并退出。

```
   /* Reader.c 文件 * /
1  #include <stdio.h>
2  #include <sys/types.h>
3  #include <fcntl.h>
4  main ()
5  {
6      int   fd;
7      char str[100];
8      mkfifo ("aPipe",0660);
9      fd=open ("aPipe",O_RDONLY);
10     while (readLine (fd, str))
11          printf ("% s\n", str);
12     close (fd);
13  }
14  int readLine (int fd, char*  str)
15   {
16       int n;
17       do
18      {
19          n=read (fd, str, 1);
20      }
21       while (n > 0 && * str + + ! = 0);
22       return n ;
23  }
```

程序说明：

第 8 行创建一个命名管道“aPipe”，创建的 FIFO 文件的权限是“0660”；

第 9 行以只读和阻塞方式打开管道；

第 10～11 行调用函数 readline 读取管道内容并输出打印到屏幕上；

第 12 行关闭管道；

第 14～23 行函数 readLine 读取管道内容通过指针参数返回给函数调用者并返回读取数据长度；

第 17～21 逐个字符从管道中读取直到遇到字符串结束标识符；

第 22 行返回读取到的管道中字符的个数。

```
   /* Writer.c 文件 * /
1  #include <stdio.h>
2  #include <fcntl.h>
3  main ()
4  {
5       int fd,messageLen,i;
6       char message [100];
7       sprintf (message,"Hello from PID % d",getpid ());
8       messageLen = strlen (message) + 1;
9       do
10     {
11          fd = open ("aPipe",O_WRONLY);
12          if (fd = = -1) sleep (1);
13     }
14     while (fd = = -1);
15     for (i =1; i < = 3; i + +)
16     {
17          write (fd, message, messageLen);
18          sleep (3);
19     }
20     close (fd);
21  }
```

运行结果如图 10－17 所示。

```
qpk@qpk: ~/LinuxC/10/10.10
File Edit View Terminal Help
qpk@qpk:~/LinuxC/10/10.10$ gcc -o reader.out reader.c
qpk@qpk:~/LinuxC/10/10.10$ gcc -w -o writer.out writer.c
qpk@qpk:~/LinuxC/10/10.10$ ./reader.out&./writer.out&./writer.out
[1] 6768
Hello from PID 6769
[2] 6769
Hello from PID 6770
Hello from PID 6769
Hello from PID 6770
Hello from PID 6769
Hello from PID 6770
[2]+  Done                    ./writer.out
qpk@qpk:~/LinuxC/10/10.10$
```

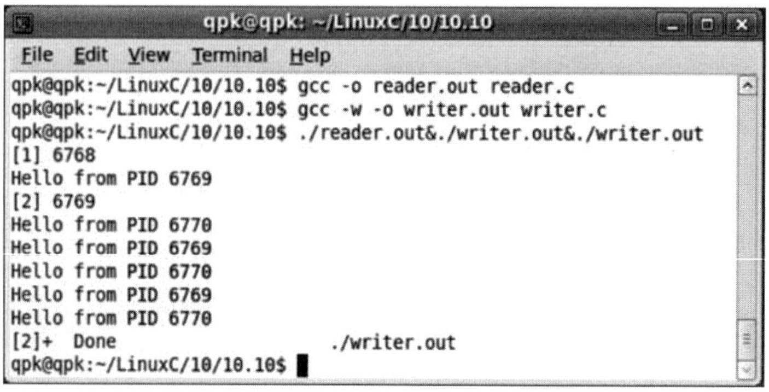

图 10－17　命名管道通信

程序说明：

第9～14行持续尝试打开管道直到打开成功；

第11行以只写和阻塞方式打开命名管道“aPipe”；

第15～19行循环向管道中写入数据，每次调用sleep停止等待3秒，等待读端读取数据。

10.2.2 消息队列

消息队列（Message Queue）是消息的链接表，存放在内核中并由消息队列标识符标识。消息队列与命名管道有许多相似之处，但少了管道在打开和关闭方面的麻烦。但使用消息队列也并没有彻底解决我们在命名管道方面遇到的问题，比如管道满时的阻塞问题等。

消息队列提供了从一个进程向另外一个进程发送一块数据的方法。而且，每个数据块都被认为是有一个类型，接收者进程接收的数据块可以有不同的类型值。发送消息可以让使你差不多完全回避命名管道上的同步和阻塞问题。更好的是，现在多少有了一些“预报”紧急消息的能力。但消息队列也有管道一样的不足，就是每个数据块的最大长度是有上限的，系统上全体队列的最大总长度也有一个上限。

X/Open技术规范规定了这些上限，但却没有提供检查发现这些上限的办法，只告诉你超越这些限制会是某些消息队列功能失常的原因之一。Linux提供了两个常定义MSGMAX和MSGMNB，分别代表了一条消息的最大字节和一个队列的最大长度。不同系统上的这些宏定义可能会不一样，甚至可能根本就没有。

1. 消息队列函数

需要头文件：`#include <sys/msg.h>;`

函数原型：

```
int msgctl(int msgid,int cmd,struct msgid_ds * buf);
int msgget (ket_t key, int msgflg);
int msgrcv (int msgid, void * msg_ptr, size_t msg_sz, long int msg-
type, int msgflg);
int msgsnd (int msgid, const void * msg_ptr, size_t msg_sz, int msg-
flg);
```

与信号量和共享内在的情况类似，头文件sys/types.h和sys/ipc.h一般也不能少。

2. msgget（）创建和访问一个消息队列

和其他IPC功能类似，必须由程序提供一个键字参数key，也就是某个消息队列的名字。特殊键值IPC_PRIVATE的作用是创建一个仅能由本进程访问的私用消息队列。第二个参数msgflg也由9个权限标志构成。由IPC_CREATE标志后给出的是一个现有的消息队列的键字，也不是一个错误。如果该消息队列已经存在，就忽略IPC_CREAT的标志作用。

如果操作成功，msgget将返回一个正整数，即一个消息队列标识码；如果操作失败，返回“-1”。

3. msgsnd（）把一条消息添加到消息队列里

消息的结构在两方面受到制约。首先，它必须小于系统规定的上限值；其次，它必须以一个“long int”长整数开始，接收者函数将利用这个长整数确定消息的类型。在用到消息的时候，最好是把你的消息结构定义为下面这个样子：

```
struct my_message { long int message_type;}
```

因为在接收消息时肯定要用到 message_type，所以不能放着它不填。你必须要在自己的数据结构里加上这个长整数，最好是把它初始化为一个确定的已知值。

函数原型：`int msgsnd(int msgid,const void * msg_ptr, size_t msg_sz, int msgflg);`

函数参数：msgid 是由 msgget 函数返回的消息队列标识码；msg_ptr 是一个指针，指针指向准备发送的消息，而消息必须像刚才说的那样以一个“long int”长整数计算在内；msg_sz 是 msg_prt 指向的消息的长度。这个长度不能把保存消息类型的那个“long int”长整数计算在内；msgflg 控制着当前消息队列满或到达系统（在队列消息方面的）上限时将要发生的事情。如果 msgflg 中的 IPC_NOWAIT 标志被置位，这个函数就会立刻返回，消息不发了，返回值是“-1”；如果 msgflg 中的 IPC_NOWAIT 标志被清除，发送者进程就会挂起，等待队列中腾出空间来。

函数返回值：如果操作成功，这个函数将返回“0”；如果失败，返回“-1”。如果调用成功，就会对消息做一个拷贝并把它放到队列里去。

4. msgrcv( ) 从一个消息队列里检索消息

函数原型：`int msgrcv(int msgid,void * msg_ptr , size_t msg_sz, long int msgtype, int msgflg);`

函数参数：msgid 是由 msgget 函数返回的消息队列标识码；msg_ptr 是一个指针，指针指向准备接收的消息，而消息必须像前面 msgsnd 函数部分介绍的那样，以一个“long int”长整数开始；msg_gz 是 msg_ptr 指向的消息的长度，不包括保存消息类型的那个长整数；msgtype 是一个“long int”长整数，它可以实现接收优先级的简单形式。如果 msgtype 的值是“0”，就提取队列中的第一个可用消息；如果它的值大于 0，消息类型与之相同的第一个消息将被检索出来。如果它小于 0，则消息类型值等于或小于 msgtype 的绝对值的第一个消息将被检索出来。

这样说着挺复杂，但用起来就好理解了。如果你只是想按照消息的发送顺序来检索它们，把 msgtype 设置为 0 就行了。如果你只想检索某一特定类型的消息，把 msgtype 设置为相应的类型值就行。如果你想检索类型等于或小于“n”的消息，就把 msgtype 设置为“-n”。

msgflg 控制着队列中没有相应类型的消息可供接收时将要发生的事情。如果 msgflg 中的 IPC_NOWAIT 标志被置位，这个函数就会立刻返回，返回值是“-1”；如果 msgflg 中的 IPC_NOWAIT 标志被清除，接收者进程就会挂起，等待一条对应类型的消息到达。

函数返回值：如果操作成功，msgrcv 函数将返回实际放到接收缓冲区里去的字符个数，而消息则被拷贝到 msg_ptr 指向的用户缓冲区里，然后删除队列里的数据。如果失败，返回“-1”。

5. msgctl( ) 函数

最后一个消息队列函数是 msgctl，它的作用与共享内存的控制函数很相似。

函数原型：`int msgctl(int msgid,int command,struct msgid_ds * buf);`

而 msgid_ds 结构至少应该包含以下成员：

```
struct msgid_ds {
 uid_t msg_perm.uid;
 uid_t msg_perm.gid;
```

```
    mode_t msg_perm.mode;
}
```

函数参数：msgid 是由 msgget 函数返回的消息队列标识码；command 是将要采取的动作。它有三个可取值，如表 10－2 所示。

表 10－2 command 参数取值

命 令	说 明
IPC_STAT	把 msgid_ds 结构中的数据设置为消息队列的当前关联值
IPC_SET	在进程有足够权限的前提下，把消息队列的当前关联值设置为 msgid_ds 数据结构中给出的值
IPC_RMID	删除消息队列

函数返回值：如果操作成功，它将返回“0”，如果操作失败，则返回“－1”。如果删除一个消息队列的时候还有进程等在 msgsnd 或 msgrcv 函数里，这两个函数将会失败。

【例 10－11】 在学习消息队列的定义之后，来看它们的实际工作情况。和前面一样，编写两个程序，一个是接收消息用的 Receiver. c，另一个是发送消息用的 Sender. c。允许两个程序都能创建消息队列，但最后由接收者在接收完最后一条消息后删除它。

```
   /* Sender.c * /
1  #include <stdio.h>
2  #include <sys/types.h>
3  #include <sys/ipc.h>
4  #include <string.h>
5  #include <ctype.h>
6  #include <unistd.h>
7  #include <stdlib.h>
8  #include <errno.h>
9  #define MAX_TEXT 512
10 struct my_msg_st
11  {
12      int my_msg_type;
13      char msg_text [MAX_TEXT];
14  };
15 main()
16  {
17      int running=1;
18      struct my_msg_st some_data;
19      int msgid;
20      char buffer [BUFSIZ];
21      if ( (msgid=msgget ( (key_t) 12345, 0666 | IPC_CREAT)) == -1)
22      {
23              perror (" msgget");
24              exit (0);
```

```
25        }
26         while (running)
27        {
28              printf ("Enter the mssage to send:");
29              fgets (buffer, BUFSIZ, stdin);
30              some_data.my_msg_type =1;
31              strcpy (some_data.msg_text, buffer);
32              if ( (msgsnd (msgid, (void * ) &some_data, MAX_TEXT, 0)) = = -1)
33        {
34                     perror ("msgsnd");
35                     exit (0);
36        }
37         if (strncmp (buffer,"end", 3) = = 0)
38        {
39                running =0;
40        }
41      }
42   }
```

程序说明：

第 10～14 行定义临时消息结构；

第 21 行创建消息队列；

第 26～41 行持续从键盘接收消息发往消息队列直到用户输入结束符“end”；

第 29 行从键盘输入获取字符串存入字符型数组 buffer；

第 30 行设置消息类型为 1；

第 31 行将 buffer 中的数据拷贝到消息结构体中；

第 32～36 行向消息队列发送消息；

第 37～40 行如果用户输入“end”，则 running 赋值为 0，while 判断条件为 0，退出循环；

```
   /* Receiver.c * /
1  #include <stdio.h>
2  #include <sys/types.h>
3  #include <sys/ipc.h>
4  #include <string.h>
5  #include <ctype.h>
6  #include <unistd.h>
7  #include <stdlib.h>
8  #include <errno.h>
9  #define BUFSIZE 512
10  struct my_msg_st
11   {
12       int my_msg_type;
```

```
13        char msg_text [BUFSIZE];
14    };
15    main()
16    {
17          int running =1;
18          int msgid;
19          struct my_msg_st some_data;
20          int msg_to_receive =0;
21          if ( (msgid=msgget ( (key_t) 12345, 0666 | IPC_CREAT)) ==-1)
22          {
23                  perror ("msgget");
24                  exit (0);
25          }
26          while (running)
27          {
28              if (msgrcv (msgid,  (void * ) &some_data, BUFSIZ, msg_to_receive, 0)
              = = -1)
29            {
30                  perror ("msgrcv");
31                  exit (0);
32            }
33            printf ("receiver mssage:% s", some_data.msg_text);
34            if (strncmp (some_data.msg_text," end", 3)  = =0)
35                    running =0;
36          }
37          if (msgctl (msgid, IPC_RMID, 0)  = = -1)
38          {
39              fprintf (stderr,"msgctl (IPC_RMID) failed \n");
40              exit (0);
41          }
42    }
```

程序说明：

第 10～14 行定义消息数据结构体；

第 20 行类型设置为 0，可以接受任何消息类型的消息；

第 21 行创建消息队列，接收端创建消息队列标识要与发送端一致；

第 26～36 行循环从消息队列中读取消息，直到读取消息结束标识“end”；

第 37～41 行删除消息队列。

运行结果如图 10－18 和图 10－19 所示。

qpk@qpk: ~/LinuxC/10/10.11
File Edit View Terminal Help
qpk@qpk:~/LinuxC/10/10.11$ gcc -w -o server.out server.c
qpk@qpk:~/LinuxC/10/10.11$ ./server.out
Enter the message to send:This is Linux C programme.
Enter the message to send:Hello World!
Enter the message to send:end
qpk@qpk:~/LinuxC/10/10.11$

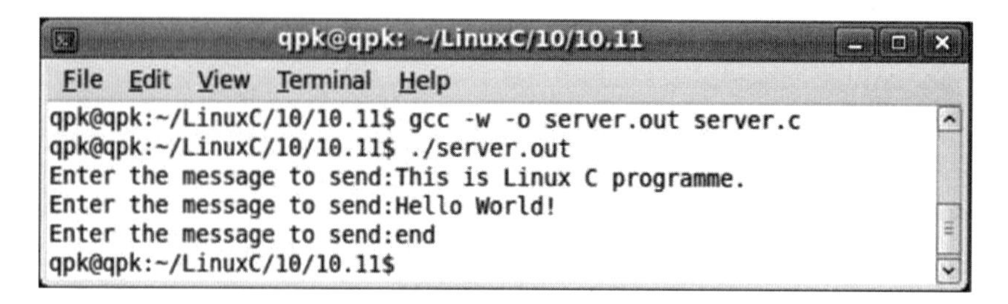

图 10－18　消息队列——发送端

qpk@qpk: ~/LinuxC/10/10.11
File Edit View Terminal Help
qpk@qpk:~/LinuxC/10/10.11$ gcc -w -o request.out request.c
qpk@qpk:~/LinuxC/10/10.11$ ./request.out
receive message:This is Linux C programme.
receive message:Hello World!
receive message:end
qpk@qpk:~/LinuxC/10/10.11$

图 10－19　消息队列——接收端

注意　发送端和接收端消息队列标识符必须一致，以确保消息访问的队列一致，如果发送端和接收端消息队列不一致，则无法实现通信。

10.2.3　共享内存

通过共享内存（shared memory）函数 mmap，几个进程可以映射同一内存区。mmap 可以把磁盘文件的一部分直接映射到内存，这样文件中的位置直接就有对应的内存地址，对文件的读写可以直接用指针来做而不需要 read/write 函数。

需要头文件：`#include <sys/mman.h>;`

函数原型：

```
void * mmap(void * addr,size_t len, int prot, int flag, int filedes,
off_t off);
int munmap (void * addr, size_t len);
```

该函数各参数的作用如图10－20 所示。

内存
len
返回地址
Mmap映射的部分
off
len

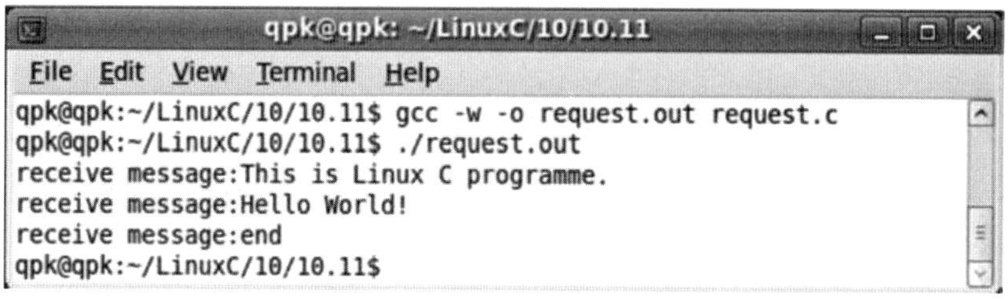

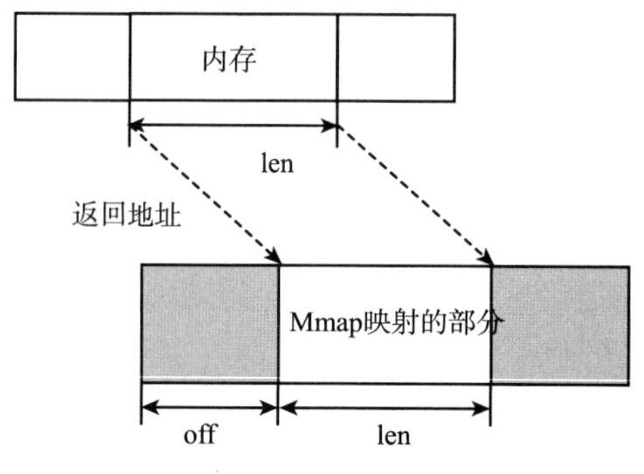

图 10－20　共享内存

如果 addr 参数为 NULL，内核会自己在进程地址空间中选择合适的地址建立映射。如果

addr 不是 NULL，则给内核一个提示，应该从什么地址开始映射，内核会选择 addr 之上的某个合适的地址开始映射。建立映射后，真正的映射首地址通过返回值可以得到。len 参数是需要映射的那一部分文件的长度。off 参数是指从文件的什么位置开始映射，必须是页大小的整数倍（在 32 位体系统结构上通常是 4K）。filedes 是代表该文件的描述符。

prot 参数有以下四种取值；

- PROT_EXEC 表示映射的这一段可执行，例如映射共享库；
- PROT_READ 表示映射的这一段可读；
- PROT_WRITE 表示映射的这一段可写；
- PROT_NONE 表示映射的这一段不可访问。

flag 参数有很多种取值，这里只介绍两种，其他取值可查看 mmap（2）。

- MAP_SHARED 多个进程对同一个文件的映射是共享的，一个进程对映射的内存做了修改，另一个进程也会看到这种变化。
- MAP_PRIVATE 多个进程对同一个文件的映射不是共享的，一个进程对映射的内存做了修改，另一个进程并不会看到这种变化，也不会真的写到文件中去。

如果 mmap 成功则返回映射首地址，如果出错则返回常数 MAP_FAILED。当进程终止时，该进程的映射内存会自动解除，也可以调用 munmap 解除映射。munmap 成功返回 0，出错返回 -1。

【例 10-12】　该例子包含两个文件 memMapFile_1. c 及 memMapFile_2. c。编译两个程序，可执行文件分别为 memMapFile_1 及 memMapFile_2。两个程序通过命令行参数指定同一个文件来实现共享内存方式的进程间通信。memMapFile_2. c 试图打开命令行参数指定的一个普通文件，把该文件映射到进程的地址空间，并对映射后的地址空间进行写操作。memMapFile_1 把命令行参数指定的文件映射到进程地址空间，然后对映射后的地址空间执行读操作。这样，两个进程通过命令行参数指定同一个文件来实现共享内存方式的进程间通信。

```
   /* memMapFile_1.c * /
1  #include <sys/mman.h>
2  #include <sys/types.h>
3  #include <fcntl.h>
4  #include <unistd.h>
5  typedef struct
6   {
7      char name [4];
8      int age;
9   } people;
10  int main (int argc, char* *  argv) // map a normal file as shared mem:
11   {
12      int fd, i;
13      people * p_map;
14      char temp;
15      fd=open (argv [1], O_CREAT | O_RDWR | O_TRUNC, 00777);
16      lseek (fd, sizeof (people) * 5 -1, SEEK_SET);
```

```
17        write (fd,"", 1);
18        p_map = (people* ) mmap ( NULL, sizeof (people) * 10, PROT_READ | PROT_
          WRITE,
19    MAP_SHARED, fd, 0 );
20        close ( fd );
21        temp = 'a';
22        for (i =0; i <10; i + +)
23       {
24             temp + = 1;
25             memcpy ( ( *  (p_map + i) ) .name, &temp, 2 );
26             (*  (p_map + i) ) .age =20 + i;
27       }
28      printf (" initialize over \n ");
29      sleep (10);
30      munmap ( p_map, sizeof (people) * 10 );
31      printf ( " umap ok \n" );
32   }
```

```
   /* memMapFile_2.c * /
1  #include < sys/mman.h >
2  #include < sys/types.h >
3  #include < fcntl.h >
4  #include < unistd.h >
5  typedef struct
6   {
7      char name [4];
8      int age;
9   } people;
10  int main (int argc, char* *  argv) // map a normal file as shared mem:
11   {
12       int fd, i;
13       people * p_map;
14       fd = open ( argv [1], O_CREAT | O_RDWR, 00777 );
15       p_map = (people * ) mmap (NULL, sizeof (people) * 10, PROT_READ | PROT_
         WRITE,
16   MAP_SHARED, fd, 0);
17       for (i =0; i <10; i + +)
18      {
19              printf ( " name: % s age % d;  \n", (*  (p_map + i)) .name, (*  (p_map
              + i)) .age );
20      }
21       munmap ( p_map, sizeof (people) * 10 );
22   }
```

运行结果如图 10－21 和图 10－22 所示。

```
qpk@qpk: ~/LinuxC/10/10.12
File  Edit  View  Terminal  Help
qpk@qpk:~/LinuxC/10/10.12$ gcc -w -o memMapFile_1.out memMapFile_1.c
qpk@qpk:~/LinuxC/10/10.12$ gcc -w -o memMapFile_2.out memMapFile_2.c
qpk@qpk:~/LinuxC/10/10.12$ ./memMapFile_1.out file
 initialize over
 umap ok
qpk@qpk:~/LinuxC/10/10.12$
```

图 10－21　共享内存——创建共享内存写数据

```
qpk@qpk: ~/LinuxC/10/10.12
File  Edit  View  Terminal  Help
qpk@qpk:~/LinuxC/10/10.12$ ./memMapFile_2.out file
name: b age 20;
name: c age 21;
name: d age 22;
name: e age 23;
name: f age 24;
name: g age 25;
name: h age 26;
name: i age 27;
name: j age 28;
name: k age 29;
qpk@qpk:~/LinuxC/10/10.12$
```

图 10－22　共享内存——映射共享内存读数据

程序说明：

memMapFile_1. c 首先定义了一个 people 数据结构，（在这里采用数据结构的方式是因为，共享内存区的数据往往是有固定格式的，这由通信的各个进程决定，采用结构的方式有普遍代表性）。memMapFile_1 首先打开或创建一个文件，并把文件的长度设置为 5 个people 结构大小。从 mmap( ) 的返回地址开始，设置了 10 个 people 结构。然后，进程睡眠 10 秒，等待其他进程映射同一个文件，最后解除映射。

memMapFile. c 只是简单地映射一个文件，并以 people 数据结构的格式从 mmap( ) 返回的地址处读取 10 个 people 结构，并输出读取的值，然后解除映射。

从程序的运行结果中可以得出以下结论。

（1）最终被映射文件的内容的长度不会超过文件本身的初始大小，即映射不能改变文件的大小。

（2）可以用于进程通信的有效地址空间大小大体上受限于被映射文件的大小，但不完全受限于文件大小。打开文件被截短为 5 个 people 结构大小，而在 memMapFile_1 中初始化了 10 个people数据结构，在恰当时候（memMapFile_1 输出 initialize over 之后，输出 umap ok 之前）调用 memMapFile_2 会发现 memMapFile_2 将输出全部 10 个 people 结构的值，后面将给出详细讨论。

注意　在 Linux 中，内存的保护是以页为基本单位的，即使被映射文件只有一个字节大小，内核也会为映射分配一个页面大小的内存。当被映射文件小于一个页面大小时，进程可以对从 mmap( )返回地址开始的一个页面大小进行访问，而不会出错；但是，如果对一个页面以外的地址空间进行访问，则导致错误发生，后面将进一步描述。因此，可用于进程间通信的有效地址空间大小不会超过文件大小及一个页面大小的和。

（3）文件一旦被映射后，调用 mmap( )的进程对返回地址的访问是对某一内存区域的访问，暂时脱离了磁盘上文件的影响。所有对 mmap( )返回地址空间的操作只在内存中有意义，只有在调用了 munmap( )后或者 msync( )时，才把内存中的相应内容写回磁盘文件，所写内容仍然不能超过文件的大小。

10.3 Domain Socket

Domain Socket 是 Linux 系统中进程间通信的一种重要方式。

UNIX Domain Socket 是全双工的，API 接口语义丰富，相比其他 IPC 机制有明显的优越性，目前已成为使用最广泛的 IPC 机制。虽然因特网域 socket 也可用于进程间通信，但 UNIX 域套接字的效率更高。因为 UNIX 域套接字仅仅将应用层数据从一个进程拷贝到另一个进程；它们并不执行协议处理，不需要添加或删除网络头，无需计算校验和，不产生顺序号，无需发送确认报文。UNIX Domain Socket 也提供面向流和面向数据包两种 API 接口，类似于 TCP 和 UDP，但是面向消息的 UNIX Domain Socket 也是可靠的，消息既不会丢失也不会顺序错乱。

使用 Domain Socket 进行进程间通信，可以将两个进程中的一个看做是服务器端，一个看做是客户端，就像是网络 Socket 通信一样，只是这里是两个进程而非两个主机之间通信。

10.3.1 Domain Socket 基本流程

通过 UNIX Domain Socket 进行通信的基本流程如图 10－23 所示。

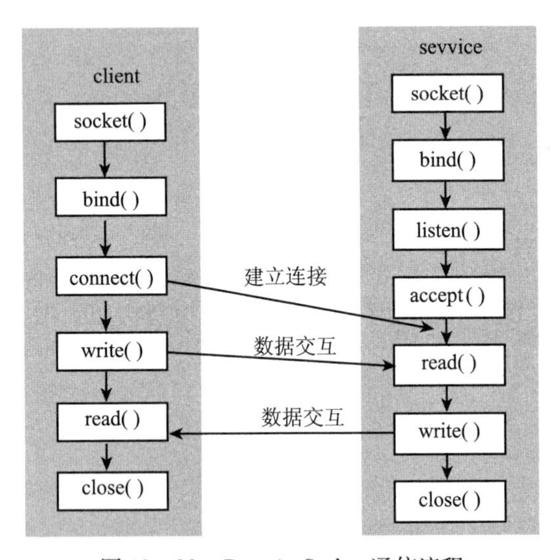

图 10－23 Domain Socket 通信流程

通过 UNIX Domain Socket 的过程和网络 socket 十分相似，也要先调用 socket( ) 创建一个 socket 文件描述符，address family 指定为 AF_UNIX，type 可以选择 SOCK_DGRAM 或 SOCK_STREAM，protocol 参数仍然指定为 0 即可。

UNIX Domain Socket 与网络 socket 编程最明显的不同在于地址格式不同，用结构体 sock-

addr_un 表示，网络编程的 socket 地址是 IP 地址加端口号，而 UNIX Domain Socket 的地址是一个 socket 类型的文件在文件系统中的路径，这个 socket 文件由 bind( )调用创建，如果调用 bind( )时该文件已存在，则 bind( )错误返回。

由图 10－23 可知，服务器与客户端间通信都需要创造 socket，并进行 bind，以便对 socket 定位。

bind( )对 socket 定位的方法如下。

需要头文件：`#include <sys/types.h>,#include <sys/socket.h>`

函数原型：`int bind(int sockfd,struct sockaddr * my_addr, int addrlen);`

函数参数：bind( )用来设置给参数 sockfd 的 socket 一个名称。此名称由参数 my_addr 指向一 sockaddr 结构，对于不同的 socket domain 定义了一个通用的数据结构：

```
struct sockaddr
{
  unsigned short int sa_family;
  char sa_data [14];
};
```

sa_family　为调用 socket( )时的 domain 参数，即 AF_xxxx 值。

sa_data　最多使用 14 个字符长度。

此 sockaddr 结构会因使用不同的 socket domain 而有不同结构定义，例如，使用 AF_INET domain，其 socketaddr 结构定义便为：

```
struct socketaddr_in
{
    unsigned short int sin_family;
    uint16_t sin_port;
    struct in_addr sin_addr;
    unsigned char sin_zero [8];
};
struct in_addr
{
    uint32_t s_addr;
};
```

sin_family 即为 sa_family，sin_port 为使用的 port 编号，sin_addr. s_addr 为 IP 地址，sin_zero 未使用。

参数 addrlen 为 sockaddr 的结构长度。

10.3.2 服务器端

由 Domain Socke 通信流程可以看出，服务器端在创建 socket 并 bind 后就需要调用 listen 等待连接。

1. listen( ) 等待连接

服务器的 listen 模块，与网络 socket 编程类似，在 bind 之后要 listen，表示通过 bind 的地址（也就是 socket 文件）提供服务。

需要头文件：`#include <sys/socket.h>`

函数原型：`int listen(int s,int backlog);`

函数说明：listen() 用来等待参数 s 的 socket 连线。参数 backlog 指定同时能处理的最大连接要求，如果连接数目达此上限，则 client 端将收到 ECONNREFUSED 的错误。listen () 并未开始接收连线，只是设置 socket 为 listen 模式，真正接收 client 端连线的是accept()。通常 listen()会在 socket()，bind()之后调用，接着才调用 accept()。

函数返回值：成功，则返回 0，失败，则返回 -1，错误原因存于 errno。

错误代码：EBADF 参数 sockfd 非合法 socket 处理代码。

EACCESS 权限不足。

OPNOTSUPP 指定的 socket 并未支援 listen 模式。

注意 listen()只适用 SOCK_STREAM 或 SOCK_SEQPACKET 的 socket 类型。如果socket 为 AF_INET，则参数 backlog 的最大值可设为 128。

服务器的 accept 模块，通过 accept 得到的客户端地址也应该是一个 socket 文件，如果不是 socket 文件就返回错误码，如果是 socket 文件，在建立连接后这个文件就没有用了，调用 unlink 把它删掉，通过传出参数 uidptr 返回客户端程序的 user id。

服务器监听到客户端的连接请求，使用 accept 接收 socket 连接。

2. accept() 接收 socket 连接

需要头文件：`#include <sys/types.h>,#include <sys/socket.h>`

函数原型：`int accept(int s,struct sockaddr * addr,int * addrlen);`

函数说明：accept()用来接受参数 s 的 socket 连线。参数 s 的 socket 必需先经bind()、listen()函数处理过，当有连线进来时，accept()会返回一个新的 socket 处理代码，往后的数据传送与读取就是经由新的 socket 处理，而原来参数 s 的 socket 能继续使用accept()来接受新的连线要求。连线成功时，参数 addr 所指的结构会被系统填入远程主机的地址数据，参数 addrlen 为 scokaddr 的结构长度。关于结构 sockaddr 的定义，请参考 bind()。

3. select() I/O 多工机制

使用 select 就完成非阻塞（所谓非阻塞方式 nonblock，就是进程或线程执行此函数时不必非要等待事件的发生，一旦执行肯定返回，以返回值的不同来反映函数的执行情况，如果事件发生，则与阻塞方式相同，若事件没有发生，则返回一个代码来告知事件未发生，而进程或线程继续执行，所以效率较高）方式工作的程序，它能够监视需要监视的文件描述符的变化情况——读写或是异常。

需要头文件：`include <sys/time.h>,include <sys/types.h>,include <unistd.h>`

函数原型：
```
int select(int maxfdp,fd_set * readfds, fd_set * writefds, fd_set *
       errorfds, struct timeval * timeout);
```

函数说明：

先说明两个结构体。

(1) struct fd_set 可以理解为一个集合，这个集合中存放的是文件描述符（filedescriptor），即文件句柄，这可以是普通意义的文件，当然 UNIX 下任何设备、管道、FIFO 等都是文件形式，全部包括在内，所以毫无疑问，一个 socket 就是一个文件，socket 句柄就是一个文件描述符。

fd_set 集合可以通过一些宏操作：

```
FD_CLR (inr fd, fd_set* set);         /* 用来清除描述词组 set 中相关 fd 的位* /
FD_ISSET (int fd, fd_set * set);      /* 用来测试描述词组 set 中相关 fd 的位是否为真* /
FD_SET (int fd, fd_set* set);         /* 用来设置描述词组 set 中相关 fd 的位* /
FD_ZERO (fd_set * set);               /* 用来清除描述词组 set 的全部位* /
```

（2）struct timeval 是一个常用的结构，用来代表时间值，有两个成员，一个是秒数，另一个是微妙数。用来设置 select( ) 的等待时间，其结构定义如下：

```
struct timeval
{
    time_t tv_sec;
    time_t tv_usec;
};
```

参数说明：

int maxfdp 是一个整数值，是指集合中所有文件描述符的范围，即所有文件描述符的最大值加 1，不能错！在 Windows 中，这个参数的值无所谓，可以设置不正确。

fd_set * readfds 是指向 fd_set 结构的指针，这个集合中应该包括文件描述符，要监视这些文件描述符的读变化，即关心是否可以从这些文件中读取数据了，如果这个集合中有一个文件可读，select 就会返回一个大于 0 的值，表示有文件可读；如果没有可读的文件，则根据 timeout 参数再判断是否超时，若超出 timeout 的时间，select 返回 0；若发生错误，则返回负值。可以传入 NULL 值，表示不关心任何文件的读变化。

fd_set * writefds 是指向 fd_set 结构的指针，这个集合中应该包括文件描述符，要监视这些文件描述符的写变化，即关心是否可以向这些文件中写入数据了，如果这个集合中有一个文件可写，select 就会返回一个大于 0 的值，表示有文件可写；如果没有可写的文件，则根据 timeout 参数再判断是否超时，若超出 timeout 的时间，select 返回 0；若发生错误，则返回负值。可以传入 NULL 值，表示不关心任何文件的写变化。

fd_set * errorfds 同上面两个参数的意图，用来监视文件错误异常。

struct timeval * timeout 是 select 的超时时间，这个参数至关重要，它可以使 select 处于三种状态：①若将 NULL 以形参传入，即不传入时间结构，就是将 select 置于阻塞状态，一定等到监视文件描述符集合中某个文件描述符发生变化为止；②若将时间值设为 0 秒 0 毫秒，就变成一个纯粹的非阻塞函数，不管文件描述符是否有变化，都立刻返回继续执行，文件无变化返回 0，有变化返回一个正值；③timeout 的值大于 0，这就是等待的超时时间，即 select 在 timeout 时间内阻塞，超时时间之内有事件到来就返回了，否则在超时后不管怎样一定返回，返回值同上述。

返回值：select 错误，则返回一个小于 0 的值；文件存在且可读写，则返回大于 0 的值；等待超时，没有可读写或错误的文件，则返回 0。

10.3.3 客户端

前一节已详细阐述服务器端相关函数的使用方法。由图 10 - 23 客户端创造并 bind 后需要 connect 连接到服务器。

客户端的 connect 模块，与网络 socket 编程不同的是，UNIX Domain Socket 客户端一般要显式调用 bind 函数，而不依赖系统自动分配的地址。客户端 bind 一个自己指定的 socket 文件名的好处是，该文件名可以包含客户端的 pid 以便服务器区分不同的客户端。

需要头文件：`#include <sys/types.h>,#include <sys/socket.h>`

函数原型：`int connect (int sockfd,struct sockaddr * serv_addr, int addrlen);`

函数说明：connect() 用来将参数 sockfd 的 socket 连至参数 serv_addr 指定的网络地址。结构 sockaddr 请参考 bind()。参数 addrlen 为 sockaddr 的结构长度。

函数返回值：成功则返回 0，失败则返回 -1，错误原因存于 errno 中。

错误代码：EBADF 参数 sockfd 非合法 socket 处理代码。

EFAULT 参数 serv_addr 指针指向无法存取的内存空间。

ENOTSOCK 参数 sockfd 为一文件描述词，非 socket。

EISCONN 参数 sockfd 的 socket 已是连线状态。

ECONNREFUSED 连线要求被 server 端拒绝。

ETIMEDOUT 企图连线的操作超过限定时间仍未有响应。

ENETUNREACH 无法传送数据包至指定的主机。

EAFNOSUPPORT sockaddr 结构的 sa_family 不正确。

EALREADY socket 为不可阻断且先前的连线操作还未完成。

【例 10-13】 Domain Socket 通信。

```
/* Client.c * /
```

客户端程序将用户从键盘输入的字符通过 socket 传送到服务器端。

```
1    #include <sys/stat.h>
2    #include <fcntl.h>
3    #include <unistd.h>
4    #include <sys/types.h>
5    #include <sys/socket.h>
6    #include <netinet/in.h>
7    #include <arpa/inet.h>
8    #define PORT 1234
9    #define SERVER_IP " 127.0.0.1"
10    main ()
11     {
12          int s;
13          struct sockaddr_in addr;
14          char buffer [256];
15          if ( (s=socket (AF_INET, SOCK_STREAM, 0)) <0)
16         {
17                  perror (" socket");
18                  exit (0);
19         }
20          bzero (&addr, sizeof (addr));
```

```
21         addr.sin_family=AF_INET;
22         addr.sin_port=htons (PORT);
23         addr.sin_addr.s_addr=inet_addr (SERVER_IP);
24         if (connect (s, &addr, sizeof (addr)) <0)
25       {
26                perror ("connect");
27                exit (0);
28       }
29         recv (s, buffer, sizeof (buffer), 0);
30         printf ("% s \n", buffer);
31         while (1)
32       {
33                bzero (buffer, sizeof (buffer));
34                read (STDIN_FILENO, buffer, sizeof (buffer));
35                if (send (s, buffer, sizeof (buffer), 0) <0)
36               {
37                       perror ("send");
38                       exit (0);
39               }
40          }
41    }
```

程序说明:

第8行定义通信使用的端口号;

第9行定义通信服务器端的IP地址，这里通过本机的两个进程间通信来模拟网络通信所以要将IP地址设置为本机IP地址“127.0.0.1”;

第15～19行客户端创建socket;

第20～23行填写sockaddr_in信息;

第24～28行connect尝试连接到服务器端;

第29～30行接收由server端传来的信息并输出打印到屏幕上;

第34行从标准输入设备取得字符串;

第35～39行将字符串传给server端。

```
   /* Server.c * /
1  #include <stdio.h>
2  #include <stdlib.h>
3  #include <sys/types.h>
4  #include <sys/socket.h>
5  #include <netinet/in.h>
6  #include <arpa/inet.h>
7  #include <unistd.h>
8  #define PORT 1234
9  #define MAXSOCKFD 10
```

```
10  main()
11  {
12      int sockfd,newsockfd,is_connected [MAXSOCKFD], fd;
13      struct sockaddr_in addr;
14      int addr_len=sizeof (struct sockaddr_in);
15      fd_set readfds;
16      char buffer [256];
17      char msg [ ] ="Welcome to server! ";
18      if ( (sockfd=socket (AF_INET, SOCK_STREAM, 0)) <0)
19      {
20              perror ("socket");
21              exit (0);
22      }
23      bzero (&addr, sizeof (addr));
24      addr.sin_family =AF_INET;
25      addr.sin_port=htons (PORT);
26      addr.sin_addr.s_addr=htonl (INADDR_ANY);
27      if (bind (sockfd, &addr, sizeof (addr)) <0)
28      {
29            perror ("connect");
30            exit (0);
31      }
32      if (listen (sockfd, 3) <0)
33      {
34             perror ("listen");
35             exit (0);
36      }
37      for (fd=0; fd<MAXSOCKFD; fd++)
38             is_connected [fd] =0;
39      while (1)
40      {
41           FD_ZERO (&readfds);
42           FD_SET (sockfd, &readfds);
43           for (fd=0; fd<MAXSOCKFD; fd++)
44           {
45              if (is_connected [fd]) FD_SET (fd, &readfds);
46          }
47          if (! select (MAXSOCKFD, &readfds, NULL, NULL, NULL)) continue;
48          for (fd=0; fd<MAXSOCKFD; fd++)
49          {
50           if (FD_ISSET (fd, &readfds))
51          {
```

```
52                  if (sockfd = =fd)
53                  {
54                          if ( (newsockfd=accept (sockfd, &addr, &addr_len)) <0)
55                                  perror (" accept");
56                          write (newsockfd, msg, sizeof (msg));
57                          is_connected [newsockfd] =1;
58                          printf (" cnnect from % s \n", inet_ntoa (addr.sin_addr));
59                    }
60                    else
61                    {
62                          bzero (buffer, sizeof (buffer));
63                          if (read (fd, buffer, sizeof (buffer)) < =0)
64                          {
65                                  printf (" connect closed. \n");
66                                  is_connected [fd] =0;
67                                  close (fd);
68                          }
69                          else
70                                  printf ("% s", buffer);
71                    }
72              }
73          }
74    }
75 }
```

程序说明：

第 8 行定义 socket 通信传输端口号为“1234”；

第 9 行设定服务器端最多可以创建 10 个 socket，即最多可接受来自 10 个客户端的连接请求；

第 18 ～ 22 行服务器端创建 socket；

第 23 ～ 26 行初始化 sockaddr_in 结构体；

第 27 ～ 31 行将创建的 socket 绑定到初始化完成的 sockaddr_in 结构体变量上；

第 32 ～ 36 行监听来自客户端的连接请求；

第 37 ～ 38 行整型数组 is_connect 的值标识服务器所创建的 10 个 socket 的当前状态——处于连接状态（1）还是非连接状态（0），这里是初始化所有的 socket 为非连接状态；

第 39 ～ 74 行服务器端循环等待来自客户端的连接（共可响应来自 10 个客户端的连接）建立通信；

第 41 ～ 46 行初始化 fd_set 结构体变量；

第 47 行 select 函数建立非阻塞 socket 通信，从而使得服务器端可以响应来自多个客户端的连接请求；

第 48 ～ 72 行循环遍历 10 个客户端 socket，以完成相关的通信操作；

第 50 ～ 71 行 FD_ISSET 检查集合中指定的文件描述符是否可以读写，如果可以读写

（即 51～59 代码块），则 accept 等待接收客户端的连接请求，否则（即第 60～71 行 else 代码块）说明该 socket 描述符已经建立客户端连接，则读取客户端信息并打印输出。

运行结果如图 10－24 至图 10－26 所示。

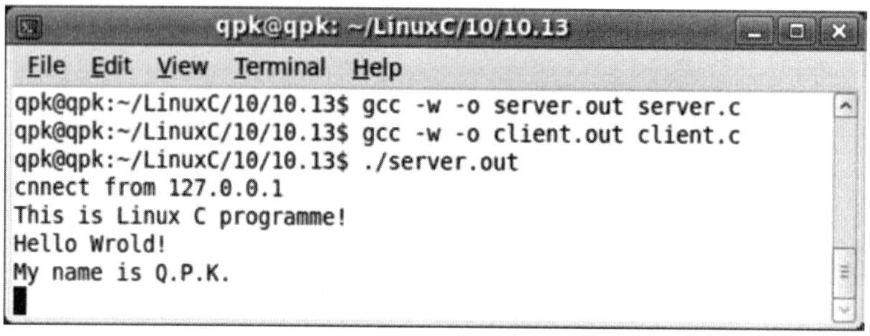

qpk@qpk: ~/LinuxC/10/10.13
File Edit View Terminal Help
qpk@qpk:~/LinuxC/10/10.13$ gcc -w -o server.out server.c
qpk@qpk:~/LinuxC/10/10.13$ gcc -w -o client.out client.c
qpk@qpk:~/LinuxC/10/10.13$ ./server.out
cnnect from 127.0.0.1
This is Linux C programme!
Hello Wrold!
My name is Q.P.K.

图 10－24　Domain Socket 通信服务器端

qpk@qpk: ~/LinuxC/10/10.13
File Edit View Terminal Help
qpk@qpk:~/LinuxC/10/10.13$ ./client.out
Welcome to server!
This is Linux C programme!
Hello Wrold!
My name is Q.P.K.

图 10－25　Domain Socket 通信客户端

qpk@qpk: ~/LinuxC/10/10.13
File Edit View Terminal Help
qpk@qpk:~/LinuxC/10/10.13$ ./server.out
cnnect from 127.0.0.1
cnnect from 127.0.0.1
qpk@qpk: ~/LinuxC/10/10.13
File Edit View Terminal Help
qpk@qpk:~/LinuxC/10/10.13$ ./client.out
Welcome to server!
qpk@qpk: ~/LinuxC/10/10.13
File Edit View Terminal Help
qpk@qpk:~/LinuxC/10/10.13$ ./client.out
Welcome to server!

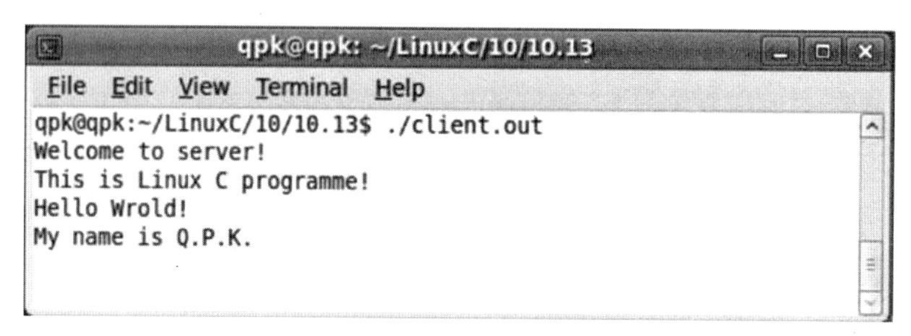

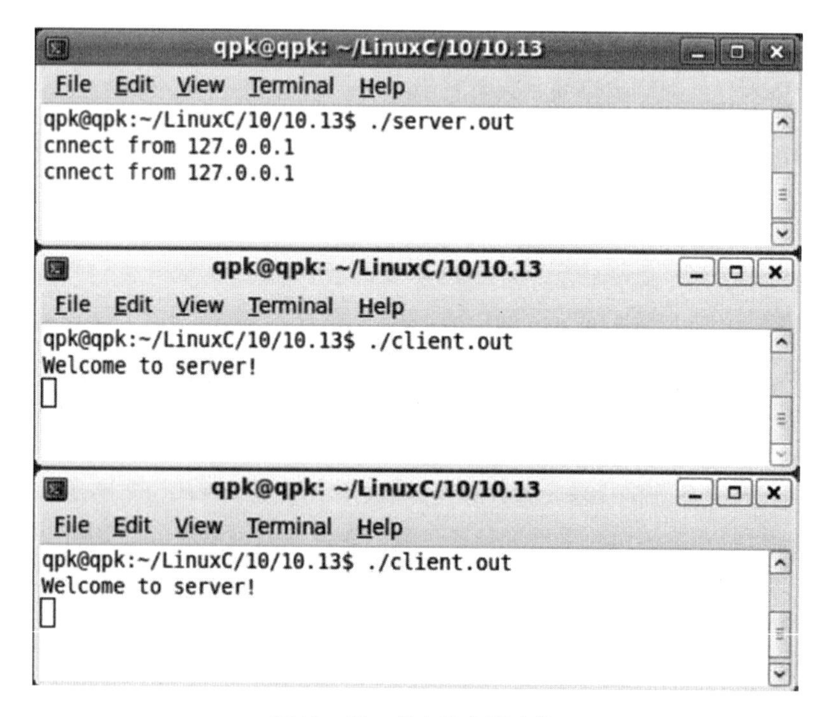

图 10－26　多个客户端连接

10.4 线　　程

前面介绍了如何在Linux中对进程进行处理。Linux是多任务操作系统，某个时刻操作系统中往往有多个进程存在。但有时人们认为用fork来创建新进程的代价还是太大，如果能让一个程序同时干两件事，或者至少看起来如此，岂不是更有用？要达到这个目的，就要借助于线程的功能。

10.4.1 Linux线程基础

线程是“一个进程内部的一个控制序列”，也可以看作是一个程序里的多个执行路线。事实上，一切进程都至少有一个执行线程。fork系统调用和创建新线程是有区别的，弄清楚这一点很重要，当一个进程执行一个fork调用的时候，会创建出进程的一个新拷贝，新进程将拥有它自己的变量和它自己的PID。这个新进程的运行时间是独立的，它在执行时（通常）几乎完全独立于创建它的进程。而当在进程里创建一个新线程的时候，新的执行路线会拥有自己的堆栈（因此也就有自己的局部变量），但要与它的创建者共享全局变量、文件描述符、信号处理器和当前的子目录状态。

10.4.2 线程的使用

下面将要学习的线程库函数是由POSIX.1 – 2001标准定义的，称为POSIX thread或者pthread。在Linux上线程函数位于libpthread共享库中，因此在编译时要加上 – lpthread选项。

1. 线程的创建

需要头文件：#include <pthread.h>

函数原型：
```
int pthread_create (pthread_t * restrict thread_id,
                    const pthread_attr_t * restrict attr,
                    void *  (* start_routine)  (void* ), void * re-
                    strict arg);
```

pthread_create成功返回时，由thread_id指向的内存单元被设置为新创建线程的线程ID。attr参数用于定制各种不同的线程属性。当pthread_create函数在调用失败时通常会返回错误码，它们并不像其他的POSIX函数那样设置errno。为了与使用errno的现有函数兼容，每个线程都提供errno副本。在线程中，从函数中返回错误码更为清晰整洁，不需要依赖那些随着函数执行不断变化的全局状态，因而可以把错误范围限制在引起出错的函数中。

在一个线程中调用pthread_create（）创建新的线程后，当前线程从pthread_create（）返回继续往下执行，而新的线程所执行的代码由传给pthread_create的函数指针start_routine决定。start_routine函数接收一个参数，是通过pthread_create的arg参数传递给它的，该参数的类型为void *，这个指针按什么类型解释由调用者自己定义。如果需要向start_routine传递的参数不止一个，那么需要把这些参数放到一个结构体中，然后把这个结构的地址作为arg参数传入。start_routine的返回值类型也是void *，这个指针的含义同样由调用者自己定义。start_routine返回时，这个线程就退出了，其他线程可以调用pthread_join得到start_routine的返回值，类似于父进程调用wait(2)得到子进程的退出状态，稍后详细介绍

pthread_join。

pthread_create 成功返回后，新创建的线程的 id 被填写到 thread_id 参数所指向的内存单元。进程 id 的类型是 pid_t，每个进程的 id 在整个系统中是唯一的，调用 getpid(2) 可以获得当前进程的 id，是一个正整数值。线程 id 的类型是 thread_t，它只在当前进程中保证是唯一的，在不同的系统中 thread_t 这个类型有不同的实现，它可能是一个整数值，也可能是一个结构体，也可能是一个地址，所以不能简单地当成整数用 printf 打印，调用 pthread_self(3) 可以获得当前线程的 id。

attr 参数表示线程属性，本章不深入讨论线程属性，所有代码例子都传 NULL 给 attr 参数，表示线程属性取缺省值，感兴趣的读者可以参考相关资料。

【例 10－14】 线程创建的一个简单例子。

```
1    #include <stdio.h>
2    #include <string.h>
3    #include <stdlib.h>
4    #include <pthread.h>
5    #include <unistd.h>
6    pthread_t      ntid;
7    void printids (const char * s)
8    {
9         pid_t      pid;
10        pthread_t  tid;
11        pid=getpid ();
12        tid=pthread_self ();
13        printf ("% s pid % u tid % u (0x% x)  \n", s, (unsigned int) pid,
14                (unsigned int) tid, (unsigned int) tid);
15    }
16    void * thr_fn (void * arg)
17    {
18         printids (arg);
19    }
20    main ()
21    {
22          int err;
23          err =pthread_create (&ntid, NULL, thr_fn," new thread: ");
24          if (err ! = 0)
25         {
26                fprintf (stderr," can't create thread: % s \n", strerror (err));
27                exit (0);
28         }
29         printids (" main thread:");
30         sleep (1);
31    }
```

运行结果如图 10－27 所示。

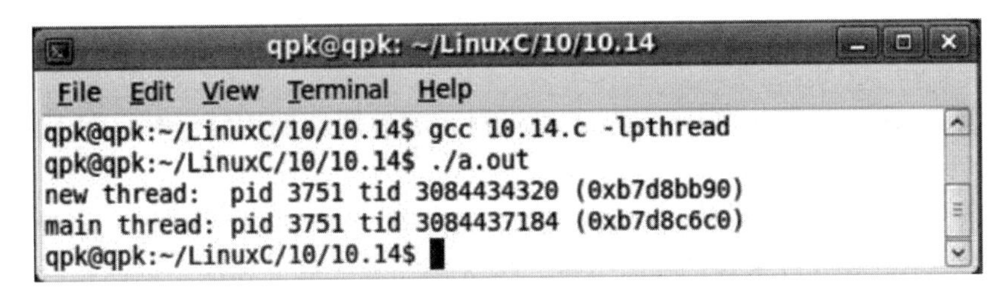

图 10－27　创建线程

程序说明：

第 6 行定义线程 ID 变量 ntid；

第 7～15 行定义线程执行函数，打印输出运行该函数的线程所属的进程的进程号及该线程的线程号；

第 11 行 getpid 获取进程的进程号；

第 12 行 pthread_self 获取线程的线程 ID；

第 16～19 行定义线程函数 thr_fn；

第 23 行主线程创建一个新的线程并执行线程函数 thr_fn 打印输出相关的进程号和线程号；

第 29 行主线程调用函数 printids 打印输出进程号和线程号。

注意　由于 pthread 库不是 Linux 系统默认的库，连接时需要使用库 libpthread. a，所以在使用 pthread_create 创建线程时，在编译中要加 －lpthread 参数。否则会报错：

“pthread. c：(. text＋0x85)：对‘pthread_create’未定义的引用。”

可知在 Linux 上，thread_t 类型是一个地址值，属于同一进程的多个线程调用 getpid(2) 可以得到相同的进程号，而调用 pthread_self(3) 得到的线程号各不相同。

由于 pthread_create 的错误码不保存在 errno 中，因此不能直接用 perror(3) 打印错误信息，可以先用 strerror(3) 把错误码转换成错误信息再打印。

如果任意一个线程调用了 exit 或_exit，则整个进程的所有线程都终止，由于从 main 函数 return 也相当于调用 exit，为了防止新创建的线程还没有得到执行就终止，我们在 main 函数 return 之前延时 1 秒，这只是一种权宜之计，即使主线程等待 1 秒，内核也不一定会调度新创建的线程执行，下一节我们会看到更好的办法。

2. 线程的终止

如果需要只终止某个线程而不终止整个进程，可以有三种方法。

(1) 从线程函数 return。这种方法对主线程不适用，从 main 函数 return 相当于调用 exit。

(2) 一个线程可以调用 pthread_cancel，终止同一进程中的另一个线程。

(3) 线程可以调用 pthread_exit 终止自己。

pthread_cancel 取消线程

需要头文件：`#include <pthread.h>`

函数原型：`int pthread_cancel (pthread_t thread);`

函数返回值：在成功完成之后返回零，其他任何返回值都表示出现了错误。

3. pthread_exit 终止线程

需要头文件：#include <pthread.h>

函数原型：void pthread_exit (void * value_ptr);

函数参数：value_ptr 是 void *类型，和线程函数返回值的用法一样，其他线程可以调用 pthread_join 获得这个指针。

需要注意，pthread_exit 或者 return 返回的指针所指向的内存单元必须是全局的或者是用 malloc 分配的，不能在线程函数的栈上分配，因为当其他线程得到这个返回指针时，线程函数已经退出了。

4. pthread_join 等待线程结束

需要头文件：#include <pthread.h>

函数原型：int pthread_join (pthread_t thread, void ** value_ptr);

函数返回值：成功返回 0，失败返回错误号。

调用该函数的线程将挂起等待，直到 id 为 thread 的线程终止。thread 线程以不同的方法终止，通过 pthread_join 得到的终止状态是不同的，总结如下。

（1）如果 thread 线程通过 return 返回，value_ptr 所指向的单元里存放的是 thread 线程函数的返回值。

（2）如果 thread 线程被其他线程调用 pthread_cancel 异常终止掉，value_ptr 所指向的单元里存放的是常数 PTHREAD_CANCELED。

（3）如果 thread 线程是自己调用 pthread_exit 终止的，value_ptr 所指向的单元存放的是传给 pthread_exit 的参数。

（4）如果对 thread 线程的终止状态不感兴趣，可以传 NULL 给 value_ptr 参数。

【例 10-15】 线程的终止。

```
1    #include <stdio.h>
2    #include <stdlib.h>
3    #include <pthread.h>
4    #include <unistd.h>
5    void * thr_fn1 (void * arg)
6    {
7         printf ("thread 1 returning \n");
8         return (void * ) 1;
9    }
10  void * thr_fn2 (void * arg)
11  {
12        printf ("thread 2 exiting \n");
13        pthread_exit ( (void * ) 2);
14  }
15  void * thr_fn3 (void * arg)
16  {
17     while (1)
18     {
```

```
19            printf ("thread 3 writing \n");
20            sleep (1);
21      }
22  }
23  main ()
24  {
25        pthread_t tid;
26        void      * tret;
27        pthread_create (&tid, NULL, thr_fn1, NULL);
28        pthread_join (tid, &tret);
29        printf ("thread 1 exit code % d \n", (int) tret);
30        pthread_create (&tid, NULL, thr_fn2, NULL);
31        pthread_join (tid, &tret);
32        printf ("thread 2 exit code % d \n", (int) tret);
33        pthread_create (&tid, NULL, thr_fn3, NULL);
34        sleep (3);
35        pthread_cancel (tid);
36        pthread_join (tid, &tret);
37        printf ("thread 3 exit code % d \n", (int) tret);
38    }
```

运行结果如图 10 - 28 所示。

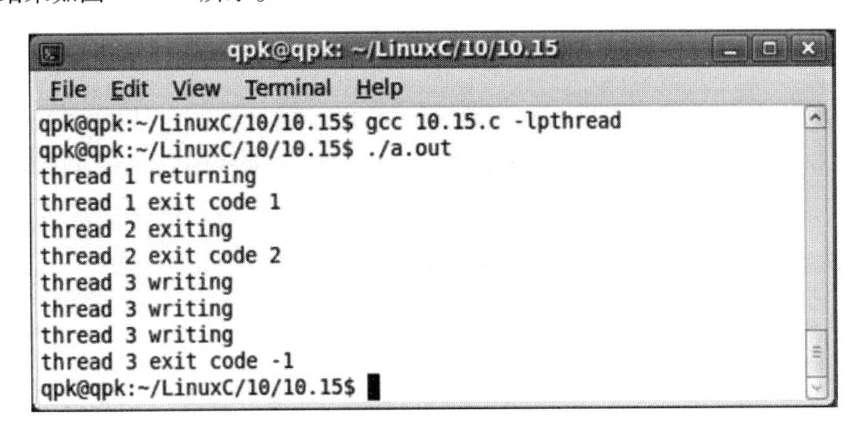

图 10 - 28　线程终止

程序说明：
第 5 ～ 9 行定义线程函数 thr_fn1 输出线程运行信息；
第 10 ～ 14 行定义线程函数 thr_fn2 输出线程运行信息；
第 15 ～ 21 行定义线程函数 thr_fn3 输出线程运行信息；
第 27 ～ 33 行创建三个线程分别运行三个线程函数 thr_fn1、thr_fn2 和 thr_fn3；
第 35 行调用 pthread_cacel 函数取消第三个线程的执行；
第 36 行主线程调用 pthread_join 函数阻塞等待线程三结束后再执行后面代码。
可见在 Linux 的 pthread 库中常数 PTHREAD_CANCELED 的值是 - 1。可以在头文件

pthread. h 中找到它的定义：

#define PTHREAD_CANCELED（（void *）-1）

一般情况下，线程终止后，其终止状态一直保留到其它线程调用 pthread_join 获取它的状态为止。但是线程也可以被置为 detach 状态，这样的线程一旦终止就立刻回收它占用的所有资源，而不保留终止状态。不能对一个已经处于 detach 状态的线程调用 pthread_join，这样的调用将返回 EINVAL。对一个尚未 detach 的线程调用 pthread_join 或 pthread_detach 都可以把该线程置为 detach 状态，也就是说，不能对同一线程调用两次 pthread_join，或者如果已经对一个线程调用了 pthread_detach，就不能再调用 pthread_join 了。

需要头文件：`#include <pthread.h>`

函数原型：`int pthread_detach (pthread_t tid);`

函数返回值：成功返回 0，失败返回错误号。

10.5　线程的互斥和同步

线程的互斥和同步是保证线程安全的重要手段。Linux 系统中主要通过互斥体、条件变量和信号量实现线程的互斥和同步。

10.5.1　互斥体

多个线程同时访问共享数据时可能会冲突，这跟前面讲信号时所说的可重入性是同样的问题。比如两个线程都要把某个全局变量增加 1，这个操作在某平台需要三条指令完成：

- 从内存读变量值到寄存器；
- 寄存器的值加 1；
- 将寄存器的值写回内存。

假设两个线程在多处理器平台上同时执行这三条指令，则可能导致如图 10－29 所示的结果，最后变量只加了一次而非两次。

CPU1执行 线程A的指令	CPU2执行 线程A的指令	变量i的内存 单元的值
mov Ox8049540,%eax (eax=5)	其他指令	5
add $0 × 1，%eax (eax=6)	mov Ox8049540,%eax (eax=5)	5
mov %eax,0 × 8049540 (eax=6)	add $0 × 1，%eax (eax=6)	6
其他指令	mov %eax,0 × 8049540 (eax=6)	6

图 10－29　并行访问冲突

思考一下，如果这两个线程在单处理器平台上执行，能够避免这样的问题吗？

下面通过一个简单的程序观察这一现象。图 10－29 所描述的现象从理论上是存在这种

可能的，但实际运行程序时很难观察到，为了使现象更容易观察到，把上述三条指令做的事情用更多条指令来做：

```
val = counter;
printf("% x: % d\n",(unsigned int)pthread_self (), val + 1);
counter = val + 1;
```

在“读取变量的值”和“把变量的新值保存回去”这两步操作之间插入一个 printf 调用，它会执行 write 系统调用进内核，为内核调度别的线程执行提供了一个很好的时机。在一个循环中重复上述操作几千次，就会观察到访问冲突的现象。

【例 10－16】 线程间的访问冲突。

```
1   #include <stdio.h>
2   #include <stdlib.h>
3   #include <pthread.h>
4   #define NLOOP 5000
5   int counter;
6   void * doit(void * );
7   int main(int argc,char * * argv)
8   {
9       pthread_t  tidA, tidB;
10      pthread_create (&tidA, NULL, &doit, NULL);
11      pthread_create (&tidB, NULL, &doit, NULL);
12      pthread_join (tidA, NULL);
13      pthread_join (tidB, NULL);
14      return 0;
15   }
16   void * doit (void * vptr)
17    {
18         int   i, val;
19         for (i = 0; i < NLOOP; i + +)
20        {
21              val = counter;
22              printf ("% x: % d \n", (unsigned int) pthread_self (), val +1);
23              counter = val + 1;
24        }
25   }
```

运行结果如图 10－30 所示。

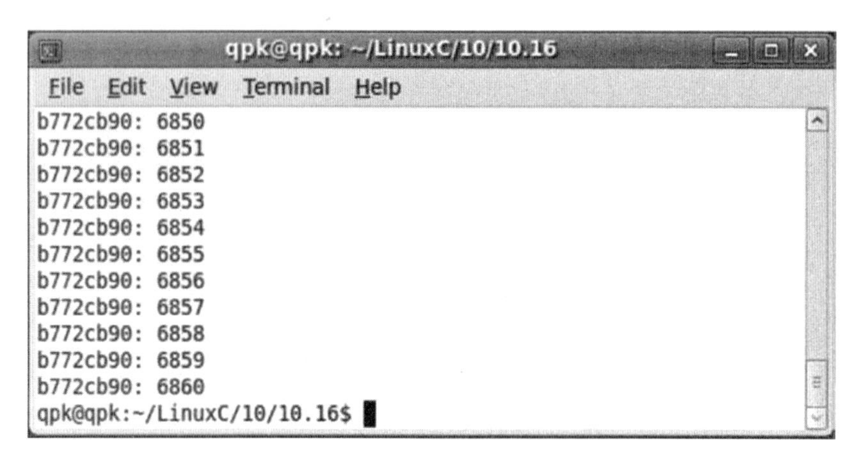

图 10－30　线程访问冲突

程序说明：

第 5 行定义全局变量 counter，使用多个线程同时操作该变量，从而模拟冲突访问情况的出现；

第 6 行线程函数 doit 声明；

第 16～25 行定义线程函数 doit，该线程函数实现每个线程都对全局变量 counter 实现 NLOOP 次自加运算；

第 9～11 行创建两个线程分别执行函数 doit；

第 12～13 行主线程等待两个线程结束。

下面创建两个线程，各自把 counter 增加 5000 次，正常情况下最后 counter 应该等于 10000，但事实上每次运行该程序的结果都不一样，有时候数到 5000 多，有时候数到 6000 多。

对于多线程的程序，访问冲突的问题是很普遍的，解决的办法是引入互斥锁（Mutex，Mutual Exclusive Lock），获得锁的线程可以完成“读－修改－写”的操作，然后释放锁给其他线程，没有获得锁的线程只能等待而不能访问共享数据，这样“读－修改－写”三步操作组成一个原子操作，要么都执行，要么都不执行，不会执行到中间被打断，也不会在其他处理器上并行做这个操作。

Mutex 用 pthread_mutex_t 类型的变量表示，可以这样初始化和销毁：

需要头文件：`#include <pthread.h>`

函数原型：
```
int pthread_mutex_destroy (pthread_mutex_t * mutex);
int pthread_mutex_init (pthread_mutex_t * restrict mutex,
                        const pthread_mutexattr_t * restrict attr);
pthread_mutex_t mutex = PTHREAD_MUTEX_INITIALIZER;
```

函数返回值：成功返回 0，失败返回错误号。

pthread_mutex_init 函数对 Mutex 做初始化，参数 attr 设定 Mutex 的属性，如果 attr 为 NULL，则表示缺省属性，本章不详细介绍 Mutex 属性，感兴趣的读者可以参考［APUE2e］。用 pthread_mutex_init 函数初始化的 Mutex 可以用 pthread_mutex_destroy 销毁。如果 Mutex 变量是静态分配的（全局变量或 static 变量），也可以用宏定义 PTHREAD_MUTEX_INITIALIZER 来初始化，相当于用 pthread_mutex_init 初始化并且 attr 参数为 NULL。Mutex 的加锁和

解锁操作可以用下列函数：

需要头文件：#include <pthread.h>

函数原型：int pthread_mutex_lock (pthread_mutex_t * mutex);

int pthread_mutex_trylock (pthread_mutex_t * mutex);

int pthread_mutex_unlock (pthread_mutex_t * mutex);

函数返回值：成功返回0，失败返回错误号。

一个线程可以调用 pthread_mutex_lock 获得 Mutex，如果这时另一个线程已经调用 pthread_mutex_lock 获得了该 Mutex，则当前线程需要挂起等待，直到另一个线程调用 pthread_mutex_unlock 释放 Mutex，当前线程被唤醒，才能获得该 Mutex 并继续执行。

如果一个线程既想获得锁，又不想挂起等待，可以调用 pthread_mutex_trylock，如果 Mutex 已经被另一个线程获得，这个函数会失败返回 EBUSY，而不会使线程挂起等待。

【例 10-17】 现使用 Mutex 解决访问冲突问题。

```
1    #include <stdio.h>
2    #include <stdlib.h>
3    #include <pthread.h>
4    #define NLOOP 5000
5    int counter;
6    pthread_mutex_t counter_mutex = PTHREAD_MUTEX_INITIALIZER;
7    void * doit (void * );
8    main ()
9   {
10         pthread_t tidA, tidB;
11         pthread_create (&tidA, NULL, doit, NULL);
12         pthread_create (&tidB, NULL, doit, NULL);
13         pthread_join (tidA, NULL);
14         pthread_join (tidB, NULL);
15         return 0;
16    }
17    void * doit (void * vptr)
18     {
19         int      i, val;
20         for (i =0; i < NLOOP; i + +)
21        {
22             pthread_mutex_lock (&counter_mutex);
23             val = counter;
24             printf ("% x: % d \n", (unsigned int) pthread_self (), val + 1);
25             counter = val + 1;
26             pthread_mutex_unlock (&counter_mutex);
27        }
28    }
```

运行结果如图 10-31 所示。

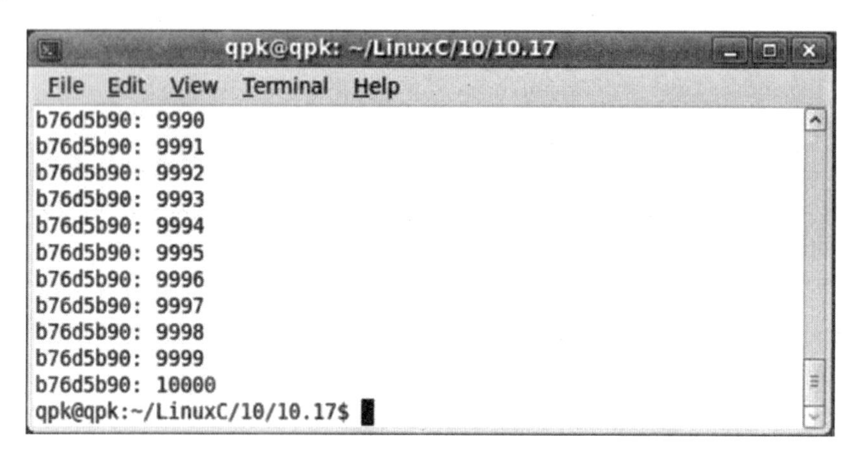

图 10－31　Mutex 互斥体解决线程访问冲突

程序说明：

第 6 行定义互斥体 counter_mutex；

第 22～26 行线程在操作全局变量时为避免访问冲突首先调用函数 pthread_mutex_lock 获取互斥体，如果其他线程正占用该互斥体，则线程等待，这样就避免了访问冲突。

这样运行结果就正常了，每次运行都能数到 10000。

看到这里，读者一定会好奇：Mutex 的两个基本操作 lock 和 unlock 是如何实现的呢？假设 Mutex 变量的值为 1，则表示互斥锁空闲，这时某个进程调用 lock 可以获得锁，而 Mutex 的值为 0，则表示互斥锁已经被某个线程获得，其他线程再调用 lock 只能挂起等待。那么 lock 和 unlock 的伪代码如下：

```
lock:
if(mutex > 0)
{
        mutex =0;
        return 0;
}
else
{
        挂起等待;
        goto lock;
}


unlock:
mutex =1;
```

唤醒等待 Mutex 的线程；

return 0；

unlock 操作中唤醒等待线程的步骤可以有不同的实现，可以只唤醒一个等待线程，也可以唤醒所有等待该 Mutex 的线程，然后让被唤醒的这些线程去竞争获得这个 Mutex，竞争失

败的线程继续挂起等待。

细心的读者应该已经看出问题了：对 Mutex 变量的读取、判断和修改不是原子操作。如果两个线程同时调用 lock，这时 Mutex 是 1，两个线程都判断 mutex >0 成立，然后其中一个线程置 mutex =0，而另一个线程并不知道这一情况，也置 mutex =0，于是两个线程都以为自己获得了锁。

为了实现互斥锁操作，大多数体系结构都提供了 swap 或 exchange 指令，该指令的作用是把寄存器和内存单元的数据相交换，由于只有一条指令，保证了原子性，即使是多处理器平台，访问内存的总线周期也有先后，一个处理器上的交换指令执行时另一个处理器的交换指令只能等待总线周期。现在把 lock 和 unlock 的伪代码改一下（以 x86 的 xchg 指令为例）：

```
lock:
      movb 0,% al
      xchgb % al,mutex
    if(al 寄存器的内容 > 0)
    {
          return 0;
    }
    else
          挂起等待;
    goto lock;
unlock:
    movb 1,mutex
    唤醒等待 Mutex 的线程;
    return 0;
```

unlock 中的释放锁操作同样只用一条指令实现，以保证它的原子性。

也许还有读者好奇，“挂起等待”和“唤醒等待线程”的操作如何实现？每个 Mutex 有一个等待队列，一个线程要在 Mutex 上挂起等待，首先把自己加入等待队列中，然后置线程状态为睡眠，然后调用调度器函数切换到其他线程。一个线程要唤醒等待队列中的其他线程，只需从等待队列中取出一项，把它的状态从睡眠改为就绪，加入就绪队列，那么下次调度器函数执行时就有可能切换到被唤醒的线程。

一般情况下，如果同一个线程先后两次调用 lock，在第二次调用时，由于锁已经被占用，该线程会挂起等待其他线程释放锁，然而锁正是被自己占用着的，该线程又被挂起而没有机会释放锁，因此就永远处于挂起等待状态了，这叫做死锁（Deadlock）。另一种典型的死锁情形是这样：线程 A 获得了锁 1，线程 B 获得了锁 2，这时线程 A 调用 lock 试图获得锁 2，结果是需要挂起等待线程 B 释放锁 2，而这时线程 B 也调用 lock 试图获得锁 1，结果是需要挂起等待线程 A 释放锁 1，于是线程 A 和 B 都永远处于挂起状态了。不难想象，如果涉及更多的线程和更多的锁，有没有可能死锁的问题将会变得复杂和难以判断。

写程序时应该尽量避免同时获得多个锁，如果一定有必要这么做，则有一个原则：如果所有线程在需要多个锁时都按相同的先后顺序（常见的是按 Mutex 变量的地址顺序）获得锁，则不会出现死锁。比如一个程序中用到锁 1、锁 2、锁 3，它们所对应的 Mutex 变量的地址是锁 1 < 锁 2 < 锁 3，那么所有线程在需要同时获得 2 个或 3 个锁时都应该按锁 1、锁 2、

锁 3 的顺序获得。如果要为所有的锁确定一个先后顺序比较困难，则应该尽量使用 pthread_mutex_trylock 调用代替 pthread_mutex_lock 调用，以免死锁。

10.5.2　条件变量

线程间的同步还有这样一种情况：线程 A 需要等某个条件成立才能继续往下执行，现在这个条件不成立，线程 A 就阻塞等待，而线程 B 在执行过程中使这个条件成立了，就唤醒线程 A 继续执行。在 pthread 库中通过条件变量（Condition Variable）来阻塞等待一个条件，或者唤醒等待这个条件的线程。Condition Variable 用 pthread_cond_t 类型的变量表示，可以这样初始化和销毁：

需要头文件：#include <pthread.h>

函数原型：
```
int pthread_cond_destroy (pthread_cond_t * cond);
int pthread_cond_init (pthread_cond_t * restrict cond,
                       const pthread_condattr_t * restrict attr);
pthread_cond_t cond = PTHREAD_COND_INITIALIZER;
```

函数返回值：成功返回 0，失败返回错误号。

和 Mutex 的初始化和销毁类似，pthread_cond_init 函数初始化一个 Condition Variable，attr 参数为 NULL 则表示缺省属性，pthread_cond_destroy 函数销毁一个 Condition Variable。如果 Condition Variable 是静态分配的，也可以用宏定义 PTHEAD_COND_INITIALIZER 初始化，相当于用 pthread_cond_init 函数初始化并且 attr 参数为 NULL。Condition Variable 的操作可以用下列函数：

需要头文件：#include <pthread.h>

函数原型：
```
int pthread_cond_timedwait (pthread_cond_t * restrict cond,
                            pthread_mutex_t * restrict mutex,
                            const struct timespec * restrict abstime);
int pthread_cond_wait (pthread_cond_t * restrict cond,
                       pthread_mutex_t * restrict mutex);
int pthread_cond_broadcast (pthread_cond_t * cond);
int pthread_cond_signal (pthread_cond_t * cond);
```

函数返回值：成功返回 0，失败返回错误号。

可见，一个 Condition Variable 总是和一个 Mutex 搭配使用的。一个线程可以调用 pthread_cond_wait 在一个 Condition Variable 上阻塞等待，这个函数进行以下三步操作：

（1）释放 Mutex；

（2）阻塞等待；

（3）当被唤醒时，重新获得 Mutex 并返回。

pthread_cond_timedwait 函数还有一个额外的参数可以设定等待超时，如果到达了 abstime 所指定的时刻仍然没有其他线程来唤醒当前线程，就返回 ETIMEDOUT。一个线程可以调用 pthread_cond_signal 唤醒在某个 Condition Variable 上等待的另一个线程，也可以调用 pthread_cond_broadcast 唤醒在这个 Condition Variable 上等待的所有线程。

【例 10－18】　下面的程序演示了一个生产者－消费者的例子，生产者生产一个结构体串在链表的表头上，消费者从表头取走结构体。

```
1   #include <stdlib.h>
2   #include <pthread.h>
3   #include <stdio.h>
4   struct msg
5   {
6         struct msg * next;
7         int num;
8   };
9   struct msg * head;
10  pthread_cond_t has_product=PTHREAD_COND_INITIALIZER;
11  pthread_mutex_t lock=PTHREAD_MUTEX_INITIALIZER;
12  void * consumer (void * p)
13   {
14       struct msg * mp;
15       while (1)
16      {
17           pthread_mutex_lock (&lock);
18           while (head = = NULL)
19                   pthread_cond_wait (&has_product, &lock);
20           mp=head;
21           head=mp->next;
22           pthread_mutex_unlock (&lock);
23           printf ("Consume %d\n", mp->num);
24           free (mp);
25           sleep (rand () % 5);
26      }
27   }
28   void * producer (void * p)
29    {
30      struct msg * mp;
31      while (1)
32      {
33           mp=malloc (sizeof (struct msg));
34           mp->num=rand () % 1000 + 1;
35           printf ("Produce %d\n", mp->num);
36           pthread_mutex_lock (&lock);
37           mp->next=head;
38           head=mp;
39           pthread_mutex_unlock (&lock);
40           pthread_cond_signal (&has_product);
41           sleep (rand () % 5);
42       }
```

```
43  }
44  main ()
45   {
46         pthread_t pid, cid;
47         srand (time (NULL));
48         pthread_create (&pid, NULL, producer, NULL);
49         pthread_create (&cid, NULL, consumer, NULL);
50         pthread_join (pid, NULL);
51         pthread_join (cid, NULL);
52  }
```

运行结果如图 10 - 32 所示。

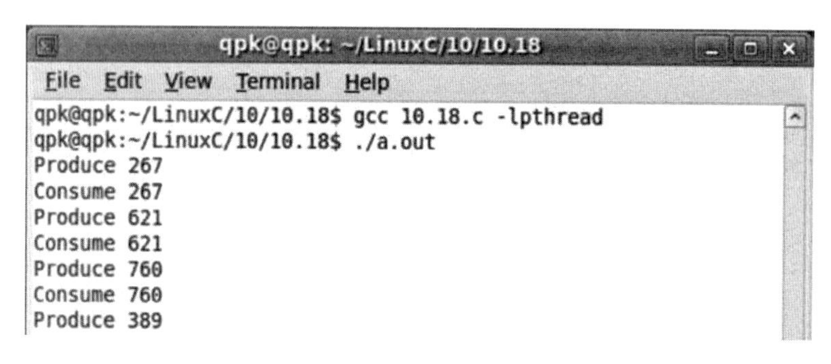

图 10 - 32　生产者与消费者

程序说明：

第 4 ~ 8 行定义消息结构体；

第 10 行定义线程等待条件变量 has_product；

第 11 行定义互斥体 lock 避免访问冲突；

第 12 ~ 27 行定义线程函数 consumer 模拟消费者；

第 17 行消费者线程获取互斥体；

第 18 ~ 19 行消费者持续等待条件 has_product 的产生；

第 20 ~ 25 行消费者消费生产者生产的消息；

第 28 ~ 43 行定义生产者线程函数 producer 模拟生产者；

第 36 ~ 39 行生产者获取互斥体并生产消息，完成后释放互斥体；

第 40 行生产者通知消费者条件 has_product 条件已经满足可以执行，此时消费者获取条件后就可以消费生产者生产的消息。

第 48 ~ 49 行主线程创建生产者和消费者线程；

第 50 ~ 51 行主线程等待生产着和消费者线程运行结束。

10.5.3　信号量

Mutex 变量是非 0 即 1 的，可看作一种资源的可用数量，初始化时 Mutex 是 1，表示有一个可用资源，加锁时获得该资源，将 Mutex 减到 0，表示不再有可用资源，解锁时释放该资源，将 Mutex 重新加到 1，表示又有了一个可用资源。

信号量（Semaphore）和 Mutex 类似，表示可用资源的数量，和 Mutex 不同的是这个数量可以大于 1。

本节介绍的是 POSIX semaphore 库函数，这种信号量不仅可用于同一进程的线程间同步，也可用于不同进程间的同步。

需要头文件：`#include <semaphore.h>`

函数原型：
```
int sem_init (sem_t * sem, int pshared, unsigned int value);
int sem_wait (sem_t * sem);
int sem_trywait (sem_t * sem);
int sem_post (sem_t * sem);
int sem_destroy (sem_t * sem);
```

semaphore 变量的类型为 sem_t，sem_init( )初始化一个 semaphore 变量，value 参数表示可用资源的数量，pshared 参数为 0，表示信号量用于同一进程的线程间同步，本节只介绍这种情况。在用完 semaphore 变量之后应该调用 sem_destroy( )释放与 semaphore 相关的资源。

调用 sem_wait( )可以获得资源，使 semaphore 的值减 1，如果调用 sem_wait( )时 semaphore 的值已经是 0，则挂起等待。如果不希望挂起等待，可以调用 sem_trywait( )。调用 sem_post( )可以释放资源，使 semaphore 的值加 1，同时唤醒挂起等待的线程。

上一节生产者 - 消费者的例子是基于链表的，其空间可以动态分配，现在基于固定大小的环形队列重写这个程序。

【例 10 – 19】 基于固定大小的环形队的生产者与消费者。

```
1   #include <stdlib.h>
2   #include <pthread.h>
3   #include <stdio.h>
4   #include <semaphore.h>
5   #define NUM 5
6   int queue[NUM];
7   sem_t blank_number, product_number;
8   void * producer (void * arg)
9    {
10       int p =0;
11       while (1)
12      {
13           sem_wait (&blank_number);
14           queue [p]  =rand () % 1000 + 1;
15           printf (" Produce % d \n", queue [p]);
16           sem_post (&product_number);
17           p=  (p +1)% NUM;
18           sleep (rand ()% 5);
19      }
20    }
21   void * consumer (void * arg)
22    {
```

```
23        int c=0;
24        while (1)
25       {
26            sem_wait (&product_number);
27            printf (" Consume %d\n", queue [c]);
28            queue [c] =0;
29            sem_post (&blank_number);
30            c= (c+1)% NUM;
31            sleep (rand ()% 5);
32       }
33   }
34   main ()
35    {
36          pthread_t  pid, cid;
37          sem_init (&blank_number, 0, NUM);
38          sem_init (&product_number, 0, 0);
39          pthread_create (&pid, NULL, producer, NULL);
40          pthread_create (&cid, NULL, consumer, NULL);
41          pthread_join (pid, NULL);
42          pthread_join (cid, NULL);
43          sem_destroy (&blank_number);
44          sem_destroy (&product_number);
45   }
```

运行结果如图 10 – 33 所示。

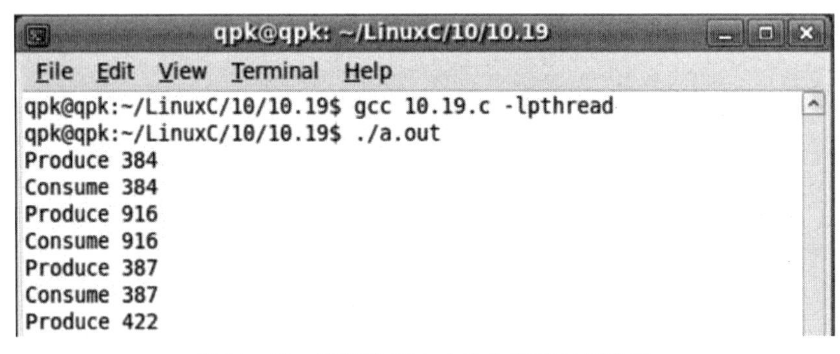

图 10 – 33　固定队列大小的生产者与消费者

程序说明：

第 5 ～ 6 行定义循环队列大小；

第 7 行定义信号量 blank_number 和 product_number；

第 8 ～ 20 行定义生产者线程函数 producer；

第 13 行生产者线程函数阻塞等待获取直到可以 blank_number 信号量，即循环队列中有空余的资源；

第 14 ～ 15 行生产者根据循环队列当前的空白数生产消息；

第 16 行生产者线程增加信号量 product_number 的值，从而消费者线程可以消费资源；

第 17～18 行生产者随机等待几秒时间从而使消费者线程有机会获得执行；

第 21～33 行定义消费者线程函数 consumer；

第 26 行消费者线程函数阻塞等待获取直到可以 product_number 信号量，即循环队列中有可供消费的资源；

第 27～28 行消费者消费资源；

第 29 行消费者线程增加信号量 blank_number 的值，从而生产者线程可以生产资源；

第 30～31 行消费者线程随机等待几秒时间从而使生产者线程有机会获得执行；

第 36 行定义生产者和消费者线程 ID；

第 37～38 行定义 blank_number 和 product_number 信号量，blank_number 初始化为最大值即队列为空生产者可以生产资源，对于消费者没有可供消费的资源，product_number 初始化为 0 正好与 blank_number 相反；

第 39～40 行主线程创建生产者和消费者线程；

第 41～42 主线程等待生产者线程和消费者线程执行完成；

第 43～44 销毁 blank_number 和 product_number 信号量。

10.5.4　其他线程间同步机制

如果共享数据是只读的，那么各线程读到的数据应该总是一致的，不会出现访问冲突。只要有一个线程可以改写数据，就必须考虑线程间同步的问题。由此引出了读者写者锁（Reader－Writer Lock）的概念，Reader 之间并不互斥，可以同时读共享数据，而 Writer 是独占的（exclusive），在 Writer 修改数据时其他 Reader 或 Writer 不能访问数据，可见 Reader－Writer Lock 比 Mutex 具有更好的并发性。

用挂起等待的方式解决访问冲突不见得是最好的办法，因为这样毕竟会影响系统的并发性，在某些情况下解决访问冲突的问题可以尽量避免挂起某个线程，例如 Linux 内核的 Seqlock、RCU（read－copy－update）等机制。

习　题

简答题

1. 进程创建的方法有哪些？
2. 简述进程间通信技术并阐述各种方法特点。
3. 如何实现线程的互斥与同步？

第11章　网络通信

本章重点

网络技术的起源与发展；

Internet 的基础知识；

网络的分类及类别；

ISO/OSI 体系结构和 TCP/IP 体系结构；

IP 地址的分类和子网的划分方法；

Socket 套接字基本概念与通信实现原理；

面向连接的（TCP）和面向非连接的；

（UDP）程序设计方法；

阻塞与非阻塞通信。

学习目标

通过本章学习，了解网络基本概念与 Internet 的相关基础知识；掌握 ISO/OSI 网络体系结构和 TCP/IP 网络体系结构；掌握 IP 地址分类方法和子网的划分方法掌握 IP 地址分类方法和子网的划分方法；掌握 Socket 套接字基本概念与通信原理的实现；掌握 TCP 和 UDP 通信基本流程与程序设计方法；熟悉阻塞通信与非阻塞通信之间的区别。并可以实现不同方法的网络程序设计。

11.1　计算机网络基础

11.1.1　计算机网络的起源与发展

随着计算机技术和通信技术的进步，将多个单处理机联机终端互相连接起来，形成了以多处理机为中心的网络。利用通信线路将多台主机连接起来，为用户提供服务。

单处理机有两种连接方式，如图 11 -1 所示。

早期的通信系统中，应用最广泛的是电话交换系统（线路交换），但利用电话线路传送计算机或终端的数据也会出现问题。由于计算机与各种终端的传送速率不同，在采用线路交换时，不同类型、不同规格、不同速率的终端很难相互进行通信，必须采用一些措施来解决这个问题。计算机通信应采取有效的差错控制技术，可靠并准确无误地传送每一个比特，因

此需要研究开发出适用于计算机通信的交换技术。

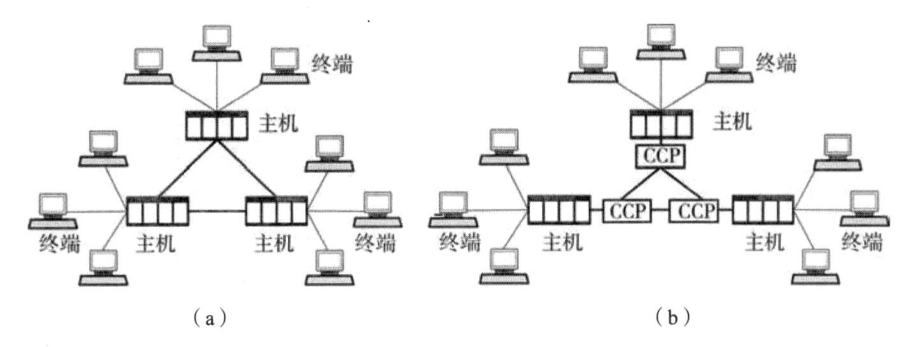

图 11－1 单处理器网络连接方式

1. 分组交换技术的诞生

美国国防部高级研究计划局 ARPA 早期研究的项目：分组交换的基本概念与理论。

分组交换的概念最初是在 1964 年提出来的，1969 年 12 月美国第一个使用分组交换技术的 ARPANET 投入运行，当时仅有 4 个节点，但它对分组交换技术的研究起了重要作用。

到 20 世纪 70 年代后期，ARPA 网络节点超过 60 个，主机 100 多台，地域范围跨越了美洲大陆，连通了美国东部和西部的许多大学和研究机构，而且通过通信卫星与夏威夷和欧洲等地区的计算机网络相互连通。

2. 分组交换技术出现的意义

采用分组交换技术的网络试验成功，使计算机网络的概念发生了巨大的变化。早期的联机终端系统是以单个主机为中心，各终端通过通信线路共享主机的硬件和软件资源。而分组交换网以通信子网为中心，主机和终端构成了用户资源子网。用户不仅共享通信子网的资源，而且还可共享用户资源子网的许多硬件和软件资源。这种以通信子网为中心的计算机网络被称为第二代计算机网络，它比面向终端的第一代计算机网络的功能扩大了很多。

11.1.2 计算机网络体系结构的形成

为了使不同厂商、不同结构的系统能够顺利进行通信，通信双方必须遵守共同一致的规则和约定，如通信过程的同步方式、数据格式、编码方式等，否则通信是毫无意义的。把在计算机网络中用于规定信息的格式及如何发送和接收信息的一套规则称为网络协议（Network Protocol）或通信协议（Communication Protocol）。

为了减少网络协议设计的复杂性，网络设计者并没有设计一个单一、巨大的协议来为所有形式的通信规定完整的细节，而是采用把通信问题划分为许多个小的问题，然后为每个小的问题设计一个单独的协议的方法来解决。这样做使得每个协议的设计、分析、编码和测试都比较容易。

分层模型（Layering Model）是一种用于开发网络协议的设计方法。本质上，分层模型描述了把通信问题分解为几个小的问题（称为层次）的方法，每个小的问题对应于一层。所谓分层设计方法，就是按照信息的流动过程将网络的整体功能分解为一个个的功能层，不同机器上的同等功能层之间采用相同的协议，同一机器上的相邻功能层之间通过接口进行信息传递。

分层概念是计算机网络系统的一个重要概念。由于通信功能是分层实现的，因而进行通信的两个系统就必须具有相同的层次结构，两个不同系统上的相同层称为同等层或对等层。

通信在对等层的实体之间进行。双方实现第 N 层功能所遵守的共同规则。

由于很多网络使用不同的硬件和软件，没有统一的标准，结果造成很多网络不能兼容，而且很难在不同的网络之间进行通信。为了解决这些问题，人们迫切希望出台一个统一的国际网络标准。为此，国际标准化组织（International Standards Organization，ISO）和一些科研机构、大的网络公司做了大量的工作，提出了开放式系统互连参考模型（International Standards Organization/Open System Interconnect Reference Model，ISO/OSI RM）和 TCP/IP 体系结构。

目前，几乎所有网络产品厂商都在生产符合国际标准的产品，而这种统一的、标准化的产品互相竞争市场，也给网络技术的发展带来了更大的繁荣。

计算机网络的定义是利用通信设备和线路，将分布在不同地理位置的、功能独立的多个计算机系统连接起来，以功能完善的网络软件（网络通信协议及网络操作系统等）实现网络中资源共享和信息传递的系统。

计算机网络的主要功能如下。

- 数据交换和通信，计算机网络中的计算机之间或计算机与终端之间，可以快速可靠地相互传递数据、程序或文件。
- 资源共享，充分利用计算机网络中提供的资源（包括硬件、软件和数据）是计算机网络组网的主要目标之一。
- 提高系统的可靠性，在一些用于计算机实时控制和要求高可靠性的场合，通过计算机网络实现备份技术可以提高计算机系统的可靠性。

分布式网络处理和负载均衡，对于大型的任务或当网络中某台计算机的任务负荷太重时，可将任务分散到网络中的各台计算机上进行，或由网络中比较空闲的计算机分担负荷。

Internet 的产生

20 世纪 60 年代开始，美国国防部的高级研究计划局（Advance Research Projects Agency，ARPA）建立阿帕网 ARPANet。1969 年 12 月，ARPANet 投入运行，建成了一个实验性的由 4 个节点连接的网络。到 1983 年，ARPANET 已连接了三百多台计算机，供美国各研究机构和政府部门使用。1983 年，ARPANet 分为 ARPANet 和军用 MILNET（Military Network），两个网络之间可以进行通信和资源共享。ARPANet 就是 Internet 的前身。1986 年，NSF（美国国家科学基金会，National Science Foundation）建立了自己的计算机通信网络。NSFnet 将美国各地的计算机连接到分布在美国不同地区的超级计算机中心，并将按地区划分的计算机广域网与超级计算机中心相连（实际上它是一个三级计算机网络，分为主干网、地区网和校园网，覆盖了全美国主要的大学和研究所）。

NSFnet 逐渐取代了 ARPANet 在 Internet 的地位，到了 1990 年，鉴于 ARPANet 的实验任务已经完成，在历史上起过重要作用的 ARPANet 就正式宣布关闭。随着 NSFnet 的建设和开放，网络节点数和用户数迅速增长。以美国为中心的 Internet 网络互联也迅速向全球发展，世界上的许多国家纷纷接入到 Internet，使网络上的通信量急剧增大。

1992 年，Internet 上的主机超过 1 百万台。1993 年，Internet 主干网的速率提高到 45Mbps。到 1996 年速率为 155Mbps 的主干网建成。1999 年 MCI 和 WorldCom 公司将美国的 Internet 主干网速率提高到 2. 5Gbps。到 1999 年底，Internet 上注册的主机已超过 1 千万台。

Internet 的迅猛发展始于 20 世纪 90 年代。由欧洲原子核研究组织 CERN 开发的万维网 WWW 被广泛使用在 Internet 上，大大方便了广大非网络专业人员对网络的使用，成为 Inter-

net 发展的指数级增长的主要驱动力。WWW 的站点数目也急剧增长，1993 年底只有 627 个，1994 年底就超过 1 万个，1996 年底超过 60 万个，1997 年底超过 160 万个，而 1999 年底则超过了 950 万个，上网用户数则超过 2 亿。2002 年，全球 Internet 的用户将达到 4.5 亿。截至 2005 年 12 月，我国上网计算机数已达到约 4950 万台，上网用户人数约 1.11 亿人，仅 CN 下注册的域名数已达到近 109 万个，而 WWW 站点已达到 69.4 万个。

Internet 是一个大型广域计算机网络，对推动世界科学、文化、经济和社会的发展有着不可估量的作用。在 Internet 飞速发展与广泛应用的同时，高速网络的发展也引起了人们越来越多的注意。高速网络技术发展主要表现在高速局域网、交换局域网与虚拟网络、宽带综合业务数据网 B－ISDN 和异步传输模式 ATM。

20 世纪 90 年代以来，世界经济已经进入了一个全新的发展阶段。世界经济的发展推动着信息产业的发展，信息技术与网络的应用已成为衡量 21 世纪综合国力与企业竞争力的重要标准。人们开始认识到信息技术的应用与信息产业的发展将会对各国经济发展产生重要的作用，很多国家纷纷开始制订各自的信息高速公路的建设计划。

建设信息高速公路就是为了满足人们在未来随时随地对信息交换的需要，在此基础上人们相应地提出了个人通信与个人通信网的概念，它将最终实现全球有线网、无线网的互联，邮电通信网与电视通信网的互连，固定通信与移动通信的结合。在现有电话交换网 PSTN、公共数据网 PDN、广播电视网、B－ISDN 的基础上，利用无线通信、蜂窝移动电话、卫星移动通信、有线电视网等通信手段，最终实现“任何人在任何地方，在任何的时间里，使用任一种通信方式，实现任何业务的通信”。

11.1.3　开放系统互连参考模型

为了实现不同厂家生产的计算机系统之间及不同网络之间的数据通信，国际标准化组织 ISO 对各类计算机网络体系结构进行了研究，并于 1981 年正式公布了一个网络体系结构模型作为国际标准，称为开放系统互连（OSI）参考模型（OSI/RM），也称为 ISO/OSI，如图 11－2 所示。

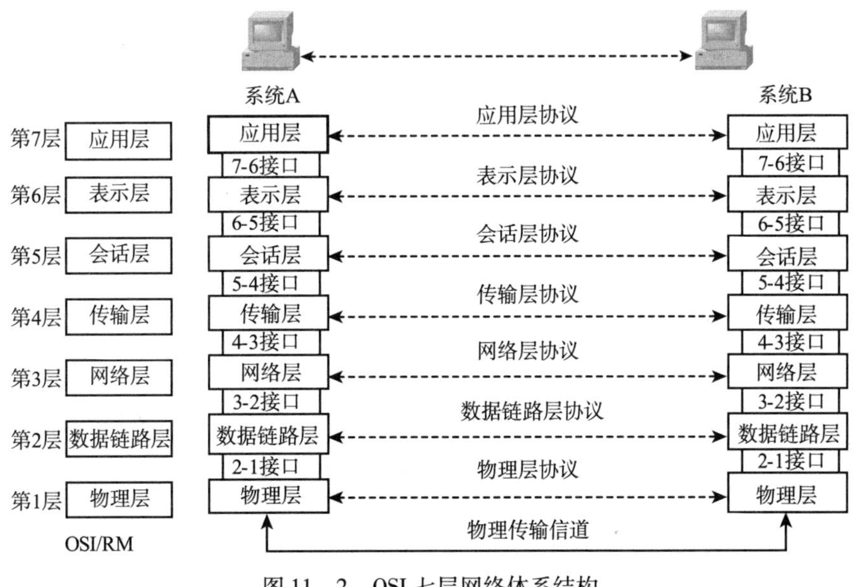

图 11－2　OSI 七层网络体系结构

“开放”表示任何两个遵守 OSI/RM 的系统都可以进行互连，当一个系统能按 OSI/RM 与另一个系统进行通信时，就称该系统为开放系统。

OSI 各层的功能概述如下。

第 1 层：物理层（Physical Layer）。

在物理信道上传输原始的数据比特（bit）流，提供为建立、维护和拆除物理链路连接所需的各种传输介质、通信接口特性等。

物理层是 OSI/RM 的最底层。它直接与物理信道相连，起到数据链路层和传输媒体之间的逻辑接口作用，提供建立、维护和释放物理连接的方法，实现在物理信道上进行比特流传输的功能。

第 2 层：数据链路层（Data Link Layer）。

在物理层提供比特流服务的基础上，建立相邻节点之间的数据链路，通过差错控制提供数据帧在信道上无差错地传输，并进行数据流量控制。

数据链路层是 OSI/RM 的第二层，它通过物理层提供的比特流服务，在相邻节点之间建立链路，传送以帧（Frame）为单位的数据信息，并且对传输中可能出现的差错进行检错和纠错，向网络层提供无差错的透明传输。

数据链路层的有关协议和软件是计算机网络中基本的部分，在任何网络中数据链路层是必不可少的层次，相对高层而言，它所有的服务协议都比较成熟。

第 3 层：网络层（Network Layer）。

为传输层的数据传输提供建立、维护和终止网络连接的手段，把上层来的数据组织成数据包（Packet）在节点之间进行交换传送，并且负责路由控制和拥塞控制。

计算机网络分为资源子网和通信子网。网络层就是通信子网的最高层，它在数据链路层提供服务的基础上，向资源子网提供服务。

数据链路层只是负责同一个网络中的相邻两节点之间链路管理及帧的传输等问题。当两个节点连接在同一个网络中时，可能并不需要网络层，只有当两个节点分布在不同的网络中时，通常才会涉及网络层的功能，保证数据包从源节点到目的节点的正确传输。

网络层要负责确定在网络中采用何种技术，从源节点出发选择一条通路通过中间的节点，将数据包最终送达目的节点。

第 4 层：传输层（Transport Layer）。

为上层提供端到端（最终用户到最终用户）的透明的、可靠的数据传输服务。所谓透明的传输是指在通信过程中传输层对上层屏蔽了通信传输系统的具体细节。

传输层是资源子网与通信子网的接口和桥梁，它完成资源子网中两节点间的直接逻辑通信，实现通信子网端到端的可靠传输。传输层在七层网络模型的中间起到承上启下的作用，是整个网络体系结构中的关键部分。

由于通信子网向传输层提供通信服务的可靠性有差异，所以无论通信子网提供的服务可靠性如何，经传输层处理后都应向上层提交可靠的、透明的数据传输。

如果通信子网的功能完善、可靠性高，则传输层的任务就比较简单：若通信子网提供的质量很差，则传输层的任务就复杂，以填补会话层所要求的服务质量和网络层所能提供的服务质量之间的差别。

第 5 层：会话层（Session Layer）。

为表示层提供建立、维护和结束会话连接的功能，并提供会话管理服务。

会话层是利用传输层提供的端到端的服务，向表示层或会话用户提供会话服务。

在 ISO/OSI 环境中，所谓一次会话，就是两个用户进程之间为完成一次完整的通信而进行的过程，包括建立、维护和结束会话连接。会话协议的主要目的就是提供一个面向用户的连接服务，并对会话活动提供有效的组织和同步所必需的手段，对数据传送提供控制和管理。

第 6 层：表示层（Presentation Layer）。

为应用层提供信息表示方式的服务，如数据格式的变换、文本压缩、加密技术等。

表示层处理的是 OSI 系统之间用户信息的表示问题。表示层不像 OSI/RM 的低五层，只关心将信息可靠地从一端传输到另外一端，它主要涉及被传输信息的内容和表示形式，如文字、图形、声音的表示。另外，数据压缩、数据加密等工作都是由表示层负责处理。

第 7 层：应用层（Application Layer）。

为网络用户或应用程序提供各种服务，如文件传输、电子邮件（E - mail）、分布式数据库、网络管理等。

应用层是 OSI/RM 的最高层，它是计算机网络与最终用户间的接口，它包含系统管理员管理网络服务所涉及的所有问题和基本功能。它在 OSI/RM 下面六层提供的数据传输和数据表示等各种服务的基础上，为网络用户或应用程序提供完成特定网络服务功能所需的各种应用协议。

常用的网络服务包括文件服务、电子邮件（E - mail）服务、打印服务、集成通信服务、目录服务、网络管理服务、安全服务、多协议路由与路由互连服务、分布式数据库服务、虚拟终端服务等。

OSI 数据传输方式如图 11 - 3 所示。

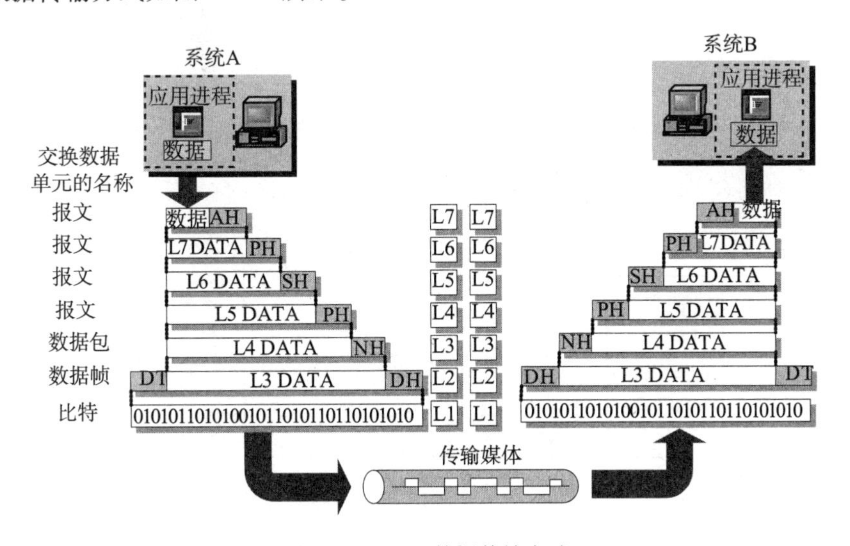

图 11 - 3　OSI 数据传输方式

11.1.4　TCP/IP 协议的体系结构

OSI 参考模型研究的初衷是希望为网络体系结构与协议的发展提供一种国际标准，但由于 Internet 在全世界的飞速发展，使得 TCP/IP 协议得到了广泛的应用，虽然 TCP/IP 不是 ISO 标准，但广泛的使用也使 TCP/IP 成为一种“实际上的标准”，并形成了 TCP/IP 参考模型。不过，ISO 的 OSI 参考模型的制定，也参考了 TCP/IP 协议集及其分层体系结构的思想。而 TCP/IP 在不断发展的过程中也吸收了 OSI 标准中的概念及特征。

TCP/IP 协议是目前最流行的商业化网络协议，尽管它不是某一标准化组织提出的正式标准，但它已经被公认为目前的工业标准或事实标准。因特网之所以能迅速发展，就是因为 TCP/IP 协议能够适应和满足世界范围内数据通信的需要。

1. TCP/IP 协议的特点

- 开放的协议标准，可以免费使用，并且独立于特定的计算机硬件与操作系统；
- 独立于特定的网络硬件，可以运行在局域网、广域网，更适用于互联网中；
- 统一的网络地址分配方案，使得整个 TCP/IP 设备在网中都具有唯一的地址；
- 标准化的高层协议，可以提供多种可靠的用户服务；
- TCP/IP 分为四个层次，分别是网络接口层、网际层、传输层和应用层。

TCP/IP 的层次结构与 OSI 层次结构的对照关系如图 11 -4 所示。

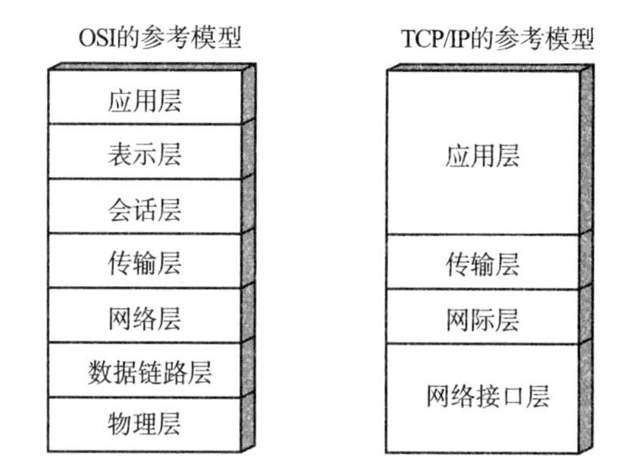

图1 -4　OSI 参考模型与 TCP/IP 参考模型比较

2. TCP/IP 体系结构中各层的功能

TCP/IP 体系结构中各层的功能如图 11 -5 所示。

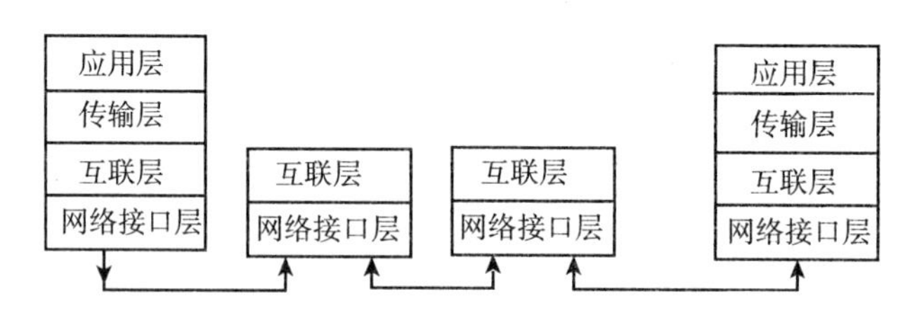

图 11 -5　TCP/IP 各层功能结构

3. TCP/IP 在网络中的传输方式

（1）网络接口层（Network Interface Layer）。在 TCP/IP 分层体系结构中，最底层是网络接口层，它负责通过网络发送和接收 IP 数据报。TCP/IP 体系结构并未对网络接口层使用权的协议作出硬性规定，它允许主机连入网络时使用多种现成的和流行的协议，例如，局域网协议或其他一些协议。

帧是独立的网络信息传输单元。

（2）互联层（Internet Layer）。互联层是 TCP/IP 体系结构的第二层，它实现的功能相

当于 OSI 参考模型网络层的无连接网络服务。互联层负责将源主机的报文分组发送到目的的主机，源主机与目的主机可以在一个网上，也可以在不同的网上。

互联层的主要功能如下。

① 处理来自传输层的分组发送请求。在收到分组发送请求之后，将分组装入 IP 数据报，填充报头，选择发送路径，然后将数据报发送到相应的网络输出线。

② 处理接收的数据报。在接收到其他主机发送的数据报之后，检查目的地址，如需要转发，则选择发送路径，转发出去；如目的地址为本节点 IP 地址，则除去报头，将分组送交给传输层处理。

③ 处理互联的路径、流控与拥塞问题。

（3）传输层（Transport Layer）。互联层之上是传输层，它的主要功能是负责应用进程之间的端－端（Host－to－Host）通信。在 TCP/IP 体系结构中，设计传输层的主要目的是在互联网中源主机与目的主机的对等实体之间建立用于会话的端－端连接。因此，它与 OSI 参考模型的传输层功能相似。

TCP/IP 体系结构的传输层定义了传输控制协议（Transport Control Protocol，TCP）和用户数据报协议（User Datagram Protocol，UDP）两种协议。

① TCP 协议是一种可靠的面向连接的协议，它允许将一台主机的字节流（byte stream）无差错地传送到目的主机。

② UDP 协议是一种不可靠的无连接协议，它主要用于不要求分组顺序到达的传输中，分组传输顺序检查与排序由应用层完成。

（4）应用层（Application Layer）。在 TCP/IP 体系结构中，应用层是最靠近用户的一层。它包括了所有的高层协议，并且总是不断有新的协议加入。主要协议如下。

① 网络终端协议（Telnet），用于实现互联网中远程登录功能。

② 文件传输协议（File Transfer Protocol，FTP），用于实现互联网中交互式文件传输功能。

③ 简单邮件传输协议（Simple Mail Transfer Protocol，SMTP），用于实现互联网中邮件传送功能。

④ 域名系统（Domain Name System，DNS），用于实现互联网设备名字到 IP 地址映射的网络服务。

⑤ 超文本传输协议（Hyper Text Transfer Protocol，HTTP），用于目前广泛使用的 WWW 服务。

4. TCP/IP 分层结构

（1）网络接口层。网络接口层也被称为网络访问层，包括了能使用 TCP/IP 与物理网络进行通信的协议，它对应 OSI 的物理层和数据链路层。TCP/IP 标准并没有定义具体的网络接口协议。

（2）网际层。网际层是在 TCP/IP 标准中正式定义的第一层。网际层所执行的主要功能是处理来自传输层的分组，将分组形成数据包（IP 数据包），并为该数据包进行路径选择，最终将数据包从源主机发送到目的主机，在网际层中，最常用的协议是网际协议 IP，其他一些协议用来协助 IP 的操作。

（3）传输层。TCP/IP 的传输层也被称为主机至主机层，与 OSI 的传输层类似，主要负责主机到主机之间的端对端通信，该层使用了两种协议来支持两种数据的传送方法，即 TCP

协议和 UDP 协议。

（4）应用层。在 TCP/IP 模型中，应用程序接口是最高层，它与 OSI 模型中的高三层的任务相同，用于提供网络服务，例如，文件传输、远程登录、域名服务和简单网络管理等。

TCP/IP 分层结构如图 11 -6 所示。

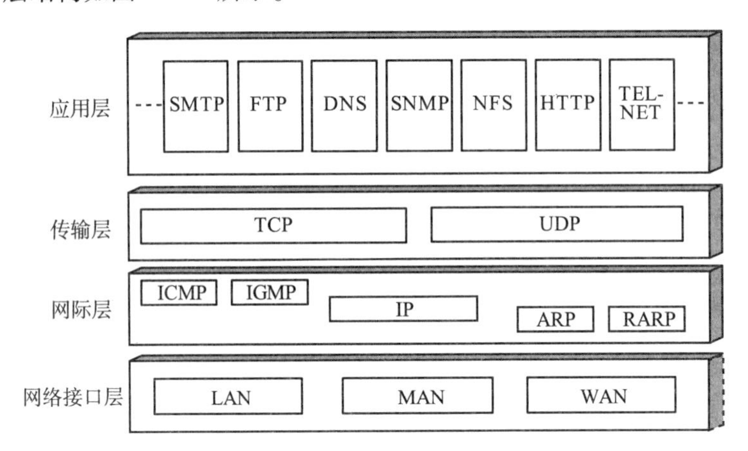

图 11 -6　TCP/IP 分层结构

5. 网际协议 IP（Internet Protocol）

IP 协议的任务是对数据包进行相应的寻址和路由，并从一个网络转发到另一个网络。IP 协议在每个发送的数据包前加入一个控制信息，其中包含了源主机的 IP 地址、目的主机的 IP 地址和其他一些信息。

IP 协议要分割和重编在传输层被分割的数据包。由于数据包要从一个网络到另一个网络，当两个网络所支持传输的数据包的大小不相同时，IP 协议就要在发送端将数据包分割，然后在分割的每一段前再加入控制信息进行传输。当接收端接收到数据包后，IP 协议将所有的片段重新组合形成原始的数据。

IP 是一个无连接的协议。无连接是指主机之间不建立用于可靠通信的端到端的连接，源主机只是简单地将 IP 数据包发送出去，而数据包可能会丢失、重复、延迟时间大或者 IP 包的次序会混乱。因此，要实现数据包的可靠传输，就必须依靠高层的协议或应用程序，如传输层的 TCP 协议。

6. 传输层协议——TCP 和 UDP

（1）传输控制协议 TCP（Transmission Control Protocol）。TCP 协议是传输层一种面向连接的通信协议，提供可靠的数据传送。对于大量数据的传输，通常都要求有可靠的传送。TCP 协议将源主机应用层的数据分成多个分段，然后将每个分段传送到网际层，网际层将数据封装为 IP 数据包，并发送到目的主机。目的主机的网际层将 IP 数据包中的分段传送给传输层，再由传输层对这些分段进行重组，还原成原始数据，传送给应用层。TCP 协议还要完成流量控制和差错检验的任务，以保证可靠的数据传输。

（2）用户数据报协议 UDP（User Datagram Protocol）。UDP 协议是一种面向无连接的协议，因此，它不能提供可靠的数据传输，而且 UDP 不进行差错检验，必须由应用层的应用程序实现可靠性机制和差错控制，以保证端到端数据传输的正确性。虽然 UDP 与 TCP 相比，

显得非常不可靠，但在一些特定的环境下还是非常有优势的。

例如，要发送的信息较短，不值得在主机之间建立一次连接。另外，面向连接的通信通常只能在两个主机之间进行，若要实现多个主机之间的一对多或多对多的数据传输，即广播或多播，就需要使用 UDP 协议。

7. IP 地址与域名

在网络中，对主机的识别要依靠地址，而保证地址全网唯一性是需要解决的问题。在任何一个物理网络中，各个节点的设备必须都有一个可以识别的地址，才能使信息进行交换，这个地址称为“物理地址”（Physical Address）。

单纯使用网络的物理地址寻址会有以下问题。

（1）物理地址是物理网络技术的一种体现，不同的物理网络，其物理地址可能各不相同。

（2）物理地址被固化在网络设备（网络适配器）中，通常不能被修改。

（3）物理地址属于非层次化的地址，它只能标识出单个的设备，标识不出该设备连接的是哪一个网络。

针对物理网络地址的问题，采用网络层 IP 地址的编址方案。

Internet 采用一种全局通用的地址格式，为每一个网络和每一台主机分配一个 IP 地址，以此屏蔽物理网络地址的差异。通过 IP 协议，把主机原来的物理地址隐藏起来，在网络层中使用统一的 IP 地址。

IP 地址的划分，IP 地址由 32 比特组成，包括三个部分：地址类别、网络号和主机号如图 11 - 7 所示。

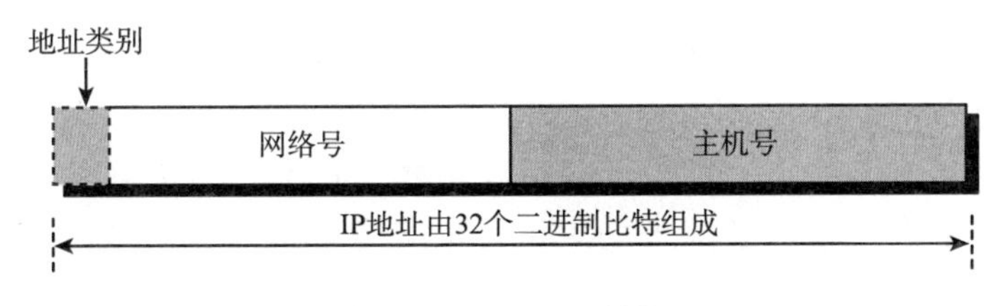

图 11 - 7　IP 地址结构

IP 地址以 32 个二进制数字形式表示，不适合阅读和记忆。为了便于用户阅读和理解 IP 地址，Internet 管理委员会采用了一种“点分十进制”表示方法表示 IP 地址。

将 IP 地址分为 4 个字节（每个字节 8 个比特），且每个字节用十进制表示，并用点号“.”隔开，如图 11 - 8 所示。

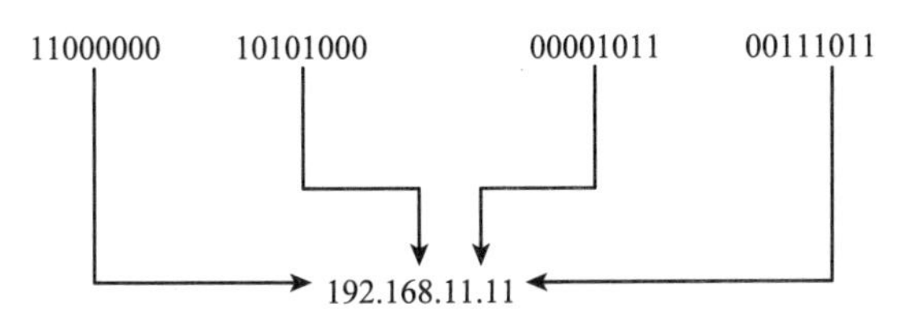

图 11 - 8　点分十进制 IP 地址

Internet 的 IP 地址分为五种类型：A 类、B 类、C 类、D 类和 E 类，如图 11 - 9 所示。

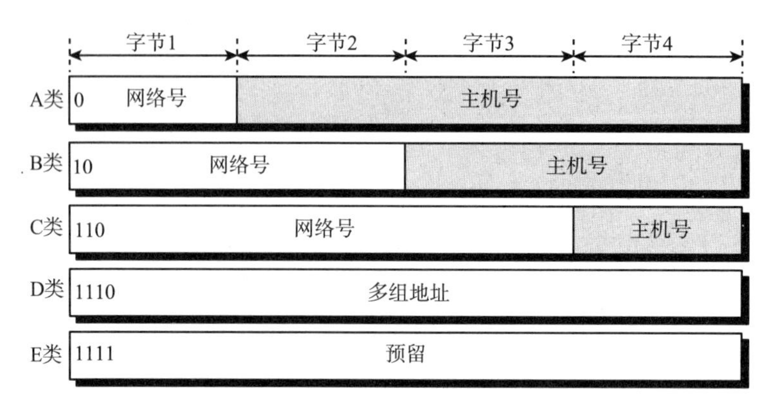

图 11－9 IP 地址分类

（1）A 类地址。A 类地址的网络数为 2^7（128）个，每个网络包含的主机数为 2^{24}（16777216）个，A 类地址的范围是 0. 0. 0. 0～127. 255. 255. 255。由于网络号全为 0 和全为 1 保留用于特殊目的，所以 A 类地址有效的网络数为 126 个，其范围是 1～126。另外，主机号全为 0 和全为 1 也有特殊作用，所以每个网络号包含的主机数应该是 $2^{24}-2$（16777214）个。因此，一台主机能使用的 A 类地址的有效范围是：1. 0. 0. 1～126. 255. 255. 254。

（2）B 类地址。B 类地址网络数为 214 个。B 类地址的范围为 128. 0. 0. 0～191. 255. 255. 255，与 A 类地址类似（主机号全 0 和全 1 有特殊作用），一台主机能使用的 B 类地址的有效范围是：128. 0. 0. 1～191. 255. 255. 254。

（3）C 类地址。C 类地址网络数为 221 个，每个网络号所包含的主机数为 256（实际有效的为 254）个。C 类地址的范围为 192. 0. 0. 0～223. 255. 255. 255，同样，一台主机能使用的 C 类地址的有效范围是：192. 0. 0. 1～223. 255. 255. 254。

（4）D 类地址和 E 类地址。D 类地址，用于组播，组播就是同时把数据发送给一组主机，只有那些已经登记可以接收组播地址的主机，才能接收组播数据包。D 类地址的范围是 224. 0. 0. 0～239. 255. 255. 255。E 类地址，为将来预留的，同时也可以用于实验目的，它们不能被分配给主机。

（5）特殊的 IP 地址。主要包括以下几类。

- 网络地址：子网中第一个地址就是网络地址，指整个网络或者网络中所有主机。例如，C 类网络 IP 中主机地址为 0 的地址，如 192. 168. 16. 0，就是网络地址。
- 广播地址：指同时向网上所有的主机发送报文，是子网中最后一个地址，例如，192. 168. 16. 255 就是 C 类地址中的一个广播地址，如果将信息送到此地址，就是将信息发送到网络号为 192. 168. 16 的所有主机。
- 回送地址：特指 127. 0. 0. 1，用于测试网卡驱动程序、TCP/IP 协议是否正确安装，网卡是否工作正常。
- 在计算网络中的主机数量时，应当比 2^x（x 指用于标识主机的位数）少 2。原来主机号部分全为 0 和全 1（指二进制）的 IP 地址，只能用于网络内的广播，即利用该地址将该信息传送至网络内的每一台主机，因此，是不能分配给某个特定的主机使用的，所以，每个网络中所容纳的主机必然是 2^x-2 台。

（6）私有 IP 地址。IANA（Internet Assigned Numbers Authority）将 A、B、C 类地址的一

部分保留下来，没有分配给任何组织，在将来也不会分配给任何组织，这些IP地址作为内部IP地址使用。在表11－1中给出了被保留的私有地址。

表11－1　被保留的私有地址

类	IP地址范围	网络号	网络数
A	10.0.0.0～10.255.255.255	10	1
B	172.16.0.0～172.31.255.255	172.16～172.61	16
C	192.168.0.0～192.168.255.255	192.168.0～192.168.255	255

那么就有个问题：如果两个不同组织的网络使用了相同的IP地址，岂不出现冲突？其实，当局域网通过路由设备与广域网连接时，路由设备会自动将该地址段的信号隔离在局域网内部，因此，完全不用担心IP地址冲突。在IP地址资源已非常紧张的今天，大多数企业网络所拥有的IP地址比较少，甚至有的组织只有1个时，这时，在企业内部就必须采用私有IP地址，因此这种技术手段被越来越广泛地应用于各种类型的网络之中。

我们知道，既然使用私有IP地址的计算机的信息无法通过路由设备，这样内部网络就无法上网了。要解决这个问题，需要用到网络地址转换（NAT）技术，它主要负责获取私有IP地址并将它转换成可在因特网上使用的地址的技术。

例如，使用私有IP地址的计算机向外部发送信息，路由设备得到信息以后判断是否需要访问外部网络，如果需要，则把IP协议数据包里面的所有IP地址改成某个或某些外网IP地址，让后发送出去，这样，在外部看来，所有的信息都是这些IP地址发送的，但对内部来讲，却实现了分享上网的目的。

8. OSI模型与TCP/IP协议模型的比较

OSI和TCP/IP有着许多的共同点。

（1）采用了协议分层方法，将庞大且复杂的问题划分为若干个较容易处理的范围较小的问题。

（2）各协议层次的功能大体上相似，都存在网络层、传输层和应用层。两者都可以解决异构网的互联，实现世界上不同厂家生产的计算机之间的通信。

（3）它们都是计算机通信的国际性标准，虽然OSI是国际通用的，但TCP/IP是当前工业界使用最多的。

（4）它们都能够提供面向连接和无连接两种通信服务机制。

（5）它们都基于一种协议集的概念，协议集是一簇完成特定功能的相互独立的协议。

11.2　Linux网络编程基础

11.2.1　Linux网络命令简介

由于网络程序通常由多个部分组成，所以在调试的时候比较麻烦，为此有必要知道一些常用的网络命令。

1. 配置以太网络

（1）ifconfig显示或设置网络设备。ifconfig可设置网络设备的状态，或是显示目前的设置。

下面通过几个例子来学习如何通过 ifconfig 来配置以太网络。

配置 eth0 的 ip 地址，同时激活该设备。

```
ifconfig eth0 192.168.1.10 netmask 255.255.255.0 up
```

配置 eth0 别名设备 eth01 的 ip 地址，并添加路由。

```
ifconfig eth01 192.168.1.3
route add - host 192.168.1.3 dev eth01
```

激活设备

```
ifconfig eth01 up
```

禁用设备

```
ifconfig eth0 down
```

查看指定的网络接口的配置

```
ifconfig eth0
```

查看所有的网络接口配置

```
Ifconfig
```

(2) route 可以使用 route 命令来配置并查看内核路由表的配置情况。下面通过几个例子来说明 route 命令的使用。

下面通过几个例子来学习如何通过 route 命令来配置或查看内核路由表的配置情况。

添加到主机的路由:

```
route add - host 192.168.1.2 dev eth00
route add - host 10.20.30.148 gw 10.20.30.40
```

添加到网络的路由:

```
route add - net 10.20.30.40 netmask 255.255.255.248 eth0
route add - net 10.20.30.48 netmask 255.255.255.248 gw 10.20.30.41
route add - net 192.168.1.0/24 eth1
```

添加默认网关:

```
route add default gw 192.168.1.1
```

查看内核路由表的配置:

```
route
```

删除路由:

```
route del - host 192.168.1.2 dev eth00
route del - host 10.20.30.148 gw 10.20.30.40
route del - net 10.20.30.40 netmask 255.255.255.248 eth0
```

```
route del -net 10.20.30.48 netmask 255.255.255.248 gw 10.20.30.41
route del -net 192.168.1.0/24 eth1
route del default gw 192.168.1.1
```

对于1和2两点，可使用下面的语句实现 ifconfig eth0 172.16.19.71 netmask 255.255.255.0 route 0.0.0.0 gw 172.16.19.254 service network restart。

（3）traceroute 可以使用 traceroute 命令显示数据包到达目的主机所经过的路由。

例如：traceroute www.sina.com.cn

说明　traceroute 指令让你追踪网络数据包的路由途径，预设数据包大小是40Bytes，用户可另行设置。

（4）ping 可以使用 ping 命令来测试网络的连通性。

例如：ping www.sina.com.cn

```
ping -c 4 192.168.1.12
```

说明　执行 ping 指令会使用 ICMP 传输协议，发出要求回应的信息，若远端主机的网络功能没有问题，就会回应该信息，因而得知该主机运作正常。

（5）netstat 显示网络状态信息。

显示网络接口状态信息

```
netstat -i
```

显示所有监控中的服务器的 socket 和正使用 socket 的程序信息

```
netstat -lpe
```

显示内核路由表信息。

```
netstat -r #netstat -nr
```

显示 tcp/udp 传输协议的连接状态

```
netstat -t
netstat -u
```

说明　利用 netstat 指令可让你得知整个 Linux 系统的网络情况。

（6）hostname 更改主机名。

```
hostname myhost
```

（7）arp 配置并查看 arp 缓存。

查看 arp 缓存

arp

添加一个 ip 地址和 mac 地址的对应记录

```
arp -s 192.168.33.15 00600827ceb2
```

删除一个 ip 地址和 mac 地址的对应缓存记录

```
arp - d192.168.33.15
```

（8）arpwatch 监听网络上 ARP 的记录。

语法：arpwatch [-d][-f <记录文件>][-i <接口>][-r <记录文件>]

注意 ARP（Address Resolution Protocol）是用来解析 IP 与网络装置硬件地址的协议。arpwatch 可监听区域网络中的 ARP 数据包并记录，同时将监听到的变化通过 E - mail 来报告。

（9）telnet 远程登录。执行 telnet 指令开启终端机阶段作业，并登入远端主机。telnet 是一个用来远程控制的程序，但是我们完全可以用这个程序来调试我们的服务端程序的。例如：

```
telnet 192.168.1.101
```

11.2.2 一些基本概念

1. 端口号

在网络技术中，端口（Port）大致有两种意思：一是物理意义上的端口，例如，ADSL Modem、集线器、交换机、路由器用于连接其他网络设备的接口，如 RJ－45 端口、SC 端口等，二是逻辑意义上的端口，一般是指 TCP/IP 协议中的端口，端口号的范围从 0 到 65535，比如用于浏览网页服务的 80 端口，用于 FTP 服务的 21 端口等。这里将要介绍的就是逻辑意义上的端口。

那么 TCP/IP 协议中的端口指的是什么呢？为了区分一台主机接收到的数据包应该递交给哪个进程来进行处理，使用端口。如果把 IP 地址比作一间房子，端口就是出入这间房子的门。真正的房子只有几个门，但是一个 IP 地址的端口 可以有 65536 个之多！端口是通过端口号来标记的，端口号只有整数，范围是从 0 到 65535。

端口有什么用呢？一台拥有 IP 地址的主机可以提供许多服务，例如，Web 服务、FTP 服务、SMTP 服务等，这些服务完全可以通过 1 个 IP 地址来实现。那么，主机是怎样区分不同的网络服务呢？显然不能只靠 IP 地址，因为 IP 地址与网络服务的关系是一对多的关系。实际上是通过“IP 地址 + 端口号”来区分不同的服务的。

服务器一般都是通过知名端口号来识别的。例如，对于每个 TCP/IP 实现来说，FTP 服务器的 TCP 端口号都是 21，每个 Telnet 服务器的 TCP 端口号都是 23，每个 TFTP（简单文件传送协议）服务器的 UDP 端口号都是 69。任何 TCP/IP 实现所提供的服务都用知名的 1～1023之间的端口号。

客户端通常对它所使用的端口号并不关心，只需保证该端口号在本机上是唯一的就可以了。客户端口号又称作临时端口号（即存在时间很短暂）。这是因为它通常只是在用户运行该客户程序时才存在，而服务器则只要主机开着的，其服务就运行。

2. TCP 与 UDP 对于端口号的使用规定

TCP 与 UDP 段结构中端口地址都是 16 比特，可以有在 0～65535 范围内的端口号。对于这 65536 个端口号有以下的使用规定。

（1）端口号小于 256 的定义为常用端口，服务器一般都是通过常用端口号来识别的。

任何 TCP/IP 实现所提供的服务都用 1～1023 之间的端口号，是由 IANA 来管理的。

（2）客户端只需保证该端口号在本机上是唯一的就可以了。客户端口号因存在时间很短暂又称临时端口号。

（3）大多数 TCP/IP 实现给临时端口号分配 1024～5000 之间的端口号。大于 5000 的端口号是为其他服务器预留的。

3. 端口分类

逻辑意义上的端口有多种分类标准，下面将介绍常见的按端口号分布的分类。

（1）知名端口（Well－Known Ports）。知名端口即众所周知的端口号，范围从 0 到 1023，这些端口号一般固定分配给一些服务。例如，21 端口分配给 FTP（文件传输协议）服务，25 端口分配给 SMTP（简单邮件传输协议）服务，80 端口分配给 HTTP 服务，135 端口分配给 RPC（远程过程调用）服务等。

网络服务是可以使用其他端口号的，如果不是默认的端口号，则应该在 地址栏上指定端口号，方法是在地址后面加上冒号"："（半角），再加上端口号。例如，使用"8080"作为 WWW 服务的端口，则需要在地址栏里输入"www. cce. com. cn：8080"。

但是有些系统协议使用固定的端口号，它是不能被改变的，例如，139 端口专门用于 NetBIOS 与 TCP/IP 之间的通信，不能手动改变。

（2）动态端口（Dynamic Ports）。动态端口的范围从 1024 到 65535，这些端口号一般不固定分配给某个服务，也就是说许多服务都可以使用这些端口。只要运行的程序向系统提出访问网络的申请，那么系统就可以从这些端口号中分配一个供该程序使用。例如，1024 端口就是分配给第一个向系统发出申请的程序。在关闭程序进程后，就会释放所占用的端口号。

不过，动态端口也常常被病毒木马程序所利用，例如，冰河默认连接端口是 7626、WAY 2. 4 是 8011、Netspy 3. 0 是 7306、YAI 病毒是 1024 等 。

（3）保留端口号。UNIX 系统有保留端口号的概念。只有具有超级用户特权的进程才允许给它自己分配一个保留端口号。这些端口号介于 1～1023 之间，一些应用程序（如有名的 Rlogin，26. 2 节）将它作为客户与服务器之间身份认证的一部分。

4. 怎样查看端口号

一台服务器有大量的端口在使用，怎么来查看端口呢？有两种方式：一种是利用系统内置的命令，一种是利用第三方端口扫描软件。

（1）用"netstat－an"查看端口状态。在 Windows 2000/XP 中，可以在命令提示符下使用"netstat－an"查看系统端口状态，可以列出系统正在开放的端口号及其状态。

（2）用第三方端口扫描软件。第三方端口扫描软件有许多，界面虽然千差万别，但是功能却是类似 的。这里以"Fport"（可到 http：//www. ccert. edu. cn/tools/index. php？type_t = 7 或 http：//www. cci dnet. com/soft/cce 下载）为例讲解。"Fport"在命令提示符下使用，运行结果 与"netstat－an"相似，但是它不仅能够列出正在使用的端口号及类型，还可以列出端口被哪个应用程序使用。

（3）用"netstat －n"命令，以数字格式显示地址和端口信息。

5. 端到端通信数据包投递过程

如果把 IP 数据包的投递过程看成是给远方的一位朋友寄一封信，那么 IP 地址就是这位朋友的所在位置，如安徽合肥中国科大计算系（依靠此信息进行路由），端口号就是这位朋友的名字（依靠这个信息最终把这封信交付给这位收信者）。端到端通信如图 11 - 10 所示。

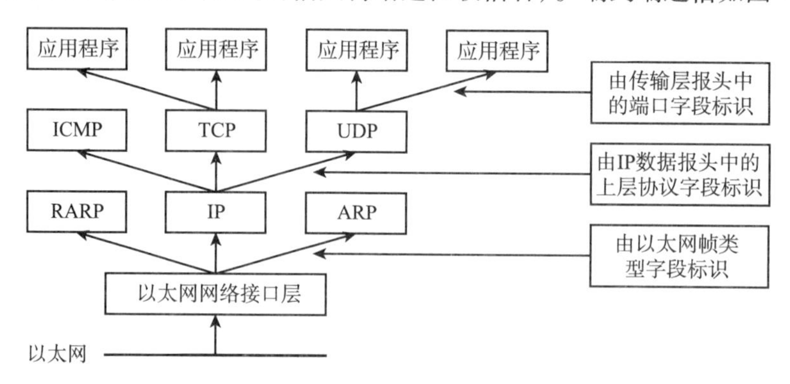

图 11 - 10　端到端通信

6. 物理地址

网络中的地址分为物理地址和逻辑地址两类，与网络层的 IP 地址、传输层的端口号及应用层的用户名相比较，局域网的 MAC 层地址是由硬件来处理的，叫做物理地址或硬件地址。IP 地址传输层的端口号及应用层的用户名是逻辑地址一由软件处理。所谓物理地址是指固化在网卡 EPROM 中的地址，这个地址应该保证在全网是唯一的 IEEE 注册委员会为每一个生产厂商分配物理地址的前三字节，即公司标识，后面三字节由厂商自行分配，即一个厂商获得一个前三字节的地址可以生产的网卡数量是 16777216 块，即一块网卡对应一个物理地址。也就是说对应物理地址的前三字节可以知道他的生产厂商。如果固化在网卡中的地址为 002514895423，那么这块网卡插到主机 A 中，主机 A 的地址就是 002514895423。不管主机 A 是连接在局域网 1 上还是在局域网 2 上，也不管这台计算机移到什么位置，主机 A 的物理地址就是 002514895423。它是不变的，而且不会和世界上任何一台计算机相同。当主机 A 发送一帧时，网卡执行发送程序时，直接将这个地址作为源地址写入该帧。当主机 A 接收一帧时，直接将这个地址与接收帧目的地址比较，以决定是否接收。物理地址一般记作 00 - 25 - 14 - 89 - 54 - 23（主机 A 的地址是 002514895423）。

7. 本地字节序和网络字节序

本地字节序。由于不同的计算机系统采用不同的字节序存储数据，同样一个 4 字节的 32 位整数，在内存中存储的方式就不同。字节序分为小尾字节序（Little Endian）和大尾字节序（Big Endian），Intel 处理器大多数使用小尾字节序，Motorola 处理器大多数使用大尾（Big Endian）字节序；小尾就是低位字节排放在内存的低端，高位字节排放在内存的高端。大尾就是高位字节排放在内存的低端，低位字节排放在内存的高端。

BIG - ENDIAN、LITTLE - ENDIAN 跟 CPU 有关的，每一种 CPU 不是 BIG - ENDIAN 就是 LITTLE - ENDIAN。IA 架构 的 CPU 中是 Little - Endian，而 PowerPC 、SPARC 和 Motorola 处理器。这其实就是所谓的主机字节序。

从图 11 - 11 和图 11 - 12 可以看出，采用 BIG ENDIAN 方式存储数据是符合人类的思维习惯的。

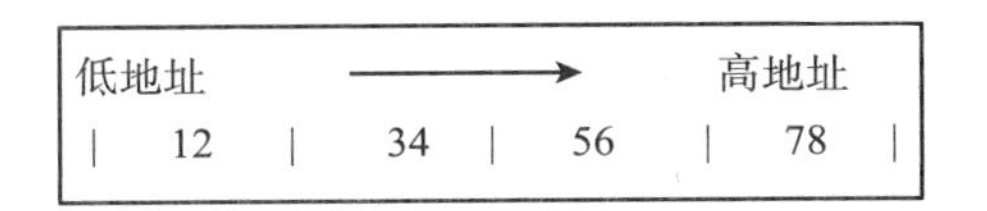

图 11－11　BIG ENDIAN

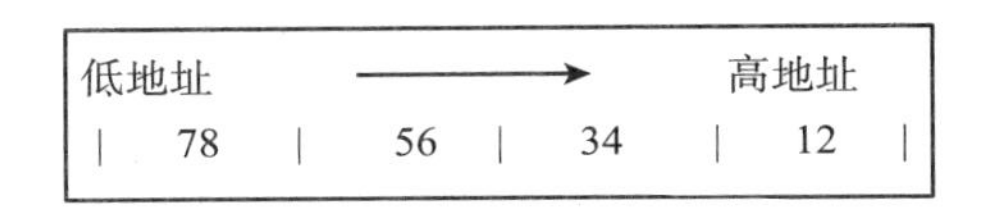

图 11－12　LITTLE ENDIAN

为什么要注意字节序的问题呢？如果程序只在单机环境下面运行，并且不和其他程序打交道，那么完全可以忽略字节序的存在。但是，如果程序要跟其他的程序产生交互呢？尤其是将在计算机上运算的结果运用到计算机群上去，就必须的考虑字节序的问题了。

C/C＋＋语言编写的程序里数据存储顺序是跟编译平台所在的 CPU 相关的，而 Java 编写的程序则唯一采用 big endian 方式来存储数据。试想，如果你用 C/C＋＋语言在 x86 平台下编写的程序跟别人的 Java 程序互通时会产生什么结果？就拿上面的 0x12345678 来说，你的程序传递给别人的一个数据，将指向 0x12345678 的指针传给了 Java 程序，由于 Java 采取 big endian 方式存储数据，很自然的它会将你的数据翻译为 0x78563412。什么？竟然变成另外一个数字了？是的，就是这种后果。因此，在你的 C 程序传给 Java 程序之前有必要进行字节序的转换工作。

无独有偶，所有网络协议也都是采用 big endian 的方式来传输数据的。所以有时也会把 big endian 方式称之为网络字节序。当两台采用不同字节序的主机通信时，在发送数据之前都必须经过字节序的转换成为网络字节序后再进行传输。

网络字节序。网络字节顺序是 TCP/IP 中规定好的一种数据表示格式，它与具体的 CPU 类型、操作系统等无关，从而可以保证数据在不同主机之间传输时能够被正确解释。网络字节顺序采用 big endian 排序方式。

为了进行转换 bsd socket 提供了以下转换函数。

htons：unsigned short 类型从主机序转换到网络序。

htonl：unsigned long 类型从主机序转换到网络序。

ntohs：unsigned short 类型从网络序转换到主机序。

ntohl：unsigned long 类型从网络序转换到主机序。

在使用 little endian 的系统中 这些函数会把字节序进行转换，在使用 big endian 类型的系统中这些函数会定义成空宏。同样在网络程序开发时或是跨平台开发时也应该注意保证只用一种字节序不然两方的解释不一样就会产生问题。

注意　在用 C/C＋＋写通信程序时，在发送数据前务必用 htonl 和 htons 去把整型和短整型的数据进行从主机字节序到网络字节序的转换，而接收数据后对于整 型和短整型数据则必须调用 ntohl 和 ntohs 实现从网络字节序到主机字节序的转换。如果通信的一方是 Java 程序、一方是 C/C＋＋程序时，则需要在 C/C＋＋一侧使用以上几个方法进行字节序的转换，而 Java 一侧，则不需要做任何处理，因为 Java 字节序与网络字节序都是 BIG－ENDIAN，只要 C/C＋＋一侧能正确进行转换即可（发送前从主机序到网络序，接收时反变换）。如果通信的双方都是 Java，则根本不用考虑字节序的问题了。

11.2.3 客户－服务器背景知识

主机结构的计算机系统是企业最早采用的计算机系统，它运行 UNIX 操作系统或其他多用户的操作系统。在多用户操作系统的支持下，各个用户通过终端设备来访问计算机系统，资源共享，数据的安全保密，通信等全部由计算机提供。系统的管理任务仅仅局限在单一计算机平台上，管理与维护比较简单。但是，主机系统的灵活性比较差，系统的更新换代需要功能更加强大的计算机设备。系统可用性较差，如果没有采用特殊的容错设施，主机一旦出现故障，就可以引起整个系统的瘫痪。

客户－服务器的体系结构如图 11－13 所示。

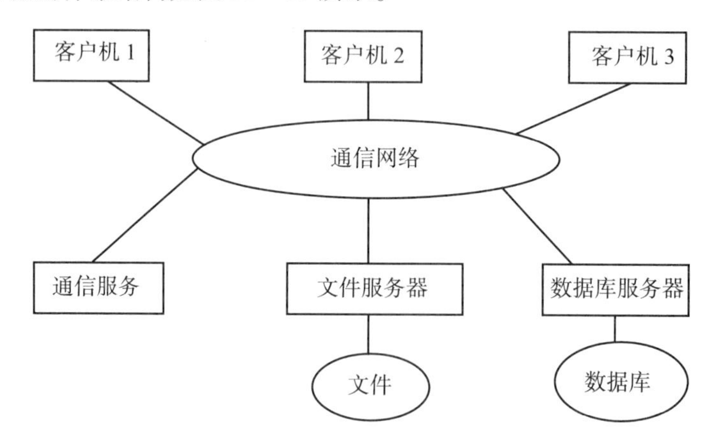

图 11－13　客户－服务器体系结构

在客户－服务器体系结构中至少有两台以上的计算机，这些计算机是由网络连接在一起，实现资源与数据共享。计算机之间通过传输介质连接起来，在它们之间形成通路。计算机之间必须按照协议互相通信，协议（Protocol）是一组使计算机互相了解的规则与标准，是计算机通信语言。网络中的设备只有按照规定的协议来通信的，而让执行不同协议的计算机互相通信也是一件复杂的事情。所以国际标准组织指定了开放系统互连（OSI）协议，描述了计算机网络各节点之间的数据传送所需求的服务框架，称为计算机网络协议参考模型。许多计算机网络厂家都以自己的技术支持某种协议，以此来开发计算机的网络产品。

网络计算环境中的资源可以为各个节点上的计算机共享，从服务的观点上来看，网络中的计算机可扮演不同的角色：有的计算机只是执行“服务请求”任务，是一个客户机的角色，有的计算机用语完成指定的“服务功能”，是服务的提供者，起着服务器的角色。

在网络化的计算机环境中，为计算机提供网络服务与网络管理是网络操作系统（NOS）的基本功能。网络操作系统协调资源共享，对服务请求执行管理。最通用的网络服务是文件服务、打印服务、信息服务、应用服务和数据库服务等。

在 1985 年后形成的客户－服务器计算模式，一般是针对一个企业的全部活动，按照企

业的业务模型由系统分析员建立整个企业的信息系统框架。再设计基于客户－服务器模型的。再设计系统结构时，首先要考虑以下几点：

（1）需要多少资源并将他们设计为服务器；

（2）有多少客户站点，他们要完成什么子任务；

（3）明确每个子业务和其他业务有什么关系，需要传递什么信息。

子业务由各站点开发的客户应用程序实现，程序开发的着眼点是如何实现本系统的子任务。客户端程序通常由应用程序员利用常规的开发工具来完成。

服务器站点只开发服务器程序，该应用程序主要考虑如何发挥本站点资源的功能，如何提供更方便的服务。这些程序一般由软硬件制造商提供开发工具并带有大量实用程序，尽量减少应用时的开发。

网络通信程序通常都是基于客户－服务器模式，即客户向服务器发出服务请求，服务器接收到请求后，提供相应的服务。这里我们通过在在一台机器上运行两个程序来模拟网络中两台不同的机器之间通信。

11.3　socket 套接字

socket 套接字由远景研究规划局（Advanced Research Projects Agency，ARPA）资助加利福利亚大学伯克利分校的一个研究组研发。其目的是将 TCP/IP 协议相关软件移植到 UNIX 类系统中。设计者开发了一个接口，以便应用程序能简单的调用该接口通信。这个接口不断完善，最终形成了 socket 套接字。

11.3.1　socket 套接字简介

socket 的英文原意是“插座”，作为类 UNIX 系统的进程通信机制，它如同插座一样方便地帮助计算机接入互联网通信。

socket 是独立于具体协议的网络编程接口，在 ISO 模型中，主要位于会话层和传输层之间。

socket 接口是 TCP/IP 网络的 API，socket 接口定义了许多函数或例程，程序员可以用它们来开发 TCP/IP 网络上的应用程序。要学 Internet 上的 TCP/IP 网络编程，必须理解 socket 接口。

socket 接口设计者最先是将接口放在 UNIX 操作系统里面的。如果了解 UNIX 系统的输入和输出，就很容易了解 socket 了。网络的 socket 数据传输是一种特殊的 I/O，socket 也是一种文件描述符。socket 也具有一个类似于打开文件的函数调用 socket( )，该函数返回一个整型的 socket 描述符，随后的连接建立、数据传输等操作都是通过该 socket 实现的。

常用的 socket 类型包括以下三种。

（1）流式套接字（SOCK_STREAM）：提供了一个面向连接的、可靠的数据传输服务，数据无差错、无重复的发送且按发送顺序接收。内设置流量控制，避免数据流淹没慢的接收方。数据被看做字节流，无长度限制。

（2）数据报套接字（SOCK_DGRAM）：提供无连接服务。数据报以独立数据包的形式被发送，不提供无差错保证，数据可能丢失或重复，顺序发送，可能乱序接收。

（3）原始套接字（SOCK_RAW）：可以对较低层次协议，如 IP、ICMP 直接访问。

socket 的位置如图 11 - 14 所示。

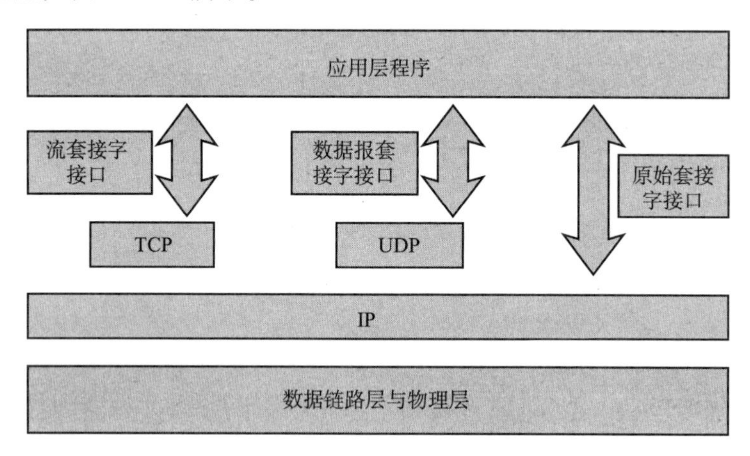

图 11 - 14　Socket 的位置

Windows 系统和 Linux 系统有着各自不同的 socket：Winsock 和 BSD socket。

Windows 的 socket 简称 Winsock，是在 Windows 环境下使用的一套网络编程规范，基于 4.3BSD 的 BSD socket API 制定。

Winsock 起源于 1991 年 Winsock 1.1，16 位，由 WINSOCK.DLL 支持，主要用在 Windows 95。1997 年 Winsock 2.2 版，32 位，由 WSOCK32.DLL 支持，主要用在 Windows 98 及以后的版本中，已经成为 Windows 环境下网络编程的事实标准。其主要包含三类函数：与 BSD socket 相兼容的基本函数、与 BSD socket 相兼容的网络信息检索函数和 Windows 专用扩展函数。

Linux socket 基本上就是 BSD Socket，BSD Socket（伯克利套接字）是通过标准的 UNIX 文件描述符和其他程序通信的一个方法，目前已经被广泛移植到各个平台。在使用 BSD socket 时需要包含两个头文件：#include <sys/types.h> 和#include <sys/socket.h>。第一个头文件包含了 BSD socket 定义的数据类型，第二个头文件包含了相关函数的定义。

利用套接口进行通信的进程使用的是客户 - 服务器模式。服务器用来提供服务，而客户机可以使用服务器提供的服务，就像一个提供 Web 页服务的 Web 服务器和一个读取并浏览 Web 页的浏览器。服务器首先创建一个套接口，然后给它指定一个名字。名字的形式取决于套接口的地址族，事实上也就是服务器的当地地址。系统使用数据结构 sockaddr 来指定套接口的名字和地址。一个 INET 套接口可以包括一个 IP 端口地址。你可以在 /etc/services 中查看已经注册的端口号，例如，一个 Web 页面服务器的端口号是 80。在服务器指定套接口的地址以后，它将监听和此地址有关的连接请求。请求的发起者，也就是客户机，将会创建一个套接口，然后再创建连接请求，并指定服务器的目的地址。对于一个 INET 套接口来说，服务器的地址就是它的 IP 地址和端口号。这些连接请求必须通过各种协议层，然后等待服务器的监听套接口。一旦服务器接收到了连接请求，它将接受或者拒绝这个请求。如果服务器接受了连接请求，它将创建一个新的套接口。一旦服务器使用一个套接口来监听连接请求，它就不能使用同样的套接口来支持连接。当连接

建立起来以后，连接的两端都可以发送和接收数据。最后，当不再需要此连接时，可以关闭此连接。

在学习 socket 程序设计之前，首先要对面向连接的（TCP）和面向非连接的（UDP）基本通信过程（见图 11－5 和图 11－6）及需要掌握的相关函数有大致的了解。socket 通信基本函数如表 11－2 所示，IP 地址转换函数如表 11－3 所示，字节排序函数如表 11－4 所示。

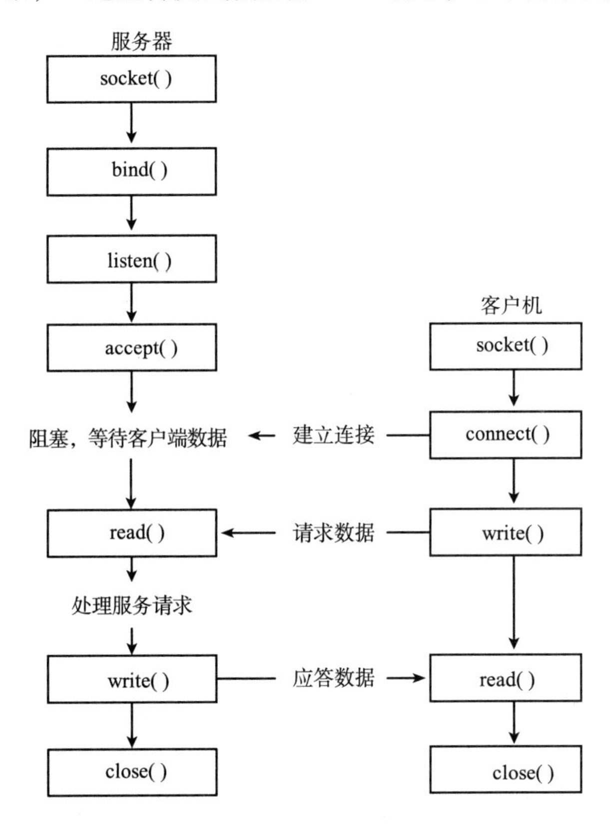

图 11－15　socket 通信基本过程（面向连接 TCP）

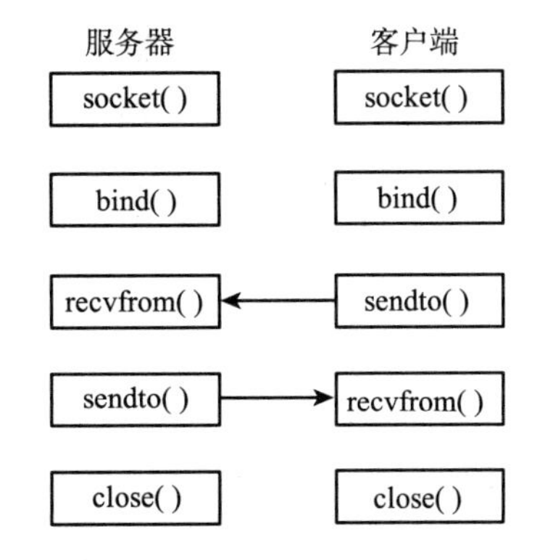

图 11－16　socket 通信基本过程（面向非连接 UDP）

表 11-2　socket 通信基本函数

函数名称	功　　能
socket	创建套接字
bind	绑定本机端口
listen	监听端口
accept	接受连接
recv	数据接收
BHrecvfrom	数据接收
send、sendto	数据发送
close、shutdown	关闭套接字

表 11-3　IP 地址转换函数

函数名称	功　　能
inet_addr（）	点分十进制数表示的 IP 地址转换为网络字节序的 IP 地址
inet_ntoa（）	网络字节序的 IP 地址转换为点分十进制数表示的 IP 地址

表 11-4　字节排序函数

函数名称	功　　能
htonl	4 字节主机字节序转换为网络字节序
ntohl	4 字节网络字节序转换为主机字节序
htons	2 字节主机字节序转换为网络字节序
ntohs	2 字节网络字节序转换为主机字节序

11.3.2　创建 socket 套接字

在 Linux 系统中，网络程序通过 socket 和其他几个函数的调用，会返回一个通信的文件描述符，可以将这个描述符看成普通的文件的描述符来操作。通过向描述符读写操作实现网络之间的数据交流，这也体现了 Linux 系统设备无关性的好处。

为了建立 socket，程序可以调用 socket 函数，该函数返回一个类似于文件描述符的句柄。

需要头文件：`#include <sys/types.h> ,#include <sys/socket.h>`

函数原型：`int socket(int domain,int type,int protocol);`

函数说明：socket 为网络通信做基本的准备，创建出来的套接字是一条通信线路的一个端点。成功时返回文件描述符，失败时返回 -1，看 errno 可知道出错的详细情况。

函数参数：domain，说明网络程序所在的主机采用的通信协议族（AF_UNIX 和 AF_INET 等）。其中，AF_UNIX 只能够用于单一的 UNIX 系统进程间通信；而 AF_INET 是针对 Internet 的，因而可以允许在远程主机之间通信。通信协议族如表 11-5 所示。

表11-5 通信协议族

名称	含义
AF_UNIX	UNIX 内部（文件系统套接字）
AF_INET	ARPA 因特网协议（UNIX 网络套接字）
AF_ISO	ISO 标准协议
AF_NS	施乐网络系统协议
AF_IPX	NOVELL IPX 协议
AF_APPLETALK	Appletalk DDS

type，网络程序所采用的通信协议（SOCK_STREAM，SOCK_DG 等）。SOCK_STREAM 表明用的是 TCP 协议，这样会提供按顺序的、可靠、双向、面向连接的比特流。SOCK_DGRAM 表明用的是 UDP 协议，这样只会提供定长的、不可靠、无连接的通信。

protocol，由于指定了 type，所以这个地方一般只要用 0 来代替就可以了。

函数返回值：该函数如果调用成功就返回新创建的套接字的描述符，如果失败就返回 INVALID_SOCKET。

套接字描述符是一个整数类型的值。每个进程的进程空间里都有一个套接字描述符表，该表中存放着套接字描述符和套接字数据结构的对应关系。该表中有一个字段存放新创建的套接字的描述符，另一个字段存放套接字数据结构的地址，因此根据套接字描述符就可以找到其对应的套接字数据结构。每个进程在自己的进程空间里都有一个套接字描述符表，但是套接字数据结构都是在操作系统的内核缓冲里。下面是一个创建流套接字的例子：

```
struct protoent * ppe;
ppe = getprotobyname("tcp");
SOCKET ListenSocket = socket(PF_INET, SOCK_STREAM, ppe - >p_proto);
```

socket 描述符是一个指向内部数据结构的指针，它指向描述符表入口。调用 socket 函数时，socket 执行体将建立一个 socket，实际上“建立一个 socket”意味着为一个 socket 数据结构分配存储空间。socket 执行体为你管理描述符表。

两个网络程序之间的一个网络连接包括五种信息：通信协议、本地协议地址、本地主机端口、远端主机地址和远端协议端口。socket 数据结构中包含这五种信息。

WSAStartup 函数

使用 socket 的程序在使用 socket 之前必须调用 WSAStartup 函数。

函数原型：`int WSAStartup( WORD wVersionRequested,LPWSADATA lpWSAData );`

函数参数：wVersionRequested 指明程序请求使用的 socket 版本，其中高位字节指明副版本、低位字节指明主版本；操作系统利用第二个参数返回请求的 socket 的版本信息。当一个应用程序调用 WSAStartup 函数时，操作系统根据请求的 socket 版本来搜索相应的 socket 库，然后绑定找到的 socket 库到该应用程序中。以后应用程序就可以调用所请求的 socket 库中的其他 socket 函数了。该函数执行成功后返回 0。

假如一个程序要使用 2. 1 版本的 socket，那么程序代码如下。

```
wVersionRequested = MAKEWORD( 2,1 );
```

```
err=WSAStartup( wVersionRequested,&wsaData );
```

WSACleanup 函数

应用程序在完成对请求的 socket 库的使用后，要调用 WSACleanup 函数来解除与 socket 库的绑定并且释放 socket 库所占用的系统资源。

函数原型：int WSACleanup (void);

11.3.3 socket 套接字的配置

通过 socket 调用返回一个 socket 描述符后，在使用 socket 进行网络传输以前，必须配置该 socket。面向连接的 socket 客户端通过调用 Connect 函数在 socket 数据结构中保存本地和远端信息。无连接 socket 的客户端和服务器端及面向连接 socket 的服务器端通过调用 bind 函数来配置本地信息。

bind 函数将 socket 与本机上的一个端口相关联，随后就可以在该端口监听服务请求了。

需要头文件：#include <sys/types.h> ,#include <sys/socket.h>

函数原型：int bind(int sockfd,struct sockaddr * my_addr, int addrlen)

函数说明：bind 将本地的端口同 socket 返回的文件描述符捆绑在一起。成功时返回 0，失败的情况和 socket 一样。

函数参数：sockfd，指定待绑定的 socket 描述符，即 socket 调用返回的文件描述符。addrlen 是 sockaddr 结构的长度。my_addr 指定一个 sockaddr 结构，该结构是这样定义的：

```
struct sockaddr
{
        u_short sa_family;
        char sa_data [14];
};
```

sa_family 指定地址族，对于 TCP/IP 协议族的套接字，给其置 AF_INET。当对 TCP/IP 协议族的套接字进行绑定时，通常使用另一个地址结构：

```
struct sockaddr_in
{
        short sin_family;
        u_short sin_port;
        struct in_addr sin_addr;
        char sin_zero [8];
};
```

其中 sin_family 置 AF_INET；sin_port 指明端口号；sin_addr 结构体中只有一个唯一的字段 s_addr，表示 IP 地址，该字段是一个整数，一般用函数 inet_addr（）把字符串形式的 IP 地址转换成 unsigned long 型的整数值后再置给 s_addr。有的服务器是多宿主机，至少有两个网卡，那么运行在这样的服务器上的服务程序在为其 socket 绑定 IP 地址时可以把 htonl (INADDR_ANY)置给 s_addr，这样做的好处是不论哪个网段上的客户程序都能与该服务程序通信；如果只给运行在多宿主机上的服务程序的 socket 绑定一个固定的 IP 地址，那么就只有与该 IP 地址处于同一个网段上的客户程序才能与该服务程序通信。用 0 来填充 sin_zero

数组，目的是让 sockaddr_in 结构的大小与 sockaddr 结构的大小一致。下面是一个 bind 函数调用的例子：

```
1  #include <string.h>
2  #include <sys/types.h>
3  #include <sys/socket.h>
4  #define MYPORT 3490
5  main()
6  {
7       int  sockfd;
8       struct sockaddr_in   my_addr;
9       sockfd=socket (AF_INET, SOCK_STREAM, 0); /* 需要错误检查 * /
10      my_addr.sin_family  =  AF_INET;
11      my_addr.sin_port   =   htons (MYPORT); /* 本地字节序和网络字节序间的转化* /
12      my_addr.sin_addr.s_addr=inet_addr (" 132.241.5.10");
13      bzero (& (my_addr.sin_zero), sizeof (my_addr.sin_zero)); /* 结构体置0* /
14      /* 使用这些函数时勿忘记错误检测* /
15      bind (sockfd, (struct sockaddr * ) &my_addr, sizeof (struct sockaddr));
16      …
17  }
```

这里也有要注意的几件事情。my_addr. sin_port 是网络字节顺序，my_addr. sin_addr. s_addr 也是网络字节顺序。另外，要注意，因系统的不同，包含的头文件也不尽相同，请查阅本地的 man 帮助文件。

使用 bind 函数时，可以用下面的赋值实现自动获得本机 IP 地址和随机获取一个没有被占用的端口号。

随机选择一个没有使用的端口：my_addr. sin_port = 0；

使用自己的 IP 地址：my_addr. sin_addr. s_addr = INADDR_ANY；

通过将 my_addr. sin_port 置为 0，函数会自动为你选择一个未占用的端口来使用。同样，通过将 my_addr. sin_addr. s_addr 置为 INADDR_ANY，系统会自动填入本机 IP 地址。

注意 在使用 bind( ) 函数时需要将 sin_port 和 sin_addr 转换成网络字节优先顺序；而 sin_addr 则不需要转换。

计算机数据存储有两种字节优先顺序：高位字节优先和低位字节优先。Internet 上数据以高位字节优先顺序在网络上传输，所以对于在内部是以低位字节优先方式存储数据的机器，在 Internet 上传输数据时就需要进行转换，否则就会出现数据不一致。

下面是几个字节顺序转换函数：

htonl( )：把 32 位值从主机字节序转换成网络字节序；

htons( )：把 16 位值从主机字节序转换成网络字节序；

ntohl( )：把 32 位值从网络字节序转换成主机字节序；

ntohs( )：把 16 位值从网络字节序转换成主机字节序。

bind( ) 函数在成功被调用时返回 0；出现错误时返回 -1 并将 errno 置为相应的错误号。

需要注意的是，在调用 bind 函数时一般不要将端口号置为小于 1024 的值，因为 1 到 1024 是保留端口号，你可以选择大于 1024 中的任何一个没有被占用的端口号。

11.3.4 客户端建立连接

面向连接的（TCP）客户程序使用 connect 函数来配置 socket 并与远端服务器建立一个 TCP 连接。客户程序调用 connect 函数来使客户 socket 与监听于 name 所指定的计算机的特定端口上的服务 socket 进行连接。需要特别说明的是，面向非连接的（UDP）在传输过程中无需建立特定的连接，所以也就没有客户端建立连接的过程。

需要头文件：#include <sys/types.h> ,#include <sys/socket.h>

函数原型：int connect(int sockfd,struct sockaddr * serv_addr, int addrlen);

函数参数：sockfd 是系统调用 socket( ) 返回的套接字文件描述符。serv_addr 是保存着目的地端口和 IP 地址的数据结构 struct sockaddr。addrlen 设置为 sizeof（struct sockaddr）。

函数返回值：如果连接成功，则 connect 返回 0；如果连接失败，则返回 SOCKET_ERROR。

下面是一个例子：

```
1    #include <string.h>
2    #include <sys/types.h>
3    #include <sys/socket.h>
4    #define DEST_IP "132.241.5.10"
5    #define DEST_PORT 23
6    main ()
7     {
8          int sockfd;
9          struct sockaddr_in dest_addr; /* 目的地址* /
10         sockfd=socket (AF_INET, SOCK_STREAM, 0); /* 错误检查 * /
11         dest_addr.sin_family=AF_INET;
12         dest_addr.sin_port=htons (DEST_PORT); /* 本地字节序和网络字节序间的转换 * /
13         dest_addr.sin_addr.s_addr=inet_addr (DEST_IP);
14         bzero (& (dest_addr.sin_zero);
15         /* 在使用这些函数时勿忘记错误检测* /
16         connect (sockfd, (struct sockaddr * ) &dest_addr, sizeof (struct sockad-
           dr));
17         …
18    }
```

再一次，你应该检查 connect( ) 的返回值，它在错误的时候返回 -1，并设置全局错误变量 errno。

注意 进行客户端程序设计无须调用 bind( )，因为这种情况下只需知道目的机器的 IP 地址，而客户通过哪个端口与服务器建立连接并不需要关心，socket 执行体为你的程序自动选择一个未被占用的端口，并通知你的程序数据什么时候到达端口。

Connect 函数启动和远端主机的直接连接。只有面向连接的客户程序使用 socket 时才需要将此 socket 与远端主机相连。无连接协议从不建立直接连接。面向连接的服务器也从不启

动一个连接，它只是被动地在协议端口监听客户的请求。

11.3.5　服务器端监听并接受连接（TCP）

同样本节内容也是针对 TCP 程序设计而言，面向连接的 TCP 程序服务器端会监听并等待客户端的连接，这也是 TCP 与 UDP 程序设计主要的区别所在，面向非连接的（UDP）无需建立连接，服务器端相应地也没有监听程序。

listen（）：服务器监听来自客户端的连接。

函数原型：`int listen(int sockfd,int backlog);`

所需头文件：`#include <sys/socket.h>`

函数参数：sockfd 是 socket 系统调用返回的 socket 描述符；backlog 指定在请求队列中允许的最大请求数，进入的连接请求将在队列中等待 accept( )它们。在套接字上排队的接入连接个数最多不超过这个数字，再往后的连接将被拒绝，用户的连接请求将会失败。这是 listen( )提供的一个机制，在服务器程序紧张地处理着上一个客户的时候，后来的连接将被放到队列里排队等候。backlog 常用的值是 5。

函数返回值：如果函数执行成功，则返回 0；如果执行失败，则返回 SOCKET_ERROR。

函数说明：服务器使用 listen( )函数实现等待并监听来自客户端的连接。listen（）函数使 socket 处于被动的监听模式，并为该 socket 建立一个输入数据队列，将到达的服务请求保存在此队列中，直到程序处理它们。

accept（）：服务器端接受来自客户端的链接

需要头文件：`#include <sys/socket.h>`

函数原型：`int accept(int sockfd,void * addr,int * addrlen);`

函数参数：sockfd 是被监听的 socket 描述符，addr 通常是一个指向 sockaddr_in 变量的指针，该变量用来存放提出连接请求服务的主机的信息（某台主机从某个端口发出该请求）；addrten 通常为一个指向值为 sizeof（struct sockaddr_in）的整型指针变量。

函数返回值：出现错误时 accept 函数返回 -1 并置相应的 errno 值。

函数说明：accept( ) 函数让服务器接收客户的连接请求。在建立好输入队列后，服务器就调用 accept 函数，然后睡眠并等待客户的连接请求。

创建连接程序时需要注意函数的调用顺序：在调用 listen( )前需要要调用 bind( )函数将 socket 绑定到一个端口上（或者让内核随便选择一个端口）。如果想侦听进入的连接，那么系统调用的顺序可能是这样的：

socket( ) →bind( ) →listen( ) →accept( )

当 accept 函数监视的 socket 收到连接请求时，socket 执行体将建立一个新的 socket，执行体将这个新 socket 和请求连接进程的地址联系起来，收到服务请求的初始 socket 仍可以继续在以前的 socket 上监听，同时可以在新的 socket 描述符上进行数据传输操作。

```
1    #include <string.h>
2    #include <sys/socket.h>
3    #include <sys/types.h>
4    #define MYPORT 3490 /* 用户接入端口* /
5    #define BACKLOG 10 /*  多少等待连接控制* /
```

```
6    main()
7    {
8         int sockfd,new_fd;
9         struct sockaddr_in my_addr; /* 地址信息 * /
10        struct sockaddr_in their_addr; /* 连接对方的信息* /
11        int sin_size;
12        sockfd=socket (AF_INET, SOCK_STREAM, 0); /* 错误检查* /
13        my_addr.sin_family=AF_INET; /* host byte order * /
14        my_addr.sin_port=htons (MYPORT); /* 本地字节序和网络字节序间的转换 * /
15        my_addr.sin_addr.s_addr=INADDR_ANY; /* 填充 IP 地址* /
16        bzero (& (my_addr.sin_zero); /* zero the rest of the struct * /
17        /* 在调用这些系统函数时勿忘记错误检测* /
18        bind (sockfd, (struct sockaddr * ) &my_addr, sizeof (struct sockaddr));
19        listen (sockfd, BACKLOG);
20        sin_size=sizeof (struct sockaddr_in);
21        new_fd=accept (sockfd, &their_addr, &sin_size);
22        …
23     }
```

注意 在系统调用 send()和 recv()中你应该使用新的套接字描述符 new_fd。如果你只想让一个连接进来，那么你可以使用 close()去关闭原来的文件描述符 sockfd 以避免同一个端口更多的连接。

11.3.6 发送和接收传输数据

1. 面向连接 TCP 传输

send() 和 recv() 这两个函数用于在面向连接的 socket 上进行数据传输。

(1) send() 发送数据。

函数原型：`int send(int sockfd,const void * msg,int len,int flags);`

函数参数：sockfd 是你想发送数据的套接字描述符（或者是调用 socket() 或者是 accept()返回的）。msg 是指向你想发送的数据的指针。len 是数据的长度。把 flags 设置为 0 就可以了。(详细的资料请看 send()的 man page)

函数返回值：send()返回实际发送的数据的字节数，它可能小于你要求发送的数目！注意，有时候你告诉它要发送一堆数据，可是它不能成功处理。它只是发送它可能发送的数据，然后希望你能够发送其他数据。记住，如果 send()返回的数据和 len 不匹配，你就应该发送其他数据。但是这里也有个好消息：如果你要发送的包很小（小于大约 1K），它可能让数据一次发送完。最后要说的是，它在错误的时候返回 -1，并设置 errno。

(2) recv() 接收数据。

函数原型：`int recv(int sockfd,void * buf,int len,unsigned int flags);`

函数参数：sockfd 是要读的套接字描述符。buf 是要读的信息的缓冲。len 是缓冲的最大长度。flags 可以设置为 0。(请参考 recv()的 man page)

函数返回值：recv()返回实际读入缓冲的数据的字节数。或者在错误的时候返回 -1，

同时设置 errno。

这里只描述同步 socket 的 recv 函数的执行流程。当应用程序调用 recv 函数时，recv 先等待 s 的发送缓冲中的数据被协议传送完毕，如果协议在传送 s 的发送缓冲中的数据时出现网络错误，那么 recv 函数返回 SOCKET_ERROR；如果 s 的发送缓冲中没有数据或者数据被协议成功发送完毕后，recv 先检查套接字 s 的接收缓冲区；如果 s 接收缓冲区中没有数据或者协议正在接收数据，那么 recv 就一直等待，直到协议把数据接收完毕。当协议把数据接收完毕，recv 函数就把 s 的接收缓冲中的数据拷贝到 buf 中（注意协议接收到的数据可能大于 buf 的长度，所以在这种情况下要调用几次 recv 函数才能把 s 的接收缓冲中的数据拷贝完。recv 函数仅仅是拷贝数据，真正的接收数据是协议来完成的），recv 函数返回其实际拷贝的字节数。如果 recv 在拷贝时出错，那么它返回 SOCKET_ERROR；如果 recv 函数在等待协议接收数据时网络中断了，那么它返回 0。

注意　在 UNIX 系统下，如果recv函数在等待协议接收数据时网络断开了，那么调用 recv的进程会接收到一个 SIGPIPE 信号，进程对该信号的默认处理是进程终止。

2. 面向无连接 UDP 传输

sendto( ) 和 recvfrom( ) 用于在无连接的数据报 socket 方式下进行数据传输。由于本地 socket 并没有与远端机器建立连接，所以在发送数据时应指明目的地址。

（1） sendto( ) 发送数据。

函数原型：`int sendto(int sockfd,const void * msg,int len,unsigned int flags, const struct sockaddr * to,int tolen);`

函数参数：sockfd 是你想发送数据的套接字描述符（或者是调用 socket( ) 或者是 accept( )返回的）；msg 是指向你想发送的数据的指针。len 是数据的长度；把 flags 设置为 0 就可以了。（详细的资料请看 send( )的 man page） to 表示目地机的 IP 地址和端口号信息；tolen 常常被赋值为 sizeof（struct sockaddr）。

函数返回值：函数返回实际发送的数据字节长度或在出现发送错误时返回 -1。

（2） recvfrom( )接收数据。

函数原型：`int recvfrom(int sockfd,void * buf,int len,unsigned int flags,struct sockaddr * from,int * fromlen);`

函数参数：sockfd 是要读的套接字描述符。buf 是要读的信息的缓冲。len 是缓冲的最大长度。flags 可以设置为 0。from 是一个 struct sockaddr 类型的变量，该变量保存源机的 IP 地址及端口号。fromlen 常置为 sizeof（struct sockaddr）。当 recvfrom( )返回时，fromlen 包含实际存入 from 中的数据字节数。

函数返回值：函数返回接收到的字节数或当出现错误时返回 -1，并置相应的 errno。

如果你对数据报 socket 调用了 connect( )函数，也可以利用 send( )和 recv( )进行数据传输，但该 socket 仍然是数据报 socket，并且利用传输层的 UDP 服务。但在发送或接收数据报时，内核会自动为之加上目的和源地址信息。

11.3.7　结束传输关闭连接

当所有的数据操作结束以后，可以调用 close( )函数来释放并关闭该 socket 套接字描述符，从而停止在该 socket 上的任何数据操作：

close （sockfd）;

从而关闭套接字上的数据的读写操作。任何在另一端读写套接字的企图都将返回错误信息。

可以使用 shutdown( )函数实现套接字的释放和传输的关闭，该函数允许你只停止在某个方向上的数据传输，而一个方向上的数据传输继续进行。例如，关闭某 socket 的写操作而允许继续在该 socket 上接收数据，直至读入所有数据，这时可以使用函数 shutdown( )。它允许将一定方向上的通信或者双向的通信（就像 close( ) 一 样）关闭。

函数原型：`int shutdown(int sockfd,int how);`

函数参数：sockfd 要关闭的套接字文件描述符。how 的值是下面的其中之一：0 不允许接收；1 不允许发送；2 不允许发送和接收（和 close( ) 一样）。

函数返回值：shutdown( ) 成功时返回 0，失败时返回 -1（同时设置 errno）

如果在无连接的数据报套接字中使用 shutdown( ),那么只不过是让 send( )和 recv( )不能使用（记住你在数据报套接字中使用了 connect 后是可以使用它们的）。

11.3.8 面向连接的 TCP 程序设计实例

网络通信程序通常都是基于客户 - 服务器模式，即客户向服务器发出服务请求，服务器接收到请求后，提供相应的服务。这里通过在一台机器上运行两个程序来模拟网络中两台不同的机器之间通信。

本节将设计两个例子演示套接字通信的过程，其中一个为服务器程序，另一个为客户程序。

```
    /* 服务器端:server.c * /
1   #include "stdio.h"
2   #include "stdlib.h"
3   #include "errno.h"
4   #include "string.h"
5   #include "sys/types.h"
6   #include "netinet/in.h"
7   #include "sys/socket.h"
8   #include "sys/wait.h"
9   #defint  PORT 8886
10   main()
11  {
12       int sockfd,new_fd;
13       struct sockaddr_in  my_addr;
14       struct sockaddr_in  their_addr;
15       unsigned int sin_size, listnum;
16       listnum=10;
17       if ( (sockfd=socket (PF_INET, SOCK_STREAM, 0)) = = -1 )
18       {
19               perror ("socket is error \n;");
```

```
20                 exit (1);
21         }
22          my_addr.sin_family=PF_INET;
23          my_addr.sin_port=htons (PORT);
24          my_addr.sin_addr.s_addr=INADDR_ANY;
25          bzero (& (my_addr.sin_zero), 0);
26          if (bind (sockfd,  (struct sockaddr * ) &my_addr, sizeof (struct sockad-
            dr)) == -1)
27         {
28                      perror (" bind is error \n");
29                      exit (1);
30         }
31          if (listen (sockfd, listnum) == -1)
32         {
33                perror ("listen is error \n");
34                exit (1);
35         }
36          printf ("start to listen \n");
37          sin_size=sizeof (struct sockaddr_in);
38          if ( (new_fd=accept (sockfd,   (struct sockaddr * ) &their_addr, &sin_
            size)) == -1)
39         {
40                  perror ("accept is error \n");
41         }
42          printf ("server: got connection from % s \n", inet_ntoa (their_addr.sin_
            addr));
43          char * p;
44          char sock_buf [1024];
45          bzero (sock_buf, 1024);
46          p=sock_buf;
47          int rval=0;
48          if ( (rval=recv (new_fd, p, 1024, 0)) < 0)
49         {
50                  printf ("recv errror \n");
51         }
52          else
53         {
54                  printf ("Receive from % s : % s \n", inet_ntoa (their_addr.sin_ad-
                    dr), p);
55         }
56          close (new_fd);
57     }
```

程序说明：

第 9 行定义服务器端 socket 通信端口号；

第 13～14 行定义服务器端和客户端 sockaddr_in 结构体变量；

第 17～21 行创建服务器端 socket；

第 22～25 行初始化服务器端 sockaddr_in 结构体变量；

第 26～30 行绑定 socket 到 sockaddr_in 结构体变量初始化的端口上；

第 31～35 行服务器端监听来自客户端的连接；

第 38～42 行服务器端接受来自客户端的连接请求并打印输出相关连接信息；

第 48～55 行接收来自客户端的消息；

第 56 行关闭 socket 连接。

```
    /* 客户端:client.c * /
1   #include <stdlib.h>
2   #include <stdio.h>
3   #include <errno.h>
4   #include <string.h>
5   #include <netdb.h>
6   #include <sys/types.h>
7   #include <netinet/in.h>
8   #include <sys/socket.h>
9   #define PORT 8886
10  #define DEF_IP " 127.0.0.1"
11  main ()
12  {
13          int sockfd;
14          char buffer [1024];
15          struct sockaddr_in server_addr;
16          struct hostent * host;
17          int portnumber, nbytes;
18          if ( (sockfd=socket (AF_INET, SOCK_STREAM, 0)) ==-1)
19          {
20                  printf (" Socket Error:% s\a\n", strerror (errno));
21                  exit (1);
22          }
23          bzero (&server_addr, sizeof (server_addr));
24          server_addr.sin_family=AF_INET;
25          server_addr.sin_port=htons (PORT);
26          server_addr.sin_addr= inet_addr ( "127.0.0.1");
27          if (connect (sockfd, (struct sockaddr * ) (&server_addr), sizeof (struct
            sockaddr)) ==-1)
28          {
29              printf (" Connect Error:% s\a\n", strerror (errno));
```

```
30                exit (1);
31           }
32           printf (" Input the message send to server: ");
33           scanf ("% s", buffer);
34           send (sockfd, buffer, 1024, 0);
35           close (sockfd);
36      }
```

程序说明:

第 9 行定义客户端通信端口号;

第 10 行定义客户端连接的服务器端的 IP 地址;

第 18～22 行客户程序建立 socket 描述符;

第 23～26 行客户程序填充服务端的资料;

第 27～31 行客户程序发起连接请求;

第 32～34 行客户端从键盘获取字符串并发送到服务器端;

第 35 行关闭 socket 结束通信。

运行结果如图 11－17 和图 11－18 所示。

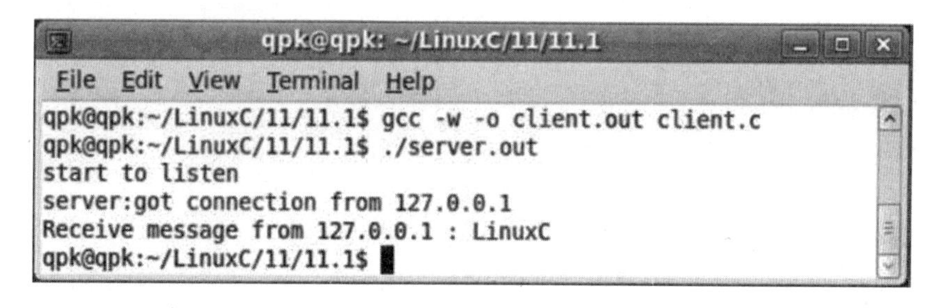

图 11－17　TCP 通信服务器端

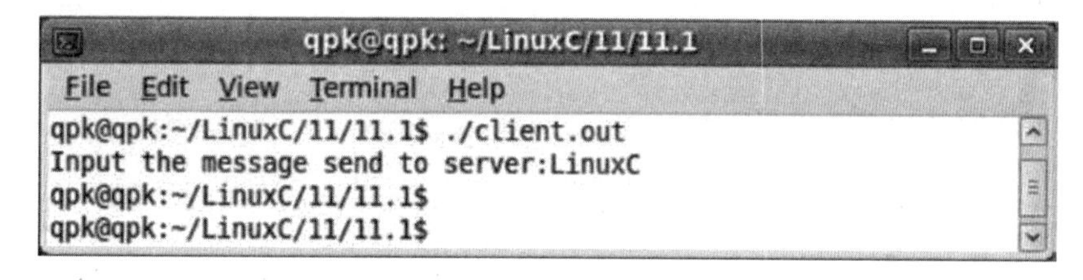

图 11－18　TCP 通信客户端

11.3.9　面向非连接的 UDP 程序设计实例

```
     /* 服务器端:server.c * /
1    #include <stdio.h>
2    #include <string.h>
3    #include <sys/types.h>
4    #include <sys/socket.h>
5    #include <netinet/in.h>
```

```
6    #include <arpa/inet.h>
7    void sub(int s);
8    main()
9    {
10       int s;
11       struct sockaddr_in local;
12       s=socket ( AF_INET, SOCK_DGRAM, 0 );
13       memset ( &local, 0, sizeof ( local ) );
14       local.sin_family=AF_INET;
15       local.sin_addr.s_addr=htonl ( INADDR_ANY );
16       local.sin_port=htons ( 6011 );
17       bind ( s, (struct sockaddr * ) &local, sizeof ( local ) );
18       sub (s);
19       close (s);
20    }
21    void sub ( int s )
22     {
23       int n, len;
24       struct sockaddr_in from, remote;
25       char mesg [256];
26       memset ( &remote, 0, sizeof ( remote ) );
27       remote.sin_family=AF_INET;
28       remote.sin_addr.s_addr=inet_addr ( "127.0.0.1" );
29       remote.sin_port=htons ( 7011 );
30       while ( 1 )
31      {
32         recvfrom ( s, mesg, 256, 0, (struct sockaddr* ) &from, &len );
33         printf ( "%s\n", mesg );
34         if ( mesg [0] == 'x' || mesg [0] == 'X' )
35               break;
36         strcpy ( mesg," Server Message received OK" );
37         sendto (s, mesg, strlen( mesg ), 0, (struct sockaddr* ) &remote, sizeof
           (remote) );
38      }
39     }
```

程序说明：

第 12 行创建服务器端 socket；

第 13～16 行初始化 sockaddr_in 结构体变量，并定义本地 socket 的端口号为 6011；

第 17 行绑定 socket 到 sockaddr_in 结构体变量上；

第 18 行函数 sub 循环接收来自客户端的消息；

第 19 行关闭 socket 断开通信；

第 24～28 行初始化 sockaddr_in 结构体变量，并定义远程 socket 的端口号为 7011，即给远程 socket 发送消息发送到 7011 端口，而本地则通过 6011 端口接收消息；

第 30～38 行循环接收来自客户端的消息，并通过本地 socket 的 6011 端口往客户端发送消息。

```
    /* 客户端:client.c * /
1  #include <stdio.h>
2  #include <string.h>
3  #include <sys/types.h>
4  #include <sys/socket.h>
5  #include <netinet/in.h>
6  #include <arpa/inet.h>
7  void func( int s );
8  main()
9  {
10      int s;
11      struct sockaddr_in local;
12      s=socket ( AF_INET, SOCK_DGRAM, 0 );
13      memset ( &local, 0, sizeof ( local ) );
14      local.sin_family=AF_INET;
15      local.sin_addr.s_addr=htonl ( INADDR_ANY );
16      local.sin_port=htons ( 7011 );
17      bind ( s, (struct sockaddr * ) &local, sizeof ( local ) );
18      func ( s );
19      close ( s );
20  }
21  void func ( int s )
22   {
23       int n, len;
24       struct sockaddr_in remote, from;
25       char mesg [256];
26       memset ( &remote, 0, sizeof ( remote ) );
27       remote.sin_family=AF_INET;
28       remote.sin_addr.s_addr=inet_addr ( "127.0.0.1" );
29       remote.sin_port=htons ( 6011 );
30       while ( 1 )
31      {
32              printf ("Input the msg: ");
33              gets ( mesg );
34              sendto ( s, mesg, strlen ( mesg ), 0,  (struct sockaddr* ) &remote,
                sizeof (remote) );
35              if ( mesg [0] == 'x' || mesg [0] == 'X' )
36                      break;
```

```
37          recvfrom ( s, mesg, 256, 0, (struct sockaddr* ) &from, &len );
38          printf ( " receive message from client:% s \n", mesg);
39      }
40   }
```

程序说明：

第 12 行创建客户端 socket；

第 13～16 行初始化本地 cketaddr_in 结构体变量，并定义本地 socket 端口号 7011；

第 17 行绑定 socket 到 sockaddr_in 结构体变量上；

第 18 行函数 func 循环向服务器端发送消息并接收来自服务器端的消息；

第 19 行关闭 socket 断开通信；

第 24～28 行初始化 sockaddr_in 结构体变量，并定义远程服务器端 socket 的端口号为 6011，即给远程 socket 发送消息发送到 6011 端口，而本地则通过 7011 端口接收消息；

第 30～38 行循环接收来自客户端的消息，并通过本地 socket 的 6011 端口往客户端发送消息。

运行结果如图 11－19 和图 11－20 所示。

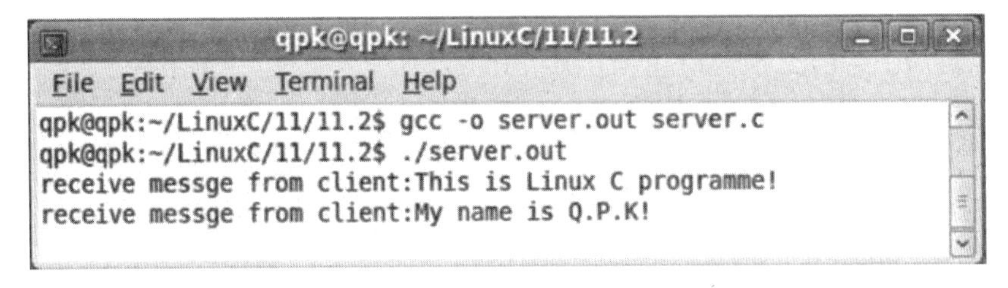

图 11－19　UDP 通信服务器端

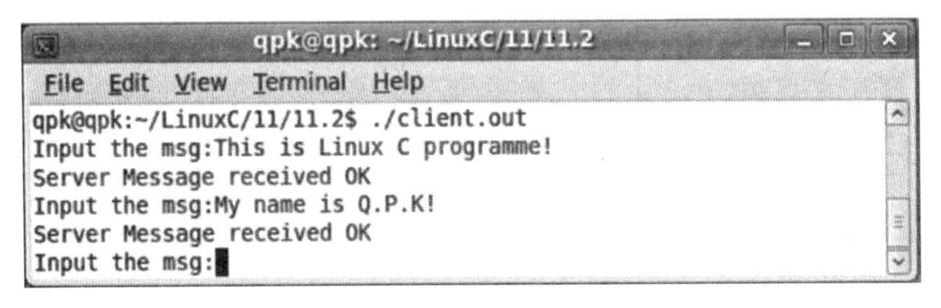

图 11－20　UDP 通信客户端

11.3.10　TCP/IP 网络程序总结

1. 面向连接 TCP 的客户－服务器程序工作流程（见图 11－21）

（1）服务器端工作流程。

① 使用 WSAStartup( ) 函数检查系统协议栈安装情况；

② 使用 socket( ) 函数创建服务器端通信套接字；

③ 使用 bind( ) 函数将创建的套接字与服务器地址绑定；

④ 使用 listen( ) 函数使服务器套接字做好接收连接请求准备；

⑤ 使用 accept( )接收来自客户端由 connect( )函数发出的连接请求；
⑥ 根据连接请求建立连接后，使用 send( )函数发送数据，或者使用 recv( )函数接收数据；
⑦ 使用 closesocket( )函数关闭套接字（可以先用 shutdown( )函数关闭读写通道）。
（2）客户端程序工作流程。
① 使用 WSAStartup( )函数检查系统协议栈安装情况；
② 使用 socket( )函数创建客户端套接字；
③ 使用 connect( )函数发出与服务器建立连接的请求（调用前可以不用 bind( )端口号，由系统自动完成）；
④ 连接建立后使用 send( )函数发送数据，或使用 recv( )函数接收数据；
⑤ 使用 closesocet( )函数关闭套接字；
⑥ 调用 WSACleanup( )函数，结束 Winsock Sockets API；
⑦ 服务器与客户端五元组的建立（见表 11－6）。

表 11－6 服务器与客户端五元组

五元组	协 议	本地 IP 地址，本地端口号	远程 IP 地址，远程端口号
服务器端五元组	由 socket 确定	由服务器端调用 bind( )时确定	由 accept( )确定
客户端五元组	由 socket( )确定	由客户端调用 bind( )时确定，如果客户端没有进行 bind( )调用，或调用了 bind( )但没有指定具体的地址或端口号，则由系统内核自动确定地址和端口号	由 connect( )确定

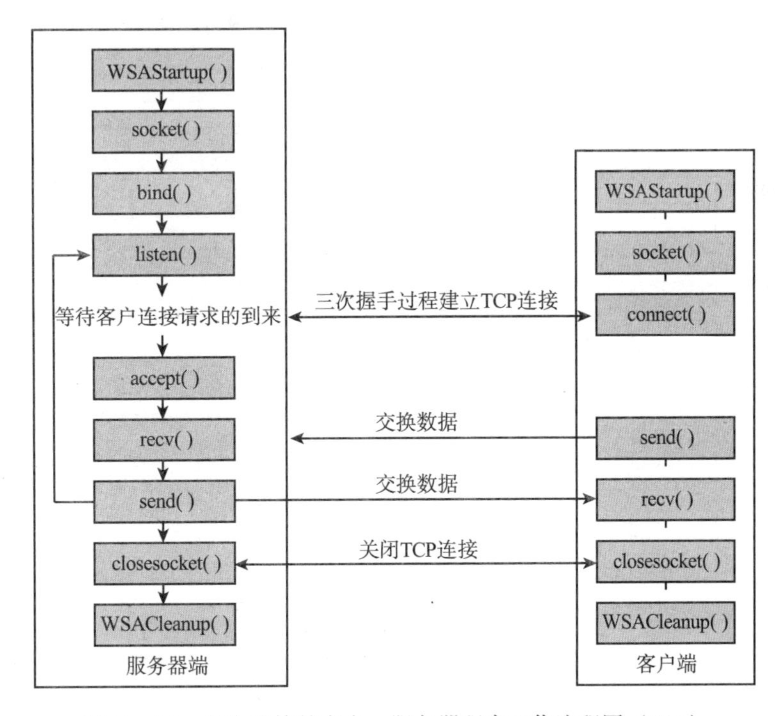

图 11－21 面向连接的客户－服务器程序工作流程图（TCP）

2. 无连接（UDP）的客户－服务器程序工作流程（见图 11－22）

无连接的数据报传输服务通信时，客户端与服务器端所使用的函数是类似的，其工作流程如下。

（1）使用 WSAStartup( )函数检查系统协议栈的安装情况。

（2）使用 socket( )函数创建套接字，以确定协议类型。

（3）调用 bind( )函数将创建的套接字与本地地址绑定，确定本地地址和本地端口号。

（4）使用 sendto( )函数发送数据，或者使用 recvfrom( )函数接收数据。

（5）使用 closesocket( )函数关闭套接字。

（6）调用 WSACleanup( )函数，结束 Windows Sockets API。

注意　（1）通信的一方可以不用 bind( )绑定地址和端口，由系统分配。

（2）不绑定 IP 地址和端口号的一方必须首先向绑定地址的一方发送数据。

（3）无连接的应用程序也可以调用 connect( )函数，但是它并不向对方发出建立连接的请求，而是在本地返回，由内核将 connect( )中指定的目标 IP 地址和端口号记录下来，在以后的通信中就可以使用面向连接的数据发送函数 send( )和数据接收函数 recv( )。

（4）无连接的数据报传输过程中，作为服务器的一方必须先启动。

（5）无连接客户端一般不调用 connect( )，在数据发送前客户与服务器各自通过socket( )和 bind( )建立了半相关，发送数据时除指定本地套接字的地址外，还需要指定接收方套接字地址，从而在数据收发过程中动态建立全连接。

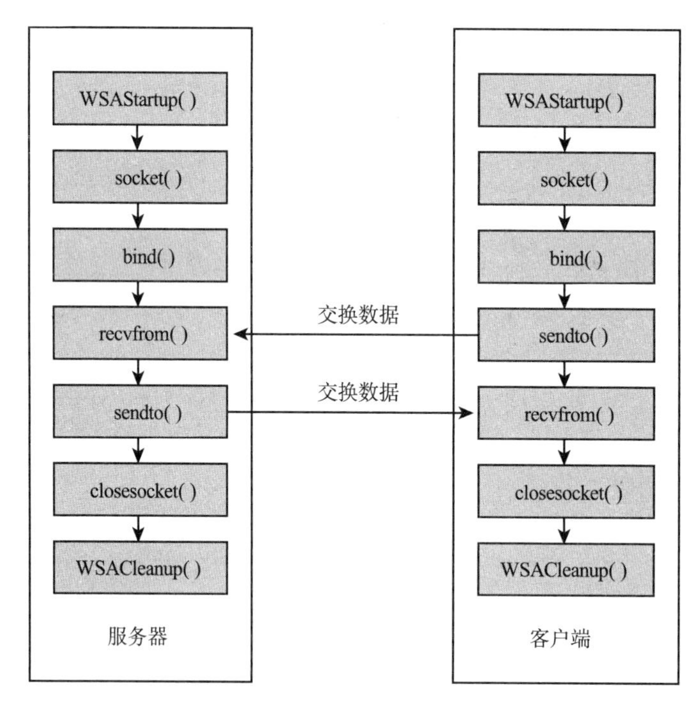

图 11－22　无连接的客户－服务器程序工作流程图（UDP）

11.4　阻塞与非阻塞

11.4.1　阻塞通信

在阻塞方式下，套接字进行 I/O 操作时，函数要等待到相关的操作完成以后才能返回，对提高处理机的利用率不利，但编程简单。

阻塞函数在完成其指定的任务以前不允许程序调用另一个函数。例如，程序执行一个读数据的函数调用时，在此函数完成读操作以前将不会执行下一个程序语句。当服务器运行到 accept 语句时，而没有客户连接服务请求到来，服务器就会停止在 accept 语句上等待连接服务请求的到来。这种情况称为阻塞（blocking）。例子参考本章 11.4.8 节和 11.4.9 节。而非阻塞操作则可以立即完成。例如，如果你希望服务器仅仅注意检查是否有客户在等待连接，有就接受连接，否则就继续做其他事情，可以通过将 socket 设置为非阻塞方式来实现。非阻塞 socket 在没有客户在等待时就使 accept 调用立即返回。

```
#include <unistd.h>
#include <fcntl.h>
...
sockfd = socket(AF_INET, SOCK_STREAM, 0);
fcntl (sockfd, F_SETFL, O_NONBLOCK);
...
```

通过设置 socket 为非阻塞方式，可以实现“轮询”若干 socket。当企图从一个没有数据等待处理的非阻塞 socket 读入数据时，函数将立即返回，返回值为 -1，并置 errno 值为 EWOULDBLOCK。但是这种“轮询”会使 CPU 处于忙等待方式，从而降低性能，浪费系统资源。而调用 select()会有效地解决这个问题，它允许你把进程本身挂起来，而同时使系统内核监听所要求的一组文件描述符的任何活动，只要确认在任何被监控的文件描述符上出现活动，select()调用将返回指示该文件描述符已准备好的信息，从而实现了为进程选出随机的变化，而不必由进程本身对输入进行测试而浪费 CPU 开销。

11.4.2　非阻塞通信

在非阻塞方式下，套接字进行 I/O 操作时，无论操作成功与否，调用都会立即返回。

需要头文件：`# include <sys/time.h>`，`# include <sys/types.h>`，`#include <unistd.h>`

函数原型：`int select(int numfds,fd_set * readfds, fd_set * writefds, fd_set* exceptfds, struct timeval * timeout);`

函数参数：readfds、writefds、exceptfds 分别是被 select()监视的读、写和异常处理的文件描述符集合。如果你希望确定是否可以从标准输入和某个 socket 描述符读取数据，你只需要将标准输入的文件描述符 0 和相应的 sockdtfd 加入到 readfds 集合中；numfds 的值是需要检查的号码最高的文件描述符加 1。

在这个例子中，numfds 的值应为 sockfd + 1；当 select 返回时，readfds 将被修改，指示某个文件描述符已经准备被读取，可以通过 FD_ISSSET( )来测试。为了实现 fd_set 中对应的文件描述符的设置、复位和测试，它提供了一组宏：

```
FD_ZERO (fd_set * set)            /* 清除一个文件描述符集 * /
FD_SET (int fd, fd_set * set)     /* 将一个文件描述符加入文件描述符集中 * /
FD_CLR (int fd, fd_set * set)     /* 将一个文件描述符从文件描述符集中清除 * /
FD_ISSET (int fd, fd_set * set)   /* 试判断是否文件描述符被置位 * /
```

可以通过 timeout 参数指定 select( )等待的时长。timeout 参数是一个指向 struct timeval 类型的指针，它可以使 select( )在等待 timeout 长时间后，遇到没有文件描述符准备好时返回。struct timeval 数据结构为：

```
struct timeval
{
int tv_sec;
int tv_usec;
};
```

其中参数 tv_sec 为 select( )设置要等待的秒数，参数 tv_usec 设置为要等待的微秒数。若将参数 timeout 赋值为 NULL，那么将永远不会发生超时，即一直等到第一个文件描述符就绪。

11.5 服务器和客户机的信息函数

11.5.1 字节转换函数

在网络上面有着许多类型的机器，这些机器在表示数据的字节顺序时不同的，比如 i386 芯片是低字节在内存地址的低端，高字节在高端，而 alpha 芯片却相反。为了统一起来，在 Linux 下面，有专门的字节转换函数：

```
unsigned long int htonl(unsigned long int hostlong)
unsigned short int htons(unisgned short int hostshort)
unsigned long int ntohl(unsigned long int netlong)
unsigned short int ntohs(unsigned short int netshort)
```

在这四个转换函数中：h 代表 host，n 代表 network，s 代表 short，l 代表 long。第一个函数的意义是将本机器上的 long 数据转化为网络上的 long。其他几个函数的意义也差不多。

11.5.2 IP 和域名的转换

在网络上标志一台机器可以用 IP 或者是用域名。那么怎么去进行转换呢？

```
struct hostent * gethostbyname(const char * hostname)
struct hostent * gethostbyaddr(const char * addr,int len,int type)
```

struct hostent 的定义如下。

```
struct hostent
```

```
{
    char * h_name;              /* 主机的正式名称 * /
    char * h_aliases;           /* 主机的别名 * /
    int h_addrtype;             /* 主机的地址类型 AF_INET * /
    int h_length;               /* 主机的地址长度，对于 IP4 是 4 字节，32 位 * /
    char * * h_addr_list;       /* 主机的 IP 地址列表 * /
}
#define h_addr h_addr_list [0] /* 主机的第一个 IP 地址* /
```

gethostbyname 可以将机器名（如 linux. yessun. com）转换为一个结构指针，在这个结构里储存了域名的信息。

gethostbyaddr 可以将一个 32 位的 IP 地址（C0A80001）转换为结构指针。

这两个函数失败时返回 NULL 且设置 h_errno 错误变量，调用 h_strerror( )可以得到详细的出错信息。

11.5.3 字符串的 IP 和 32 位的 IP 转换

网络上用的 IP 都是由数字加点（192. 168. 0. 1）构成的，而在 struct in_addr 结构中用的是 32 位的 IP，上面那个 32 位 IP（C0A80001）是 192. 168. 0. 1。为了转换可以使用下面两个函数。

```
int inet_aton (const char * cp, struct in_addr * inp)
char * inet_ntoa (struct in_addr in)
```

函数里面 a 代表 ascii，n 代表 network。第一个函数表示将 a. b. c. d 的 IP 转换为 32 位的 IP，存储在 inp 指针里面。第二个函数是将 32 位 IP 转换为 a. b. c. d 的格式。

11.5.4 服务信息函数

在网络程序里面有时候需要知道端口 IP 和服务信息，这个时候可以使用以下几个函数。

```
int getsockname(int sockfd,struct sockaddr * localaddr,int * addrlen)
int getpeername(int sockfd,struct sockaddr * peeraddr,int * addrlen)
struct servent * getservbyname(const char * servname,const char * protoname)
struct servent * getservbyport(int port,const char * protoname)
struct servent
{
    char * s_name;              /* 正式服务名 * /
    char * * s_aliases;         /* 别名列表 * /
    int s_port;                 /* 端口号 * /
    char * s_proto;             /* 使用的协议 * /
}
```

一般很少用这几个函数。对应客户端，当要得到连接的端口号时，在 connect 调用成功后使用可得到系统分配的端口号。对于服务端，用 INADDR_ANY 填充后，为了得到连接的 IP，可以在 accept 调用成功后使用而得到 IP 地址。

在网络上有许多默认端口和服务，比如端口 21 对应 FTP，端口 80 对应 WWW。为了得到指定的端口号的服务，可以调用第四个函数。相反地，为了得到指定的端口号，可以调用第三个函数。

11.5.5 getpeername( ) 与 gethostname( ) 函数

函数 getpeername( ) 告诉你在连接的流式套接字上谁在另外一边。

需要头文件：`#include <sys/socket.h>`

函数原型：`int getpeername(int sockfd,struct sockaddr * addr,int * addrlen);`

函数参数：sockfd 是连接的流式套接字的描述符。addr 是一个指向结构 struct sockaddr（或者是 struct sockaddr_in）的指针，它保存着连接的另一边的信息。addrlen 是一个 int 型的指针，它初始化为 sizeof(struct sockaddr)。函数在错误的时候返回 -1，设置相应的errno。

一旦你获得它们的地址，可以使用 inet_ntoa( ) 或者 gethostbyaddr( ) 来打印或者获得更多的信息。但是你不能得到它的账号。(如果它运行着愚蠢的守护进程，这是可能的，但是它的讨论已经超出了本文的范围，请参考 RFC - 1413 以获得更多的信息)

gethostname( )函数用于获取程序所运行的机器的主机名字。然后可以使用gethostbyname( )以获取该程序所运行的机器的 IP 地址。

需要头文件：`#include <unistd.h>`

函数原型：`int gethostname(char * hostname,size_t size);`

函数参数：hostname 是一个字符数组指针，它将在函数返回时保存主机名。size 是 hostname 数组的字节长度。

函数返回值：函数调用成功时返回 0，失败时返回 -1，并设置 errno。

习　题

简答题

1. 简述 OSI 七层网络体系结构中各个层的功能。
2. 简述 OSI 七层网络体系结构与 TCP/IP 协议体系结构的区别。
3. 简述本地字节序和网络字节序的区别及相关装换函数。
4. 简述面向连接的（TCP）和面向非连接的（UDP）网络程序设计的流程。
5. 简述阻塞通信和非阻塞通信的区别。

参考文献

[1] 张银奎．软件调试．北京：电子工业出版社，2008.
[2] 李善平，施韦，林欣．Linux 教程．北京：清华大学出版社，2005.
[3] LOVE P，MERLINO J. UNIX 入门经典．张楚雄，许文昭，译．北京：清华大学出版社．
[4] 王景新，肖枫涛，丁丁．Linux 系统管理完全手册．北京：清华大学出版社，2006.
[5] 李石君，曾平，陈爱莉．UNIX 初级教程．北京：电子工业出版社，2004.
[6] 谭浩强．C 程序设计．2 版．北京：清华大学出版社，1999.
[7] MATTHEW N，STONES R．Linux 程序设计，杨晓云，王建桥，杨涛，等译．北京：机械工业出版社，2002.
[8] 谢希仁．计算机网络．5 版．北京：电子工业出版社，2008.
[9] 杜煜，姚鸿．计算机网络基础基础教程．2 版．北京：人民邮电出版社，2008.
[10] 史蒂文斯．UNIX 环境高级编程．尤晋元，张亚英，戚正伟，译．2 版．北京：人民邮电出版社，2006.
[11] 美斯特，布卢．Linux 高级程序设计．陈健，译．北京：人民邮电出版社，2008.
[12] LOVE R. Linux 内核设计与实现．陈莉君，译．2 版．北京：机械工业出版社，2006.
[13] 史蒂文斯．UNIX 网络编程 卷 1：套接字联网 API．3 版．北京：人民邮电出版社，2006.
[14] 史蒂文斯．UNIX 网络编程 卷 2：进程间通信．3 版．北京：人民邮电出版社，2010.